PRINZIPIEN

DER

GENERELLEN MORPHOLOGIE

DER ORGANISMEN.

WÖRTLICHER ABDRUCK EINES TEILES DER
1866 ERSCHIENENEN
GENERELLEN MORPHOLOGIE
(ALLGEMEINE GRUNDZÜGE DER
ORGANISCHEN FORMEN-WISSENSCHAFT
MECHANISCH BEGRÜNDET DURCH DIE VON CHARLES DARWIN
REFORMIERTE DESZENDENZ-THEORIE)

VON

ERNST HAECKEL
PROFESSOR AN DER UNIVERSITÄT JENA.

MIT DEM PORTRÄT DES VERFASSERS.

BERLIN
DRUCK UND VERLAG VON GEORG REIMER
1906.

„Die Natur schafft ewig neue Gestalten: was da ist, war noch nie; was war, kommt nicht wieder: alles ist neu, und doch immer das Alte.

„Es ist ein ewiges Leben, Werden und Bewegen in ihr. Sie verwandelt sich ewig, und ist kein Moment Stillstehen in ihr. Für's Bleiben hat sie keinen Begriff, und ihren Fluch hat sie ans Stillstehen gehängt. Sie ist fest: ihr Tritt ist gemessen, ihre Gesetze unwandelbar. Gedacht hat sie und sinnt beständig; aber nicht als ein Mensch, sondern als Natur. Jedem erscheint sie in ihrer eigenen Gestalt. Sie verbirgt sich in tausend Namen und Termen, und ist immer dieselbe.

„Die Natur hat mich hereingestellt, sie wird mich auch herausführen. Ich vertraue mich ihr. Sie mag mit mir schalten; sie wird ihr Werk nicht hassen. Ich sprach nicht von ihr; nein, was wahr ist und was falsch ist, alles hat sie gesprochen. Alles ist ihre Schuld, alles ist ihr Verdienst."

Goethe.

VORWORT.

Vierzig Jahre sind verflossen, seitdem mein Werk über „*Generelle Morphologie der Organismen*“ in zwei Bänden erschien (Berlin, Verlag von Georg Reimer, 1866). Dieses Buch war der erste Versuch, „Allgemeine Grundzüge der organischen Formen-Wissenschaft, mechanisch begründet durch die von Charles Darwin reformierte Deszendenztheorie“, festzulegen. Der erste Band: „*Allgemeine Anatomie* der Organismen“, behandelte (auf 606 Seiten) die „Entwickelten Formen“, der zweite Band: „*Allgemeine Entwickelungsgeschichte*“, (auf 662 Seiten) die „Entstehenden Formen der Organismen“. Als die wichtigste Aufgabe bei der Ausführung dieser Arbeit stand mir beständig das Ziel vor Augen, die monistische „*Entwickelungslehre*“ und insbesondere deren bedeutendsten, damals als „Darwinismus“ aufgetretenen Fortschritt auf das Gesamtgebiet der Biologie, vor allem aber auf deren schwierigsten Teil, die Morphologie, fruchtbringend anzuwenden.

Da beide Teile der „Generellen Morphologie“ zahlreiche neue Gedanken enthielten, und da dieses Werk überhaupt der erste Versuch war, die Deszendenztheorie in ihrer philosophischen allgemeinen Bedeutung zusammenhängend darzustellen, hatte ich auf rege Teilnahme der Biologen und Philosophen an meinem schwierigen Unternehmen gehofft. Indessen blieb dieser erwartete Erfolg zunächst fast vollständig aus. Die meisten Zoologen und Botaniker, Morphologen und Physiologen — ebenso auf der anderen Seite die meisten Philosophen und Psychologen — ignorierten mein Buch vollständig und zeigten für die vielen darin gebotenen Anregungen nicht die geringste Teilnahme. Die Ursachen dieses vollständigen Mißerfolges lagen zum Teil in meiner schwerfälligen und schwerverständlichen Darstellung, in dem Überwiegen der spekulativen Betrachtungen über die empirischen Darstellungen, in dem Überfluß an neuen Begriffen und ungewohnten Ausdrücken; zum anderen Teil aber auch wohl daran, daß die neue Auffassung und Behandlung des organischen Lebens zu den althergebrachten Vorstellungen in schroffen Widerspruch trat und den herrschenden Autoritätsglauben scharf bekämpfte.

Einige Freunde, welche bei eingehendem Studium der „Generellen Morphologie“ diese Mängel stark empfunden und die dadurch bedingte Erfolglosigkeit meines Versuches lebhaft bedauert hatten, veranlaßten mich, einen Auszug aus jenem Werke in mehr zugänglicher Form zu veröffentlichen und insbesondere die Grundzüge der neuen monistischen Entwickelungslehre populär darzulegen. So entstand zwei Jahre später die „Natürliche Schöpfungsgeschichte. Gemeinverständliche wissenschaftliche Vorträge über die Entwickelungslehre im allgemeinen und diejenige von Darwin, Goethe und Lamarck im besonderen, über die Anwendung derselben auf den Ursprung des Menschen und andere, damit zusammenhängende Grundfragen der Naturwissenschaft“. Die erste Auflage dieses Buches (1868 erschienen) umfaßte nur 568 Seiten Text, 10 Tafeln und wenige Textfiguren; die zehnte Auflage (1902) enthielt in zwei Bänden 904 Seiten Text, 30 Tafeln, zahlreiche Textfiguren und systematische Tabellen. Da auch von den zwölf verschiedenen Übersetzungen der „Natürlichen Schöpfungsgeschichte“ zahlreiche Auflagen in allen Kulturländern verbreitet wurden, so hat dieses populäre Werk zur Anerkennung der Entwickelungslehre und zur Ausbreitung des Darwinismus nicht wenig beigetragen.

Als der wertvollste Teil der „Generellen Morphologie“ wurde gleich anfangs von angesehenen, systematisch arbeitenden Biologen die „Systematische Einleitung in die allgemeine Entwickelungsgeschichte“ betrachtet, welche den Eingang zum zweiten Bande bildete und auf 160 Seiten eine „Genealogische Übersicht des natürlichen Systems der Organismen“ gab — der erste Versuch, dieses letztere wirklich als „Stammbaum“ im Sinne Darwins zu gestalten und die natürlichen Verwandtschaftsverhältnisse der Klassen und Ordnungen im Protistenreich, Pflanzenreich und Tierreich phylogenetisch zu begründen. Da ich diese systematische Biologie während eines halben Jahrhunderts mit besonderer Vorliebe gepflegt habe, und da ich in meinen umfangreichen Monographien der Radiolarien, Spongien, Medusen und Siphonophoren Gelegenheit fand, die Wahrheit der Abstammungslehre am natürlichen System dieser formenreichen Tierklassen gründlich zu erproben, so entschloß ich mich später, das ganze System der organischen Stämme in diesem Sinne zusammenhängend zu bearbeiten. Das Ergebnis dieser phyletischen Klassifikation war das dreibändige Werk: „Systematische Phylogenie: Entwurf eines Natürlichen Systems der Organismen auf Grund ihrer Stammesgeschichte“; I. Band: Protisten und Pflanzen, 1894 (400 Seiten); II. Band: Wirbellose Tiere, 1896 (720 Seiten); III. Band: Wirbeltiere, 1895 (660 Seiten); (Berlin, Verlag von Georg Reimer).

Im siebenten Buche der Generellen Morphologie (Bd. II, Seite 423—438) hatte ich kurz „die Entwickelungsgeschichte der Organismen in ihrer Bedeutung für die Anthropologie“ erläutert, im 27. Kapitel „die Stellung des Menschen in der Natur“ besprochen und im 28. Kapitel demgemäß „die Anthropologie als Teil der Zoologie“ behandelt. Bei der außerordentlichen Bedeutung dieser „Frage aller Fragen“, bei ihrem Einfluß auf das gesamte Gebiet der menschlichen Wissenschaft, habe ich derselben später besonders eingehende Studien zugewendet. Das Ergebnis derselben veröffentlichte ich 1874 in der „Anthropogenie oder Entwickelungsgeschichte des Menschen, Gemeinverständliche wissenschaftliche Vorträge über die Grundzüge der menschlichen Keimes- und Stammesgeschichte“ (732 Seiten, 12 Tafeln, 210 Textfiguren). Die folgenden Auflagen dieses Werkes wurden (— ebenso wie diejenigen der Natürlichen Schöpfungsgeschichte —) wesentlich erweitert und zeitgemäß umgearbeitet. Die letzte (fünfte) Auflage umfaßte 992 Seiten, 30 Tafeln, 512 Textfiguren und 60 genetische Tabellen; der erste Band enthält die Keimesgeschichte (Ontogenie), der zweite die Stammesgeschichte (Phylogenie); — (Leipzig, 1903, Verlag von Wilhelm Engelmann).

In den vorstehend angeführten Schriften, die sämtlich aus der „Generellen Morphologie“ ihren Ursprung genommen und nur einzelne Teile derselben weiter ausgeführt haben, hatte ich vielfach die reformatorische Bedeutung der Entwickelungslehre für das ganze Gebiet menschlicher Erkenntnis erörtert und insbesondere auf die monistische Neugestaltung unserer Weltanschauung hingewiesen. Alle großen, darauf bezüglichen allgemeinen Fragen habe ich dann am Schlusse des 19. Jahrhunderts zusammenfassend in meinem Buche über „Die Welträtsel“ behandelt (Bonn, Strauß, 1899). Diese „Gemeinverständlichen Studien über monistische Philosophie“ (480 Seiten) zerfallen in 20 Kapitel und 4 Teile; der erste, anthropologische Teil behandelt „den Menschen“, der zweite, psychologische Teil „die Seele“, der dritte, kosmologische Teil „die Welt“, der vierte, theologische Teil „den Gott“. Die lebhafte Teilnahme aller gebildeten Kreise an diesen höchsten Problemen der Vernunft gab sich kund in dem ungewöhnlichen Erfolge dieses Buches, von dem in wenigen Monaten zehntausend Exemplare abgesetzt wurden; von der billigen kleinen Volksausgabe, die später (1903) auf dringenden Wunsch veranstaltet wurde, sind jetzt zweihunderttausend in Umlauf. Ähnliche weite Verbreitung fanden auch die fünfzehn Übersetzungen der „Welträtsel“.

Manche fühlbare Lücken in dem allgemeinen Weltbilde, das die „Welträtsel“ in einheitlichem Zusammenhange darstellen sollten, sowie zahlreiche, dadurch bedingte Anfragen teilnehmender Leser veranlaßten mich endlich 1904 (— nach Abschluß meines siebzigsten Lebensjahres —) noch ein letztes, darauf bezügliches Werk zu veröffentlichen, die „Lebenswunder“ (Stuttgart, Alfred Kröner). Dieser Ergänzungsband zu dem Buche über die „Welträtsel“ (580 Seiten) enthält „Gemeinverständliche Studien über Biologische Philosophie“ und ist gleich dem letzteren in 20 Kapitel und 4 Abschnitte eingeteilt; der erste, methodologische Teil behandelt die „Lebenserkenntnis“ der zweite, morphologische Teil die „Lebensgestaltung“, der dritte, physiologische Teil die “Lebenstätigkeit“, der vierte, genealogische Teil die „Lebensgeschichte“. Mit der Publikation dieses letzten Werkes ist nunmehr die Reihe der Untersuchungen abgeschlossen, die ich vor 50 Jahren begonnen hatte, und deren Aufgaben vor 40 Jahren in der „Generellen Morphologie“ zuerst bestimmt formuliert waren.

Inzwischen ist nun schon seit vielen Jahren von zahlreichen Lesern meiner Schriften der Wunsch ausgesprochen worden, daß ich endlich auch von der Generellen Morphologie selbst, die längst vergriffen ist, eine neue Auflage herausgeben möchte. Nach vielem Bedenken und langem Überlegen habe ich endlich geglaubt, diesem Verlangen entsprechen zu müssen; und so erscheinen denn jetzt, nach vierzig Jahren, die „Prinzipien der Generellen Morphologie". Die anfänglich beabsichtigte zeitgemäße Umarbeitung des Werkes erwies sich später als undurchführbar; denn die Fortschritte der Entwickelungslehre im Laufe dieser vier Dezennien sind so vielseitig und großartig, die darauf gegründete Literatur so ausgedehnt, daß eine gründliche Neubearbeitung — unter gewissenhafter Berücksichtigung nur der wichtigsten Arbeiten — eine ganze Reihe von Bänden in Anspruch genommen haben würde. Dagegen erschien es mir zweckmäßig und besonders für die Geschichte der Entwickelungslehre förderlich, die wichtigsten Grundsätze derselben, wie sie damals (1866) zuerst von mir aufgestellt worden sind, in ihrer ursprünglichen Fassung wörtlich wiederzugeben. Denn es ist später von mehreren Seiten mit Recht hervorgehoben worden, daß zahlreiche anregende und fruchtbare Gedanken, die von anderen Autoren erfolgreich in der Biologie zur Geltung gebracht wurden, bereits früher in der Generellen Morphologie bestimmt formuliert worden waren.

Anderseits ergab eine wiederholte sorgfältige Revision des Textes, daß manche Irrtümer zu entfernen und viele nebensächliche Ausführungen zu streichen waren, — ebenso auch manche überflüssige Wiederholungen, zu denen mich der Wunsch verführt hatte, recht klar und eindringlich die leitenden Grundsätze darzulegen. So ist denn schließlich in diesen vorliegenden „Prinzipien der Generellen Morphologie" der Text des ursprünglichen Werkes auf ungefähr den dritten Teil reduziert worden (— 464 Seiten statt 1230 Seiten —) oder eigentlich wohl kaum den vierten Teil des Inhalts, da fast alle mit kleiner Schrift gedruckten Anmerkungen und Zusätze fortgelassen wurden. Die dreißig Kapitel des Werkes haben dabei eine sehr verschiedene Abschätzung erfahren. Ganz oder fast ganz erhalten blieben acht Kapitel (— 1, 20, 23, 26, 27, 28, 29, 30 —); teilweise beibehalten wurden vierzehn Kapitel (— 4, 5, 6, 8, 9, 10, 11, 12, 16, 17, 19, 21, 22, 24 —); ganz oder größtenteils sind weggefallen acht Kapitel: 2, 3, 7, 13, 14, 15, 18, 25.

Bei der Korrektur der Druckbogen wurde ich wesentlich gefördert durch meinen Privat-Assistenten Dr. Heinrich Schmidt (Jena), den General-Sekretär des „Deutschen Monistenbundes“. Derselbe unterzog nicht nur den Text einer sorgfältigen wörtlichen Revision und Vergleichung, sondern fertigte auch das neue alphabetische Register an. Ich statte ihm für diese Mühe hier meinen freundlichen Dank ab.

Die langen und heißen Kämpfe, welche in den letzten vierzig Jahren um die Anerkennung der Entwickelungslehre und insbesondere ihres wichtigsten Fortschrittes, der Deszendenztheorie, geführt worden sind, haben zu einem vollständigen Siege der letzteren geführt. Die ganze Biologie ist im Beginne des zwanzigsten Jahrhunderts von der Wahrheit der grundlegenden Lehren durchdrungen, die schon hundert Jahre früher von Goethe klar erkannt und von Lamarck (1809) formuliert, aber erst 1859 durch Darwin zur Geltung gebracht wurden. Um den weiteren Ausbau dieser biogenetischen Lehren und ihrer Folgeschlüsse — besonders aber ihre Verknüpfung mit der monistischen Philosophie — habe ich mich seitdem redlich bemüht. Ich kann schließlich, am Ende meiner vielbewegten literarischen Laufbahn, nur den Wunsch aussprechen, daß die leitenden Grundsätze dieser einheitlichen Weltanschauung, die in der Generellen Morphologie zum ersten Male ihre scharfe Formulierung fanden, auch in dieser neuen Ausgabe ihrer Prinzipien zur Erkenntnis der Wahrheit und zur Förderung der Wissenschaft dauernd beitragen mögen.

Jena, 16. Februar 1906.

Ernst Haeckel.

INHALTSVERZEICHNIS.

DRITTES BUCH.

Erster Teil der allgemeinen Anatomie.

Seite

VIERTES BUCH.

Zweiter Teil der allgemeinen Anatomie.

FÜNFTES BUCH.

Erster Teil der allgemeinen Entwickelungsgeschichte.

SECHSTES BUCH.

Zweiter Teil der allgemeinen Entwickelungsgeschichte.

ERSTES BUCH.

KRITISCHE UND METHODOLOGISCHE EINLEITUNG IN DIE GENERELLE MORPHOLOGIE DER ORGANISMEN.

„Wenn wir Naturgegenstände, besonders aber die lebendigen, dergestalt gewahr werden, daß wir uns eine Einsicht in den Zusammenhang ihres Wesens und Wirkens zu verschaffen wünschen, so glauben wir zu einer solchen Kenntnis am besten durch Trennung der Teile gelangen zu können; wie denn auch wirklich dieser Weg uns sehr weit zu führen geeignet ist. Was Chemie und Anatomie zur Ein- und Übersicht der Natur beigetragen haben, dürfen wir nur mit wenig Worten den Freunden des Wissens ins Gedächtnis zurückrufen.

„Aber diese trennenden Bemühungen, immer und immer fortgesetzt, bringen auch manchen Nachteil hervor. Das Lebendige ist zwar in Elemente zerlegt, aber man kann es aus diesen nicht wieder zusammenstellen und beleben. Dieses gilt schon von vielen anorganischen, geschweige von organischen Körpern.

„Es hat sich daher auch in dem wissenschaftlichen Menschen zu allen Zeiten ein Trieb hervorgetan, die lebendigen Bildungen als solche zu erkennen, ihre äußeren sichtbaren greiflichen Teile im Zusammenhange zu erfassen, sie als Andeutungen des Inneren aufzunehmen und so das Ganze in der Anschauung gewissermaßen zu beherrschen. Wie nahe dieses wissenschaftliche Verlangen mit dem Kunst- und Nachahmungstriebe zusammenhänge, braucht wohl nicht umständlich angeführt zu werden.

„Man findet daher in dem Gange der Kunst, des Wissens und der Wissenschaft mehrere Versuche eine Lehre zu gründen und auszubilden, welche wir die Morphologie nennen möchten."

Goethe (Jena, 1807).

Erstes Kapitel.

Begriff und Aufgabe der Morphologie der Organismen.

„Weil ich für mich und andere einen freieren Spielraum in der Naturwissenschaft, als man uns bisher gegönnt, zu erringen wünsche, so darf man mir und den Gleichgesinnten keineswegs verargen, wenn wir dasjenige, was unseren rechtmäßigen Forderungen entgegensteht, scharf bezeichnen und uns nicht mehr gefallen lassen, was man seit so vielen Jahren herkömmlich gegen uns verübte." Goethe.

Die Morphologie oder Formenlehre der Organismen ist die gesamte Wissenschaft von den inneren und äußeren Formenverhältnissen der belebten Naturkörper, der Tiere und Pflanzen, im weitesten Sinne des Wortes. Die Aufgabe der organischen Morphologie ist mithin die Erkenntnis und die Erklärung dieser Formenverhältnisse, d. h. die Zurückführung ihrer Erscheinung auf bestimmte Naturgesetze.

Wenn die Morphologie ihre eigentliche Aufgabe erkennt und eine Wissenschaft sein will, so darf sie sich nicht begnügen mit der Kenntnis der Formen, sondern sie muß ihre Erkenntnis und ihre Erklärung erstreben, sie muß nach den Gesetzen suchen, nach denen die Formen gebildet sind. Es muß diese hohe Aufgabe unserer Wissenschaft deshalb hier gleich beim Eintritt in dieselbe ausdrücklich hervorgehoben werden, weil eine entgegengesetzte irrige Ansicht von derselben weit verbreitet, ja selbst heutzutage noch die bei weitem vorherrschende ist. Die große Mehrzahl der Naturforscher, welche sich mit den Formen der Organismen beschäftigen, Zoologen sowohl, als Botaniker, begnügt sich mit der bloßen Kenntnis derselben; sie sucht die unendlich mannigfaltigen Formen, die äußeren und inneren Gestaltungsverhältnisse der tierischen und pflanzlichen Körper auf und ergötzt sich an ihrer Schönheit, bewundert ihre Mannigfaltigkeit und erstaunt über ihre Zweckmäßigkeit; sie beschreibt und unterscheidet alle einzelnen Formen, belegt jede mit einem besonderen Namen und findet in deren systematischer Anordnung ihr höchstes Ziel.

Diese Kenntnis der organischen Formen gilt noch heute in den weitesten Kreisen als wissenschaftliche Morphologie der Organismen. Man verachtet und verspottet zwar die früher fast ausschließlich herrschende oberflächliche Systematik, welche sich mit der bloßen Kenntnis der äußeren Formenverhältnisse der Tiere und Pflanzen und mit deren systematischer Klassifikation begnügte. Man vergißt dabei aber ganz, daß die gegenwärtig die meisten Zoologen und Botaniker beschäftigende Kenntnis der inneren Formenverhältnisse an sich betrachtet nicht um ein Haar höher steht, und ebensowenig an und für sich auf den Rang einer erkennenden Wissenschaft Anspruch machen kann. Die anatomischen und histologischen Darstellungen einzelner Teile von Tieren und Pflanzen, sowie die anatomisch-histologischen Monographien einzelner Formen, welche sich in unseren zoologischen und botanischen Zeitschriften von Jahr zu Jahr immer massenhafter anhäufen und in deren Produktion von den meisten das eigentliche Ziel der morphologischen Wissenschaft gesucht wird, sind für diese von ebenso untergeordnetem Werte, als die im vorigen Jahrhundert vorherrschenden Beschreibungen und Klassifikationen der äußeren Speziesformen. Die Zootomie und die Phytotomie sind an sich so wenig wirkliche Wissenschaften, als die von ihnen so verachtete sogenannte Systematik; sie haben, wie diese, bloß den Rang einer unterhaltenden „Gemüts- und Augenergötzung". Alle Kenntnisse, die wir auf diesem Wege erlangen, sind nichts als Bausteine, aus deren Verbindung das Gebäude unserer Wissenschaft erst aufgerichtet werden soll.

Indem sich nun die große Mehrzahl der Zoologen und Botaniker mit dem Aufsuchen, Ausgraben und Herbeischleppen dieser Bausteine begnügt und in dem Wahne lebt, daß diese Kunst die eigentliche Wissenschaft sei, indem sie das Kennen mit dem Erkennen verwechselt, kann es uns nicht wunder nehmen, wenn der Bau unseres wissenschaftlichen Lehrgebäudes selbst noch unendlich hinter den bescheidensten Anforderungen unserer heutigen Bildung zurück ist. Der denkenden Baumeister sind nur wenige, und diese wenigen stehen so vereinzelt, daß sie unter der Masse der Handlanger verschwinden und nicht von den letzteren verstanden werden.

So gleicht denn leider die wissenschaftliche Morphologie der Organismen heutzutage mehr einem großen wüsten Steinhaufen, als einem bewohnbaren Gebäude. Und dieser Steinhaufen wird niemals dadurch ein Gebäude, daß man alle einzelnen Steine inwendig und auswendig untersucht und mikroskopiert, beschreibt und abbildet, benennt und dann wieder hinwirft. Wir kennen zwar die üblichen Phrasen von den riesenhaften Fortschritten der organischen Naturwissenschaften und der Morphologie insbesondere; die Selbstbewunderung, mit der man die quantitative Vermehrung unserer zoologischen und botanischen Kenntnisse alljährlich anstaunt. Wo aber, fragen wir, bleibt die denkende und erkennende Verwertung dieser Kenntnisse? Wo bleibt der qualitative Fortschritt in der Erkenntnis? Wo bleibt das erklärende Licht in dem dunklen Chaos der Gestalten? Wo bleiben die morphologischen Naturgesetze? Wir müssen in diesem rein quantitativen Zuwachs mehr Ballast als Nutzen sehen. Der Steinhaufen wird nicht dadurch zum Gebäude, daß er alle Jahre um so und so viel höher wird. Im Gegenteil, es wird nur schwieriger, sich in demselben zurechtzufinden, und die Ausführung des Baues wird dadurch nur in immer weitere Ferne gerückt.

Nicht mit Unrecht erhebt die heutige Physiologie stolz ihr Haupt über ihre Schwester, die armselige Morphologie. So lange die letztere nicht nach der Erklärung der Formen, nach der Erkenntnis ihrer Bildungsgesetze strebt, ist sie dieser Verachtung wert. Zwar möchte sie dann wenigstens auf den Rang einer deskriptiven Wissenschaft Anspruch machen. Indessen eine bloß „beschreibende Wissenschaft“ ist eine *Contradictio in adjecto.* Nur dadurch, daß der gesetzmäßige Zusammenhang in der Fülle der einzelnen Erscheinungen gefunden wird, nur dadurch erhebt sich die Kunst der Formbeschreibung zur Wissenschaft der Formerkenntnis.

Wenn wir nun nach den Gründen fragen, warum die wissenschaftliche Morphologie noch so unendlich zurück ist, warum noch kaum die ersten Grundlinien dieses großen und herrlichen Gebäudes gelegt sind, warum der große Steinhaufen noch roh und ungeordnet außerhalb dieser Grundlinien liegt, so finden wir freilich die rechtfertigende Antwort teilweise in der außerordentlichen Schwierigkeit der Aufgabe. Denn die wissenschaftliche Morphologie der Organismen ist vielleicht von allen Naturwissenschaften die schwierigste und unzugänglichste. Wohl in keiner anderen Naturwissenschaft steht die reiche Fülle der Erscheinungen in einem solchen Mißverhältnisse zu unseren dürftigen Mitteln, sie zu erklären, ihre Gesetzmäßigkeit zu erkennen und zu begründen. Das Zusammenwirken der verschiedensten Zweige der Naturwissenschaft, welches z. B. die Physiologie in dem letzten Dezennium auf eine so ansehnliche Höhe erhoben hat, kommt der Morphologie nur in äußerst geringem Maße zustatten. Und die untrügliche mathematische Sicherheit der messenden und rechnenden Methode, welche die Morphologie der anorganischen Naturkörper, die Kristallographie, auf einen so hohen Grad der Vollendung erhoben hat, ist in der Morphologie der Organismen fast nirgends anwendbar.

Zum großen Teil aber liegt der höchst unvollkommene Zustand unserer heutigen Morphologie der Organismen auch an dem unwissenschaftlichen Verfahren der Morphologen. Vor allem ist es die übermäßige Vernachlässigung strenger Denktätigkeit, der fast allgemeine Mangel an wirklich vergleichender und denkender Naturbetrachtung, dem wir hier den größten Teil der Schuld beimessen müssen. Freilich ist es unendlich viel bequemer, irgendeine der unzähligen Tier- und Pflanzenformen herzunehmen, sie mit den ausgebildeten anatomischen und mikroskopischen Hilfsmitteln der Neuzeit eingehend zu untersuchen und die gefundenen Formenverhältnisse ausführlich zu beschreiben und abzubilden; freilich ist es unendlich viel bequemer und wohlfeiler, solche sogenannte „Entdeckungen" zu machen, als durch methodische Vergleichung, durch angestrengtes Denken das Verständnis der beobachteten Form zu gewinnen und die Gesetzmäßigkeit der Formerscheinung nachzuweisen. Insbesondere in den letzten acht Jahren, seit dem allzu frühen und nicht genug zu beklagenden Tode von Johannes Müller (1858), dessen gewaltige Autorität bei seinen Lebzeiten noch einigermaßen strenge Ordnung auf dem weiten Gebiete der organischen Morphologie aufrecht zu erhalten wußte, ist eine fortschreitende Verwilderung und allgemeine Anarchie auf demselben eingerissen, so daß jede strenge Vergleichung der quantitativ so bedeutend wachsenden jährlichen Leistungen einen ebenso jährlich beschleunigten qualitativen Rückschritt nachweist. In der Tat nimmt die denkende Betrachtung der organischen Formen heutzutage in demselben Verhältnisse alljährlich ab, als die gedankenlose Produktion des Rohmaterials zunimmt. Sehr richtig sprach in dieser Beziehung schon Victor Carus vor nunmehr 13 Jahren die freilich wenig beherzigten Worte: „Wie es für unsere Zeit charakteristisch ist, daß fast alle Wissenschaften sich in endlose Spezialitäten verlieren und nur selten zu dem roten Faden ihrer Entwicklung zurückkommen, so scheut man sich auch in der Biologie (und ganz vorzüglich in der Morphologie!) vor Anwendung selbst der ungefährlichsten Denkprozesse."

Neben der fast allgemein herrschenden Denkträgheit ist es freilich auch sehr oft die höchst mangelhafte allgemeine Bildung, der Mangel an philosophischer Vorbildung und an Überblick der gesamten Naturwissenschaft, welcher den Morphologen unserer Tage den Gesichtskreis so verengt, daß sie das Ziel ihrer eigenen Wissenschaft nicht mehr sehen können. Die große Mehrzahl der heutigen Morphologen, und zwar sowohl der sogenannten „Systematiker", welche die äußeren Formen, als der sogenannten „vergleichenden Anatomen", welche den inneren Bau der Organismen beschreiben (ohne ihn zu vergleichen, und ohne über den Gegenstand überhaupt ernstlich nachzudenken!), hat das hohe und so weit entfernte Ziel unserer Wissenschaft völlig aus den Augen verloren. Sie begnügen sich damit, die organischen Formen (gleichgültig ob die äußere Gestalt oder den inneren Bau), ohne sich bestimmte Fragen vorzulegen, oberflächlich zu untersuchen und in dicken papierreichen und gedankenleeren Büchern weitläufig zu beschreiben und abzubilden. Wenn dieser ganz unnütze Ballast in den Jahrbüchern der Morphologie aufgeführt und bewundert wird, haben sie ihr Ziel erreicht.

Wir erlauben uns, diesen traurigen Zustand hier rücksichtslos und scharf hervorzuheben, weil wir von der Überzeugung durchdrungen sind, daß nur durch die Erkenntnis desselben und durch die offene Beleuchtung des dunkeln Chaos, welches die sogenannte Morphologie gegenwärtig darstellt, eine bessere Behandlung derselben, eine wirklich fördernde Erkenntnis der Gestalten angebahnt werden kann. Erst wenn man allgemein danach streben wird, den gesetzmäßigen Zusammenhang in den endlosen Reihen der einzelnen Gestalterscheinungen aufzufinden, wird es möglich werden, an das große und gewaltige Gebäude der Morphologie selbst konstruierend heranzutreten. Erst wenn die Kenntnis der Formen sich zur Erkenntnis, wenn die Betrachtung der Gestalten sich zur Erklärung erheben wird, erst wenn aus dem bunten Chaos der Gestalten sich die Gesetze ihrer Bildung entwickeln werden, erst dann wird die niedere Kunst der Morphographie sich in die erhabene Wissenschaft der Morphologie verwandeln können.

Man wird uns von vielen Seiten entgegnen, daß die Zeit dafür noch nicht gekommen, daß unsere empirische Basis hierzu noch nicht genug breit, unsere Naturanschauung noch nicht genug reif, unsere Kenntnis der organischen Gestalten noch viel zu unvollkommen sei. Dieser selbst von hervorragenden Morphologen geteilten

Anschauung müssen wir auf das entschiedenste entgegentreten. Niemals wird ein so hohes und fernes Ziel, wie das der wissenschaftlichen Morphologie ist, erreicht werden, wenn man dasselbe nicht stets im Auge behält. Will man mit der Konstruktion des Gebäudes, mit der Aufsuchung von allgemeinen Gestaltungsgesetzen warten, bis wir alle existierenden Formen kennen, so werden wir niemals damit fertig werden; ja wir werden niemals auch nur zum Fundament einer wissenschaftlichen Formenlehre gelangen. Des Ausbaues und der Verbesserung bedürftig wird das Gebäude ewig bleiben; das hindert aber nicht, daß wir uns wohnlich darin einrichten, und daß wir uns der Gesetzmäßigkeit der Gestalten erfreuen, auch wenn wir wissen, daß unsere Erkenntnis derselben eine beschränkte ist.

Zweites Kapitel.

Verhältnis der Morphologie zu den andern Naturwissenschaften.

„Eine höchst wichtige Betrachtung in der Geschichte der Wissenschaft ist die, daß sich aus den ersten Anfängen einer Entdeckung manches in den Gang des Wissens heran- und durchzieht, welches den Fortschritt hindert, sogar öfters lähmt. So hat auch jeder Weg, durch den wir zu einer neuen Entdeckung gelangen, Einfluß auf Ansicht und Theorie. Was würden wir von einem Architekten sagen, der durch eine Seitentüre in einen Palast gekommen wäre, und nun, bei Beschreibung und Darstellung eines solchen Gebäudes, alles auf diese erste untergeordnete Seite beziehen wollte? Und doch geschieht dies in den Wissenschaften jeden Tag."

Goethe.

I. Morphologie und Biologie.
II. Morphologie und Physik.
III. Morphologie und Chemie.
IV. Morphologie und Physiologie.

Drittes Kapitel.

Einteilung der Morphologie in untergeordnete Wissenschaften.

„Indem sich jeder einzelne Wirkungskreis absondert, so vereinzelt, zersplittert sich auch in jedem Kreise die Behandlung. Nur ein Hauch von Theorie erregt schon Furcht; denn seit mehr als einem Jahrhundert hat man sie wie ein Gespenst geflohen und, bei einer fragmentarischen Erfahrung, sich doch zuletzt den gemeinsten Vorstellungen in die Arme geworfen. Niemand will gestehen, daß eine Idee, ein Begriff der Beobachtung zum Grunde liegen, die Erfahrung befördern, ja das Finden und Erfinden begünstigen könne."

Goethe (1819).

I. Einteilung der Morphologie in Anatomie und Morphogenie.
II. Einteilung der Anatomie und Morphogenie in vier Wissenschaften.
III. Anatomie und Systematik.
IV. Organologie und Histologie.
V. Tektologie und Promorphologie.
VI. Morphogenie oder Entwicklungsgeschichte.
VII. Entwicklungsgeschichte der Individuen.
VIII. Entwicklungsgeschichte der Stämme.
IX. Generelle und spezielle Morphologie.

Viertes Kapitel.

Methodik der Morphologie der Organismen.

„Wenn ein Wissen reif ist, Wissenschaft zu werden, so muß notwendig eine Krise entstehen: denn es wird die Differenz offenbar zwischen denen, die das Einzelne trennen und getrennt darstellen, und solchen, die das Allgemeine im Auge haben und gern das Besondere an- und einfügen möchten. Wie nun aber die wissenschaftliche, ideelle, umgreifendere Behandlung sich mehr und mehr Freunde, Gönner und Mitarbeiter wirbt, so bleibt auf der höheren Stufe jene Trennung zwar nicht so entschieden, aber doch genugsam merklich."
Goethe.

Viertes Kapitel: Erste Hälfte.

Kritik der naturwissenschaftlichen Methoden, welche sich gegenseitig notwendig ergänzen müssen.

I. Empirie und Philosophie.

(Erfahrung und Erkenntnis.)

„Die wichtigsten Wahrheiten in den Naturwissenschaften sind weder allein durch Zergliederung der Begriffe der Philosophie, noch allein durch bloßes Erfahren gefunden worden, sondern durch eine denkende Erfahrung, welche das Wesentliche von dem Zufälligen in der Erfahrung unterscheidet und dadurch Grundsätze findet, aus welchen viele Erfahrungen abgeleitet werden. Dies ist mehr als bloßes Erfahren, und wenn man will, eine philosophische Erfahrung." Johannes Müller (Handbuch der Physiologie des Menschen, Bd. II, p. 522).

„Vergleichen wir die morphologischen Wissenschaften mit den physikalischen Theorien, so müssen wir uns gestehen, daß erstere in jeder Hinsicht unendlich weit zurück sind. Die Ursache dieser Erscheinung liegt nun allerdings zum Teil in dem Gegenstande, dessen verwickeltere Verhältnisse sich noch am meisten der mathematischen Behandlung entziehen, aber großenteils ist auch die große

Nichtachtung methodologischer Verständigung daran schuld, indem man sich einerseits durchaus nicht um scharfe Fassung der leitenden Prinzipien bekümmert, andererseits selbst die allgemeinsten und bekanntesten Anforderungen der Philosophie hintangesetzt hat, weil bei dem weiten Abstande ihrer allgemeinen Aussprüche von den Einzelheiten, mit denen sich die empirischen Naturwissenschaften beschäftigen, die Notwendigkeit ihrer Anwendung sich der unmittelbaren Auffassung entzog. So sind gar viele Arbeiter in dieser Beziehung durchaus nicht mit ihrer Aufgabe verständigt, und die Fortschritte in der Wissenschaft hängen oft rein vom Zufall ab." Schleiden (Grundzüge der wissenschaftlichen Botanik, „§ 3 Methodik oder über die Mittel zur Lösung der Aufgaben in der Botanik").

Wir erlauben uns, dieses methodologische Kapitel, welches die Mittel und Wege zur Lösung unserer morphologischen Aufgaben zeigen soll, mit zwei vortrefflichen Aussprüchen von den beiden größten Morphologen einzuleiten, welche im fünften Dezennium unseres Jahrhunderts die organische Naturwissenschaft in Deutschland beherrschten. Wie Johannes Müller für die Zoologie, so hat Schleiden damals für die Botanik mit der klarsten Bestimmtheit den Weg gewiesen, welcher uns allein auf dem Gebiete der Biologie, und insbesondere auf dem der Morphologie, zu dem Ziele unserer Wissenschaft hinzuführen vermag. Dieser einzig mögliche Weg kann natürlich kein anderer sein als derjenige, welcher für alle Naturwissenschaften — oder, was dasselbe ist, für alle wahren Wissenschaften — ausschließliche Gültigkeit hat. Es ist dies der Weg der denkenden Erfahrung, der Weg der philosophischen Empirie. Wir könnten ihn ebensogut als den Weg des erfahrungsmäßigen Denkens, den Weg der empirischen Philosophie bezeichnen.

Absichtlich stellen wir die bedeutenden Aussprüche dieser beiden großen „empirischen und exakten" Naturforscher an die Spitze dieses methodologischen Kapitels, weil wir dadurch hoffen, die Aufmerksamkeit der heutigen Morphologen und der Biologen überhaupt intensiver auf einen Punkt zu lenken, der nach unserer innigsten Überzeugung für den Fortschritt der gesamten Biologie, und der Morphologie insbesondere, von der allergrößten Bedeutung ist, der aber gerade im gegenwärtigen Zeitpunkte in demselben Maße von den allermeisten Naturforschern völlig vernachlässigt wird, als er vor allen anderen hervorgehoben zu werden verdiente. Es ist dies die gegenseitige Ergänzung von Beobachtung und Gedanken, der innige Zusammenhang von Naturbeschreibung und Naturphilosophie, die notwendige Wechselwirkung zwischen Empirie und Theorie.

Einer der größten Morphologen. den unser deutsches Vaterland erzeugt hat, Karl Ernst v. Bär, hat dem klassischen Werke, durch welches er die tierische Ontogenie, eine sogenannte „rein empirische und deskriptive Wissenschaft", neu begründete. den Titel vorangesetzt: „Über Entwickelungsgeschichte der Tiere. Beobachtung und Reflexion." Wenn seine Nachfolger diese drei Worte stets bei ihren Arbeiten im Auge behalten hätten, würde es besser um unsere Wissenschaft aussehen, als es jetzt leider aussieht. „Beobachtung und Reflexion" sollte die Überschrift jeder wahrhaft naturwissenschaftlichen Arbeit lauten können. Bei wie vielen aber ist dies möglich? Wenn wir ehrlich sein wollen, können wir ihre Zahl kaum gering genug anschlagen und finden unter hunderten kaum eine. Und dennoch können nur durch die innigste Wechselwirkung von Beobachtung und Reflexion wirkliche Fortschritte in jeder Naturwissenschaft, und also auch in der Morphologie, gemacht werden. Hören wir weiter, was K. E. v. Bär, der „empirische und exakte" Naturforscher, in dieser Beziehung sagt:

„Zwei Wege sind es, auf denen die Naturwissenschaft gefördert werden kann, Beobachtung und Reflexion. Die Forscher ergreifen meistens für den einen von beiden Partei. Einige verlangen nach Tatsachen, andere nach Resultaten und allgemeinen Gesetzen, jene nach Kenntnis, diese nach Erkenntnis, jene möchten für besonnen, diese für tiefblickend gelten. Glücklicherweise ist der Geist des Menschen selten so einseitig ausgebildet, daß es ihm möglich wird, nur den einen Weg der Forschung zu gehen, ohne auf den anderen Rücksicht zu nehmen. Unwillkürlich wird der Verächter der Abstraktion sich von Gedanken bei seiner Beobachtung beschleichen lassen; und nur in kurzen Perioden der Fieberhitze ist sein Gegner vermögend, sich der Spekulation im Felde der Naturwissenschaft mit völliger Hintansetzung der Erfahrung hinzugeben. Indessen bleibt immer, für die Individuen sowohl als für ganze Perioden der Wissenschaft, die eine Tendenz die vorherrschende, der man mit Bewußtsein des Zwecks sich hingibt, wenn auch die andere nicht ganz fehlt."

Mit diesen wenigen Worten ist das gegenseitige Wechselverhältnis von Beobachtung und Reflexion, die notwendige Verbindung von empirischer Tatsachenkenntnis und von philosophischer Gesetzeserkenntnis treffend bezeichnet. Aber auch die Tatsache, daß in den einzelnen Naturforschern sowohl als in den einzelnen Perioden der Naturwissenschaft selten beide Richtungen in harmonischer Eintracht und gegenseitiger Durchdringung zusammenwirken, vielmehr eine von beiden fast immer bedeutend über die andere überwiegt, ist von Bär sehr richtig hervorgehoben worden, und gerade dieser Punkt ist es, auf den wir hier zunächst die besondere Aufmerksamkeit lenken möchten. Denn wenn wir einerseits überzeugt sind, daß wir nur durch die gemeinsame Tätigkeit beider Richtungen dem Ziele unserer Wissenschaft uns nähern können, und wenn wir andererseits zu der Einsicht gelangen, welche von beiden Richtungen im gegenwärtigen Stadium unserer wissenschaftlichen Entwicklung die einseitig überwiegende ist, so werden wir auch die Mittel zur Hebung dieser Einseitigkeit angeben und die Methode bestimmen können, welche die Morphologie gegenwärtig zunächst und vorzugsweise einzuschlagen hat.

Es bedarf nun keines allzu tiefen Scharfblicks und keines allzu weiten Überblicks, um alsbald zu der Überzeugung zu gelangen, daß in dem ganzen zweiten Viertel des neunzehnten Jahrhunderts und darüber hinaus bis jetzt, und zwar vorzüglich vom Jahre 1840—1860, die rein empirische und „exakte" Richtung ganz überwiegend in der Biologie und vor allem in der Morphologie geherrscht, und daß sie diese Alleinherrschaft in fortschreitendem Maße dergestalt ausgedehnt hat, daß die spekulative oder philosophische Richtung im fünften Dezennium vorigen Jahrhunderts fast vollständig von ihr verdrängt war. Auf allen Gebieten der Biologie, sowohl in der Zoologie, als in der Botanik, galt während dieses Zeitraums allgemein die Naturbeobachtung und die Naturbeschreibung als „die eigentliche Naturwissenschaft", und die „Naturphilosophie" wurde als eine Verirrung betrachtet, als ein Phantasiespiel, welches nicht nur nichts mit der Beobachtung und Beschreibung zu tun habe, sondern auch gänzlich aus dem Gebiete der „eigentlichen Naturwissenschaft" zu verbannen sei. Freilich war diese einseitige Verkennung der Philosophie nur zu sehr gefördert und gerechtfertigt durch das verkehrte und willkürliche Verfahren der sogenannten „Naturphilosophie", welche im ersten Drittel unseres Jahrhunderts die Naturwissenschaft zu unterwerfen suchte, und welche, statt von empirischer Basis auszugehen, in der ungemessensten Weise ihrer wilden und erfahrungslosen Phantasie die Zügel schießen ließ. Die namentlich von Oken, Schelling usw. ausgehende Naturphantasterei mußte ganz natürlich als anderes Extrem den krassesten Empirismus hervorrufen. Der natürliche Rückschlag gegen diese letztere in demselben Grade einseitige Richtung trat erst im Jahre 1859 ein, als Charles Darwin seine großartige Entdeckung der „natürlichen Züchtung“ veröffentlichte und damit den Anstoß zu einem allgemeinen Umschwung der gesamten Biologie und namentlich der Morphologie gab. Die gedankenvolle Naturbetrachtung, der im besten Sinne philosophische, d. h. naturgemäß denkende Geist, welcher sein epochemachendes Werk durchzieht, wird der vergessenen und verlassenen Naturphilosophie wieder zu dem ihr gebührenden Platze verhelfen und den Beginn einer neuen Periode der Wissenschaft bezeichnen. Freilich ist dieser gewaltige Umschwung bei weitem noch nicht zu allgemeinem Durchbruch gelangt; die Mehrzahl der Biologen ist noch zu sehr und zu allgemein in den Folgen der vorher überall herrschenden einseitig empirischen Richtung befangen, als daß wir die Rückkehr zur denkenden Naturbetrachtung als eine bewußte und allgemeine bezeichnen könnten. Indes hat dieselbe doch bereits in einigen Kreisen begonnen, an vielen Stellen feste Wurzel geschlagen, und wird voraussichtlich nicht allein in den nächsten Jahren schon das verlorene Terrain wieder erobern, sondern in wenigen Dezennien sich so allgemeine Geltung verschafft haben, daß man (wohl noch vor Ablauf unseres Jahrhunderts) verwundert auf die Beschränktheit und Verblendung zahlreicher Naturforscher zurückblicken wird, die heute noch die Philosophie von dem Gebiete der Biologie ausschließen wollen. Wir unsererseits sind unerschütterlich davon überzeugt, daß man in der wahrhaft „erkennenden“ Wissenschaft die Empirie und die Philosophie gar nicht voneinander trennen kann. Jene ist nur die erste und niederste, diese die letzte und höchste Stufe der Erkenntnis. Alle wahre Naturwissenschaft ist Philosophie und alle wahre Philosophie ist Naturwissenschaft. Alle wahre Wissenschaft aber ist in diesem Sinne Naturphilosophie.

In der Tat könnte heute schon die allgemein übliche einseitige Ausschließung der Philosophie aus der Naturwissenschaft jedem objektiv dies Verhältnis betrachtenden Gebildeten als ein befremdendes Rätsel erscheinen, wenn nicht der Entwickelungsgang der Biologie selbst ihm die Lösung dieses Rätsels sehr nahe legte. Wenn wir die Geschichte unserer Wissenschaft in den allgemeinsten Zügen überblicken, so bemerken wir alsbald, daß die beiden scheinbar entgegengesetzten, in der Tat aber innig verbundenen Forschungsrichtungen in der Naturwissenschaft, die beobachtende oder empirische und die denkende oder philosophische, zwar stets mehr oder minder eng verbunden nebeneinander herlaufen, daß aber doch, wie es Bär sehr richtig ausdrückt, immer die eine der beiden Richtungen über die andere bedeutend überwiegt, und zwar „sowohl für die Individuen, als für ganze Perioden der Wissenschaft". So finden wir ein beständiges Oszillieren, einen Wechsel der beiden Richtungen, der uns zeigt, daß niemals in gleichmäßigem Fortschritt, sondern stets in wechselnder Wellenbewegung die Biologie ihrem Ziele sich nähert. Die Exzesse, welche jede der beiden Forschungsrichtungen begeht, sobald sie das Übergewicht über die andere gewonnen hat, die Ausschließlichkeit, durch welche jede in der Regel sich als die allein richtige, als die „eigentliche" Methode der Naturwissenschaft betrachtet, führen nach längerer oder kürzerer Dauer wieder zu einem Umschwung, welcher der überlegenen Gegnerin abermals zur Herrschaft verhilft.

Wie dieser regelmäßige Regierungswechsel von empirischer und philosophischer Naturforschung auf dem gesamten Gebiete der Biologie uns überall entgegentritt, so sehen wir ganz besonders bei einem allgemeinen Überblick des Entwickelungsganges, den die Morphologie vom Anfang des vorigen Jahrhunderts an genommen, daß die beiden feindlichen Schwestern, die doch im Grunde nicht ohne einander leben können, stets abwechselnd die Herrschaft behauptet haben. Nachdem Linné die Morphologie der Organismen zum ersten Male in feste wissenschaftliche Form gebracht und ihr das systematische Gewand angezogen hatte, wurde zunächst der allgemeine Strom der neubelebten Naturforschung auf die rein empirische Beobachtung und Beschreibung der zahllosen neuen Formen hingelenkt, welche unterschieden, benannt und in das Fachwerk des Systems eingeordnet werden mußten. Die systematische Beschreibung und Benennung, als Mittel des geordneten Überblicks der zahllosen Einzelformen, wurde aber bald Selbstzweck, und damit verlor sich die Formbeobachtung der Tiere und Pflanzen in der gedankenlosesten Empirie. Das massenhaft sich anhäufende Rohmaterial forderte mehr und mehr zu einer denkenden Verwertung desselben auf, und so entstand die Schule der Naturphilosophen, als deren bedeutendsten Forscher, wenn auch nicht (wegen mangelnder Anerkennung) als deren eigentlichen Begründer wir Lamarck bezeichnen müssen.[1]) In Deutschland vorzüglich durch Oken und Goethe, in Frankreich durch Lamarck und Etienne Geoffroy S. Hilaire ver-

[1]) Selten ist wohl das Verdienst eines der bedeutendsten Männer so völlig von seinen Zeitgenossen verkannt und gar nicht gewürdigt worden, wie es mit Lamarck ein halbes Jahrhundert hindurch der Fall war. Nichts beweist dies vielleicht so schlagend als der Umstand, daß Cuvier in seinem Bericht über die Fortschritte der Naturwissenschaften, in welchem auch die unbedeutendsten Bereicherungen des empirischen Materials aufgeführt werden, des bedeutendsten aller biologischen Werke jenes Zeitraums, der Philosophie zoologique von Lamarck, mit keinem Worte Erwähnung tut!

treten, war diese ältere Naturphilosophie eifrigst bemüht, aus dem Chaos der zahllosen Einzelbeobachtungen, die sich immer mehr zu einem unübersehbaren Berge häuften, allgemeine Gesetze abzuleiten und den Zusammenhang der Erscheinungen zu ermitteln. Wie weit sie schon damals auf diesem Wege gelangte, zeigt die klassische Philosophie zoologique von Lamarck (1809) und die bewunderungswürdige Metamorphose der Pflanzen von Goethe (1790). Doch war die empirische Basis, auf welcher diese Heroen der Naturforschung ihre genialen Gedankengebäude errichteten, noch zu schmal und unvollkommen, die ganze damalige Kenntnis der Organismen noch zu sehr bloß auf die äußeren Formverhältnisse beschränkt, als daß ihre denkende Naturbetrachtung die festesten Anhaltspunkte hätte gewinnen und die darauf gegründeten allgemeinen Gesetze schon damals eine weitere Geltung hätten erringen können. Entwickelungsgeschichte und Paläontologie existierten noch nicht, und die vergleichende Anatomie hatte kaum noch Wurzeln geschlagen. Wie weit aber diese Genien trotzdem ihrer Zeit vorauseilten, bezeugt vor allem die (in der ersten Hälfte unseres Jahrhunderts fast allgemein ignorierte) Tatsache, daß beide, sowohl Lamarck als Goethe, die wichtigsten Sätze der Deszendenz-Theorie bereits mit voller Klarheit und Bestimmtheit aussprachen. Erst ein volles halbes Jahrhundert später sollte Darwin dafür die Beweise liefern.

Die eigentliche Blütezeit der älteren Naturphilosophie fällt in die ersten Dezennien unseres Jahrhunderts. Aber schon im zweiten und noch schneller im dritten näherte sie sich ihrem jähen Untergange, teils durch eigene Verblendung und Ausartung, teils durch Mangel an Verständnis bei der Mehrzahl der Zeitgenossen, teils durch das rasche und glänzende Emporblühen der empirischen Richtung, welche in Cuvier einen neuen und gewaltigen Reformator fand. Gegenüber der willkürlichen und verkehrten Phantasterei, in welche die Naturphilosophie bald sowohl in Frankreich als in Deutschland damals ausartete, war es dem exakten, strengen und auf der breitesten empirischen Basis stehenden Cuvier ein leichtes, die verwilderten und undisziplinierten Gegner aus dem Felde zu schlagen. Bekanntlich war es der 22. Februar 1830, an welchem der Konflikt zwischen den beiden entgegengesetzten Richtungen in der Pariser Akademie zum öffentlichen Austrage kam und damit definitiv geendigt zu sein schien, daß Cuvier seinen Hauptgegner E. Geoffroy S. Hilaire mit Hülfe seiner überwiegenden empirischen Beweismittel in den Augen der großen Mehrheit vollständig besiegte. Dieser merkwürdige öffentliche Konflikt, durch welchen die Niederlage der älteren Naturphilosophie besiegelt wurde, ist in mehrfacher Beziehung vom höchsten Interesse, vorzüglich auch deshalb, weil er von Goethe in der meisterhaftesten Form in einem kritischen Aufsatze dargestellt wurde, welchen derselbe wenige Tage vor seinem Tode (im März 1832) vollendete. Dieser höchst lesenswerte Aufsatz, das letzte schriftliche Vermächtnis, welches der deutsche Dichterfürst uns hinterlassen, enthält nicht allein eine vortreffliche Charakteristik von Cuvier und Geoffroy S. Hilaire, sondern auch eine ausgezeichnete Darstellung der beiden entgegengesetzten von ihnen vertretenen Richtungen,

„des immerwährenden Konfliktes zwischen den Denkweisen, in die sich die wissenschaftliche Welt schon lange trennt; zwei Denkweisen, welche sich in dem menschlichen Geschlechte meistens getrennt und dergestalt verteilt finden, daß sie, wie überall, so auch im Wissenschaftlichen, schwer zusammen verbunden angetroffen werden, und wie sie getrennt sind, sich nicht wohl vereinigen mögen. Haben wir die Geschichte der Wissenschaften und eine eigene lange Erfahrung vor Augen, so möchte man befürchten, die menschliche Natur werde sich von diesem Zwiespalt kaum jemals retten können."

Die Niederlage der älteren Naturphilosophie, welche Cuvier als der Heerführer der neu erstehenden „exakten Empirie" herbeigeführt und in jenem Konflikt offenbar gemacht hatte, war so vollständig, daß in den folgenden drei Dezennien, von 1830—1860, unter der nun allgemein sich ausbreitenden empirischen Schule von Philosophie gar keine Rede mehr war. Mit den Träumereien und Phantasiespielen jener ausgearteten Naturphantasterei wurden auch die wahren und großen Verdienste der alten Naturphilosophie vergessen, aus der jene hervorgegangen war, und man gewöhnte sich sehr allgemein an die Vorstellung, daß Naturwissenschaft und Philosophie in einem unversöhnlichen Gegensatze zueinander ständen. Dieser Irrtum wurde dadurch insbesondere begünstigt, daß die verbesserten Instrumente und Beobachtungsmethoden der Neuzeit, und vor allem die sehr verbesserten Mikroskope, der empirischen Naturbeobachtung ein unendlich weites Feld der Forschung eröffneten, auf welchem es ein leichtes war, mit wenig Mühe und ohne große Gedankenanstrengung Entdeckungen neuer Formverhältnisse in Hülle und Fülle zu machen. Während die Beobachtungen der ersten empirischen Periode, welche sich aus Linnés Schule entwickelte, vorzugsweise nur auf die äußeren Formverhältnisse der Organismen gerichtet gewesen waren, wandte sich nun die zweite empirische Periode, welche aus Cuviers Schule hervorging, vorwiegend der Beobachtung des inneren Baues der Tiere und Pflanzen zu. Und in der Tat gab es hier, nachdem Cuvier durch Begründung der vergleichenden Anatomie und der Paläontologie ein weites neues Feld der Beobachtung geöffnet, nachdem Bär durch Reformation der Entwickelungsgeschichte und Schwann durch Begründung der Gewebelehre auf dem tierischen, Schleiden auf dem pflanzlichen Gebiete neue und große Ziele gesteckt, nachdem Johannes Müller die gesamte Biologie mit gewaltiger Hand in die neu geöffneten Bahnen der exakten Beobachtung hineingewiesen hatte, überall so unendlich viel zu beobachten und zu beschreiben, es wurde so leicht, mit nur wenig Geduld, Fleiß und Beobachtungsgabe neue Tatsachen zu entdecken, daß wir uns nicht wundern können, wenn darüber die leitenden Prinzipien der Naturforschung gänzlich vernachlässigt und die erklärende Gedankenarbeit von den meisten völlig vergessen wurde. Da noch im gegenwärtigen Augenblick diese „rein empirische" Richtung die allgemein überwiegende ist, da die Bezeichnung der Naturphilosophie noch in den weitesten naturwissenschaftlichen Kreisen nur als Schimpfwort gilt und selbst von den hervorragendsten Biologen nur in diesem Sinne gebraucht wird, so haben wir nicht nötig, die grenzenlose Einseitigkeit dieser Richtung noch näher zu erläutern und werden nur noch insofern näher darauf eingehen, als wir gezwungen sind, unseren Zeitgenossen ihr „exakt-empirisches“, d. h. gedankenloses und beschränktes, Spiegelbild vorzuhalten. Teilweise ist dies schon im vorigen Kapitel geschehen. Wiederholt wollen wir hier nur nochmals auf die seltsame Selbsttäuschung hinweisen, in welcher die neuere Biologie befangen ist, wenn sie die nackte gedankenlose Beschreibung innerer und feinerer, insbesondere mikroskopischer Formverhältnisse als „wissenschaftliche Zoologie“ und „wissenschaftliche Botanik“ preist und mit nicht geringem Stolze der früher ausschließlich herrschenden reinen Beschreibung der äußeren und gröberen Formverhältnisse gegenüberstellt, welche die sogenannten „Systematiker“ beschäftigt. Sobald bei diesen beiden Richtungen, die sich so scharf gegenüberzustellen belieben, die Beschreibung an sich das Ziel ist (— gleichviel ob der inneren oder äußeren, der feineren oder gröberen Formen —), so ist die eine genau so viel wert, als die andere. Beide werden erst zur Wissenschaft, wenn sie die Form zu erklären und auf Gesetze zurückzuführen streben.

Nach unserer eigenen innigsten Überzeugung ist der Rückschlag, der gegen diese ganz einseitige und daher beschränkte Empirie notwendig früher oder später erfolgen mußte, bereits tatsächlich erfolgt, wenn auch zunächst nur in wenigen engen Kreisen. Die 1859 von Charles Darwin veröffentlichte Entdeckung der natürlichen Zuchtwahl im Kampfe ums Dasein, eine der größten Entdeckungen des menschlichen Forschungstriebes, hat mit einem Male ein so gewaltiges und klärendes Licht in das dunkle Chaos der haufenweis gesammelten biologischen Tatsachen geworfen, daß es auch den krassesten Empirikern fernerhin, wenn sie überhaupt mit der Wissenschaft fortschreiten wollen, nicht mehr möglich sein wird, sich der daraus emporwachsenden neuen Naturphilosophie zu entziehen. Indem die von Darwin neu begründete Deszendenztheorie die ganze gewaltige Fülle der seither empirisch angehäuften Tatsachenmassen durch einen einzigen genialen Gedanken erleuchtet, die schwierigsten Probleme der Biologie aus dem einen obersten Gesetze der „wirkenden Ursachen“ vollständig erklärt, die unzusammenhängende Masse aller biologischen Erscheinungen auf dieses eine einfache große Naturgesetz zurückführt, hat sie bereits tatsächlich die bisher ausschließlich herrschende Empirie völlig überflügelt und einer neuen und gesunden Philosophie die weiteste und fruchtbarste Bahn geöffnet. Es ist eine Hauptaufgabe des vorliegenden Werkes, zu zeigen, wie die wichtigsten Erscheinungsreihen der Morphologie sich mit Hülfe derselben vollständig erklären und auf große und allgemeine Naturgesetze zurückführen lassen.

Wenn wir das Resultat dieses flüchtigen Überblickes über den inneren Entwickelungsgang der Morphologie in wenigen Worten zusammenfassen, so können wir füglich von Beginn des achtzehnten Jahrhunderts an bis jetzt vier abwechselnd empirische und philosophische Perioden der Morphologie unterscheiden, welche durch die Namen von Linné, Lamarck, Cuvier, Darwin bezeichnet sind, nämlich: I. Periode: Linné (geb. 1707).

Erste empirische Periode (achtzehntes Jahrhundert). Herrschaft der empirischen äußeren Morphologie (Systematik). II. Periode: Lamarck (geb. 1744) und Goethe (geb. 1749).[1]) Erste philosophische Periode (erstes Drittel des neunzehnten Jahrhunderts). Herrschaft der phantastisch-philosophischen Morphologie (ältere Naturphilosophie). III. Periode: Cuvier (geb. 1769).[2]) Zweite empirische Periode (zweites Drittel des neunzehnten Jahrhunderts). Herrschaft der empirischen inneren Morphologie (Anatomie). IV. Periode: Darwin (geb. 1809). Zweite philosophische Periode. Begonnen 1859. Herrschaft der empirisch-philosophischen Morphologie (neuere Naturphilosophie).

Indem wir die beiden Richtungen der organischen Morphologie, die empirische und philosophische, so schroff einander gegenüberstellen, müssen wir ausdrücklich bemerken, daß nur die große Masse der beschränkteren und gröber organisierten Naturforscher es war, welche diesen Gegensatz in seiner ganzen Schärfe ausbildete und entweder die eine oder die andere Methode als die allein seligmachende pries und für die „eigentliche" Naturwissenschaft hielt. Die umfassenderen und feiner organisierten Naturforscher, und vor allen die großen Koryphäen, deren Namen wir an die Spitze der von ihnen beherrschten Perioden gestellt haben, waren stets mehr oder minder überzeugt, daß nur eine innige Verbindung von Beobachtung und Theorie, von Empirie und Philosophie, den Fortschritt der Naturwissenschaft wahrhaft fördern könnte. Man pflegt gewöhnlich Cuvier als den strengsten und exklusivsten Empiriker, als den abgesagtesten Feind jeder Naturphilosophie hinzustellen. Und sind nicht seine besten Arbeiten, seine wertvollsten Entdeckungen, wie z. B. die Aufstellung der vier tierischen Typen (Stämme), die Begründung des Gesetzes von der Korrelation der Teile, von den *„Causes finales"*, Ausflüsse der reinsten Naturphilosophie? Ist nicht die von ihm neu begründete „vergleichende Anatomie" ihrem ganzen Wesen nach eine rein philosophische Wissenschaft, welche das empirische Material der Zootomie bloß als Basis braucht? Ist es nicht lediglich der Gedanke, die Theorie, welche auf der rein empirischen Zootomie als notwendiger Grundlage das philosophische Lehrgebäude der vergleichenden Anatomie errichten? Und wenn Cuvier aus einem einzigen Zahne oder Knochen eines fossilen Tieres die ganze Natur und systematische Stellung desselben mit Sicherheit erkannte, war dies Beobachtung oder war es

---

[1]) Wir nennen hier absichtlich Lamarck und Goethe als die geistvollsten Repräsentanten der älteren Naturphilosophie, wenngleich sie sich entfernt nicht desselben Einflusses und derselben Anerkennung zu erfreuen hatten, wie Etienne Geoffroy S. Hilaire (geb. 1771) und Lorenz Oken (geb. 1779), die gewöhnlich als die Koryphäen dieser Richtung vorangestellt werden.

[2]) Als hervorragende Koryphäen dieser Periode würden wir hier noch Johannes Müller, Schleiden und einige andere hervorzuheben haben, wenn nicht gerade diese bedeutendsten Männer, als wahrhaft philosophische Naturforscher, sich von der großen Einseitigkeit freigehalten hätten, welche Cuviers Schule und der große Troß der Zeitgenossen zum extremsten Empirismus ausbildete.

Reflexion? Betrachten wir andererseits den Stifter der älteren Naturphilosophie, Lamarck, so brauchen wir, um den Vorwurf der Einseitigkeit zu widerlegen, bloß darauf hinzuweisen, daß dieser eminente Mann seinen Ruf als großer Naturforscher größtenteils einem vorwiegend deskriptiven Werke, der berühmten „Histoire naturelle des animaux sans vertèbres" verdankte. Seine „Philosophie zoologique", welche die Deszendenzlehre zum ersten Male als vollkommen abgerundete Theorie aufstellte, eilte mit ihrem prophetischen Gedankenfluge seiner Zeit so voraus, daß sie von seinen Zeitgenossen gar nicht verstanden und ein volles halbes Jahrhundert hindurch (1809—1859) totgeschwiegen wurde. Johannes Müller, den wir Deutschen mit gerechtem Stolz als den größten Biologen der ersten Hälfte des neunzehnten Jahrhunderts unser eigen nennen, und der in den Augen der meisten jetzt lebenden Biologen als der strengste Empiriker und Gegner der Naturphilosophie gilt, verdankt die Fülle seiner zahlreichen und großen Entdeckungen viel weniger seinem ausgezeichneten sinnlichen Beobachtungstalent, als seinem kombinierenden Gedankenreichtum und der natürlichen Philosophie seiner wahrhaft denkenden Beobachtungsmethode. Charles Darwin, der größte aller jetzt lebenden Naturforscher, überragt uns alle nicht allein durch Ideenreichtum und Gedankenfülle seines die ganze organische Natur umfassenden Geistes, sondern ebensosehr durch die intensiv und extensiv gleichbedeutende und fruchtbare Methode seiner empirischen Naturbeobachtung.

Nach unserer festesten Überzeugung können nur diejenigen Naturforscher wahrhaft fördernd und schaffend in den Gang der Wissenschaft eingreifen, welche, bewußt oder unbewußt, ebenso scharfe Denker als sorgfältige Beobachter sind. Niemals kann die bloße Entdeckung einer nackten Tatsache, und wäre sie noch so merkwürdig, einen wahrhaften Fortschritt in der Naturwissenschaft herbeiführen, sondern stets nur der Gedanke, die Theorie, welche diese Tatsache erklärt, sie mit den verwandten Tatsachen vergleichend verbindet und daraus ein Gesetz ableitet. Betrachten wir die größten Naturforscher, welche zu allen Zeiten auf dem biologischen Gebiete tätig gewesen sind, von Aristoteles an, Linné und Cuvier, Lamarck und Goethe, Bär und Johannes Müller und wie die Reihe der glänzenden Sterne erster Größe, bis auf Charles Darwin herab, weiter heißt — sie alle sind ebenso große Denker, als Beobachter gewesen, und sie alle verdanken ihren unsterblichen Ruhm nicht der Summe der einzelnen von ihnen entdeckten Tatsachen, sondern ihrem denkenden Geiste, der diese Tatsachen in Zusammenhang zu bringen und daraus Gesetze abzuleiten verstand. Die rein empirischen Naturforscher, welche nur durch Entdeckung neuer Tatsachen die Wissenschaft zu fördern glauben, können in derselben ebensowenig etwas leisten, als die rein spekulativen Philosophen, welche der Tatsachen entbehren zu können glauben und die Natur aus ihren Gedanken konstruieren wollen. Diese werden zu phantastischen Träumern, jene im besten Falle zu genauen Kopiermaschinen der Natur. Im Grunde freilich gestaltet sich das tatsächliche Verhältnis überall so, daß die reinen Empiriker sich mit einer unvollständigen und unklaren, ihnen selbst nicht bewußten Philosophie, die reinen Philosophen dagegen mit einer ebensolchen, unreinen und mangelhaften Empirie begnügen. Das Ziel der Naturwissenschaft ist die Herstellung eines vollkommen architektonisch geordneten Lehrgebäudes. Der reine Empiriker bringt statt dessen einen ungeordneten Steinhaufen zusammen; der reine Philosoph auf der andern Seite baut Luftschlösser, welche der erste empirische Windstoß über den Haufen wirft. Jener begnügt sich mit dem Rohmaterial, dieser mit dem Plan des Gebäudes. Aber nur durch die innigste Wechselwirkung von empirischer Beobachtung und philosophischer Theorie kann das Lehrgebäude der Naturwissenschaft wirklich zustande kommen.

Wir schließen diesen Abschnitt, wie wir ihn begonnen, mit einem Ausspruch von Johannes Müller: „Die Phantasie ist ein unentbehrliches Gut; denn sie ist es, durch welche neue Kombinationen zur Veranlassung wichtiger Entdeckungen gemacht werden. Die Kraft der Unterscheidung des isolierenden Verstandes sowohl, als der erweiternden und zum Allgemeinen strebenden Phantasie sind dem Naturforscher in einem harmonischen Wechselwirken notwendig. Durch Störung dieses Gleichgewichts wird der Naturforscher von der Phantasie zu Träumereien hingerissen, während diese Gabe den talentvollen Naturforscher von hinreichender Verstandesstärke zu den wichtigsten Entdeckungen führt.“[1])

II. Analyse und Synthese.

„Ein Jahrhundert, das sich bloß auf die Analyse verlegt, und sich vor der Synthese gleichsam fürchtet, ist nicht auf dem rechten Wege; denn nur beide zusammen, wie Aus- und Einatmen, machen das Leben der Wissenschaft. — Die Hauptsache, woran man bei ausschließlicher Anwendung der Analyse nicht zu denken scheint, ist, daß jede Analyse eine Synthese voraussetzt. — Sondern und Verknüpfen sind zwei unzertrennliche Lebensakte. Vielleicht ist es besser gesagt, daß es unerläßlich ist, man möge wollen oder nicht, aus dem Ganzen ins Einzelne, aus dem Einzelnen ins Ganze zu gehen; und je lebendiger diese Funktionen des Geistes, wie Aus- und Einatmen, sich zusammen verhalten, desto besser wird für die Wissenschaften und ihre Freunde gesorgt sein.“

Die vorstehenden Worte von Goethe bezeichnen das notwendige Wechselverhältnis zwischen der sondernden Analyse und der verknüpfenden Synthese so treffend, daß wir mit keinen besseren Worten die folgende Betrachtung einleiten konnten. Wenn wir hier

---

1) Johannes Müller, Archiv für Anatomie usw. I. Jahrgg. 1834. p. 4.

diese wichtigen gegenseitigen Beziehungen zwischen der analytischen und synthetischen, der auflösenden und zusammensetzenden Naturforschung kurz einer gesonderten Betrachtung unterziehen, so geschieht es hauptsächlich, weil wir die vielfach verkannte notwendige Wechselwirkung zwischen diesen wichtigen Methoden für die Morphologie besonders eindringlich hervorzuheben wünschen, und weil gerade im gegenwärtigen Zeitpunkte eine klare Beleuchtung dieses Verhältnisses von besonderer Wichtigkeit erscheint. Da die analytische oder sondernde Methode vorzugsweise von der empirischen Naturbeobachtung, die synthetische oder verknüpfende Methode vorzugsweise von der philosophischen Naturbetrachtung angewendet wird, so schließen sich die folgenden Bemerkungen darüber unmittelbar an das im vorigen Abschnitt Gesagte an. Hiervon ausgehend werden wir schon im voraus sagen können, daß ein Grundfehler der gegenwärtig in der Biologie herrschenden Richtung in der einseitigen Ausbildung der Analyse und in der übermäßigen Vernachlässigung der Synthese liegen wird. Und so verhält es sich auch in der Tat. Auf allen Gebieten der organischen Morphologie, in der Organologie und in der Histologie, in der Entwicklungsgeschichte der Individuen und in derjenigen der Stämme, ist man seit langer Zeit fast ausschließlich analytisch verfahren und hat die synthetische Betrachtung eigentlich nur selten und in so geringer Ausdehnung, mit so übertriebener Scheu angewendet, daß man sich ihrer Fruchtbarkeit, ja ihrer Unentbehrlichkeit gar nicht bewußt geworden ist. Und doch ist es die Synthese, durch welche die Analyse erst ihren wahren Wert erhält, und durch welche wir zu einem wirklichen Verständnis des durch die Analyse uns bekannt gewordenen Organismus gelangen.

Bei einem Rückblicke auf die beiden empirischen Perioden der Morphologie, die wir im vorigen Abschnitt charakterisiert haben, finden wir, daß zwar beide, im Gegensatz zu der dazwischenliegenden, vorzugsweise der Synthese zugewandten Periode der Naturphilosophie, vorwiegend die Analyse kultivierten, daß aber die zweite empirische Periode, seit Cuvier, in dieser Beziehung sich noch viel einseitiger entwickelte, als die erste empirische Periode, seit Linné. Denn die von der letzteren fast ausschließlich betriebene Unterscheidung und Beschreibung der äußeren Körperformen führte immer zuletzt zur Systematik hin, welche an sich schon einen gewissen Grad von synthetischer Tätigkeit erfordert, wogegen die analytische

Untersuchung und Darstellung der inneren Körperformen, die „Anatomie“ im engeren Sinne, welche Cuviers Nachfolger vorzugsweise beschäftigte, der Synthese in weit höherem Maße entbehren konnte. Zwar hatte Cuvier der letzteren das hohe Ziel gesteckt, durch Vergleichung (und das ist ja eben auch Synthese) sich zur vergleichenden Anatomie zu erheben; indes wurde eine wahrhaft philosophische Vergleichung, wie Cuvier selbst und Johannes Müller sie so fruchtbar und so vielfach geübt hatten, von der Mehrzahl ihrer Nachfolger so selten angewandt, daß die meisten Arbeiten, welche sich „vergleichend anatomisch“ nennen, diesen Namen nicht verdienen. Diese einseitige Ausbildung der Analyse, welche sich mit der Kenntnis der einzelnen Teile des Organismus begnügt, ohne die Erkenntnis des Ganzen im Auge zu behalten, hat sich in den letzten drei Dezennien jährlich in zunehmender Progression gesteigert, insbesondere seitdem jedermann mit dem Mikroskop anfing „Entdeckungen“ zu machen. Eine möglichst vollständige histologische Analyse des Körpers wurde bald allgemein das höchste Ziel; und über der Beschreibung und Abbildung der einzelnen Zellenformen vergaß man völlig den ganzen Organismus, welchen dieselben zusammensetzen.

Nun ist zwar nach unserer Ansicht durch Darwin, welcher die Synthese wieder im großartigsten Maßstabe aufgenommen und mit dem überwältigendsten Erfolge in der gesamten organischen Morphologie angewandt hat, deren hohe Bedeutung so sehr zutage getreten, daß die bisherige einseitige Analyse sich in ihrer exklusiven Richtung nicht fürder wird behaupten können. Indes halten wir es doch nicht für überflüssig, die äußerst wichtige Wechselbeziehung zwischen der analytischen Untersuchung des Einzelnen und der synthetischen Betrachtung des Ganzen hier nochmals ausdrücklich zu betonen. Allerdings muß die erstere der letzteren vorausgehen, aber nur als die erste Stufe der Erkenntnis, welche erst mit der letzteren ihren wahren Abschluß erreicht.

III. Induktion und Deduktion.

„Die allein richtige Methode in den Naturwissenschaften ist die induktive. Ihre wesentliche Eigentümlichkeit, worin eben die Sicherheit der durch sie gewonnenen Resultate begründet ist, besteht darin, daß man mit Verwerfung jeder Hypothese ohne alle Ausnahme

(z. B. der Hypothese einer besonderen Lebenskraft) von dem unmittelbar Gewissen der Wahrnehmung ausgeht, durch dieselbe sich zur Erfahrung erhebt, indem man die einzelne Wahrnehmung mit dem anderweit schon Festgestellten in Verbindung setzt, aus Vergleichung verwandter Erfahrungen durch Induktion bestimmt, ob sie unter einem Gesetze und unter welchem sie stehen und so fort, indem man mit den so gefundenen Gesetzen ebenso verfährt, rückwärts fortschreitet, bis man bei sich selbst genügenden, mathematischen Axiomen angekommen ist.“ Schleiden (Grundzüge der wissenschaftlichen Botanik, § 3 Methodik).

„Die Methode der Untersuchung, welche uns wegen der Unanwendbarkeit der direkten Methoden der Beobachtung und des Experimentierens als die Hauptquelle unserer Kenntnisse die wir in Beziehung auf die Bedingungen und Gesetze der Wiederkehr der verwickelteren Naturerscheinungen besitzen oder erlangen können, übrig bleibt, wird in dem allgemeinsten Ausdruck die deduktive Methode genannt. — Dieser deduktiven Methode verdankt der menschliche Geist seine rühmlichsten Triumphe in der Erforschung der Natur. Ihr verdanken wir alle Theorien, durch welche ausgedehnte und verwickelte Naturerscheinungen in wenigen Gesetzen umfaßt werden, und die, als Gesetze dieser großen Erscheinungen betrachtet, durch direktes Studium nie hätten entdeckt werden können.

„Die deduktive Methode besteht aus drei Operationen: die erste ist eine direkte Induktion, die zweite eine Folgerung, die dritte eine Bestätigung. Ich nenne den ersten Schritt in dem Verfahren eine induktive Operation, weil eine direkte Induktion als die Basis des Ganzen vorhanden sein muß, obgleich in vielen besonderen Untersuchungen die Induktion von einer früheren Deduktion vertreten werden kann; die Prämissen dieser früheren Deduktion müssen aber von einer Induktion abgeleitet sein. — Die Gesetze einer jeden besonderen Ursache, die Anteil an der Erzeugung der Wirkung nimmt, zu ermitteln, ist daher das erste Erfordernis (das erste Stadium) der deduktiven Methode; — der zweite Teil (das zweite Stadium) derselben ist die Bestimmung aus den Gesetzen der Ursachen, welche Wirkung eine gegebene Kombination dieser Ursachen hervorbringen wird. Dies ist ein Prozeß der Berechnung in dem weitesten Sinne des Wortes und schließt häufig eine Berechnung in dem engeren Sinne ein. — Den dritten wesentlichen Bestandteil (das dritte Stadium) der deduktiven Methode und ohne welchen alle

Resultate, die sie gewähren kann, keinen anderen Wert haben, als den einer Vermutung, bildet die Bestätigung (Verifikation) oder Probe der Folgerung. Um das Vertrauen auf die durch Deduktion erhaltenen allgemeinen Schlüsse zu rechtfertigen, müssen diese Schlüsse bei einer sorgfältigen Vergleichung mit den Resultaten der direkten Beobachtung, wo man sie immer haben kann, übereinstimmend befunden werden." John Stuart Mill (Die induktive Logik. Braunschweig, 1849; S. 180, 181, 187, 190).

An die Spitze dieses Abschnittes, welcher die höchst wichtige und notwendige Wechselwirkung der induktiven und der deduktiven Methode erläutern soll, stellen wir die Aussprüche zweier ausgezeichneter Männer, von denen der eine als „Naturforscher", der andere als „Philosoph" die größten Verdienste hat. Auf den ersten Blick scheinen sich vielleicht beide geradezu zu widersprechen. Schleiden preist die induktive, Mill die deduktive Methode, welche diametral von der ersteren verschieden zu sein scheint, als die „allein richtige" und ausschließlich zu befolgende Methode der Naturwissenschaft. Indessen ergibt eine genauere Betrachtung ihrer Erklärungen alsbald, daß dieser Gegensatz nur ein teilweiser, nur insofern vorhanden ist, als Schleiden für die philosophische Naturwissenschaft eine engere, Mill eine weitere Grenze der Schlußfolgerung aus der Beobachtung zieht. Allerdings will der erstere zunächst nur die Induktion gelten lassen und schließt die Deduktion ganz aus, während der letztere die Induktion ausdrücklich nur als eine Voraussetzung, als das notwendige „erste Stadium" der Deduktion gelten läßt. Nach Schleiden würde die Erfahrung nur vom Einzelnen aus in das Ganze, vom Besonderen aus in das Allgemeine gehen und nur von der Wirkung aus auf die Ursache, von der Tatsache aus auf das Gesetz schließen dürfen. Nach Mill dagegen darf die Naturwissenschaft nicht auf dieser Stufe stehen bleiben, sondern sie darf und muß auch den umgekehrten Weg der Schlußfolgerung gehen; sie darf und muß von dem Ganzen auf das Einzelne, von dem Allgemeinen auf das Besondere schließen; sie darf und muß aus der Ursache die Wirkung, aus dem Gesetze die Tatsache folgern können.

Die hier offen zutage tretende tatsächliche Differenz über die wichtigste Methode der Naturforschung zwischen zwei scharfsinnigen Männern, die beide mit tiefem philosophischen Blick die Geistesoperationen der naturwissenschaftlichen Schlußfolgerungen untersucht haben, ist deshalb für uns von hohem Interesse, weil sie uns auf zwei verschiedene Denkweisen unter den biologischen Naturforschern hinweist, die gerade jetzt im Begriffe sind, sich mit mehr oder weniger klarem Bewußtsein voneinander zu trennen und einseitig sich gegenüberzutreten. Es kann nämlich keinem Zweifel unterliegen, daß die von Schleiden als die allein richtige Methode gepriesene Induktion, welche damals allerdings, den phantastischen Träumereien und den unreifen Deduktionen der früheren Naturphilosophen gegenüber, vollkommen am Platze war, durch ihre ausschließliche Geltung sehr viel zu der einseitigen „exakt-empirischen“ Richtung beigetragen hat, die in den letzten Dezennien mehr und mehr die herrschende geworden ist. Indem man hier immer allgemeiner nur die Induktion allein als die „eigentliche“ Methode der Naturforschung gelten ließ und die Deduktion völlig ausschloß, beraubte man sich selbst des fruchtbarsten Denkprozesses, der gerade in den biologischen Disziplinen zu den größten Entdeckungen führt. Zum wenigsten wollte man nichts von demselben wissen, wenngleich man unbewußt sich desselben häufig und mit dem größten Erfolge bediente. Denn es ist nicht schwer nachzuweisen, daß die wichtigsten Entdeckungen, welche in dem letztverflossenen Zeitraum gemacht wurden, und insbesondere die allgemeineren biologischen Gesetze, zu denen man gelangte, zwar durch vorhergehende und höchst wesentliche, aber nicht durch ausschließliche Hülfe der Induktion gemacht wurden, daß vielmehr fast immer die der Induktion nachfolgende, meist unbewußte Deduktion die allgemeine und sichere Geltung der Erfahrung erst begründete.

Wenn die Induktion ausschließlich in dem strengsten Sinne, wie Schleiden will, die Methode der naturwissenschaftlichen Untersuchung und Schlußfolgeruug sein und bleiben sollte, so würde der Fortschritt unserer Erkenntnisse und ganz besonders der Fortschritt in der Feststellung allgemeiner Gesetze nur ein äußerst langsamer und allmählicher sein; ja, wir würden sogar zur Aufstellung der allgemeinsten und wichtigsten Naturgesetze niemals gelangen, und den allgemeinen Zusammenhang der größten und umfassendsten Erscheinungsreihen niemals erkennen. Zu diesen können wir immer nur durch deduktive Verstandesoperationen gelangen, und zwar nur durch reichliche und häufige, allerdings aber auch nur durch richtige und sehr vorsichtige Anwendung der Deduktion.

Induktion und Deduktion stehen nach unserer Ansicht in

der innigsten und notwendigsten Wechselwirkung, in ähnlicher Weise, wie es Goethe von der Analyse und Synthese ausspricht: „Nur beide zusammen, wie Aus- und Einatmen, machen das Leben der Wissenschaft.“ Mill ist sicher im vollkommensten Rechte, wenn er der Deduktion die größte Zukunft prophezeit und die Induktion vorzüglich nur als die erste Stufe, als das erste Stadium der Deduktion gelten läßt. Diese Vorbedingung ist für eine richtige Deduktion aber auch unerläßlich. Entweder muß eine direkte Induktion die Basis der ganzen deduktiven Operation bilden, oder es muß statt jener direkten Induktion eine andere Deduktion zugrunde liegen, die selbst wieder direkt oder indirekt durch eine Induktion sicher begründet ist. Es muß also in allen Fällen — und dies hervorzuheben ist sehr wichtig — eine Induktion die Basis, den ersten Schritt des ganzen Schlußverfahrens bilden, und erst auf dieser Basis kann sich dann die Deduktion sicher aufbauen.

Es wird also dadurch, daß man die deduktive Methode als die wichtigste, fruchtbarste und bedeutendste der naturwissenschaftlichen Forschung hinstellt, die Bedeutung der induktiven Methode keineswegs geschmälert, sondern vielmehr nur insofern modifiziert, als sie die notwendige Basis, die unentbehrliche Einleitung der ersteren sein muß. Wir können mithin allgemein aussprechen, daß die Induktion die erste, unentbehrlichste und allgemeinste Methode der Naturforschung sein muß, daß aber die letztere, wenn sie zu allgemeinen Gesetzen gelangen, diese mit Sicherheit beweisen und den fundamentalen und allgemeinen Zusammenhang der Erscheinungen erkennen will, nicht bei der Induktion stehen bleiben darf, sondern sich zur Deduktion wenden muß. Die Induktion gelangt durch vergleichende Zusammenstellung vieler einzelner verwandter spezieller Erfahrungen zur Aufstellung eines allgemeinen Gesetzes. Die Deduktion folgert aus diesem generellen Gesetze eine einzelne spezielle Tatsache. Wird diese letztere nun nachher durch die Erfahrung als wirklich erwiesen, so war die deduktive Folgerung richtig, und durch die Probe oder Verifikation, welche diese nachträgliche Erfahrung liefert, ist das Gesetz bestätigt, ist die allgemeine Gültigkeit des Gesetzes mit weit größerer Sicherheit festgestellt, als es durch die Induktion jemals hätte geschehen können.

Eine klare und vollständige Erkenntnis von dem Wesen dieser beiden wichtigsten Verstandes-Operationen, eine vollkommene Überzeugung von der Notwendigkeit ihrer präzisen Anwendung und eine richtige Auffassung des innigen gegenseitigen Wechselverhältnisses, in welchem Induktion und Deduktion zueinander stehen, halten wir für äußerst wichtig, und für einen jeden Naturforscher, der die Mittel zur Lösung seiner Aufgabe klar erkennen und sein Ziel mit Bewußtsein verfolgen will, ganz unerläßlich. Wenn die meisten Naturforscher gegenwärtig von diesen Methoden sowie überhaupt von einer streng philosophischen Behandlung ihrer Aufgabe nichts wissen und leider auch meist nichts wissen wollen, so ist es ihr eigener schlimmer Nachteil. Denn tatsächlich können sie diese beiden wichtigsten Geistesoperationen des Naturforschers nirgends entbehren, und tatsächlich bedienen sie sich derselben fortwährend, wenn auch ganz unbewußt, und daher meist unvollständig. Induktive und deduktive Methode sind keineswegs, wie viele meinen, besondere Erfindungen der Philosophen, sondern es sind natürliche Operationen des menschlichen Geistes, welche wir überall und allgemein, wenn auch meist unklar, unvollständig und unbewußt anwenden. Wenn aber die wissenschaftliche Anwendung der Induktion und Deduktion mit Bewußtsein erfolgt, wenn sich der Naturforscher der Bedeutung und des Nutzens, der Tragweite und der Gefahren dieser Methoden bewußt ist, so kann er sich derselben mit weit größerem Erfolge und mit weit vollkommenerer Sicherheit bedienen, als wenn er sie unklar, unbewußt und daher unvollständig und unvorsichtig anwendet. Jeder Wanderer, der auf verwickelten Wegen, durch Wald und Feld, über Berg und Tal, sein Wanderziel verfolgt, erreicht dasselbe rascher und sicherer, mit weniger Gefahr des Irrtums und mit geringerem Zeitaufwand, wenn er die Wege kennt, als wenn sie ihm unbekannt sind. Methoden, und zwar ganz vorzüglich die philosophischen Methoden der Naturwissenschaft, sind aber nichts anderes als Wege der Forschung, und wer diese Wege genau kennt und mit sicherem Bewußtsein verfolgt, wird sein wissenschaftliches Ziel ohne Zweifel immer besser und schneller erreichen, als derjenige, dem diese Kenntnis der richtigen Wege fehlt.

Obwohl Induktion und Deduktion zweifelsohne die wichtigsten psychischen Funktionen des erkennenden Menschen, und vor allem des am tiefsten und gründlichsten erkennenden Menschen, d. h. des Naturforschers, sind, so mangelt es dennoch gänzlich an einer gründlichen psychologischen Erläuterung derselben. Freilich geht es hier diesen beiden Methoden nicht viel schlechter, als vielen anderen wichtigen Denkprozessen. Auf eine wahrhaft natürliche, d. h. genetische Erklärung derselben werden wir erst dann hoffen können, wenn ein naturwissenschaftlich und namentlich biologisch gebildeter Philosoph, d. h. ein an klares strenges Denken gewöhnter Naturforscher (eine seltene Erscheinung!), endlich einmal eine vergleichende Psychologie schaffen wird, d. h. eine Seelenlehre, welche die gesamten psychischen Funktionen durch die ganze Tierreihe und namentlich durch die Stufenleiter des Wirbeltierstammes hindurch verfolgt und die allmähliche Differenzierung derselben bis zu ihrer höchsten Blüte im Menschen nachweist. Da diejenigen Funktionen des Zentralnervensystems, welche man unter dem Namen des „Seelenlebens“ zusammenfaßt, durchaus nach denselben Gesetzen entstehen und sich entwickeln, durchaus in gleicher Weise an die sich differenzierenden Organe gebunden sind, wie die übrigen somatischen Funktionen, so können wir zu einer richtigen Erkenntnis derselben (die einen Teil der Physiologie bildet) auch nur auf dem gleichen Wege wie bei den letzteren gelangen, d. h. auf dem vergleichenden und dem genetischen Wege. Nur allein die Vergleichung der verschiedenen Entwickelungsstufen des Seelenlebens bei unseren Verwandten, den übrigen Wirbeltieren, das Studium der allmählichen Entwickelung desselben von frühester Jugend an bei allen Vertebraten, und die Herstellung der vollständigen Stufenleiter von allmählichen Übergangsformen, welche das Seelenleben von den niederen zu den höheren Wirbeltieren, und insbesondere von den niedersten Säugetieren an bis zu den höchsten, von den Beuteltieren durch die Reihe der Halbaffen und Affen hindurch bis zum Menschen darstellt — nur allein diese auf dem vergleichenden und genetischen Wege erlangten psychologischen Erkenntnisse werden uns das volle Verständnis unseres eigenen Seelenlebens eröffnen und uns die bewundernswürdig weitgehende Differenzierung der psychischen Funktionen erkennen lassen, welche uns vor allen andern Wirbeltieren auszeichnet.

Daß die induktive und deduktive Geistesoperation bei den uns nächstverwandten Wirbeltieren überall nach denselben Gesetzen und in derselben Weise, wie bei uns selbst, zustande kommt und angewendet wird, und daß hier nur quantitative, keine qualitativen Differenzen sich finden, lehrt jede nur einigermaßen unbefangene und sorgfältige Beobachtung, z. B. schon bei den uns am meisten umgebenden Haustieren. Auch hier gehören induktive und deduktive Erkenntnisse zu den allgemeinsten und wichtigsten psychischen Prozessen. Wenn z. B. Jagdhunde, wie bekannt, in die tödlichste Angst geraten, sobald der Jäger das Schießgewehr auf sie anlegt, so ist diese Erregung die Folge eines vollständigen induktiven und deduktiven Denkprozesses. Durch zahlreiche einzelne Erfahrungen haben sie die tödliche Wirkung des Schießgewehrs kennen gelernt. Sie schließen daraus, daß diese Wirkung stets eintritt, sobald das Gewehr auf ein lebendes Wesen gerichtet wird. Aus diesem als allgemein erkannten Gesetze folgern sie, daß in diesem speziellen Falle dieselbe Wirkung eintreten werde, und wenn der Jäger nun wirklich auf sie schösse, so hätten sie den vollständigen Beweis von der Richtigkeit ihres deduktiven Schlusses erhalten. Auf dieselben psychischen Operationen gründet sich auch die gesamte Erziehung der Haustiere, wie der Menschenkinder, mittels der gebräuchlichsten und allgemeinsten Erziehungsmittel, der Schläge. Ein Pferd z. B. macht in zahlreichen einzelnen Fällen die Erfahrung, daß mit einem bestimmten Zurufe des Kutschers Schläge verbunden sind, die aufhören, sobald es sich in Trab setzt. Es folgert daraus durch Induktion das Gesetz (die Erziehungsmaxime), daß diese Schläge konstant und allgemein mit dem Zurufe verbunden sind, und setzt sich, um jene zu vermeiden, späterhin sofort von selbst in Trab, sobald der Zuruf ertönt. Das Pferd schließt hier in jedem einzelnen Falle durch Deduktion zurück, daß auf den Zuruf die Schläge erfolgen werden, und wenn sie wirklich erfolgen, so war die Verifikation seiner Deduktion geliefert.

Viertes Kapitel: Zweite Hälfte.

Kritik der naturwissenschaftlichen Methoden, welche sich gegenseitig notwendig ausschließen müssen.

IV. Dogmatik und Kritik.

„In aller Bearbeitung der Wissenschaften treten sich stets zwei Methoden als unmittelbare Gegensätze gegenüber. Einerseits ist es die dogmatische Behandlung, die schon alles weiß, der mit ihrem augenblicklichen Standpunkt die Geschichte ein Ende erreicht hat, die ihre Weisheit wohlverteilt und wohlgeordnet vorträgt und von ihren Schülern keinen andern Bestimmungsgrund zur Annahme des Gehörten fordert, als das αὐτὸς ἔφα. Dieser in ihrem ganzen Wesen falschen Weise tritt nun die andere entgegen, die wir für die reine Philosophie die kritische, für die angewandte Philosophie und für die Naturwissenschaften die induktorische Methode nennen; die sich bescheidet, noch wenig zu wissen; die ihren Standpunkt von vornherein nur als eine Stufe in der Geschichte der Menschheit ansieht, über welche hinaus es noch viele folgende und höhere gibt, die aber freilich nur als ihr folgende angesehen werden können, und die ihre Schüler auffordert, sie zu begleiten und unter ihrer Anleitung im eigenen Geist und in der Natur zu suchen und zu finden." Schleiden (Grundzüge der wissensch. Botanik, III. Aufl. p. 4).

Obgleich es wohl nach dem vorstehenden Ausspruche Schleidens, der den Gegensatz zwischen kritischer und dogmatischer Methode scharf charakterisiert, scheinen könnte, als ob die kritische Methode mit der im vorigen Abschnitte erläuterten induktiven Methode identisch sei, so glauben wir doch, daß man richtiger die letztere nur als einen Inhaltsteil der ersteren, als eine ihr subordinierte Methode auffaßt. Der Umfang des Begriffs der „Kritik“ ist weiter als derjenige der „Induktion“, und nach unserer Überzeugung muß auch die Deduktion, welche doch von der Induktion wesentlich verschieden und ihr gewissermaßen entgegengesetzt ist (indem sie umgekehrt verfährt), stets nicht minder „kritisch“ zu Werke gehen, als die Induktion selbst. Wir halten es daher nicht für überflüssig, die Bedeutung der kritischen Forschungsmethode hier noch besonders zu erörtern; um so mehr, als einerseits wir im vorigen Abschnitt die Induktion nur im Gegensatz zur Deduktion (und nicht zur Dogmatik) besprochen haben, andererseits aber die nur allzu häufige Vernachlässigung der kritischen Methode den biologischen Naturwissenschaften und ganz besonders den verschiedenen Zweigen der organischen Morphologie offenbar geschadet hat.

Denn wenn man die vielen grundverschiedenen Ansichten überblickt und vergleicht, welche von den verschiedenen Morphologen zur Erklärung sowohl zahlloser Einzelerscheinungen als auch größerer Erscheinungsreihen auf dem botanischen und zoologischen Gebiete aufgestellt worden sind, so erkennt man bald, daß nicht bloß die Schwierigkeit des höchst verwickelten Gegenstandes selbst, sondern mehr noch Mangel an allgemeinem Überblick und vor allem Mangel an Kritik diese grellen und seltsamen Widersprüche bedingt. Statt umsichtiger und auf breite induktive Basis wohlbegründeter Theorien treffen wir vielmehr fast allenthalben höchst vage Hypothesen von durchaus dogmatischem Charakter an; ja bei aufrichtiger Prüfung des gegenwärtigen Zustandes unserer Wissenschaft müssen wir zu unserm Leidwesen gestehen, daß überall in derselben die dogmatische Richtung noch weit die kritische überwiegt.

Leider ist dieser höchst schädliche Mangel an Kritik so allgemein und hat insbesondere in den letzten Dezennien, gleichzeitig und in gleichem Schritt mit dem extensiven Wachstum und der damit verbundenen Verflachung der organischen Morphologie, so sehr zugenommen, daß wir kein einzelnes Beispiel anzuführen und den unparteiischen Leser bloß zu ersuchen brauchen, einen Blick in eine beliebige Zeitschrift für „wissenschaftliche“ Zoologie oder Botanik zu werfen, um sich von dem dogmatischen und kritiklosen Charakter der meisten Arbeiten zu überzeugen. Nirgends aber tritt dieser Charakter so nackt und abschreckend zutage, als in der Mehrzahl derjenigen Schriften, welche die Speziesfrage behandeln, und insbesondere in denjenigen, welche die Deszendenztheorie zu bekämpfen suchen. Daß gerade in dieser hochwichtigen allgemeinen Frage die gänzlich dogmatische und kritiklose Richtung der organischen Morphologie in ihrer ganzen Blöße und Schwäche auftritt, kann freilich niemanden überraschen, der durch eigene systematische Studien sich einen Begriff von dem außerordentlichen Gewicht dieser allgemeinen Frage gebildet und dabei die Überzeugung gewonnen hat, daß hier ein einziges kolossales Dogma die gesamte Wissenschaft nach Art des drückendsten Absolutismus beherrscht. Denn nur als ein kolossales Dogma, welches ebenso durch hohes Alter geheiligt, und durch blinden Autoritätenglauben mächtig, wie in seinen Prämissen haltlos und in seinen Konsequenzen sinnlos ist, müssen wir hier offen die gegenwärtig immer noch herrschende Ansicht bezeichnen, daß die Spezies oder Art konstant und eine für sich selbständig erschaffene Form der Organisation ist.

„Immerfort wiederholte Phrasen verknöchern sich zuletzt zur Überzeugung und verstumpfen völlig die Organe des Anschauens." Dieses goldene Wort Goethes findet nirgends in höherem Grade Geltung, als in dieser Frage. In der Tat, wenn man mit kritischer Vorurteilslosigkeit unbefangen alle Voraussetzungen erwägt, auf welche die Anhänger des Speziesdogma sich stützen, und die Folgerungen zieht, welche notwendig aus demselben gezogen werden müssen, so begreift man nur durch Annahme „einer völligen Verstumpfung der Organe des Anschauens", wie dieses in sich hohle und widerspruchsvolle Dogma 130 Jahre hindurch fast unangefochten bestehen, und wie dasselbe nicht allein die Masse der gedankenlosen Naturbeobachter, sondern auch die besten und denkendsten Köpfe der Wissenschaft beherrschen konnte. Seltsames Schauspiel! Einem Götzen gleich steht allmächtig und allbeherrschend dieses paradoxe Dogma da, welches nichts erklärt und nichts nützt, und welches zu der Gesamtheit aller allgemeinen biologischen Erscheinungsreihen sich im entschiedensten Widerspruche befindet. Während alle einzelnen größeren und kleineren Tatsachenreihen, welche auf dem Gebiete der Biologie und namentlich der Morphologie seit mehr als hundert Jahren sich so massenhaft angehäuft haben, übereinstimmend und gleichsam spontan zu dem großen Resultate hinleiten, daß die unendliche Mannigfaltigkeit der Tier- und Pflanzenformen die reich differenzierte Nachkommenschaft einiger weniger einfacher gemeinsamer Stammformen sei, während alle anatomischen und embryologischen, alle paläontologischen und geologischen Data ebenso einfach als notwendig auf dieses gewaltige Resultat hinarbeiten, bleibt die entgegengesetzte, rein dogmatische und durch keine Tatsachen gestützte Ansicht über ein Jahrhundert lang allgemein herrschend! Credunt, quia absurdum est!

In Wahrheit ist diese Betrachtung für die Geschichte der Wissenschaft von hohem Interesse, und keine andere kann uns in so hohem Grade vor den Gefahren und Nachteilen einer dogmatischen und lediglich durch die Autorität gestützten Anschauungsweise warnen, und so nachdrücklich auf die Notwendigkeit einer strengen kritischen Untersuchungsmethode hinweisen. Wären die Morphologen nur mit etwas mehr Kritik verfahren und hätten sie die Autorität des Speziesdogma nur etwas weniger gefürchtet, so hätte dasselbe schon längst in sich zusammenstürzen müssen. Und wieviel weiter wären wir dadurch gekommen! So aber bewährt sich auch hier wieder der alte Spruch von Goethe: „Die Autorität verewigt im einzelnen, was einzeln vorübergehen sollte, lehnt ab und läßt vorübergehen, was festgehalten werden sollte, und ist hauptsächlich Ursache, daß die Menschheit nicht vom Flecke kommt.“

V. Teleologie und Kausalität.

(Vitalismus und Mechanismus.)

„Ein mechanisches Kunstwerk ist hervorgebracht nach einer dem Künstler vorschwebenden Idee, dem Zwecke seiner Wirkung. Eine Idee liegt auch jedem Organismus zugrunde, und nach dieser Idee werden alle Organe zweckmäßig organisiert; aber diese Idee ist außer der Maschine, dagegen in dem Organismus, und hier schafft sie mit Notwendigkeit und ohne Absicht. Denn die zweckmäßig wirkende wirksame Ursache der organischen Körper hat keinerlei Wahl, und die Verwirklichung eines einzigen Plans ist ihre Notwendigkeit; vielmehr ist zweckmäßig wirken und notwendig wirken in dieser wirksamen Ursache ein und dasselbe. Man darf daher die organisierende Kraft nicht mit etwas dem Geistesbewußtsein Analogen, man darf ihre blinde notwendige Tätigkeit mit keinem Begriffbilden vergleichen. Organismus ist die faktische Einheit von organischer Schöpfungskraft und organischer Materie." Johannes Müller (Handbuch der Physiologie des Menschen, I, S. 23; II, S. 505).

Indem wir in die Untersuchung des äußerst wichtigen Gegensatzes zwischen der teleologischen oder vitalistischen und der mechanischen oder kausalistischen Naturbetrachtung eintreten, schicken wir einen Ausspruch Johannes Müllers voraus, der für das Wesen dieses Gegensatzes sehr charakteristisch ist. Johannes Müller, den wir als den größten Physiologen und Morphologen der ersten Hälfte unseres Jahrhunderts verehren, war bekanntlich seiner innersten Überzeugung nach Vitalist, trotzdem er mehr als irgendein anderer Physiolog vor ihm für den Durchbruch der mechanischen Richtung in der Physiologie getan und in einer Reihe der glänzendsten und vorzüglichsten Arbeiten auf allen einzelnen physiologischen Gebietsteilen die alleinige Anwendbarkeit der mechanischen Methode bewiesen hatte. Es begegnete ihm nur bisweilen, wie auch anderen in diesem dualistischen Zwiespalt befangenen Naturforschern, daß er auch in seinen allgemeinen Aussprüchen, die doch eigentlich von vitalistischen Grundlagen ausgingen, sich von der allein richtigen mechanischen Beurteilungsweise auch der organischen Naturkörper fortreißen ließ. Und als ein solcher Ausspruch ist die obige Stelle, durch welche er seine Betrachtungen über das Seelenleben einleitet, von besonderem Interesse.

Denn was ist eine in jedem Organismus liegende „Idee, welche mit Notwendigkeit und ohne Absicht wirkt", anders, als die mit dem materiellen Substrate des Organismus unzertrennlich verbundene Kraft, welche „mit Notwendigkeit und ohne Absicht" sämtliche biologische Erscheinungen bedingt? Wenn, wie Müller sagt, zweckmäßig wirken und notwendig wirken in dieser wirksamen Ursache im Organismus eins und dasselbe ist, so fällt die zwecktätige Causa finalis mit der mechanischen Causa efficiens zusammen, so gibt die erstere sich selbst auf, um sich der letzteren unterzuordnen, so ist die mechanische Auffassung der Organismen als die allein richtige anerkannt.

Wir haben absichtlich das Beispiel Johannes Müllers gewählt, um diesen inneren Widerspruch der teleologischen Naturbetrachtung zu zeigen, einerseits weil dieser unser großer Meister, der so erhaben über der großen Mehrzahl der heutigen Physiologen und Morphologen dasteht, von vielen schwächeren Geistern als Autorität zugunsten der Teleologie angerufen wird, andererseits weil an ihm sich dieser innere Widerspruch recht auffallend offenbart. Wer sein klassisches „Handbuch der Physiologie des Menschen" studiert hat, wer seine bahnbrechenden mechanischen Untersuchungen über die Physiologie der Stimme und Sprache, des Gesichtssinns und des Nervensystems usw. kennen gelernt hat, der wird von der allein möglichen Anwendung der kausal-mechanischen Untersuchungsmethode des Organismus aufs tiefste durchdrungen sein; und er wird sich in dieser Überzeugung durch die vitalistisch-teleologischen Irrtümer, welche mit Müllers allgemein biologischen Bemerkungen verwebt sind, und welche bei schärferer Betrachtung zu unlösbaren Widersprüchen führen, nicht irre machen lassen. Wie du Bois-Reymond treffend bemerkt, „tritt bei Johannes Müller dieser Irrtum aus dem Nebel vitalistischer Träumereien klar und scharf hervor, mit Hand und Fuß, Fleisch und Bein zum Angriff bietend. Muß, wie aus Müllers Betrachtungen folgt, die Lebenskraft gedacht werden als ohne bestimmten Sitz, als teilbar in unendlich viele dem Ganzen gleichwertige Bruchteile, als im Tode oder Scheintode ohne Wirkung verschwindend, als mit Bewußtsein und im Besitze physikalischer und chemischer Kenntnisse nach einem Plane handelnd, so ist es so gut, als ob man sagte: es gibt keine Lebenskraft; der apogogische Beweis für die andere Behauptung ist geführt."

Es könnte wohl manchem überflüssig erscheinen, hier die absolute Verwerflichkeit der vitalistisch-teleologischen Naturbetrachtung und die alleinige Anwendbarkeit der mechanisch-kausalistischen überhaupt noch hervorzuheben. Denn in den allermeisten naturwissenschaftlichen Disziplinen, vor allem in der gesamten Physik und Chemie, ferner auch in der Morphologie der Anorgane (Kristallographie usw.), wie überhaupt in der gesamten Abiologie ist infolge der enormen Erkenntnisfortschritte unseres Jahrhunderts jede teleologische und vitalistische Betrachtungsweise so vollständig verdrängt worden, daß sie sich mit Ehren nicht mehr sehen lassen kann. Dasselbe gilt von der Physiologie, in welcher jetzt die mechanisch-kausale Methode die Alleinherrschaft gewonnen hat; nur derjenige gänzlich unkultivierte Teil der Physiologie des Zentralnervensystems, welcher das Seelenleben behandelt und künftig einmal als empirische Psychologie die Grundlage der gesamten „reinen Philosophie" werden wird, liegt noch gänzlich außerhalb dieses Fortschrittes und ist noch gegenwärtig ein Tummelplatz der willkürlichsten vitalistischen und teleologischen Träumereien. Leider müssen wir nun dasselbe, was von der Physiologie der Psyche gilt, auch von der gesamten Morphologie der Organismen und vor allen der Tiere sagen. Immer spukt hier noch am hellen Tage das Gespenst der „Lebenskraft“ oder der „zweckmäßig wirkenden Idee im Organismus“, und wenn auch die wenigsten Morphologen mit klarem Bewußtsein demselben folgen und daran glauben, so beherrscht dasselbe desto mehr unbewußt die meisten Versuche, welche zu einer Erklärung der organischen Gestaltungsprozesse gemacht werden. Die noch allgemein in der vergleichenden Anatomie üblichen Ausdrücke des „Plans, Bauplans, der allgemeinen Idee“, welche diese oder jene Formverhältnisse bedingen, die vielgebrauchte Wendung der „Absicht“, des „Zwecks“, welchen die „schöpferische“ Natur durch diese oder jene „Einrichtung“ erreichen will, endlich die neuerdings vielfach beliebte Phrase von dem „Gedanken“, welchen der „Schöpfer“ in diesem oder jenem Organismus „verkörpert“ hat, bezeugen hinlänglich, wie tief hier die alte Irrlehre Wurzel geschlagen hat, und zwingen uns zu einer kurzen Widerlegung derselben.

Zunächst ist hier hervorzuheben, daß man die „vitalistische“ und „teleologische“ Beurteilungsweise der Organismen, wie wir bereits getan haben, als identisch annehmen und der „mechanischen“ Methode, welche ihrerseits mit der „kausalistischen“ zusammenfällt, gegenübersetzen kann. Denn es ist in der Tat vollkommen für die Sache gleichgültig, unter welchem Namen sich die erstere verbirgt, und ob sich das von der Materie verschiedene organisierende Prinzip, welches das „Leben“ und den „Organismus“ erzeugt und erhält, „Lebenskraft“ nennt, oder „Vitalprinzip“, „organische Kraft“ oder „Schöpferkraft“, „systematischer Grundcharakter“ (Reichert) „zweckmäßiger Bauplan des Organismus“, „Schöpfungsgedanke“ (Agassiz), oder „ideale Ursache“, „Endzweck“ oder „zwecktätige Ursache (Endursache, Causa finalis)“. Alle diese scheinbar so verschiedenen Ausdrücke sind im Grunde doch nur äußerlich verschiedene Bezeichnungen für eine und dieselbe irrige Vorstellung. Das Wesentliche in dieser Vorstellung bleibt immer, daß diese „Kraft“ eine ganz besondere, von den chemischen und physikalischen Kräften verschiedene und nicht an die Materie gebunden ist, welche sie organisiert. Dadurch steht dieses Dogma von der Lebenskraft oder den Endursachen in einem scharfen und unversöhnlichen Gegensatze zu der „mechanischen“ oder „kausalen“ Auffassung, nach welcher das Leben eine Bewegungserscheinung ist, die sich nur durch ihre kompliziertere Zusammensetzung von den einfacheren physikalisch-chemischen „Kräften" der Anorgane (Mineralien, Wasser, Atmosphäre) unterscheidet, und welche ebenso unzertrennlich mit den zusammengesetzteren Materien des Organismus verbunden ist, wie die physikalischen und chemischen Eigenschaften der Anorgane mit ihrem materiellen Substrate. Diese Verbindung ist eine absolut notwendige. Die gesamten komplizierten „Lebenserscheinungen der Organismen" sind ebenso durch eine absolute Notwendigkeit bedingt, wie die einfacheren „Funktionen" oder „Kräfte" der anorganischen Naturkörper. Hier wie dort sind es allein mechanische Ursachen (Causae efficientes), welche der Materie inhärieren und welche unter gleichen Bedingungen stets mit Notwendigkeit die gleiche Wirkung äußern.

Hier tritt uns nun das einfache Kausalgesetz, das Gesetz des notwendigen Zusammenhanges von Ursache und Wirkung, als das erste und oberste aller Naturgesetze entgegen, welches die gesamte Natur, lebendige wie leblose, mit absoluter Notwendigkeit beherrscht. Dieses wichtigste Naturgesetz, in welchem unsere gesamte Naturerkenntnis gipfelt, sagt zunächst aus, daß jede Wirkung ihre bestimmte wirkende Ursache (causa efficiens), sowie jede Ursache ihre notwendige Wirkung (effectus) hat. Aus diesem notwendigen und unlösbaren Zusammenhange von Ursache und Wirkung, welcher die Grundlage unserer ganzen Erkenntnis, unserer gesamten Verstandestätigkeit ist, folgt dann weiter, daß verschiedene Wirkungen auf verschiedene Ursachen zurückgeführt werden müssen, sowie umgekehrt aus verschiedenen Ursachen stets verschiedene Wirkungen abzuleiten sind; und ebenso folgt daraus, daß gleiche Wirkungen den gleichen Ursachen zuzuschreiben sind, sowie auch umgekehrt gleiche Ursachen stets notwendig gleiche Wirkungen haben müssen.

Nach diesem ersten und höchsten aller Naturgesetze ist Alles, was in der Natur existiert, entsteht und vergeht, das notwendige Resultat aus einer Anzahl vorhergehender Faktoren, und dieses Resultat ist selbst wieder ein Faktor, der zur Hervorbringung anderer Resultate mit absoluter Notwendigkeit mitwirkt. Diese absolute Notwendigkeit des unmittelbaren Zusammenhanges von Ursache und Wirkung beherrscht die gesamte Natur ohne Ausnahme, da ja die gesamte Natur, lebendige und leblose, nichts anderes ist als ein Wechselspiel von Kräften, welche der gegebenen Summe von Materie inhärieren. Wenn man dem entgegen in der organischen Natur, in den belebten Naturkörpern eine Wirkung ohne Ursache, eine Kraft ohne Stoff angenommen hat, welche mithin dem Kausalgesetz nicht unterworfen wäre, so ist dieser Irrtum lediglich durch die weit größere Komplikation der hier auftretenden Bewegungserscheinungen hervorgerufen worden, durch die weit größere Anzahl der verschiedenen Faktoren, welche auf dem Lebensgebiete zur Hervorbringung jedes Resultats zusammenwirken, und durch die weit zusammengesetztere Natur dieser Faktoren selbst. Da wir im zweiten und sechsten Buche auf dieses Verhältnis noch näher zurückkommen müssen, so möge diese Bemerkung genügen und die ausdrückliche Hinweisung auf die Tatsache, daß in der ganzen Natur dieselben Kräfte wirksam sind, daß die organische Natur sich aus der anorganischen erst historisch entwickelt hat, und daß nur eine gänzliche Verkennung dieses Umstandes und die Übertreibung des Unterschiedes der leblosen und belebten Naturkörper zu den gänzlich unbegründeten teleologischen und vitalistischen Dogmen hat verführen können. Alles was uns in der lebendigen Natur als das vorbedachte Resultat einer freien zwecktätigen Ursache, einer causa finalis erscheint, welche die physikalisch-chemischen Ursachen beherrscht und von ihnen unabhängig ist, alles das ist in der Tat weiter nichts, als die notwendige Folge der Wechselwirkung zwischen den existierenden mechanischen Ursachen (den „existing causes“ oder den physikalisch-chemischen Ursachen), ist nichts, als die notwendige Wirkung mehrerer Causae efficientes.

Daß in der Tat freie zwecktätige Ursachen oder Causae finales in der gesamten Natur nicht existieren, daß vielmehr überall nur notwendige mechanische Ursachen tätig sind, wird durch die Gesamtheit aller Erscheinungen in der organischen und anorganischen Natur auf das unwiderleglichste bewiesen. Unter allen biologischen Erscheinungsreihen ist aber in dieser Beziehung keine von so außerordentlicher Wichtigkeit und dabei bisher so gänzlich fast von allen Philosophen und Naturforschern vernachlässigt, als die Wissenschaft von den rudimentären Organen, welche wir geradezu die Unzweckmäßigkeitslehre, Dysteleologie nennen könnten. Jeder höhere und entwickeltere Organismus, und wahrscheinlich die große Mehrzahl der Organismen überhaupt, ist im Besitz von Organen, welche keine Funktionen haben, welche zu keiner Zeit des Lebens jemals tätig sind und welche im besten Falle dem Organismus gleichgültig, häufig ihm aber geradezu nachteilig sind. Diese rudimentären Organe, welche zu aller Zeit das größte Kreuz der Teleologie waren, sind in der Tat für dieselbe das unübersteiglichste Hindernis, und diese sowohl als die zahlreichen anderen unzweckmäßigen und unvollkommenen, oft sogar für den Organismus selbst höchst nachteiligen und schädlichen Einrichtungen, welche bei zahlreichen Organismen vorkommen, lassen sich lediglich aus den mechanischen wirkenden Ursachen und durchaus nicht aus zwecktätigen Endursachen erklären. Diese Erklärung ist nun zuerst von Darwin gegeben worden. Seine große Entdeckung der natürlichen Zuchtwahl im Kampfe um das Dasein erklärt alle diese Verhältnisse ganz vollkommen, wie im fünften und sechsten Buche gezeigt werden wird.

Da wir dort diese Verhältnisse noch ausführlich zu erörtern haben, so genügt hier der Hinweis auf das ganz besondere Verdienst, welches Darwin um die definitive Lösung dieser äußerst wichtigen Fundamentalfragen hat. Wir erblicken in Darwins Entdeckung der natürlichen Zuchtwahl im Kampfe um das Dasein den schlagendsten Beweis für die ausschließliche Gültigkeit der mechanisch wirkenden Ursachen auf dem gesamten Gebiete der Biologie, wir erblicken darin den definitiven Tod aller teleologischen und vitalistischen Beurteilung der Organismen.

Die unschätzbaren Entdeckungen Darwins haben das Gesamtgebiet der organischen Natur plötzlich durch einen so hellen Lichtstrahl erleuchtet, daß wir fürderhin keine Tatsache auf demselben mehr als unerklärbar werden anzusehen haben. Wir sagen: „unerklärbar“, nicht: „unerklärt“. Denn erklärt ist auf diesem ganzen vasten Gebiet immer noch im ganzen außerordentlich wenig. Freilich hatte die strenge physikalisch-chemische Richtung in der Physiologie die Lebensfunktionen der bestehenden Organismen schon seit mehreren Dezennien in so hohem Maße aufgeklärt und so viele, wenn auch zunächst nur beschränkte Gesetze gefunden, daß an einer vollständigen Erklärung aller Erscheinungen auf diesen Gebieten mittels rein mechanisch wirkender Ursachen schon vor dem Erscheinen von Darwins epochemachendem Werk (1859) nicht gezweifelt werden konnte. Ganz anders aber sah es bis dahin auf dem Gebiete der Anatomie und der Entwickelungsgeschichte aus. Die Entstehung der organischen Formen, die Entwickelungsgeschichte der Organismen galten fast allgemein für Erscheinungsreihen, welche jeder mechanischen Kausalerklärung vollständig unzugänglich seien, und auf welche nur durch teleologisch-vitalistische Betrachtungen ein erklärendes

Licht geworfen werden könne.[1]) Diesen Irrtum hat Darwin vollständig und mit einem Schlage vernichtet. Darwin hat evident bewiesen, wie es die einfachsten mechanischen Kausalverhältnisse sind, welche diese anscheinend so komplizierten und für so ganz unerklärlich gehaltenen Lebenserscheinungen, die Formbildung und die Entwickelung regeln und beherrschen. Da wir dies im fünften und sechsten Buche auseinanderzusetzen haben, so können wir hier darauf verweisen.

Nur ein Umstand möge hier noch besonders hervorgehoben werden, nämlich, daß durch die von Darwin tatsächlich erklärte Entstehung der kompliziertesten organischen Formen bereits faktisch die Hauptstütze der Teleologie vernichtet und zertrümmert ist. Alle einer teleologischen Betrachtung der organischen Naturerscheinungen geneigten Philosophen und vor allen Kant, dessen Einfluß auf die Entwickelung der Naturwissenschaft in unserem Jahrhundert (wegen seiner breiteren empirischen Grundlage) größer geworden ist als derjenige irgendeines anderen spekulativen Philosophen, hatte ausdrücklich für die Notwendigkeit einer teleologischen Beurteilung der organischen Natur hervorgehoben, daß deren Prozesse vollkommen unerklärlich, dem Erkenntnisvermögen des Menschen nicht zugänglich, und daß insbesondere die Entstehung der komplizierteren Organismen durch bloß mechanische Ursachen vollkommen unbegreiflich sei. Die Befugnis der mechanischen Ursachen zur Erklärung dieser Erscheinungen wurde von Kant ausdrücklich zugestanden, aber das Vermögen der Erklärung ihnen abgesprochen. Daher wollte er auch die „natürliche Zweckmäßigkeit“ der Teleologie nur als Maxime der Beurteilung, nicht als Erkenntnisprinzip zulassen. Ausdrücklich sagte er deshalb, daß die lebendige Natur nicht Gegenstand der Erkenntnis,

---

[1]) Daß in der Tat der beschränkte teleologisch-vitalistische Standpunkt, nur in den verschiedensten Nüancen der Konsequenz abgestuft, und mit den verschiedensten Graden des Bewußtseins verfolgt, in der gesamten Morphologie der Organismen vor Darwin der allgemein herrschende gewesen sei (einzelne ehrenvolle Ausnahmen natürlich abgerechnet), könnte vielleicht diesem oder jenem, und besonders dem längst der Teleologie entwöhnten Physiologen und Abiologen, eine übertriebene Behauptung erscheinen. Indes liefert fast die gesamte morphologische Literatur hierfür die schlagendsten Beweise. Selten freilich ist dieser kurzsichtige Standpunkt mit solchem Bewußtsein und solcher Konsequenz festgehalten worden, wie dies z. B. von Reichert geschehen ist. Wer die ganze Beschränktheit, die wahrhaft komischen Widersprüche, und den gänzlichen Mangel an Überblick der Gesamtnatur und an Einblick in ihr kausales Wesen kennen lernen will, die gewöhnlich mit der extremen Konsequenz des Vitalismus verbunden sind, dem empfehlen wir zur ebenso belehrenden als erheiternden Lektüre die höchst seltsamen und an philosophischer Verworrenheit das Maximum leistenden Aufsätze von Reichert in Müllers Archiv f. An. u. Ph. etc. 1855 p. 1 (über atomistische und systematische Naturauffassung) und 1856 p. 1 (die Morphologie auf dem Standpunkt der systematischen Naturauffassung).

sondern bloß der Betrachtung sein könne, weil eben die bewegenden Kräfte der Materie nicht zur Erklärung der Organisation ausreichten. So geriet denn auch Kant in die unauflösliche Antinomie zwischen Mechanismus und Teleologie. Während er in seinen „metaphysischen Anfangsgründen der Naturwissenschaft" bewiesen hatte, daß alles in der materiellen Natur mechanisch entstehe und aus bewegenden Kräften als mechanischen Ursachen erklärt werden müsse, war er nun in der „Analytik der teleologischen Urteilskraft" gezwungen zu erklären, daß einiges in der materiellen Natur, nämlich das Organische, das Leben, nicht mechanisch entstehen und nicht aus bewegenden Kräften als rein mechanischen Ursachen erklärt werden könne. Hier ist die Achillesferse der Kantischen Philosophie. Während Kant in allen seinen Erklärungen der anorganischen Natur, vor allem in seiner Naturgeschichte des Himmels, ein bewunderungswürdiges Muster der exaktesten denkenden naturwissenschaftlichen Forschung, der besten Naturphilosophie geliefert hatte, verließ er auf dem Gebiete der Biologie die allein mögliche Bahn der empirischen Philosophie gänzlich und warf sich der verführerischen Teleologie in die Arme, die ihn nun von Irrtum zu Irrtum weiter führte.

Wenn dieser große Irrtum einen so hervorragenden und kritischen Denker, wie Kant war, vollkommen gefangen halten und zu so starken dogmatischen Fehlern weiter verleiten konnte, so dürfen wir uns nicht wundern, daß zahlreiche unbedeutendere Philosophen demselben blindlings folgten, und daß das ganze Heer der Biologen, welche froh waren, nun nicht weiter denken zu brauchen, dem aufgepflanzten Banner mit großer Genugtuung folgte. In der Tat war es so außerordentlich bequem und leicht, mit irgendeiner teleologischen Betrachtung jeden Versuch einer mechanischen Erklärung der organischen Natur abzuschneiden, daß die Teleologie bald zum allgemeinen Feldgeschrei der Biologie wurde. Niemand war froher darüber, als die große Mehrzahl der Morphologen, welche nun ungestört der Beobachtung, Beschreibung und Abbildung aller möglichen organischen Formen sich hingeben konnten, ohne durch irgendeinen unbequemen kritischen Gedanken über die mögliche Bedeutung dieser Formen, über ihre mechanischen Ursachen und über den kausalen Zusammenhang der Formbildungsreihen beunruhigt zu werden. Da die meisten Morphologen, sowohl die „Systematiker" als die „Anatomen" in diesem behaglichen und idyllischen Formgenusse vollkommene Befriedigung fanden, und da sie in diesem wissenschaftlichen Halbschlafe oder doch wenigstens in diesem gedankenarmen Traumleben von der eigentlichen Aufgabe ihrer Wissenschaft, von der Erklärung der organischen Formverhältnisse, keine Ahnung hatten, so erscheint uns schon hieraus die tiefe Entrüstung vollkommen erklärlich, als plötzlich Darwins lauter Weckruf ertönte, und diesem behaglichen teleologischen Stilleben mit einem Male ein jähes und grausames Ende bereitete. Aus behaglichem Mittagsschlummer durch einen kritischen Stoß aufgeschreckt zu werden ist immer höchst unangenehm, und besonders wenn dieser sanfte Schlummerzustand habituell, fast zur anderen Natur geworden ist, wie bei unserer heutigen Morphologie.

Was Kant betrifft, so zweifeln wir nicht, daß, wenn er heut erstände, sein ganzes kritisches Lehrgebäude eine vollkommen andere Form erhalten würde, und daß er die von Darwin entdeckte mechanische Erklärung der Entstehung der Organismen und die von der neueren Physiologie festgestellte mechanische Erklärung ihrer Lebenserscheinungen, nach denen er so lange und so vergeblich gestrebt, akzeptieren würde. Der biologische Teil der Kantischen Philosophie würde dann, mit Ausschluß aller Teleologie, die Erklärung der organischen Natur eben so vollkommen auf rein mechanische „wirkende Ursachen" begründen, wie es der abiologische Teil schon damals in so vollendetem Maße getan hat.

Dadurch, daß wir die Teleologie Kants für einen überwundenen Standpunkt erklären, wollen wir demselben natürlich in keiner Weise einen Vorwurf machen, und es vermindert unsere Verehrung dieses großen Philosophen und unsere Hochachtung vor seinen außerordentlichen Verdiensten auf dem Gebiete der Abiologie nicht im geringsten, wenn wir demselben die gleichen Verdienste auf dem biologischen Gebiete absprechen und seine Kritik der teleologischen Urteilskraft für ein von der Basis an irrtümliches Lehrgebäude halten. Wenn man bedenkt, auf welcher außerordentlich niedrigen Stufe zu Kants Zeit die gesamte empirische Biologie stand, wie die Physiologie, die Entwickelungsgeschichte, die Morphologie der Organismen als selbständige Wissenschaften damals noch gar nicht anerkannt waren, so finden wir hierin, und in den vitalistischen Vorurteilen, die das ganze Zeitalter gefangen hielten, Grund genug dafür, daß Kant an der Möglichkeit einer wissenschaftlichen Biologie geradezu verzweifeln und die Erklärung der lebendigen Natur für etwas Unmögliches halten konnte. Mit anderen Worten heißt das nichts anderes, als daß die gesamten Biologen gleiche Toren sind, wie die vielen Träumer, welche den Stein der Weisen suchten. Wenn die gesamte organische Natur, wie Kant behauptet, in ihrem innersten Wesen unbegreiflich und unerkennbar ist, wenn deren Erscheinungen nicht aus mechanisch wirkenden Ursachen erklärt werden können, so sind alle Naturforscher, welche nach einer solchen Erklärung streben und suchen, kindische Toren. In dieser notwendigen Konsequenz zeigt sich die ganze Unhaltbarkeit der Teleologie und des davon nicht trennbaren Vitalismus. Die Teleologie als wissenschaftliche Methode ist in der Tat unmöglich; sie verneint sich selbst.

Wenn wir bedenken, daß eine Anzahl von Erscheinungen der organischen Natur schon wirklich erklärt, daß die Gesetze für eine wenn auch relativ noch kleine Zahl von biologischen Tatsachen bereits wirklich gefunden sind, und daß diesen Gesetzen dieselbe absolute Geltung zugestanden werden muß, wie jedem physikalisch-chemischen Gesetze, wenn wir bedenken, daß eine wissenschaftliche Physiologie überhaupt nur durch die strengste Ausschließung jeder Teleologie möglich ist, so werden wir die letztere auch aus dem Gebiete der organischen Morphologie vollständig verbannen dürfen. Und am wenigsten werden wir, wenn wir diese Lehre als wirkliche Wissenschaft ansehen, mit der heuchlerischen Miene, die viele Morphologen lieben, erklären dürfen, daß wir uns demütig mit der bloßen erbaulichen Betrachtung der Organismen begnügen und ja keinen indiskreten Blick in das uns verschlossene Geheimnis ihrer „inneren Natur", ihres kausalen Wesens tun wollen.

Einen Punkt müssen wir hierbei schließlich noch offen berühren. Die meisten Morphologen der Neuzeit lieben es, die unversöhnliche Gegnerschaft zwischen teleologischer und mechanischer Biologie durch ein versöhnliches Mäntelchen zu verdecken und einen Kompromiß zwischen den beiden entgegengesetzten Extremen zu erstreben. Bis zu einer gewissen Grenze soll die organische Natur erkennbar sein, und von da an soll die Erkennbarkeit aufhören. Eine Reihe von biologischen Erscheinungen soll sich auf dem mechanischen Wege aus wirkenden Ursachen erklären lassen, der übrige Rest aber nicht. Dies ist allerdings insofern richtig, als unser menschliches Erkenntnisvermögen beschränkt ist, und als wir die letzten Gründe nicht von einer einzigen Erscheinung wahrhaft erkennen können. Dies gilt aber in ganz gleichem Maße von der organischen und anorganischen Natur. Die Entstehung jedes Kristalls bleibt für uns in ihren letzten Gründen ebenso rätselhaft, wie die Entstehung jedes Organismus. Die letzten Gründe sind uns hier nirgends zugänglich. Jenseits der Grenze des Erkenntnisvermögens können wir uns beliebige, ohne induktive Grundlage gebildete Vorstellungen zu unserer persönlichen Gemütsbefriedigung schaffen, niemals aber dürfen wir versuchen, diese rein dogmatischen Vorstellungen des Glaubens in die Wissenschaft einzuführen. Und ein solches Glaubensdogma ist jeder teleologische und vitalistische Erklärungsversuch.

Von allen denkenden Menschen fordern wir in erster Linie, daß sie konsequent sind, und von allen Naturforschern, welche die Teleologie und den Vitalismus in der Biologie für unentbehrlich halten, fordern wir, daß sie diese Methode in strengster Konsequenz für die Betrachtung aller Erscheinungen der organischen Natur ohne Ausnahme, für die gesamte Physiologie, Entwickelungsgeschichte und Morphologie, durchführen. Unseres Wissens liegt nur ein einziger derartiger Versuch im größten Stile aus der neueren Zeit vor. Das ist der äußerst merkwürdige „Essay on classification" von Louis Agassiz, der fast gleichzeitig mit seinem vernichtenden Todfeinde, mit Darwins Theorie, das Licht der Welt erblickte. Jedem Biologen, welcher sich nicht entschließen kann zur absoluten Verwerfung der teleologischen und zur unbedingten Annahme der mechanischen Methode, empfehlen wir dieses höchst interessante Buch, welches trotz des größten Aufwandes von Geist in jedem Kapitel sich selbst vernichtet und negiert, zur aufmerksamen Lektüre. Und wenn er dann noch an dem Vitalismus oder der Teleologie festhalten kann, empfehlen wir ihm dieselbe dualistische Konsequenz wie Louis Agassiz.

VI. Dualismus und Monismus.

„Die Richtung des Denkens der Neuzeit läuft unverkennbar auf Monismus hinaus. Der Dualismus, fasse man ihn nun als Gegensatz von Geist und Natur, Inhalt und Form, Wesen und Erscheinung, oder wie man ihn sonst bezeichnen mag, ist für die naturwissenschaftliche Anschauung unserer Tage ein vollkommen überwundener Standpunkt. Für diese gibt es keine Materie ohne Geist (ohne die sie bestimmende Notwendigkeit), aber ebensowenig auch Geist ohne Materie. Oder vielmehr es gibt weder Geist noch Materie im gewöhnlichen Sinne, sondern nur eins, das beides zugleich ist. Diese auf Beobachtung beruhende Ansicht des Materialismus zu beschuldigen, ist ebenso verkehrt, als wollte man sie des Spiritualismus zeihen." August Schleicher.

Diese Worte des berühmten komparativen Linguisten, der die naturwissenschaftliche Untersuchungsmethode in der vergleichenden Sprachforschung durchgeführt und als der erste von allen Sprachforschern die Theorie Darwins mit ebensoviel Geist als Erfolg auf diesen Teil der vergleichenden Physiologie angewandt hat, bezeichnen mit treffender Wahrheit den unversöhnlichen Gegensatz zwischen Dualismus und Monismus, der unsere gesamte Naturwissenschaft wie die ganze Denktätigkeit unserer Zeit in zwei feindliche Heerlager trennt. Wir können nicht umhin, hier am Schlusse unserer kritisch-methodologischen Einleitung noch kurz bei einer Betrachtung dieses Gegensatzes zu verweilen, obschon die vorhergehenden Abschnitte zur Genüge gezeigt haben werden, daß wir den Monismus in aller Schärfe und in seinem vollen Umfange für die einzig richtige Weltanschauung und folglich auch für die einzig richtige Methode in der gesamten Naturwissenschaft halten, und daß wir jede dualistische Erkenntnismethode unbedingt verwerfen.

Die tatsächliche Vereinigung und vollkommene Versöhnung, welche in dem Monismus solche scheinbare Gegensätze finden, wie es Kraft und Stoff, Geist und Körper, Freiheit und Natur, Wesen und Erscheinung sind, ist auf keinem Gebiete des Erkennens mehr hervorzuheben als auf demjenigen der Biologie und vor allem auf dem der organischen Morphologie. Denn wie schon im vorhergehenden vielfach gezeigt worden ist, hat nichts so sehr einer gesunden und natürlichen Entwickelung unserer Wissenschaft geschadet, als der künstlich erzeugte Dualismus, durch welchen man bei jeder Beurteilung eines Organismus seiner materiellen körperlichen Erscheinung eine davon unabhängige Idee oder einen „Lebenszweck" entgegensetzte, ein Dualismus, welcher sich in der naturwissenschaftlichen Untersuchungsmethode als Gegensatz von Philosophie und Naturwissenschaft, von Denken und Erfahren überall zum größten

Schaden einer natürlichen Erkenntnis entwickelt hat. Wie unendlich viel weiter würde unsere Wissenschaft jetzt sein, wenn man sich dieses künstlich erzeugten Zwiespalts bewußt geworden wäre, und wenn man mit klarem Bewußtsein die monistische Beurteilungsweise als die einzig mögliche Methode einer wirklichen Naturerkenntnis befolgt hätte.

Indem der Monismus als philosophisches System nichts anderes als das reinste und allgemeinste Resultat unserer allgemeinen wissenschaftlichen Weltanschauung, unserer gesamten Naturerkenntniß ist, bildet seine unterste und festeste Grundlage das allgemeine Kausalgesetz: „Jede Ursache, jede Kraft, hat ihre notwendige Wirkung, und jede Wirkung, jede Erscheinung, hat ihre notwendige Ursache.“ Schon hieraus ergibt sich, daß derselbe jede Teleologie und jeden Vitalismus, welche Form dieser auch annehmen mag, absolut verneint, und insofern ist die monistische Methode in der Biologie zugleich die mechanische, die kausale, deren alleinige Berechtigung der vorige Abschnitt dargetan hat. Da nun die vielbestrittene Geltung des mechanischen Kausalgesetzes in der organischen Natur durch nichts so sehr gefördert und so bestimmt begründet worden ist, als durch Darwins Theorie, so können wir auch diese Lehre als eine rein monistische bezeichnen. Und in der Tat beruht dieses ganze wundervolle Lehrgebäude, wie alle einzelnen Teile desselben, vollkommen auf reinen monistischen Anschauungen. Wenn wir dereinst mit Hülfe der Deszendenztheorie die gesamte Morphologie der Organismen auf die allein sichere Grundlage der mechanischen Naturgesetze begründet, die Erscheinungen der organischen Morphologie mechanisch-kausal, aus ihren wirkenden Ursachen werden erklärt haben, so wird das darauf gegründete System der Morphologie der Organismen ein absolut monistisches Lehrgebäude sein, wie es freilich jede wahre Wissenschaft, insofern sie Naturwissenschaft sein will und muß, mit Notwendigkeit erstreben muß.

Da der Ausdruck Monismus in unzweideutiger Weise diejenige kritische Auffassung der gesamten (organischen und anorganischen) Natur, und diejenige kritische Methode ihrer Erkenntnis, welche wir auf den vorhergehenden Seiten als die allein mögliche und durchführbare dargetan haben, bezeichnet, so werden wir uns dieses kurzen und bequemen Ausdrucks stets bedienen, wo es darauf ankommt, an die von uns ausschließlich befolgte Methode zu erinnern; andererseits werden wir als **Dualismus** stets kurz diejenigen verschiedenen, der unserigen entgegengesetzten Auffassungsweisen der Natur und Methoden ihrer Erkenntnis bezeichnen, welche als „teleologische“ und „vitalistische,“ als „systematische“ und „spekulative“ Dogmen für die Beurteilung und Erkenntnis der organischen Natur andere Methoden fordern, als für die Beurteilung und Erkenntnis der anorganischen Natur allgemein anerkannt sind.

Von allen Gegensätzen, welche der Dualismus künstlich erzeugt und aufstellt, und welche der Monismus versöhnt und aufhebt, ist keiner für die gesamte Wissenschaft wichtiger, als der auch jetzt noch meist so allgemein festgehaltene Gegensatz von Kraft und Stoff, von Geist und Materie und der auf diese künstliche Antinomie gegründete Gegensatz von Erfahrung und Denken, von empirischer Naturwissenschaft und spekulativer Philosophie. Wir haben oben im Eingange unserer methodologischen Erörterungen die absolute Notwendigkeit einer Vereinigung dieser Richtungen nachzuweisen versucht, und wir müssen hier am Ende nochmals kurz darauf zurückkommen, da nach unserer festesten Überzeugung die versöhnende Aufhebung dieses Gegensatzes den Anfang und das Ende, das A und das O aller wirklichen „Wissenschaft“ bildet. Leider wird ja immer noch von so vielen Seiten der durchaus künstliche Gegensatz, durch welchen man Empirie und Philosophie zu trennen sucht und welcher vorzüglich einer höchst einseitigen Verfolgung jeder der beiden Richtungen entsprungen ist, so starr festgehalten, daß nicht genug auf die Notwendigkeit ihrer Versöhnung durch den Monismus hingewiesen werden kann.

Die vollendete Philosophie der Zukunft, welche wir oben als das reife Resultat der notwendigen und vollkommenen gegenseitigen Durchdringung von Empirie und Philosophie bezeichnet haben, wird in der Tat nichts weiter sein als ein vollendetes System des Monismus. Freilich wird zur Erreichung dieses hohen Zieles vor allem die erste Vorbedingung zu erfüllen sein, daß die Naturforscher Philosophen werden und daß sich die Philosophen in Naturforscher umwandeln, oder daß sich, mit anderen Worten, dieser durchaus künstliche und höchst schädliche Zwiespalt aufhebt. In der Tat ist, wenn wir an beide die Anforderung einer vollständig reifen Ausbildung auf ihrem Gebiete stellen, nicht **ein** Unterschied — wir sagen: nicht **ein** Unterschied — zwischen Naturforschern und Philosophen, zwischen Natur-Wissenschaft und Natur-Philosophie ausfindig zu machen. Beide sind vielmehr stets und überall ein und dasselbe. Die höher entwickelte Zukunft wird diesen künstlich erzeugten Dualismus nicht mehr kennen. Ihre monistische Weltanschauung wird **Naturwissenschaft und Philosophie** zu dem großen Ganzen einer einzigen allumfassenden **Wissenschaft** verschmelzen.

ZWEITES BUCH.

ALLGEMEINE UNTERSUCHUNGEN

ÜBER DIE NATUR UND ERSTE ENTSTEHUNG DER ORGANISMEN, IHR VERHÄLTNIS ZU DEN ANORGANEN UND IHRE EINTEILUNG IN TIERE UND PFLANZEN.

(PRINZIPIEN DER GENERELLEN BIOLOGIE.)

„Ins Innre der Natur“ —
O du Philister! —
„Dringt kein erschaffner Geist.“
Mich und Geschwister
Mögt ihr an solches Wort
Nur nicht erinnern;
Wir denken: Ort für Ort
Sind wir im Innern.
„Glückselig! wem sie nur
„Die äußre Schale weist!“
Das hör' ich sechzig Jahre wiederholen,
Ich fluche drauf, aber verstohlen;
Sage mir tausend, tausendmale:
Alles gibt sie reichlich und gern;
Natur hat weder Kern noch Schale,
Alles ist sie mit einem Male;
Dich prüfe du nur allermeist,
Ob du Kern oder Schale seist.

Goethe.

Fünftes Kapitel.

Organismen und Anorgane.

„Der Geist übt sich an dem würdigsten Gegenstande, indem er das Lebendige nach seinem innersten Wert zu kennen und zu zergliedern sucht."

Goethe.

I. Organische und anorganische Stoffe.

1) 1. Differentielle Bedeutung der organischen und anorganischen Materien.

Bevor wir an unsere eigentliche Aufgabe gehen, und nach den im ersten Buche festgestellten Methoden und Prinzipien die Grundzüge der generellen Morphologie der Organismen zu entwerfen versuchen, scheint es uns unerläßlich, den Begriff des Organismus selbst, sowie sein Verhältnis zur anorganischen Natur, und die übliche Einteilung der Organismen in Tiere und Pflanzen, einer allgemeinen kritischen Untersuchung zu unterwerfen. Indem wir diese wichtigen Grundbegriffe feststellen, gewinnen wir den festen Boden, auf welchem wir nachher sicher weiter bauen können, während die gewöhnliche Vernachlässigung der unentbehrlichen Fundamente zu der chaotischen Begriffsverwirrung führt, von welcher gegenwärtig unsere Wissenschaft ein so trauriges Bild liefert.

Um zu einer klaren Einsicht in „den inneren Wert des Lebendigen", in den wesentlichen Charakter der Organismen, der Tiere und Pflanzen, zu gelangen, erscheint es uns am zweckmäßigsten, denselben die leblosen Naturkörper, die Anorgane, gegenüberzustellen, und beide Hauptgruppen von Naturkörpern, lebendige und leblose, hinsichtlich aller allgemeinen Eigenschaften (in chemischer, morphologischer und physikalischer Beziehung) zu vergleichen. Indem wir hierbei sowohl synthetisch die Übereinstimmungen, als analytisch die Unterschiede beider Körpergruppen hervorheben, werden wir zu einer tieferen Einsicht in die innerste Natur und die gegenseitigen

Beziehungen derselben gelangen, als es durch eine bloße Definition der Begriffe möglich ist.

Der Begriff des Organismus ruht ursprünglich auf morphologischer Basis und bezeichnet einen Naturkörper, welcher aus „Organen" zusammengesetzt ist, d. h. aus Werkzeugen oder ungleichartigen Teilen, welche zum Zwecke des Ganzen vereinigt zusammenwirken. Gegenwärtig haben wir nun zahlreiche „Organismen ohne Organe" kennen gelernt, vor allen die vollkommen homogenen und strukturlosen Plasmakörper oder Moneren; ferner viele einzellige Organismen, deren einziges diskretes Organ der im Plasma eingeschlossene Zellenkern und bisweilen noch eine äußere Umhüllungshaut ist (viele Protisten: einzellige Pflanzen und Tiere). Da vielen dieser einfachsten Organismen bestimmte morphologische Charaktere ganz fehlen und dieselben zum Teil gar keine, zum Teil nur solche different geformte Teile besitzen, die kaum den Namen von „Organen" verdienen, so können wir den Begriff des Organismus nur auf physiologischer Basis begründen, und nennen demgemäß Organismen alle jene Naturkörper, welche die eigentümlichen Bewegungserscheinungen des „Lebens", und namentlich ganz allgemein diejenigen der Ernährung zeigen. Anorgane dagegen nennen wir alle diejenigen Naturkörper, welche niemals die Funktion der Ernährung und auch keine der anderen spezifischen „Lebenstätigkeiten" (Fortpflanzung, willkürliche Bewegung, Empfindung) ausüben.

Da nun die Ernährungstätigkeit der Organismen, gleich allen anderen Lebensfunktionen, ebenso eine unmittelbare Wirkung ihrer materiellen Zusammensetzung ist, wie jede physikalische Eigenschaft eines Anorganes unmittelbar in dessen Materie begründet ist, da überhaupt jede Eigenschaft, Kraft oder Funktion eines Körpers die unmittelbare Folge seiner materiellen Zusammensetzung und seiner Wechselwirkung mit der umgebenden Materie ist, so werden wir die nachfolgende Vergleichung der Organismen und Anorgane zunächst mit der vergleichenden Betrachtung ihres materiellen Substrates beginnen müssen. Denn lediglich aus den Verschiedenheiten, welche sich in der feineren und gröberen Zusammensetzung der Materie zwischen Organismen und Anorganen zeigen, können wir uns die davon unmittelbar abhängigen Verschiedenheiten in den Formen und Kräften (Funktionen) beider Gruppen von Naturkörpern erklären.

I) 2. Atomistische Zusammensetzung der organischen und anorganischen Materien.

Alle Organismen und alle Anorgane, welche unserer wissenschaftlichen Erkenntnis zugänglich sind, zeigen ganz übereinstimmend eine gewisse Summe von ursprünglichen allgemeinen Eigenschaften, welche aller Materie notwendig inhärieren. Diese generellen Qualitäten der Naturkörper, welche in ganz gleicher Weise sämtlichen belebten wie sämtlichen leblosen Körpern zukommen, sind: Ausdehnung, Undurchdringlichkeit, Teilbarkeit, Ausdehnbarkeit, Zusammendrückbarkeit, Elastizität, Porosität, Trägheit, Schwere etc. Da wir diese allgemeinen Grundeigenschaften sämtlicher Naturkörper als aus der Physik bekannte und allgemein anerkannte Tatsachen vorausetzen müssen, so haben wir nicht nötig, hier näher darauf einzugehen, und wollen nur, was so oft vergessen wird, ausdrücklich konstatieren, daß in allen diesen Beziehungen, in allen allgemeinen Grundeigenschaften der Materie nicht der geringste Unterschied zwischen den Organismen und den Anorganen existiert.

Aus diesen allgemeinsten Resultaten der Physik haben sich die Naturforscher übereinstimmend eine allgemeine Grundanschauung über die primitive Konstitution der Materie (organischer und anorganischer) gebildet, welche unter dem Namen der atomistischen Theorie von allen Physikern und Chemikern angenommen ist. Danach besteht die gesamte Materie aus Atomen, d. h. aus kleinsten, diskreten, nicht weiter teilbaren Massenteilchen, welche der allgemeinen Massenanziehung, der Schwere unterworfen, sich gegenseitig durch diese Attraktionskraft oder Kohäsion anziehen. Die allgemeinen Erscheinungen der Wärme, des Aggregatzustandes usw. zwingen ferner zu der Annahme, daß diese letzten unzerlegbaren Massenteilchen durch eine allgemein verbreitete indifferente Materie von nicht wahrnehmbarem Gewichte, den Äther, getrennt sind. Auf den Schwingungen dieses Äthers beruhen die Erscheinungen der Wärme und des Lichtes. Dieser die Atome rings umgebende und voneinander trennende Äther besteht selbst wieder, gleich der Materie, aus diskreten Teilchen, welche von den Atomen angezogen werden, sich selbst aber untereinander durch ihre eigene Abstoßungskraft oder Repulsivkraft (Expansion) abstoßen. Diese atomistische Theorie erklärt in ganz gleicher Weise die allgemeinen Grundeigenschaften der Organismen und der Anorgane. Die fundamentale Konstitution der Materie, ihre Zusammensetzung aus Atomen, ist also in sämtlichen Naturkörpern, leblosen und belebten, dieselbe.

Die mannigfaltigen Unterschiede in der Erscheinung und im Wesen der verschiedenen Naturkörper beruhen teils auf der ununterbrochenen Tätigkeit der allgemeinen Molekularkräfte (der Kohäsion der diskreten Atome und der Expansion der diskreten, die Atome umhüllenden und trennenden Ätherteilchen), teils auf der qualitativen Verschiedenheit der Atome. Diese letztere anzunehmen werden wir durch die allgemeinsten Resultate der Chemie gezwungen. Indem nämlich die Chemie in ihrem Bestreben, die Materie in ihre einfachsten Bestandteile zu zerlegen, schließlich überall eine geringe Zahl von unzerlegbaren, qualitativ verschiedenen Urstoffen oder chemischen Elementen als allgemeine Grundlage der gesamten Materie nachweist, führt sie in Verbindung mit jenen allgemeinsten Resultaten der Physik zu der Annahme, daß die qualitativen Verschiedenheiten der chemisch nicht weiter zerlegbaren Materien bedingt sind durch eine qualitative Verschiedenheit der Atome, welche diese Materien konstituieren. Es würden also ebenso viele verschiedene Atomarten, als chemische Elemente existieren. Da sich die chemischen Elemente in bestimmten Gewichtsverhältnissen miteinander verbinden, so muß das Gewicht der verschiedenen Atomarten ein verschiedenes sein. Da nun diese qualitative Differenz der Atomarten und der aus ihnen zusammengesetzten chemischen Elemente die ganze Mannigfaltigkeit in den Naturkörpern bedingt, so drängt sich hier zunächst die Frage auf, ob in den Organismen andere Atomarten, d. h. andere chemische Elemente, vorkommen, als in den Anorganen. Als negative Antwort hierauf haben wir hier zunächst das hochwichtige Gesetz hervorzuheben, daß alle chemischen Elemente, welche den Körper der Organismen zusammensetzen, auch in der anorganischen Natur vorkommen. Es gibt keinen unzerlegbaren Grundstoff in irgendeinem Organismus, welcher nicht auch außerhalb desselben als lebloser Naturkörper, als Anorgan oder als Bestandteil eines solchen auftritt.

Diese Tatsache ist zwar allbekannt, wird aber in ihrer ganzen Tragweite insofern meist nicht gehörig gewürdigt, als man daraus gewöhnlich nicht den sich unmittelbar ergebenden Schluß zieht, daß bei der qualitativen Identität der Elementarstoffe, welche die Anorgane und die Organismen zusammensetzen, auch die fundamentalen Kräfte oder Funktionen in beiden Klassen von Naturkörpern nicht qualitativ verschieden sein werden. Aus der Nichtexistenz eines besonderen Lebensstoffes wird daher der Monismus schon die Nichtexistenz einer besonderen Lebenskraft folgern müssen. Wie man nun infolge unserer vorgeschrittenen chemischen Kenntnisse die frühere Annahme, daß besondere den Organismen eigentümliche und außerhalb derselben nicht vorkommende chemische Elemente, besondere „Lebensstoffe", die organischen Körper zusammensetzen und deren Lebenserscheinungen zugrunde liegen, jetzt allgemein verlassen hat, so wird man ebenso notwendig die auf gleich unvollständige Erkenntnis gegründete Hypothese fallen lassen müssen, daß es besondere „Lebenskräfte" sind, welche die Formen wie die Funktionen der Organismen bedingen.

Von den unzerlegbaren chemischen Elementen, welche bis jetzt auf unserer Erde gefunden worden sind und deren Zahl sich bereits auf mehr als sechzig beläuft, ist nur ungefähr der dritte Teil im Körper der Organismen aufgefunden. Und von diesen ungefähr zwanzig chemischen Elementarstoffen ist es wiederum nur etwa die Hälfte, welche allgemein verbreitet und in größerer Menge in den organischen Körpern vorkommt. Bekanntlich sind es vor allen die vier Elemente: Kohlenstoff, Sauerstoff, Wasserstoff und Stickstoff, die vorzugsweise die sogenannten organischen Verbindungen im engeren Sinne zusammensetzen und die man deshalb auch als „Organogene" besonders hervorgehoben hat. An der Spitze derselben steht der Kohlenstoff, dessen merkwürdige physikalische und chemische Eigentümlichkeiten wir als die letzte Ursache aller der eigentümlichen Funktionen und Formen zu betrachten haben, welche die Organismen vor den Anorganen auszeichnen. An diese vier organogenen Elemente schließen sich dann zunächst Schwefel und Phosphor an. Von den übrigen Elementen sind Chlor, Kalium, Natrium, Calcium und demnächst Eisen und Kiesel am weitesten verbreitet. Viel seltener und meist nur in kleinen Quantitäten kommen Jod, Brom, Fluor, Magnesium, Aluminium, Manganium, Strontium, Lithium und einige andere seltene Urstoffe in den Organismen vor.

I) 3. Verbindungen der Elemente zu organischen und anorganischen Materien.

Nachdem die Chemie nachgewiesen hatte, daß alle chemischen Grundstoffe oder Elemente, welche den Körper der Organismen zusammensetzen, sich auch außerhalb desselben in der anorganischen

Natur vorfinden, daß mithin kein besonderes „organisches Element“ existiert, glaubte man in der Art und Weise des Zusammentritts der Elemente zu zusammengesetzten Verbindungen einen absoluten Unterschied zwischen Organismen und Anorganen aufstellen zu können. Besondere Gesetze des „Lebens“ sollten die Vereinigung der Elemente innerhalb des Organismus regeln, und die mystische „Lebenskraft“ sollte die Elemente zum Eingehen von Verbindungen zwingen, welche außerhalb des lebendigen Körpers nie sollten zustande kommen können. Diese irrtümliche Vorstellung, welche vorzüglich durch die Autoritäten von Berzelius und Johannes Müller in der Biologie zu sehr allgemeinem Ansehen gelangte, hat solchen Einfluß auf die allgemeine Beurteilung der Organismen gewonnen, und behauptet denselben teilweis noch heute, daß wir dieselbe hier ausdrücklich als einen Irrtum bezeichnen müssen, der durch die neuere Chemie definitiv widerlegt ist.

Vollkommen richtig ist es, daß diejenigen eigentümlichen Formen und Funktionen, welche die Organismen von den Anorganen unterscheiden, einzig und allein die notwendige Wirkung sind von den eigentümlichen Verbindungen, welche die Elemente im Körper der Organismen eingehen und welche man allgemein als „organische“ Materien zusammenfaßt. Vollkommen falsch aber ist es, wenn man diese eigentümlichen „organischen Verbindungen“ von etwas anderem ableitet, als von der chemischen Wahlverwandtschaft der Elemente, welche in allen Fällen, selbständig, vermöge der ihren Atomen unzertrennlich innewohnenden Kräfte, diese Verbindungen aktiv schaffen. Es existiert also auch in dieser Beziehung durchaus kein Unterschied zwischen den leblosen und den belebten Naturkörpern. Wie wir in der leblosen Natur die gewöhnlich einfacheren, sogenannten „anorganischen Verbindungen“ lediglich durch die ureigenen Kräfte der Elemente, nach den unabänderlichen und ewigen Gesetzen der chemischen Wahlverwandtschaft, entstehen sehen, so erkennen wir ebenso bestimmt, daß innerhalb der lebendigen Körper die gewöhnlich verwickelteren, sogenannten „organischen Verbindungen“ lediglich nach denselben Gesetzen der chemischen Affinität, mit absoluter Notwendigkeit, entstehen und vergehen.

Der einzige Unterschied, welcher in der chemischen Zusammensetzung der Organismen und Anorgane gefunden werden kann, besteht darin, daß in allen Organismen neben den einfacheren Verbindungen der Elemente, die allenthalben auch in der leblosen Natur vorkommen (Wasser, Kohlensäure etc.), eine Anzahl von verwickelteren Verbindungen des Kohlenstoffs (und namentlich allgemein gewisse Eiweißkörper) sich finden, welche gewöhnlich in der anorganischen Natur sich nicht zu bilden scheinen. Diese Verbindungen verdanken aber ihre Existenz nicht einer besonderen Lebenskraft, sondern den eigentümlichen und äußerst verwickelten Verwandtschaftsbeziehungen des Kohlenstoffs zu den meisten übrigen Elementen. Vielleicht mit allen anderen Elementen, vorzüglich aber mit den drei Elementen: Wasserstoff, Sauerstoff und Stickstoff, vermag der Kohlenstoff eine endlose Reihe von äußerst verwickelten Verbindungen einzugehen, welche zum größten Teil durchaus ohne Analogon unter den kohlenstofflosen Verbindungen dastehen. Wir müssen also die chemische und physikalische Natur des Kohlenstoffs und vor allem seine in ihrer Art einzige Fähigkeit, mit anderen Elementen höchst komplizierte Verbindungen einzugehen, als die erste und letzte, als die einzige Ursache aller derjenigen Eigentümlichkeiten ansehen, welche die sogenannten organischen Verbindungen von den anorganischen unterscheiden.

Es würde deshalb richtiger sein, die „organischen Verbindungen„ konkreter als „Kohlenstoffverbindungen“ zu bezeichnen, wie man die „organische Chemie“ neuerdings richtiger die „Chemie der Kohlenstoffverbindungen“ genannt hat. Nur darf dabei nicht vergessen werden, daß, wie der reine Kohlenstoff selbst (als Diamant, Graphit), so auch einfachere Kohlenstoffverbindungen in der anorganischen Natur, außerhalb der Organismen, weit verbreitet vorkommen, wie vor allem die Kohlensäure, das Kohlenoxyd, einzelne Kohlenwasserstoffe usw. Andererseits darf ebensowenig vergessen werden, daß in allen Organismen ohne Ausnahme neben jenen „organischen“, d. h. verwickelteren Kohlenstoffverbindungen, auch noch einfachere Kohlenstoffverbindungen und nicht kohlenstoffhaltige Verbindungen der Elemente, also sogenannte „anorganische“ Verbindungen vorkommen (Wasser, Kohlensäure, Kochsalz etc.).

I) 4. Aggregatzustände der organischen und anorganischen Materien.

Unter Aggregatzustand der Naturkörper verstehen wir den Grad der Entfernung und der dadurch bedingten relativen Beweglichkeit ihrer Massenatome. Die Differenzen der Aggregatzustände beruhen lediglich auf der Verschiedenheit der Entfernungen der Atome von einander, welche durch die Wechselwirkung zwischen der Kohäsionskraft der Atome und der Expansionskraft der Ätherteilchen modifiziert werden. Bei den anorganischen Naturkörpern ist bekanntlich eine dreifache Differenz in dieser Beziehung möglich, und man unterscheidet demgemäß bei diesen drei Aggregatzustände, den festen, tropfbaren und gasförmigen.

Vergleichen wir mit diesen drei bestimmten und stets leicht erkennbaren Aggregatzuständen der Anorgane diejenigen der Organismen, so haben wir zunächst zu konstatieren, daß alle drei Aggregatzustände in Teilen des Körpers vieler Organismen ebenso rein wie in den Anorganen vorkommen, und daß einer davon, nämlich der flüssige, in allen lebenden Organismen ohne Ausnahme allgemein verbreitet ist. Die eigentümlichen Bewegungserscheinungen, welche wir unter dem Kollektivnamen des Lebens zusammenfassen, können nur durch Mitwirkung dieses Aggregatzustandes zustande kommen, und wir können daher den tropfbar flüssigen Zustand mindestens eines Teils der Materie als ein für alle Organismen notwendiges Erfordernis bezeichnen. Die Hohlräume, welche diese für den Transport der Teilchen beim Stoffwechsel unentbehrlichen Flüssigkeiten einschließen, sind teils (bei den höheren Tieren) besondere Gefäße (Blutgefäße, Wassergefäße, Leibeshöhle etc., teils wandungslose Hohlräume zwischen den Elementarteilen und im Inneren derselben (Vakuolen in den Plastiden etc.). Außer dem rein tropfbaren kommt nun ferner auch der feste und der gasförmige Aggregatzustand vollkommen rein im Körper vieler (nicht aller!) Organismen vor. Zu den absolut festen Teilen der Organismen können wir z. B. die Otolithen im Gehörorgan, ferner die reinen Kieselskelette und die Skelette aus kohlensaurem Kalke rechnen, welche bei vielen wirbellosen Tieren, sowie die Kristalle, welche sich in vielen Pflanzen vorfinden. Ebenso kommen Gase in elastisch-flüssiger Form (nicht aufgelöst) im Körper vieler Organismen vor, entweder mit der Außenwelt unmittelbar kommunizierend (z. B. in den Lungen, Luftröhren, in den pneumatischen Knochenhöhlen der Vögel etc.) oder in besonderen Räumen abgeschlossen (z. B. in der Luftblase der Siphonophoren, der Schwimmblase vieler Fische, den Gefäßen der Pflanzen etc.).

Außer diesen drei Aggregatzuständen, welche also in belebten wie in leblosen Naturkörpern gleicherweise vorkommen, zeichnen sich nun aber die Organismen noch durch einen vierten Aggregatzustand aus, welcher einem Teile der Kohlenstoffverbindungen ausschließlich eigentümlich ist und in den Anorganen nicht vorkommt, und welchen wir als festflüssigen oder gequollenen Aggregatzustand bezeichnen können. Es bildet dieser Zustand, wie schon der Name sagt, eine eigentümliche Mittelbildung zwischen dem festen und flüssigen Zustand und ist in der Tat aus einer Verbindung beider hervorgegangen. Er kommt dadurch zustande, daß Flüssigkeit in bestimmter (innerhalb gewisser Grenzen eingeschlossener) Quantität zwischen die Moleküle eines festen Körpers (einer Kohlenstoffverbindung) eindringt und dessen Intermolekularräume erfüllt. Diese Zwischenräume sind in denjenigen organischen Materien, welche einer solchen Flüssigkeitsaufnahme (Quellung oder Imbibition) fähig sind, offenbar von anderer Beschaffenheit, als bei denjenigen einfacheren organischen Verbindungen, welche, gleich allen anorganischen Verbindungen, nicht Flüssigkeit zwischen ihre Moleküle aufnehmen können, ohne selbst flüssig zu werden. Wahrscheinlich steht diese Fähigkeit im engsten Kausalzusammenhang mit der komplizierten Gruppierung der Atome in den betreffenden Kohlenstoffverbindungen. Denn gerade diejenigen organischen Materien, welche in diesen Beziehungen sich am weitesten von den Anorganen entfernen, sind es, welche den festflüssigen Aggregatzustand in der größten Ausdehnung annehmen können. Gerade diese höchst kompliziert und locker zusammengesetzten, leicht zersetzbaren Kohlenstoffverbindungen, vor allen die Eiweißstoffe und deren Derivate, sind es aber auch, welche die kompliziertesten Lebenserscheinungen vermitteln, und da diese Kohlenstoffverbindungen, als die eigentlichen aktiven, organogenen Stoffe in keinem Organismus fehlen, so finden wir auch den für sie charakteristischen gequollenen Aggregatzustand in allen Organismen ohne Ausnahme vor.

Die allgemeinen physikalischen Eigenschaften, welche die organische Materie durch die Quellung oder Imbibition erhält, sind für die Erklärung der Lebenserscheinungen von äußerster Wichtigkeit. Indem nämlich die festflüssigen oder gequollenen Materien gewisse Eigentümlichkeiten des festen und des flüssigen Aggregatzustandes in sich vereinigen, indem sie Festigkeit mit einem bedeutenderen Grade von Formveränderlichkeit, Härte mit einem eigentümlichen Grade von Weichheit verbinden, wird schon hieraus klar, warum die Funktionen der organischen Materien weit differenzierter und komplizierter sein können, als dies bei dem einfachen Aggregatzustand der Anorgane jemals der Fall sein kann.

Die wichtigsten aller sogenannten Lebenserscheinungen und gerade diejenigen Funktionen der organischen Körper, welche man gewöhnlich als die charakteristischen Leistungen des Lebens zu bezeichnen pflegt, sind nur möglich dadurch, daß die Materie, von welcher sie ausgehen, sich wenigstens teilweis im vierten, im festflüssigen Aggregatzustand befindet. Die sogenannten „animalen" Kräfte der Empfindung und Bewegung, welche von der Nerven- und Muskelsubstanz ausgehen, wie die sogenannten „vegetativen" Kräfte der Ernährung und Fortpflanzung, welche den verschiedensten Substanzen der Organismen inhärieren, sind ohne den festflüssigen Aggregatzustand ihres materiellen Substrates gar nicht denkbar. Gerade die eigentümliche Verbindung von Festigkeit und Flüssigkeit, von Härte und Weiche, von Starrheit und Beweglichkeit, welche durch die Imbibition gegeben wird, bedingt und ermöglicht die komplizierteren Molekularbewegungen, welche den angeführten organischen Prozessen zugrunde liegen. Aus diesen Gründen können wir den Quellungszustand der lebenden Materien gar nicht hoch genug anschlagen und werden befugt sein, in diesem festflüssigen Aggregatzustande der meisten Kohlenstoffverbindungen, gleichwie in ihrer komplizierteren Zusammensetzung aus verwickelten Atomgruppen (welche wahrscheinlich eng mit der Quellungsfähigkeit zusammenhängt) eine der wichtigsten Grundursachen des Lebens zu finden. Es wird daher zur Begründung unserer monistischen Lebensbeurteilung hier gestattet sein, bei dem Fundamentalphänomen der Imbibition noch etwas zu verweilen, zumal auch für die Form der Organismen dieser vierte Aggregatzustand von der größten Bedeutung ist.

II. Organische und anorganische Formen.

II) 1. Individualität der organischen und anorganischen Gestalten.

So wenig zwischen den Organismen und Anorganen ein absoluter, allgemein durchgreifender Unterschied in der fundamentalen atomistischen Zusammensetzung der Materie, sowie in den fundamentalen Kräften, welche derselben inhärieren, zu finden ist, so wenig existiert ein solcher absoluter Unterschied zwischen beiden Gruppen von Naturkörpern auch in der Form, in der inneren Zusammensetzung und in der äußeren Gestalt. Die sehr auffallenden Differenzen, welche in allen diesen Beziehungen zwischen leblosen und belebten Körpern existieren, sind immer nur relativer Natur, indem sie sich allmählich abstufen und indem die kompliziertere Zusammensetzungsweise und die Imbibitionsfähigkeit der organischen Kohlenstoffverbindungen notwendig eine kompliziertere Funktion und eine kompliziertere Form mit sich bringt. Allein auf der untersten Stufe der so reich differenzierten Organismenwelt finden wir einfachste Formen, welche in bezug auf Einfachheit der Zusammensetzung und Form nicht hinter den Anorganen zurückbleiben.

Wir haben bereits oben eine allgemeine Vergleichung der Organismen und Anorgane bezüglich der Zusammensetzung und Entstehung ihrer Formen angestellt, um die verschiedenen Seiten der Formbetrachtung, mit welcher wir uns beschäftigen werden, klar und scharf hervortreten zu lassen. Wir haben dort absichtlich „die wesentlichen Formunterschiede zwischen Organismen und Anorganen so scharf und durchgreifend gegenübergestellt, wie dies fast von allen Naturforschern geschieht“. Nun haben wir aber gerechterweise auch die gewöhnlich ganz vernachlässigte Kehrseite jener Betrachtung hervorzuheben und zu untersuchen, ob die dort hervorgehobenen Differenzen wirklich absolut durchgreifende sind.

An der Spitze unserer vergleichenden Betrachtung der organischen und anorganischen Form haben wir oben hervorgehoben, daß beiderlei Formen uns gewöhnlich als bestimmt abgeschlossene räumliche Einheiten, als Individuen entgegentreten. Hier ist nun zunächst hervorzuheben, daß dies bei den Anorganen keineswegs konstant der Fall ist. Vielmehr tritt uns die leblose Materie sehr häufig nicht in individueller Form entgegen. Dies gilt zunächst von allen Gasen oder elastischen Flüssigkeiten. Dasselbe könnte ferner auch von allen tropfbaren Flüssigkeiten behauptet werden, falls man hier nicht die einzelnen Tropfen, welche, innerhalb einer nicht mit ihrem Stoff mischbaren Flüssigkeit, vermöge der Kohäsion ihrer Moleküle eine bestimmte Form (in einer Flüssigkeit vom gleichen spezifischen Gewichte eine Kugelform) annehmen, als Individuen gelten lassen will. Auch die festen Anorgane treten sehr oft in einer nicht individualisierten Form auf, als „amorphe“ unregelmäßige Stücke etc.

Als eigentliche ausgebildete anorganische Individuen können wir nur die Kristalle gelten lassen, welche auch schon von anderen Naturforschern (vorzüglich von Schwann) in dieser Beziehung untersucht und mit den organischen Individuen verglichen worden sind. Doch müssen wir auch hier die Übergangsbildungen hervorheben, welche zwischen vollkommen amorphen und rein kristallinischen Körpern vorkommen, und welche man allgemein mit dem Namen der kristalloidischen Bildungen belegen kann. Während bei den vollkommen amorphen Anorganen die Atome oder Moleküle einfach aggregiert, ohne jedes bestimmte Gesetz aneinander gelagert sind, finden wir bei den Kristalloiden eine bestimmte gesetzmäßige Anlagerung und Verbindungsweise der Moleküle (z. B. in einer gewissen „strahligen" oder „blätterigen" inneren Struktur) ausgesprochen, ohne daß dieselbe aber, wie es bei den echten Kristallen der Fall sein muß, zur Bildung einer symmetrischen oder regulären prismoiden Form führt, zu einer Form, welche von ebenen Flächen, geraden Linien und bestimmten unveränderlichen Winkeln und Ecken begrenzt ist.

Indem wir vorher die Kristalle als die höchst entwickelten anorganischen Individuen den organischen Individuen vergleichend gegenübergestellt hatten, bemerkten wir zunächst, daß die ersteren durch und durch homogen, in sich gleichartig, aus Molekülen einer und derselben Art zusammengesetzt seien, während die letzteren im Inneren heterogen, in sich ungleichartig, und aus Molekülen nicht nur, sondern auch aus gröberen Teilen von ganz verschiedener Art zusammengesetzt seien. Auf diese Zusammensetzung des Organismus aus differenten Teilen, aus Organen, oder aus Individuen verschiedener Ordnung gründen wir im dritten Buche die Strukturlehre oder Tektologie.

So wesentlich nun dieser Unterschied im großen und ganzen ist, so haben wir hier doch zweierlei gegen seine allgemeine Gültigkeit einzuwenden. Erstens nämlich sind die Kristalle in ihrem Inneren durchaus nicht, wie man oft hervorhebt, vollkommen homogen. Wenn auch die chemische Natur ihrer Moleküle, die Zusammensetzung derselben aus Atomen, gleichartig ist, so gilt dies keineswegs von deren Lagerung und Verbindungsweise. Diese ist vielmehr, entsprechend den verschiedenen Achsen des Kristalls, nach verschiedenen Richtungen hin verschieden, und gerade diese innere Ungleichartigkeit, die ungleiche Kohäsion der Moleküle in verschiedenen Richtungen, ist für die äußere Form des Kristalls ganz bedingend. Zugleich bedingt dieselbe die blätterige Struktur im Innern des Kristalls, seine Zusammensetzung aus übereinander liegenden Schichten von verschiedenen Kohäsionsgraden, die Blätterdurchgänge, welche nach verschiedenen Richtungen hin sich kreuzen und durchschneiden. Hierdurch ist dann wieder der verschiedene Widerstand bedingt, den der Kristall nach verschiedenen Richtungen hin dem Durchgange des Lichts, der Wärme, der Elektrizität etc. entgegensetzt. Kurz, wir sehen, daß der Kristall durchaus kein homogener, in sich gleichartiger Körper ist, wie ein amorphes Anorgan, sondern vielmehr eine innere Struktur besitzt, wie der Organismus; und den Teil der Kristallographie, welcher von dieser inneren Struktur handelt, könnte man die Anatomie der Kristalle, oder besser noch die Tektologie der Kristalle nennen.

Wie wir nun so einerseits sehen, daß die „innere Struktur", die Zusammensetzung aus bestimmt angeordneten Teilen, durchaus keine ausschließliche Eigenschaft des Organismus ist, so müssen wir zweitens andererseits hervorheben, daß es auch vollkommen homogene Organismen gibt, solche nämlich, welche (für unsere Hilfsmittel wenigstens) als durchaus homogene und strukturlose Körper erscheinen. Dahin gehören mehrere, schon seit längerer Zeit bekannte, sogenannte „Amöben", nämlich diejenigen einfachsten Amöbenformen, welche, ohne Kern und ohne kontraktile Blase, bloß einen strukturlosen kontraktilen Eiweißklumpen darstellen. Insofern diese durchaus homogenen Amöben, die sich durch Diosmose ernähren und durch Teilung fortpflanzen, selbständige „Spezies" darstellen, wollen wir dieselben als „Protamoeba", von den eigentlichen, mit Kern und kontraktiler Blase versehenen Amöben unterscheiden. Ferner gehören dahin die merkwürdigen „Protogenes", welche ebenfalls vollkommen homogene lebende Eiweißklumpen (Cytoden) darstellen, sich aber durch sehr bedeutende Größe auszeichnen und durch Anastomose der dünnflüssigeren (weicheren, weniger konsistenten) formwechselnden Körperfortsätze von den dickflüssigeren (festeren) Protamöben (ohne Anastomose der Pseudopodien) unterscheiden. In allen diesen äußerst merkwürdigen und wichtigen Organismen der niedrigsten Stufe, welche sich übrigens unmittelbar einerseits an die mit einer Schale versehenen Rhizopoden, andererseits an die Jugendzustände der Myxomyceten anschließen, besteht der gesamte Organismus aus einem vollkommen homogenen lebenden Eiweißklumpen (Plasmaklumpen, Cytoden), welcher offenbar lediglich vermöge seiner atomistischen Konstitution als ein leicht zersetzbarer und imbibitionsfähiger Eiweißstoff sämtliche „Lebens"funktionen zu vollziehen imstande ist. Die Bewegung äußern diese primitiven Urwesen mittels der formlosen und beständig wechselnden Fortsätze, welche sie von der Oberfläche ausstrecken und welche das Resultat der gegenseitigen Lageveränderung der Moleküle in der festflüssigen Eiweißsubstanz sind. Die Reizbarkeit oder Erregbarkeit äußern sie als Reflexbewegung durch bestimmte Reaktionen, durch Modifikationen der Bewegungen, z. B. Zurückziehen der Pseudopodien, bei Berührung mit einem reizausübenden fremden Körper, einer in Essigsäure getauchten Nadel etc. Die Ernährung vollziehen sie entweder dadurch, daß sie die in dem umgebenden Wasser gelösten einfacheren Verbindungen: Kohlensäure, Ammoniak etc. unmittelbar zu verwickelten Kohlenstoffverbindungen, zur Eiweißsubstanz des Protoplasma, kombinieren; oder sie ernähren sich durch mechanische Aufnahme fester Stoffe mittels der Pseudopodien, aus denen sie dann die brauchbaren Substanzen durch Zersetzung ausziehen und assimilieren. Die Fortpflanzung endlich geschieht durch einfache Selbstteilung. Und doch haben diese Organismen keine „Organe"! Sie sind so vollkommen homogen als die Kristalle, morphologisch aber insofern noch unvollkommener, als ihre konstituierenden Moleküle nach allen Richtungen frei verschiebbar sind, und das ganze Individuum keine feste bleibende Form besitzt.

Um diese einfachsten und unvollkommensten aller Organismen, bei denen wir weder mit dem Mikroskop noch mit den chemischen Reagentien irgend eine Differenzierung des homogenen Plasmakörpers nachzuweisen vermögen, von allen übrigen, aus ungleichartigen Teilen zusammengesetzten Organismen bestimmt zu unterscheiden, wollen wir sie ein für allemal mit dem Namen der Einfachen oder Moneren belegen. Gewiß dürfen wir auf diese höchst interessanten, bisher aber fast ganz vernachlässigten Organismen besonders die Aufmerksamkeit hinlenken, und auf ihre äußerst einfache Formbeschaffenheit bei völliger Ausübung aller wesentlichen Lebensfunktionen das größte Gewicht legen, wenn es gilt, das Leben zu erklären, es aus der fälschlich sogenannten „toten" Materie abzuleiten und die übertriebene Kluft zwischen Organismen und Anorganen auszugleichen. Indem bei diesen homogenen belebten Naturkörpern von differenten Formbestandteilen, von „Organen" noch keine Spur zu entdecken ist, vielmehr alle Moleküle der strukturlosen Kohlenstoffverbindung, des lebendigen Plasma, in gleichem Maße fähig erscheinen, sämtliche Lebensfunktionen zu vollziehen, liefern sie klar den Beweis, daß der Begriff des Organismus nur dynamisch oder physiologisch aus den Lebensbewegungen, nicht aber statisch oder morphologisch aus der Zusammensetzung des Körpers aus „Organen" abgeleitet werden kann.

Wenn wir die Zusammensetzung des Körpers aus verschiedenartigen Teilen als Hauptcharakter der Organismen hervorheben wollten, so würde die Kluft zwischen jenen einfachen, lebenden Plasmaklumpen und den höheren, aus Individuen verschiedener Ordnung zusammengesetzten Organismen viel größer erscheinen, als die Kluft zwischen den ersteren einerseits und den Kristallen andererseits. Die Moneren stehen in dieser Beziehung wirklich auf der Grenze zwischen leblosen und lebenden Naturkörpern. Sie leben, aber ohne Organe des Lebens; alle Lebenserscheinungen, Ernährung und Fortpflanzung, Bewegung und Reizbarkeit, erscheinen hier lediglich als unmittelbare Ausflüsse der formlosen organischen Materie, einer Eiweißverbindung.

Wir können demnach weder die Zusammensetzung des Körpers aus ungleichartigen Teilen (Organen etc.), noch auch nur die Zusammensetzung des Individuums aus mehreren gleichartigen Individuen niederer Ordnung, wie bisher geschehen, als allgemeinen Charakter der Organismen festhalten. Wir werden dies in Zukunft um so weniger können, als höchst wahrscheinlich eine vielseitigere Untersuchung der Anorgane nachweisen wird, daß auch hier bisweilen eine Zusammensetzung des Individuums aus mehreren Individuen niederer Ordnung vorkommt. Wir meinen hier die zusammengesetzten, teils rein kristallinischen, teils kristalloiden Bildungen, welche insbesondere das kristallisierende Wasser so leicht hervorbringt. Offenbar sind diese sehr mannigfaltigen und oft äußerst zusammengesetzten Gestalten, welche wir als Eisblumen, Eisbäume etc. im Winter an unseren Fensterscheiben bewundern, und durch deren Namen schon das Volk gleichsam instinktiv ihre morphologische Ähnlichkeit mit Organismen andeutet, derartige „höhere, vollkommene" Anorgane, bei welchen die komplizierte Gestalt des Ganzen aus einer gesetzmäßigen Vereinigung untergeordneter Teile resultiert. Offenbar sind diese Eisblumen, Eisblätter etc. nach bestimmten Gesetzen gebildet; es sind Aggregate von zahlreichen einzelnen Kristallen, von vielen Individuen niederer Ordnung, welche zur Bildung des höheren Ganzen sich vereinigt haben. Eine bestimmte Summe von zentralen Kristallindividuen bildet die Achse, um welche sich die peripherischen Individuen, bestimmten Anziehungs- und Abstoßungsverhältnissen jener Achse gehorchend, ansetzen. Bei den komplizierten Eisbäumen, welche den zusammengesetzteren Fiederblättern z. B. von Farnen gleichen, scheint jede Fieder, jeder Seitenzweig der Hauptachse selbst wieder die Ansatzlinie für eine neue Reihe noch mehr untergeordneter Individuen werden zu können etc. Auch vielfach sonst finden wir solche einfachere und zusammengesetztere Kristallaggregate (z. B. in vielen sogenannten Kristalldrusen) vor, welche ganz offenbar nicht gesetzlos zusammengeworfene Kristallhaufen sind, sondern durch bestimmte Anziehungs- und Abstoßungsverhältnisse geregelte, gesetzmäßige Bildungen, in denen notwendig die komplizierte Form des Ganzen aus der komplizierten Zusammenordnung der einzelnen Teile resultiert. Wenn diese merkwürdigen Bildungen erst näher untersucht sein werden, ist zu hoffen, daß auch bei diesen „Kristallstöcken“, wie man sie nennen könnte, bestimmte Gesetze gefunden werden, welche den Zusammentritt der Individuen verschiedener Ordnung zum höheren Ganzen bestimmen. Die Feststellung dieser Gesetze würde für die Anorgane dieselbe Aufgabe sein, wie sie die Tektologie für die Organismen verfolgt.

II) 2. Grundformen der organischen und anorganischen Gestalten.

Als einen weiteren wesentlichen Unterschied der organischen und anorganischen Individuen haben wir oben die Verschiedenheit der äußeren Gestalt selbst bezeichnet. Bei den ausgebildeten anorganischen Individuen, den Kristallen, „ist die Form einer vollkommen exakten mathematischen Betrachtung ohne weiteres zugänglich, und mit der stereometrischen Ausmessung derselben ist die Aufgabe ihrer morphologischen Erkenntnis wesentlich gelöst. Die anorganischen Individuen sind fast immer von ebenen Flächen, geraden Linien und bestimmten meßbaren Winkeln begrenzt. Die organischen Individuen hingegen, deren Form einer stereometrischen Behandlung zugänglich ist, sind seltene Ausnahmen. Fast immer ist ihr Körper von gekrümmten Flächen, gebogenen Linien und unmeßbaren sphärischen Winkeln begrenzt“.

Auch dieser Unterschied, den wir absichtlich oben so schroff hingestellt haben, wie dies gewöhnlich geschieht, ist keineswegs so absolut und durchgreifend, wie man glaubt. Vielmehr kommen auch in dieser Beziehung, wie überall, Zwischenformen und Übergangsbildungen vor. Zunächst ist hier hervorzuheben, daß auch vollkommen reine anorganische Kristalle sich finden, welche nicht, gleich den meisten anderen, von ebenen Flächen begrenzt sind, die in geradlinigen Kanten zusammenstoßen. Am wichtigsten sind in dieser Beziehung die von gekrümmten Flächen eingeschlossenen Diamantkristalle, welche um so bemerkenswerter sind, als der Kohlenstoff, der hier in reinster Form sphärische Kristallflächen hervorbringt, zugleich dasjenige chemische Element ist, welches an der Spitze der Organogene steht und die wichtigste Rolle in der Bildung der organischen Verbindungen spielt. Dasselbe gilt auch vom Wasser, welches nicht minder unentbehrlich für das Zustandekommen und den Bestand der organischen Formen ist. Die unendlich mannigfaltigen Kristallformen des Schnees und Eises, und vor allem die sehr komplizierten, eben hervorgehobenen „höheren und vollkommeneren“ Kristallformen (Eisblumen, Eisblätter etc.), welche aus Kristallindividuen niederer Ordnung sich zusammensetzen, zeigen äußerst häufig höchst komplizierte, einer stereometrischen Betrachtung gar nicht mehr zugängliche, gekrümmte Linien und Flächen.

Während so einerseits der Fall nicht selten ist, daß auch reine und vollkommen geformte anorganische Individuen, gleich den organischen, nur gekrümmte Begrenzungsflächen und krumme Kantenlinien zeigen, die in unmeßbaren Ecken zusammenstoßen, so kommt andererseits noch häufiger der Fall vor, daß auch organische Individuen, gleich den meisten anorganischen Kristallen, vollkommen ebene Begrenzungsflächen darbieten, welche sich in geraden Linien schneiden und in meßbaren Raumecken zusammenstoßen. Wir meinen hier nicht die Kristalle organischer Kohlenstoffverbindungen (z. B. Zucker, organische Säuren, Fette etc.), da wir diese nicht als wirkliche organische Individuen, d. h. als physiologische Lebenseinheiten, ansehen können; wir meinen vielmehr die bisher auffallend vernachlässigten, äußerst interessanten Organismen aus dem Rhizopodenstamme, welche besonders in der Radiolarienklasse einen so außerordentlichen Formenreichtum entwickeln und hier zum Teil vollständig, in ihrer gesamten Körperform, und vor allem in ihrer Skelettbildung, die reinsten und regelmäßigsten Kristallformen (Tetraeder, reguläre Oktaeder, Quadrat-Oktaeder, Rhomben-Oktaeder, dreiseitige Prismen etc.) darstellen.

Im ganzen genommen ist freilich die Zahl dieser Organismen in Kristallform gering, und es muß ausdrücklich hinzugefügt werden, daß es immer nur ein Teil des Körpers ist (wenn auch oft der größte, und häufig der einzige feste und geformte Teil), welcher die einfache Kristallform annimmt. Denn zu diesem (meist aus Kieselsäure gebildeten) Kristallskelett kommt stets noch zum mindesten die amorphe Sarkode, das lebende Protoplasma, hinzu. Diese letztere kann allein die Lebensbewegungen vermitteln, denen auch jener Skelettkristall seine Entstehung verdankt.

Bei der Mehrzahl der Organismen ist die Kristallform gewöhnlich schon deshalb ganz oder größtenteils ausgeschlossen, weil der ganze Körper, oder doch der größte Teil desselben, aus imbibitionsfähiger Materie besteht. Kristallisation und Imbibition schließen sich aber, wie oben bemerkt, aus. Wir haben daher gewiß in der für das Leben unentbehrlichen Quellungsfähigkeit der organischen Materien die nächste Ursache für die nicht kristallinische Form der meisten Organismen zu suchen.

Nächst der Imbibitionsfähigkeit, und in der nächsten Beziehung und Verbindung mit ihr, ist es dann ferner die unbegrenzte Variabilität der Organismen, welche, wie oben bemerkt, eine stereometrische Betrachtung, Ausmessung und Berechnung der meisten organischen Formen in gleicher Weise, wie sie die Kristallographie für die Anorgane gibt, illusorisch macht. Die Individuen der organischen „Arten“ (Spezies) sind nicht, wie die Individuen der anorganischen Arten, einander (innerhalb des Speziesbegriffes) gleich, oder auch nur in allen wesentlichen Stücken ähnlich. Vielmehr haben wir die allgemeine Veränderlichkeit und Anpassungsfähigkeit aller Organismen als eine äußerst wesentliche Grundeigenschaft derselben zu konstatieren. Indem alle Individuen untereinander ungleich sind und daher auch eine gemeinsame stereometrische Grundform nur für eine bestimmte Summe von Individuen, welche innerhalb eines beschränkten Zeitraums (z. B. einige geologische Perioden hindurch) existieren, aufgestellt werden kann, so würde die genaueste stereometrische Ausmessung und Berechnung der Organismenformen, ihrer komplizierten gekrümmten Begrenzungsflächen, Linien etc., auch wenn sie möglich wäre, nur ein ganz untergeordnetes Interesse haben. Dagegen ist eine allgemeine Betrachtung der stereometrischen Grundformen, welche den Organismenformen zugrunde liegen, allerdings möglich und innerhalb gewisser Schranken ausführbar. In gewissem Sinne entspricht diese Promorphologie der Kristallographie, ist das Äquivalent einer „Kristallographie der Organismen“, und man kann diesen Vergleich noch durch die Erwägung näher begründen, daß auch bei den reinen anorganischen Kristallen die vollkommene stereometrische Grundform äußerst selten (oder nie) in der Natur realisiert vorkommt und daher stets mehr oder minder eine (durch Ergänzung vieler einzelner verglichener konkreter Kristallindividuen erhaltene) ideale Abstraktion darstellt. Die Unvollkommenheiten der allermeisten realen Kristallindividuen sind durch Anpassung ihrer Form an die Umgebung bestimmt, welche während ihrer Entstehung wirksam war. In gleicher Weise, nur in viel höherem Grade, wirkt die Anpassung an die umgebenden Existenzbedingungen auf die werdenden Organismen ein, weshalb hier die individuelle Verschiedenheit so sehr viel beträchtlicher ist, und, indem sie viele Generationen hindurch vererbt und durch Vererbung in Verbindung mit fortdauernder Abänderung gehäuft wird, schließlich zur Entstehung ganz neuer Formen führt.

III. Organische und anorganische Kräfte.

III) 1. Lebenserscheinungen der Organismen und physikalische Kräfte der Anorgane.

Durch die vorhergehenden Untersuchungen glauben wir gezeigt zu haben, daß sowohl in der elementaren Konstitution und in der chemischen Zusammensetzung der Materie, als auch in der Form, in welcher sich dieselbe individualisiert, durchaus keine so wesentlichen und absoluten Unterschiede zwischen Organismen und Anorganen existieren, wie dies gewöhnlich angenommen wird. Die wirklich vorhandenen Unterschiede erklären sich aus der komplizierteren Art und Weise, in welcher die Atome der Elemente in den organischen Körpern zu verwickelteren Atomgruppen (Molekülen) zusammentreten, und ganz besonders aus der außerordentlichen Fähigkeit des Kohlenstoffs, mit mehreren verschiedenen Atomarten sich in sehr verwickelter Weise zu verbinden. Es ist lediglich diese verwickeltere atomistische Konstitution der Kohlenstoffverbindungen und die damit zusammenhängende leichte Zersetzbarkeit derselben, die ungewöhnliche Neigung und Fähigkeit der Atome, ihre gegenseitige Lagerung und Gruppierung zu ändern, welche den organischen Materien zum Teil besondere physikalische Eigenschaften verleiht. Von diesen ist die wichtigste der festflüssige Aggregatzustand, die Quellungsfähigkeit. Nun entsteht aber die Frage, ob denn auch alle die verwickelteren Bewegungserscheinungen der Materie, welche man unter dem Kollektivbegriff des „Lebens" zusammenfaßt, sich lediglich aus dieser komplizierteren Konstitution der organischen Materie und der dadurch bedingten imbibitionsfähigen Form erklären lassen. Wir haben den Beweis zu führen, daß dies in der Tat der Fall ist, und daß sämtliche Lebenserscheinungen der Organismen ohne Ausnahme ebenso unmittelbare und notwendige Wirkungen der geformten organischen Materie sind, als die physikalischen Eigenschaften jedes Kristalles unmittelbare und notwendige Folgen seiner Form und stofflichen Qualität sind.

III) 2. Wachstum der organischen und anorganischen Individuen.

Der Ausdruck „Leben“ ist, wie bemerkt, nichts anderes als eine Kollektivbezeichnung für eine Summe von komplizierteren Bewegungserscheinungen der Materie, welche nur den Organismen eigen sind und den Anorganen allgemein fehlen. Es entsteht aber hier zunächst die Frage, ob denn wirklich alle sogenannten Lebenserscheinungen durchaus ohne Analogon in der leblosen Natur sind. Wenn wir nun in dieser Beziehung die molekularen Lebensbewegungen der organischen Individuen mit den molekularen Bewegungen, welche wir bei anorganischen Individuen, insbesondere bei Kristallen, wahrnehmen, vergleichen, so tritt uns als verwandte Erscheinung zunächst diejenige des Wachstums entgegen.

Die Erscheinungen des Wachstums in den anorganischen und organischen Individuen sind schon vielfach und mit Recht verglichen worden; und zweifelsohne ist hier der Punkt, von welchem unsere Vergleichung am besten ausgehen kann. Bei allen Naturkörpern besteht die Erscheinung des Wachstums darin, daß die räumliche Ausdehnung und die Masse des Individuuns allmählich zunimmt, indem dasselbe durch eigene Tätigkeit fremde, außerhalb befindliche Massenteilchen anzieht. Bei den Kristallindividuen wird sowohl ihr Wachstum, als auch ihre Entstehung allgemein und ohne Widerspruch zurückgeführt auf elementare Gesetze der Anziehung und Abstoßung der Moleküle einer homogenen Materie. Für die Wirksamkeit dieser Gesetze ist der flüssige Aggregatzustand (entweder als Lösung oder als Schmelzung) unbedingt erforderlich.

Offenbar sind es dieselben großen und einfachen Gesetze der Massenanziehung und der chemischen Wahlverwandtschaft, welche die Autogonie verschiedener Moneren, d. h. die spontane Entstehung von homogenen strukturlosen Urorganismen in einer anorganischen Flüssigkeit, und welche die gesonderte Entstehung der verschiedenen Kristalle in einer gemischten Mutterlauge bedingen. Hier wie dort erfolgt die Bildung der festen Körper aus der Flüssigkeit mit Notwendigkeit, durch die ureigene Kraft der Materie, ohne Zutun einer davon verschiedenen, zweckmäßig wirkenden Kraft. Dieselbe fundamentale Übereinstimmung zeigt sich nun auch weiterhin in dem

Wachstum der „spontan“ entstandenen Formen. Das Wachstum beruht in allen Fällen darauf, daß der vorhandene feste Körper als Attraktionszentrum, als Anziehungsmittelpunkt wirksam ist, und daß die Anziehungskraft, welche die in demselben inniger verbundenen, sich näher liegenden Moleküle auf ihre Umgebung ausüben, die schwächere Kohäsion der in der umgebenden Flüssigkeit gelösten Moleküle überwiegt. Indem die letzteren weiter voneinander abstehen, sich weniger stark in ihrer gegenseitigen Lage zu erhalten vermögen, folgen sie der stärkeren Anziehung, welche von dem bereits gebildeten festen Körper ausgeht; sie gehen nun ebenfalls in den festen Aggregatzustand über.

Sowohl der wachsende Kristall, als das wachsende Moner zieht, wie jede andere Cytode und wie jede Zelle, aus der umgebenden Ernährungsflüssigkeit nur diejenigen Substanzen an, welche es zu seinem individuellen Wachstum braucht, und trifft daher, wenn viele verschiedene ernährende Substanzen untereinander in der Flüssigkeit gelöst sind, zwischen diesen eine bestimmte Auswahl. Bei der Kristallisation der Anorgane zeigt sich dieses Phänomen ganz einfach darin, daß, wenn in einer Mutterlauge viele verschiedene Salzlösungen untereinander gemischt sich befinden, beim Abdampfen derselben alle einzelnen Salze gesondert heraus kristallisieren, indem das Gleiche stets das Gleiche anzieht. Beim Wachstum aller Organismen zeigt sich dasselbe Grundgesetz in dem Phänomen der Assimilation, indem z. B. in einem Teiche, in welchem viele einzellige Algen und Protisten untereinander leben, jede nur diejenigen bestimmten Salze, diejenigen Quantitäten der organischen Verbindungselemente in sich aufnimmt, welche zur Bildung von organischer Substanz ihresgleichen dienen. Offenbar beruht diese wichtige Erscheinung, welche die Gleichartigkeit der chemischen Substanz ganz ebenso in dem strukturlosen Monere, wie in dem Kristalle bedingt, auf denselben Gesetzen der molekularen Anziehung und Abstoßung. Dieselben Gesetze der chemischen Wahlverwandtschaft und der physikalischen Massenanziehung bewirken zusammen in gleicher Weise das Wachstum der Organismen und der Anorgane.

Wenn wir uns nun von den strukturlosen Moneren zu den höheren Organismen wenden, deren Leib aus einem Komplex von differenzierten Zellen besteht, so finden wir auch hier dieselben einfachen und großen Gesetze wirksam, und nur dadurch häufig sehr versteckt, daß die unendlich verwickeltere Zusammensetzung der höheren organischen Individuen aus sehr verschiedenartigen Teilen auch immer unendlich verwickeltere Bedingungen des Wachstums und der Stoffauswahl setzt. So z. B. zieht bei den höheren Tieren aus der gemeinsamen Ernährungsflüssigkeit, dem höchst zusammengesetzten Blute, jede einzelne Zelle, jedes einzelne Organ nur diejenigen bestimmten Bestandteile an sich, welche seinesgleichen sind, welche es zu seiner individuellen Vergrößerung braucht, und verschmäht die übrigen. Aber selbst für diesen komplizierteren organischen Wachstumsprozeß gibt es Analoga in der anorganischen Natur. Dahin gehört das bekannte Experiment, welches schon von Reil 1796 in seiner klassischen Abhandlung „von der Lebenskraft" benutzt wurde, um zu zeigen, daß die „Assimilation", die Ernährung und das Wachstum der Tiere nichts weiter seien als eine „tierische Kristallisation", d. h. „eine Anziehung tierischer Materie nach Gesetzen einer chemischen Wahlverwandtschaft". Wenn man nämlich in eine Auflösung von Salpeter und Glaubersalz einen Salpeterkristall hineinlegt, so kristallisiert nur der Salpeter heraus, und das Glaubersalz bleibt gelöst; wenn man dagegen umgekehrt in dieselbe gemischte Auflösung einen Glaubersalzkristall hineinlegt, so kristallisiert nur das Glaubersalz heraus, und der Salpeter bleibt gelöst.

Diese wichtige Erscheinung, welche uns die Gleichheit der einfachen Grundursachen im Wachstum der Organismen und Anorgane beweist, führt uns unmittelbar zu einem weiteren wichtigen Grundgesetz des Wachstums, das sich ebenfalls auf bestimmte Verhältnisse der Massenanziehung gründet. Es folgt nämlich aus jenem instruktiven Versuche unmittelbar, daß ein bereits gebildeter fester Körper in seiner Mutterlauge (d. h. in einer Flüssigkeit, welche die ihn zusammensetzenden eigenen Stoffe gelöst enthält) eine stärkere Anziehung auf die umgebenden in der Flüssigkeit gelösten Moleküle ausübt, als diese unter sich auszuüben vermögen. Ist daher einmal in einer solchen Bildungsflüssigkeit ein fester Körper vorhanden, so wirkt dieser als Anziehungsmittelpunkt und vermag nun gleichartige Materie, welche in der Flüssigkeit gelöst ist, aus dem flüssigen in den festen Aggregatzustand überzuführen, und zwar unter Umständen, unter denen dieser Übergang (das Festwerden) ohne Anwesenheit des festen Körpers nicht erfolgt wäre. Auch dieses wichtige Gesetz wird sicher in ganz gleicher Weise für die Organismen wie für die Anorgane gelten und wird namentlich dann zu berücksichtigen sein, wenn es sich um die Autogenie der Moneren handelt, welche offenbar ein der primitiven Kristallbildung in der Mutterlauge ganz analoger Prozeß ist.

III) 3. Selbsterhaltung der organischen und anorganischen Individuen.

Gleich der Kraft des Wachstums ist auch die Kraft der Selbsterhaltung eine allgemeine Funktion der Naturkörper. Jedes organische und jedes anorganische Individuum erhält sich einen beschränkten Zeitraum hindurch selbst, so lange nämlich, als es die Wechselwirkung seiner eigenen Materie mit derjenigen seiner Umgebung gestattet.

Die Tätigkeit der Selbsterhaltung ist nun zwar allen Naturkörpern gemeinsam, äußert sich aber doch bei den organischen und anorganischen Individuen in sehr verschiedenen Erscheinungen. Bei den Organismen ruft dieselbe die verwickelten Bewegungserscheinungen der Ernährung oder des Stoffwechsels hervor. Diese Funktionen sind für den Bestand des Organismus ebenso wie für seine sämtlichen übrigen Lebenserscheinungen die notwendige Unterlage. Denn alle anderen Funktionen, Willensbewegung und Empfindung, Sinnestätigkeit und Fortpflanzung, beruhen auf molekularen Bewegungserscheinungen, welche erst durch den Stoffwechsel und die Ernährung möglich werden. Alle diese Bewegungen beruhen im Grunde darauf, daß durch Bildung chemischer Verbindungen gewisse bewegende Kräfte frei werden, welche in den unverbundenen Materien gebunden waren; darauf also, daß gebundene oder Spannkräfte in lebendige Kräfte übergehen. Der Vorrat an Spannkraft, welcher bei dem Übergang in lebendige Kraft verbraucht wurde, muß ersetzt werden, wenn das organische Individuum weiterexistieren soll, und dieser notwendige Ersatz wird durch die Ernährung geliefert. Die Ernährung beruht nun wieder, wie das Wachstum der Organismen, darauf, daß die neu erworbenen assimilierten Moleküle in das Innere des Körpers hineingeführt werden und hier die Stelle derjenigen Moleküle einnehmen, welche bei der Arbeitsleistung des Organismus verbraucht wurden. Diese Einführung neuer Substanz und ihre Assimilation, welche das Wesen der Ernährung ausmacht, ist wieder nur möglich mittels des festflüssigen Aggregatzustandes, und es erklärt sich hieraus, warum die anorganischen Individuen der Ernährung nicht fähig sind. Sie sind ihrer aber auch nicht bedürftig. Sämtliche belebte Naturkörper existieren nur, sie können ihre Existenz nur behaupten, indem sie sich beständig, wenn auch langsam, zersetzen; alle sind sie eingeschlossen in ein

Medium (Luft, Wasser, Inneres eines anderen Organismus), in welchem sie sich notwendig zersetzen müssen. Denn die Bildung der Verbindungen, durch welche die lebendigen Kräfte frei werden, ist verbunden mit einer Zersetzung der vorhandenen Materie. Die gebundenen Spannkräfte, welche eben bei dieser Zersetzung frei und zu lebendigen Kräften werden, veranlassen durch ihre Bewegungen die notwendigen Lebenserscheinungen. Der dabei beständig wirksamen Gefahr des Unterganges, des Todes, entziehen sich die organischen Individuen durch die Ernährung, welche jener Zersetzung entgegenwirkt. Sie müssen daher, um ihre Existenz zu fristen, um zu „leben", sich in beständigem Stoffwechsel befinden, sich beständig zersetzen und ernähren, und dies ist nur mittels der Imbibition möglich. Wenn diese Wechselwirkung zwischen der Zersetzung und der Ernährung der festflüssigen Materie aufhört, tritt der Tod ein. Sämtliche anorganische Individuen dagegen können sich niemals zersetzen, ohne dadurch ihre Existenz als solche aufzugeben. Weil sie nicht imbibitionsfähig sind, können sie sich nicht ernähren, und wenn sie sich zersetzen, so ist dies ihr Tod. So wenig aber die Kristalle sich zersetzen können, ohne ihre individuelle Form und damit ihren individuellen Charakter aufzugeben, so wenig bedürfen sie der Zersetzung, um sich zu erhalten. Und hierin liegt gleichfalls ein wesentlicher Unterschied zwischen den organischen und anorganischen Individuen, der sich ebenfalls auf ihren verschiedenen Aggregatzustand zurückführen läßt. Denn der feste Aggregatzustand der Kristalle, welcher die inneren Bewegungserscheinungen ausschließt, die für das Leben des festflüssigen Organismus unentbehrlich sind, verleiht denselben zugleich die Fähigkeit der Selbsterhaltung, ohne daß Stoffwechsel für die Konservation erforderlich ist.

III. 4. Anpassung der organischen und anorganischen Individuen.

Die Anpassung oder Adaptation ist diejenige formbildende Funktion der Naturkörper, welche die unendlich mannigfaltigen individuellen Charaktere bedingt, durch welche sich alle Individuen einer und derselben Art voneinander unterscheiden.

Wir haben schon oben, wo wir absichtlich die Differenzen in der Form und Entstehung der organischen und anorganischen Individuen möglichst schroff gegenüberstellten, einen der wichtigsten Unterschiede darin gefunden, daß alle anorganischen Individuen, die einer und derselben Art angehören und dieselbe chemische Zusammensetzung haben, auch vollkommen dieselbe wesentliche Form zeigen und sich nur durch ihre absolute Größe unterscheiden. Die Kristalle einer anorganischen Spezies zeigen nicht die durch die Variabilität bedingten individuellen Verschiedenheiten, welche alle verschiedenen Individuen einer und derselben organischen Spezies auszeichnen, und es bleibt daher auch die anorganische Art im Laufe der Zeit vollkommen unveränderlich, konstant, während die organischen Spezies durch fortschreitende Divergenz ihrer variablen Individuen eine endlose Reihe ganz verschiedener Formen erzeugen. Da den Anorganen die Fortpflanzung fehlt, so fehlt ihnen auch die Fähigkeit der erblichen Übertragung von solchen Charakteren, die durch Anpassung erworben sind.

Dennoch bedarf unsere obige Bemerkung einer bedeutenden Einschränkung. Individuelle Verschiedenheiten finden sich auch unter den anorganischen Individuen ganz allgemein vor, und zwar sind sie die Folge der Anpassung an die Verhältnisse, unter denen das Kristallindividuum sich bildete. Bei Untersuchung dieses wichtigen Verhältnisses muß man vor allem immer im Auge behalten, daß bei der Entstehung aller individualisierten Naturkörper, bei der Bildung jedes Kristalls, wie bei der Bildung jedes Organismus, stets zwei verschiedene Prinzipien oder gestaltende Mächte einander entgegenwirken. Das eine Prinzip ist beim Kristall wie beim Organismus die Summe der spezifischen physikalischen und chemischen Eigenschaften, welche seiner Materie inhärieren. Beim Organismus, der sich nicht selbst erzeugt, sondern von anderen Individuen seinesgleichen durch Fortpflanzung erzeugt wird, sehen wir diese Erscheinung als die notwendige Wirkung der Erblichkeit an, welche alle wesentlichen Eigenschaften des Organismus auf seine Nachkommen überträgt. Beim Kristall dagegen betrachten wir diese Erscheinung als den unmittelbaren Ausfluß seiner materiellen Konstitution, d. h. der spezifisch bestimmten Art und Weise, in welcher sich gesetzmäßig eine bestimmte Anzahl von Atomen zu bestimmten Molekülen zusammensetzt. Durch einfache Attraktion dieser Moleküle entsteht die charakteristische Form des Kristalls. Eine schärfere Vergleichung ergibt nun alsbald, daß auch in dieser Beziehung kein wesentlicher Unterschied zwischen den Organismen und Anorganen existiert. Denn auch die Erblichkeit beruht auf der materiellen Kontinuität des elterlichen und des von ihm erzeugten Organismus, und wir können die fundamentale Erscheinung der Erblichkeit, der erblichen

Übertragung biologischer Funktionen durch nichts anderes erklären, als durch die Übertragung der spezifisch konstituierten Materie selbst. Die Erblichkeit der Organismen wirkt vollkommen äquivalent der atomistischen Konstitution der Anorgane; hier wie dort ist es die Materie, welche sämtliche allgemeinen Funktionen (die Lebenserscheinungen der Organismen, die physikalischen und chemischen Kräfte der Anorgane) unmittelbar als Causa efficiens mit absoluter Notwendigkeit bedingt.

Diesem mächtigen gestaltenden Prinzip, welches der Materie des sich bildenden Individuums (gleicherweise des Kristalls wie des Organismus) unmittelbar inhäriert, und welches wir demgemäß allgemein als die innere Gestaltungskraft oder den inneren Bildungstrieb bezeichnen werden, wirkt nun beständig und überall entgegen die zweite formbildende Macht, welche die zahllosen Eigentümlichkeiten der individuellen Bildungen bedingt, durch die sich alle Einzelwesen jeder Art voneinander unterscheiden. Diese nicht minder wichtige Funktion des werdenden, des sich gestaltenden Individuums können wir allgemein als Anpassung (Adaptatio, Accommodatio) bezeichnen, oder, im Gegensatz zu ihrem Antagonisten, als äußere Gestaltungskraft oder äußeren Bildungstrieb. Die allgemeine Existenz und Wirksamkeit dieser formbildenden Potenz wird einfach durch die Tatsache bedingt, daß kein einziger Naturkörper isoliert im Raume sich bildet und existiert, daß vielmehr sämtliche Naturkörper sich bilden und existieren in Wechselwirkung mit den anderen Naturkörpern, welche sie unmittelbar von allen Seiten umgeben. Die allgemeine Wechselwirkung der gesamten Materie tritt uns hier als eines der obersten und wichtigsten Naturgesetze gegenüber, welches unmittelbar mit dem allgemeinen Kausalgesetze zusammenhängt. Die innere Gestaltungskraft jedes Teils der Materie, der innere Bildungstrieb jedes einzelnen Naturkörpers, als die aus ihrer atomistischen Konstitution unmittelbar entspringende Kraftsumme kann niemals rein und ungestört die individuelle Bildung vollenden. Denn beständig wird sie gestört von der entgegenwirkenden äußeren Gestaltungskraft der umschließenden Materie, von dem äußeren Bildungstriebe aller einzelnen Naturkörper, welche sie unmittelbar oder mittelbar umgeben. Da nun die Summe dieser von außen einwirkenden Kräfte überall eine verschiedenartige, überall aus verschiedenen Komponenten zusammengesetzt ist, so muß auch ihre Wirkung auf ein und dieselbe Materie in jedem individuellen Falle verschieden sein und lediglich diese Wechselwirkung jedes Individuums mit seiner gesamten Umgebung ist es, welche als Anpassung seine besonderen individuellen Charaktere bedingt.

Versuchen wir diese äußerst wichtigen Fundamentalverhältnisse der gesamten Körperwelt, welche für die anorganische und die organische Natur ganz gleiche Geltung haben, als allgemeines Gesetz zu formulieren, so ließe sich dieses etwa in folgenden Worten aussprechen: Jeder Teil der aus Atomen zusammengesetzten Materie wirkt auf jeden anderen Teil der Materie, entweder anziehend (durch Attraktion) oder abstoßend (durch Repulsion). Diese Wirkung erzeugt in erster Linie Bewegungen der aufeinander wirkenden Atome, welche sich zu bestimmten Atomgruppen oder Molekülen gesetzmäßig in bestimmten Zahlenverhältnissen verbinden. Diese Moleküle wirken nun ebenso wieder aufeinander, entweder anziehend oder abstoßend, und diese Wirkung erzeugt in zweiter Linie Bewegungen der aufeinander wirkenden Moleküle, welche, aus dem flüssigen in den festflüssigen oder festen Aggregatzustand übertretend, sich zu bestimmten individuellen Formen gesetzmäßig, in bestimmten Richtungen, verbinden, (amorphe Körner, kristalloide Körner, Kristalle, Moneren, Zellen, mehrzellige Organismen). Bei der Bildung jedes individuellen Naturkörpers treten zwei formbildende Kräfte in Wechselwirkung, der innere Bildungstrieb, die unmittelbare Wirkung der existierenden Materie des Individuums selbst (die Summe der bewegenden Kräfte aller Moleküle, welche das Individuum zusammensetzen), und ihm gegenüber der äußere Bildungstrieb, die unmittelbare Wirkung der Materie, welche außerhalb des Individuums existiert und dasselbe umgibt, die Summe der bewegenden Kräfte aller Moleküle, welche außerhalb des Individuums existieren und auf dasselbe von außen bewegend (anziehend oder abstoßend) einwirken. Der innere Bildungstrieb oder die innere Gestaltungskraft äußert sich bei Bildung der anorganischen Individuen entweder als Aggregation (amorpher Körner) oder als Kristallisation (unvollkommener Kristalloide oder vollkommener Kristalle), bei Bildung der organischen Individuen entweder als Aggregation (bei der Autogonie der spontan entstehenden Moneren-Organismen) oder als Erblichkeit (bei der Fortpflanzung elterlich erzeugter Organismen). Der äußere Bildungstrieb oder die äußere Gestaltungskraft äußert sich allgemein als Anpassung, bei Bildung der anorganischen Individuen, indem sie die verschiedene Größe und die untergeordneten Eigentümlichkeiten der äußeren Form bedingt, durch welche sich die einzelnen Kristallindividuen derselben Art unterscheiden. Bei Bildung der organischen Individuen dagegen, indem sie die individuellen Charaktere, die verschiedene Größe und die unendlich mannigfaltigen untergeordneten Eigentümlichkeiten der inneren und äußeren Form bedingt, durch welche sich die einzelnen Organismen derselben Art unterscheiden und welche nach Darwins Divergenzlehre zur Bildung der verschiedenen Arten, Gattungen, Familien, Klassen usw. führen. Die Anpassung der organischen und anorganischen Individuen unterscheidet sich nur insofern, als ihr verschiedener Aggregatzustand und ihre verschiedene atomistische Konstitution hier bedingend wirken. Der festflüssige Aggregatzustand der Kohlenstoffverbindungen in den Organismen, welche im Innern des schon gebildeten Individuums eine fortwährende Bewegung der Moleküle und eine Ersetzung der verbrauchten Stoffteile durch neue nicht allein erlaubt, sondern auch bedingt, gestattet und verursacht durch diese beständigen inneren Veränderungen auch innere Anpassungen. Der feste Aggregatzustand der anorganischen Individuen dagegen, welcher keine Bewegung im Inneren des einmal gebildeten Individuums gestattet, ohne dessen individuelles Wesen zu vernichten, erlaubt dadurch zugleich auch keine innere Anpassung, sondern nur gewisse Anpassungen der von außen neu sich ansetzenden Schichten, die wir im Gegensatz zu jenen äußeren Anpassungen nennen können.

Die Anpassung der anorganischen Individuen, der Kristalle, ist für die Vergleichung derselben mit den Organismen äußerst wichtig, und da diese Verhältnisse bisher von den Biologen in dieser Beziehung sehr wenig gewürdigt sind, erlauben wir uns hier, ihre hohe Bedeutung besonders hervorzuheben.

Die äußeren Bedingungen, denen sich die Kristalle bei ihrer Entstehung anpassen (die äußeren Gestaltungskräfte) liegen teils in dem absoluten Grade der Temperatur, teils in dem relativen Zeitmaße der Temperaturveränderung, bei welcher die Kristallisation stattfindet, teils in der Beimischung anderer Lösungen zu der Mutterlauge, aus welcher der Kristall entsteht, teils in der Mischung und Form der umgebenden festen Körper etc. Doch ist uns das Nähere über die gesetzliche Wirksamkeit dieser Anpassungsbedingungen zurzeit noch größtenteils unbekannt. Schon sehr feine Unterschiede in der Temperatur, in der Ruhe, in der Beimischung fremder Lösungen zu der Flüssigkeit, in der Form und Mischung des die Flüssigkeit umschließenden Gefäßes etc. vermögen in Größe und Form der einzelnen Kristallindividuen sehr beträchtliche Verschiedenheiten zu bedingen. Aber selten können wir ein bestimmtes gesetzliches Verhältnis zwischen der unmerklichen Ursache und der auffallenden Wirkung nachweisen. Im ganzen genommen sind uns diese Gesetze und die bei der Bildung der Kristalle auftretenden Kausalbeziehungen nicht besser bekannt, ihrem innersten Wesen nach aber sind sie uns vollkommen ebenso rätselhaft als die Kausalgesetze, welche bei Entstehung der Organismen die verschiedenen individuellen Formen aus einfacher gemeinsamer Grundlage hervorgehen lassen. Von den verhältnismäßig wenigen Fällen, in denen wir die wirkenden Ursachen kennen, welche die abgeleiteten Kristallformen bedingen, hat Bronn in seinen morphologischen Studien (S. 36, 37) eine Reihe (größtenteils von Frankenheim, Mitscherlich, Lavalle und Beudant beobachtete Erscheinungen) zusammengestellt. Als Hauptursachen für die Entstehung bestimmter abgeleiteter Kristallformen (eines und desselben Systems) werden dort angeführt. I. Die Anwesenheit stellvertretender und außerwesentlicher Gemischteile in dem Minerale oder in der Flüssigkeit, woraus sich dasselbe bildet, und II. Die Beschaffenheit der kristallinischen Unterlage. a) Reiner Kalkspat besitzt eine viel größere Anzahl abgeleiteter Flächen, als der mit isomorphen Salzen gemischte. b) Im Inneren einer reinen Auflösung kristallisiert das Mineral gewöhnlich in seiner reinen Kernform, während die Beschaffenheit der umschließenden Gefäßwände oder fremde Beimischungen in der Flüssigkeit Modifikationen der Kernform veranlassen. So z. B. kristallisiert Kochsalz in Würfeln, bei anwesender Borsäure in Kubo-Oktaedern, bei anwesendem Harnstoff in Oktaedern etc. c) Blei-Azotat kristallisiert aus saurer Flüssigkeit als entecktes Oktaeder, aus neutraler als vollkommenes Oktaeder. d) Jodkalium, welches sonst als Würfel kristallisiert, erscheint auf Glimmer in Oktaederform. e) Selbst die Lage des Kristalls ist bei langsamer Bildung von Einfluß; wenn derselbe locker auf dem Boden des Gefäßes liegt, wird die aufliegende Fläche größer, und entsprechend auch die gegenüberliegende. f) Die Winkel isomorpher Kristalle, welche bei 0^0 nur unbedeutend voneinander verschieden sind, nehmen mit zunehmender Temperatur teils zu, teils ab, aber in verschiedenen Graden.

Viel wichtiger aber als die Tatsache, daß selbst sehr geringfügige äußere Einflüsse („Anpassungsbedingungen") genügen, um sehr beträchtliche Differenzen in Größe und Formkomplikation der anschießenden Kristalle hervorzurufen, welche in einer und derselben Flüssigkeit nach einem und demselben Kristallsysteme sich bilden, ist der Umstand, daß solche äußere Ursachen selbst auf die Wahl des Kristallsystems von Einfluß sind, welches der anschießende Kristall annimmt, und daß geringe Veränderungen der äußeren Einflüsse genügen, um den Kristall im einen Falle nach diesem, im anderen nach jenem System sich bilden zu lassen. Hierher gehören die zahlreichen Fälle vom Polymorphismus (meistens Dimorphismus, selten Trimorphismus etc.) der Kristalle, bei denen man allerdings nur selten die Ursache kennt, warum derselbe chemische Körper das eine Mal dieses, das andere Mal jenes Kristallsystem sich auswählt.

Den größten Einfluß scheint in dieser Beziehung wieder der Temperaturgrad zu haben, bei welchem die Kristalle sich bilden, sowie der Unterschied, ob der kristallisierende Körper aus einer konzentrierten Lösung sich absetzt, oder ob er aus dem geschmolzenen Aggregatzustand durch Abkühlung in den festen übergeht. So z. B. können lediglich Temperaturunterschiede den kohlensauren Kalk bestimmen, bald als Kalkspat im hexagonalen, bald als Arragonit im rhombischen Systeme zu kristallisieren. Geschmolzener Schwefel schießt beim langsamen Erkalten in klinorhombischen Säulen an, während derselbe Schwefel aus einem tropfbar-flüssigen Medium, in welchem er gelöst ist, bei dessen Verdunstung oder langsamer Abkühlung in Rhombenoktaedern kristallisiert.

Noch viel merkwürdiger aber ist es, daß schon der Kontakt mit einem fremden heterogenen Kristalle genügt, den gelösten Körper zum Aufgeben seiner eigenen und zur Annahme dieser fremden Kristallform zu bewegen. So erscheint der Kalisalpeter, welcher dem rhombischen Kristallsysteme angehört, in rhomoboedrischen, dem Kalkspat isomorphen Kristallen des hexagonalen Systems, wenn er sich auf einem Minerale dieses Kristallsystems als Unterlage bildet.

III) 5. Korrelation der Teile in den organischen und anorganischen Individuen.

Von besonderer Bedeutung für die Analogie zwischen den organischen und anorganischen Individuen scheint uns endlich die Korrelation oder Wechselbeziehung der Teile zu sein, welche gewöhnlich als eine besondere und charakteristische Eigentümlichkeit der Organismen hingestellt wird, während sie doch in ganz ähnlicher Weise auch den Kristallen zukommt. In ähnlicher Weise, wie im Organismus alle einzelnen Teile untereinander und zum Ganzen in bestimmten, durch die Form des Organismus ausgedrückten Beziehungen stehen, so finden wir auch beim Kristalle, daß alle einzelnen Teile untereinander und zum Ganzen in bestimmten, durch die gesetzmäßige Verschiedenheit der Kohäsion in bestimmten Richtungen (Achsen) geregelten Beziehungen stehen. Diese notwendige Wechselwirkung der Teile untereinander und auf das Ganze ist ganz ebenso im Organismus wie im Kristall durch die physikalischen Funktionen und die chemische Zusammensetzung seiner Materie mit Notwendigkeit bedingt.

Als Ausdruck dieser anorganischen Korrelation der Teile betrachten wir zunächst das Symmetriegesetz der Kristalle, wonach alle abgeleiteten Kristallformen, die als individuelle Variationen der Kristallgrundformen auftreten, stets mehr oder minder symmetrisch modifiziert auftreten. Alle gleichartigen Teile einer Kristallform erleiden bei Veränderung eines einzigen Teiles von ihnen dieser entsprechende Veränderungen. Wenn also eine Kante oder Ecke eines Oktaeders durch eine bestimmte Fläche ersetzt wird, so müssen auch alle entsprechenden Kanten und Ecken desselben durch eine Fläche von gleicher Beschaffenheit ersetzt werden. Beim Quadrat-Oktaeder, bei welchem die obere und untere Ecke von den vier unter sich gleichen (Quadrat-)Ecken des mittleren Umfangs verschieden sind, können zweierlei Ecken-Veränderungen (z. B. Abstumpfungen durch eine Fläche) eintreten, indem die eine Veränderung die korrespondierende obere und untere Ecke, die andere Veränderung die vier anderen Ecken trifft. Beim Rhomben-Oktaeder, wo alle sechs Ecken paarweis gleich, die drei Paare aber ungleich sind, können die sechs Ecken von drei verschiedenen Modifikationen getroffen werden, indem jede Modifikation nur zwei gegenüberliegende Ecken trifft usw. Die Kristallographie weist nach, welche große Menge individuell verschiedener Kristallformen aus einer und derselben Grundform auf diese Weise durch gleiche Modifikation entsprechender Ecken, Kanten und Flächen hervorgehen können. Die Betrachtung dieser Verschiedenheiten im einzelnen berührt uns hier nicht, um so mehr aber das allgemeine Symmetriegesetz, welches daraus hervorgeht und welches zeigt, daß korrespondierende (gleichartige oder gegenüberliegende) Teile des Kristalls in einer ebenso innigen Wechselbeziehung zueinander stehen, wie verschiedene korrespondierende Teile eines Organismus.

Der einzige wesentliche Unterschied, welchen die Korrelation der Teile in den organischen und anorganischen Individuen zeigt, besteht darin, daß dieselbe bei den Organismen, deren Substanz zeitlebens in innerer Bewegung und Umänderung bleibt, auch ihr ganzes Leben hindurch wirksam ist, während dieselbe bei den Kristallen sich nur während der Zeit ihrer Bildung äußern kann, in dem einmal gebildeten Kristalle aber, bei welchem keine innere Bewegung ohne Zerstörung mehr stattfindet, nicht mehr als lebendige Kraft bildend wirksam sein kann. Äußerst lehrreich ist in dieser Beziehung ein Experiment von Lavalle. Dieser zeigte, daß, wenn man einem in der Bildung begriffenen Oktaeder eine Kante wegschneidet und so eine künstliche Fläche bildet, eine ähnliche Fläche sich von selbst an der korrespondierenden gegenüberliegenden Kante bildet, während die übrigen sich scharf ausbilden.

Alle diese Erscheinungen der symmetrischen Kristallbildung beweisen uns evident, daß die innere Struktur und die äußere Form der Kristalle ebenso unmittelbar zusammenhängen, und daß der ganze Kristall ebenso ein organisches Ganzes ist, wie der Organismus. Alle einzelnen den Körper zusammensetzenden Teile haben in dem einzelnen Kristalle ebenso eine innere Beziehung zueinander und zu der Totalität des ganzen Individuums, wie in dem einzelnen Organismus.

III) 6. Zellenbildung und Kristallbildung.

Bei der Vergleichung, welche wir im Vorhergehenden zwischen Organismen und Anorganen anstellten, haben wir als Typus der vollkommensten anorganischen Individuen die Kristalle und als Typus der einfachsten und unvollkommensten Organismen die Moneren hingestellt. In letzteren konnten wir durchaus keine differenten Teile unterscheiden, fanden vielmehr ihren gesamten Körper aus einer vollkommen homogenen, formlosen Eiweißmasse gebildet. Dieser in sich völlig gleichartige Plasmaklumpen ist ein selbständiges organisches Individuum, begabt mit den beiden wichtigsten Lebensfunktionen, der Ernährung und Fortpflanzung.

Ein allgemeiner Vergleich der Zellen mit den Kristallen und der Versuch, die Zellbildung in ähnlicher Weise wie die Kristallbildung auf einfache Molekularbewegungen der Materie zurückzuführen, stößt bereits auf sehr viel größere Schwierigkeiten, weil wir in der Zelle schon mindestens zwei verschiedene Formelemente zu einem individuellen Ganzen verbunden haben, was bei den homogenen Cytoden noch nicht der Fall ist und bei den Kristallen niemals vorkommt. Um so wichtiger und interessanter ist es, daß wir bereits seit langer Zeit einen solchen Vergleich besitzen, der noch jetzt von hohem Werte ist. Theodor Schwann nämlich hat in den epochemachenden „mikroskopischen Untersuchungen“, durch welche er 1839 die Gewebelehre als besondere Wissenschaft neu begründete, den sehr anerkennenswerten Versuch gemacht, in monistischem Sinne die Zellen als die eigentlichen Elementarorganismen nachzuweisen, welche den Körper der höheren Organismen durch Aggregation zusammensetzen, und hat dabei die Zellen als die eigentlichen organischen Individuen mit den Kristallen als den anorganischen Individuen in Parallele gestellt. In der berühmten „Theorie der Zellen“, welche den letzten Teil im dritten Abschnitte jenes Werkes bildet (S. 220—257) hat Schwann diesen Vergleich der Zellen mit den Kristallen durchzuführen versucht und hat unseres Erachtens mit bewundernswürdiger Schärfe den schlagenden, wenn auch nicht vollständigen Beweis für die Theorie geführt, „daß die Bildung der Elementarteile der Organismen nichts als eine Kristallisation imbibitionsfähiger Substanz, der Organismus nichts als ein Aggregat solcher imbibitionsfähiger Kristalle ist.“

IV. Einheit der organischen und anorganischen Natur.

Wir haben in den drei vorhergehenden Abschnitten die Übereinstimmungen und die Unterschiede zu schätzen und zu messen versucht, welche die beiden großen Hauptgruppen der irdischen Naturkörper, Organismen und Anorgane, hinsichtlich ihres Stoffes, ihrer Form und ihrer Funktionen zeigen. Als das allgemeine Resultat dieser Vergleichung können wir nun schließlich folgenden Satz aufstellen: Alle uns bekannten Naturkörper der Erde, belebte und leblose, stimmen überein in allen wesentlichen Grundeigenschaften der Materie, in ihrer Zusammensetzung aus Massenatomen und darin, daß ihre Formen und ihre Funktionen die unmittelbaren und notwendigen Wirkungen dieser Materie sind. Die Unterschiede, welche zwischen beiden Hauptgruppen von Naturkörpern hinsichtlich ihrer Formen und Funktionen existieren, sind lediglich die unmittelbare und notwendige Folge der materiellen Unterschiede, welche zwischen beiden durch die verschiedenartige chemische Verbindungsweise der in sie eintretenden Elemente bedingt werden. Die eigentümlichen Bewegungserscheinungen, welche man unter dem Namen des „Lebens" zusammenfaßt und welche die eigentümlichen Formen der Organismen bedingen, sind nicht der Ausfluß einer besonderen (innerhalb oder außerhalb des Organismus befindlichen) Kraft (Lebenskraft, Bauplan, wirkende Idee etc.), sondern lediglich die unmittelbaren oder mittelbaren Leistungen der Eiweißkörper und anderer komplizierter Verbindungen des Kohlenstoffs."

Eine eingehendere Untersuchung und Vergleichung der individuellen Organismen und Anorgane hinsichtlich ihrer materiellen Zusammensetzung und der daraus unmittelbar resultierenden Form und Funktion wird leicht noch zahlreichere und schlagendere Beweise für die obigen Sätze sammeln können, als uns hier auf dem beschränkten Raum möglich war. Wir müssen uns daher begnügen, einige der wichtigsten Punkte hier besonders hervorgehoben zu haben und müssen das Weitere einer künftigen synthetischen Untersuchung anheimgeben. Für uns kam es hier vor allem darauf an, der bisher ganz einseitig ausgebildeten analytischen Unterscheidung der beiderlei Körper nun auch einmal ihre synthetische Vergleichung gegenüberzustellen und das weitverbreitete Dogma zu beseitigen, daß das „Leben" etwas ganz Besonderes, absolut von der leblosen Natur Verschiedenes und von ihr Unabhängiges sei. Daß dies keineswegs der Fall ist und daß nur relative Differenzen die leblosen und belebten Naturkörper trennen, glauben wir hinsichtlich aller drei Erscheinungsreihen, der stofflichen Zusammensetzung und der daraus resultierenden körperlichen Form und funktionellen Leistung gezeigt zu haben. Wir fassen die wichtigsten Vergleichungspunkte hier kurz zusammen.

I) Die chemischen Urstoffe oder unzerlegbaren Elemente, welche die lebendigen und die leblosen Naturkörper zusammensetzen, sind dieselben. Es gibt kein Element, welches nur in den Organismen vorkäme. Dagegen ist ein Element, der Kohlenstoff, welches auch in der leblosen Natur als Kristallindividuum auftritt (als Diamant, als Graphit), dasjenige, welches in keinem Organismus fehlt und welches durch seine außerordentliche, keinem anderen Elemente eigene Neigung zu verwickelteren Verbindungen mit den anderen Elementen, diejenige unendliche Mannigfaltigkeit der „organischen Stoffe" erzeugt, welche die unendliche Mannigfaltigkeit der organischen Formen und Lebenserscheinungen hervorbringen. Eine der wichtigsten Eigenschaften vieler dieser Kohlenstoffverbindungen ist ihre Fähigkeit, den festflüssigen Aggregatzustand anzunehmen, welcher in den Anorganen niemals vorkommt. Auf dieser Imbibitionsfähigkeit der organischen Materie, auf ihrer verwickelten atomistischen Zusammensetzung und auf ihrer leichten Zersetzbarkeit beruhen die sämtlichen eigentümlichen Bewegungsvorgänge, welche wir als die charakteristischen Erscheinungen des Lebens ansehen.

II) Die Organismen treten sämtlich, die Anorgane teilweise in Form von räumlich abgeschlossenen Einzelkörpern oder Individuen auf. Die unvollkommensten organischen Individuen, die Moneren oder strukturlosen Plasmaindividuen, stimmen mit den vollkommensten anorganischen Individuen durch die homogene Beschaffenheit ihres strukturlosen Körpers mehr überein, als mit den höheren, aus Individuen verschiedener Ordnung zusammengesetzten Organismen. Diese Zusammensetzung des Individuums aus ungleichartigen Teilen ist allerdings den meisten, aber nicht allen Organismen eigentümlich, und deshalb kein absolut unterscheidender Charakter von den Kristallen, welche ihrerseits ebenfalls bisweilen in Mehrzahl zur Bildung von Individuen höherer Ordnung zusammentreten (Kristallstöcken). In gleicher Weise wie die Organismen besitzen auch die Kristalle eine innere Struktur und zeigen gesetzmäßige Beziehungen der einzelnen Teile untereinander und zum Ganzen. Die äußere gesetzmäßige Form ist hier wie dort der Ausdruck und das Resultat der inneren Struktur und hier wie dort durch die Wechselwirkung zweier formbildender Triebe oder Kräfte bedingt, des inneren Bildungstriebes (der materiellen Zusammensetzung) und des äußeren Bildungstriebes (der Anpassung). Sowohl den organischen als den anorganischen Individuen liegt meistens eine bestimmte stereometrische Grundform zugrunde, welche bei den Kristallen meistens prismoid ist. Doch ist die prismoide Grundform der Kristalle (von ebenen Flächen, geraden Linien und meßbaren Ecken begrenzt) nicht ausschließlich für die anorganischen Individuen charakteristisch, da dieselbe sowohl bei vielen niedrigen Organismen (Radiolarien) vorkommt, als auch bei anderen anorganischen Individuen (Diamant-Kristallen und anderen krummflächigen Kristallen) fehlt. Wir können also so wenig in der individuellen Bildung, als in der formellen Zusammensetzung der Individuen, ebensowenig in der äußeren Form, als in der inneren Struktur, ebensowenig in der stereometrischen Grundform, als in deren vielfältiger äußerlicher Modifikation, kurz, wir können in keiner Beziehung irgendeinen absoluten, in allen Fällen durchgreifenden formellen Unterschied zwischen Organismen und Anorganen auffinden.

III) Die Funktionen, Leistungen oder Kräfte der Naturkörper sind entweder feinere oder gröbere Bewegungen ihrer materiellen Teilchen, der Atome und der aus ihnen zusammengesetzten Moleküle. Sie sind also unmittelbare Ausflüsse der materiellen chemischen Zusammensetzung des Naturkörpers. Weil diese Leistungen bei den Organismen sehr viel mannigfaltiger und zusammengesetzter sind, als bei den Anorganen, bezeichnen wir sie als „Lebenserscheinungen". Die einfachen, elementaren Funktionen der Materie kommen sämtlich, und die verwickelteren Funktionen zum großen Teil den Organismen und Anorganen in gleicher Weise zu; zum Teil aber (Lebenstätigkeiten im engeren Sinne) kommen die letzteren den Organismen ausschließlich zu. Eine der wichtigsten und allgemeinsten körperlichen Funktionen, welche allen leblosen und belebten individuellen Naturkörpern gemeinsam zukommt, ist das Wachstum der Individuen. Die Verschiedenheiten, welche sich im Wachstum der organischen und anorganischen Individuen finden, sind in der verwickelteren chemischen Zusammensetzung und der Imbibitionsfähigkeit vieler Kohlenstoffverbindungen begründet. Aus diesen Verschiedenheiten des Wachstums resultieren dann aber mit Notwendigkeit für die Organismen die weiteren spezifischen Lebenserscheinungen der Ernährung und Fortpflanzung, denen sich bei den höheren Organismen noch die kompliziertesten Funktionen der Ortsbewegung und Empfindung anschließen. Wir sehen also im ganzen, erstens, daß die anorganischen und organischen Individuen eine gewisse Summe von Leistungen in gleicher Weise ausüben, und zweitens, daß diejenigen zusammengesetzteren Leistungen, welche als Lebenserscheinungen im engeren Sinne den Organismen eigentümlich sind (allgemein Ernährung und Fortpflanzung), lediglich in der verwickelteren chemischen Zusammensetzung der Kohlenstoffverbindungen und in den daraus resultierenden physikalischen Eigentümlichkeiten (vor allem der Imbibitionsfähigkeit) ihren unmittelbaren materiellen Grund haben.

Alle bekannten Erfahrungen zusammengenommen zwingen uns also zu der Überzeugung, daß die Differenzen zwischen den Organismen und Anorganen nur relativ, lediglich in der verwickelteren chemischen Zusammensetzung der Kohlenstoffverbindungen begründet sind, und daß die Materie hier wie dort denselben Gesetzen der Naturnotwendigkeit unterworfen ist. Diese feste Überzeugung ist von der größten Wichtigkeit sowohl allgemein für die allein richtige monistische Beurteilung der Gesamtnatur, als auch besonders für die richtige Beantwortung einer der schwierigsten biologischen Fragen, derjenigen von der Entstehung der ersten Organismen. Indem wir diese Frage im folgenden zu beantworten versuchen, stützen wir uns unmittelbar auf jene feste Überzeugung von der Einheit der organischen und anorganischen Natur.

Sechstes Kapitel.

Schöpfung und Selbstzeugung.

„Was wär' ein Gott, der nur von außen stieße,
Im Kreis das All am Finger laufen ließe!
Ihm ziemt's, die Welt im Innern zu bewegen,
Natur in Sich, Sich in Natur zu hegen,
So daß was in ihm lebt und webt und ist,
Nie Seine Kraft, nie Seinen Geist vermißt."
Goethe.

I. Entstehung der ersten Organismen.

Alle großen Erscheinungsreihen der organischen Natur, alle allgemeinen Resultate der zoologischen und botanischen, morphologischen und physiologischen Forschungen führen uns übereinstimmend mit zwingender Gewalt zu dem gesetzlichen Schlusse, daß sämtliche Organismen, welche heutzutage die Erde beleben, und welche sie zu irgendeiner Zeit belebt haben, durch allmähliche Umgestaltung und langsame Vervollkommnung sich aus einer verhältnismäßig geringen Anzahl von höchst einfachen Urwesen (Protorganismen) entwickelt haben. Diese Entwickelung geschah und geschieht auf dem Wege der materiellen Fortpflanzung, der elterlichen Zeugung, nach den Gesetzen der Erblichkeit und der die Erblichkeit modifizierenden Variabilität und Anpassung. Alle, auch die höchsten und kompliziertesten Organismen können nur auf diesem Wege, durch allmähliche Differenzierung und Transmutation von einfachsten und niedrigsten Lebewesen entstanden sein.

Dieses äußerst wichtige Entwickelungsgesetz bildet den Kern derjenigen Theorie, welche wir ein für allemal kurz als die Abstammungslehre oder Deszendenztheorie bezeichnen wollen, und deren Begründung wir vor allen Lamarck, Goethe und Darwin verdanken. Sie zeigt uns, in Übereinstimmung mit allen feststehenden Erfahrungen, wie aus den einfachsten und unvollkommensten Urwesen sich die höchsten und vollkommensten Organismen allmählich durch Divergenz nach verschiedenen Richtungen haben hervorbilden können. Diese Entwickelungstheorie läßt aber eine große und zunächst sich daran anknüpfende Frage unbeantwortet, nämlich: „Wie entstanden jene ersten und einfachsten Lebewesen, aus denen sich alle übrigen, vollkommeneren Organismen allmählich entwickelten?"

Die Beantwortung dieser äußerst wichtigen Frage von der ersten Entstehung des Lebens auf der Erde wird von den meisten Menschen, und selbst von sehr vielen Biologen, als eine außerhalb aller exakten Naturforschung liegende, oder selbst als eine der Kompetenz unserer menschlichen Erkenntnis entzogene Frage bezeichnet. Wir können keiner von diesen Ansichten beipflichten, und müssen den freilich sehr gewagten Versuch, die Frage hypothetisch zu beantworten, ebenso als unser gutes Recht, wie unsere notwendige Pflicht bezeichnen, wenn wir überhaupt die Erscheinungen der organischen Natur monistisch, d. h. kausal erklären wollen.

Nichts zeigt wohl so sehr die äußerst niedrige Stufe der Entwickelung, auf der sich die gesamte Biologie, sowohl Morphologie als Physiologie, noch gegenwärtig befindet, als der Umstand, daß wir zunächst die Berechtigung dieser Frage, die doch jedem denkenden Menschen selbstverständlich erscheinen sollte, ausdrücklich hervorheben müssen. Denn so weit ist noch die herrschende Betrachtungsweise der Organismen vermöge ihres grundverkehrten Dualismus von der allein wissenschaftlichen Erkenntnis, d. h. dem monistischen Verständnis der organischen Naturerscheinungen entfernt, daß nicht nur die meisten Laien, sondern selbst die meisten Naturforscher die Berechtigung jener Frage bestreiten und sie als eine solche bezeichnen, zu deren wissenschaftlichen Erörterung wir weder befugt, noch befähigt seien.

Die Frage nach dem ersten Ursprung des Lebens auf der Erde, nach der Entstehung jener ersten, einfachsten Organismen, aus denen alle übrigen durch allmähliche Umbildung sich entwickelten, ist nach unserer Ansicht vollkommen ebenso berechtigt und muß von der Naturwissenschaft ebenso notwendig gestellt werden, wie die Frage nach der Entstehung der Erde selbst, die Frage nach der Entstehung der anorganischen Naturkörper. Wie wir bei den letzteren sowohl die Tatsachen ihres allmählichen Werdens, als auch die Ursachen desselben in den Kreis unserer Forschung zu ziehen haben, so verhält es sich auch mit den Organismen. Wir werden also in diesem Kapitel ebensowohl uns eine Theorie über die erste Entstehung der Organismen, wie über die Ursachen derselben zu bilden haben. Und wir sind hier um so mehr dazu verpflichtet, als Darwin in seinem klassischen Werke gerade hier eine sehr empfindliche Lücke gelassen und erklärt hat, daß er „nichts mit dem Ursprung der geistigen Grundkräfte, noch mit dem des

Lebens selbst zu schaffen habe". Selbst viele von denjenigen Naturforschern und Philosophen, welche geneigt sind, die sämtlichen Erscheinungen des bestehenden Lebens gleich allen anderen Naturerscheinungen als notwendige Folgen mechanisch wirkender Ursachen, also monistisch zu erklären, nehmen für die erste Entstehung der lebenden Wesen zu der dualistischen Annahme einer freien Schöpfung ihre Zuflucht. Sie verzichten auf die rein kausale, d. h. mechanische Erklärung der Entstehung des ersten Lebens, teils weil sie dadurch mit einigen der ältesten und stärksten von unseren allgemein herrschenden großen Vorurteilen zu kollidieren fürchten, teils weil sie die Möglichkeit einer solchen Erklärung nicht einsehen.

II. Schöpfung.

Wenn wir alle die unendlich verschiedenen und mannigfaltigen Ansichten vergleichend in Erwähnung ziehen, welche von denkenden Menschen aller Zeiten über die erste Entstehung des Lebens auf der Erde aufgestellt worden sind, so können wir sie allesamt in zwei schroff gegenüberstehende Gruppen bringen, deren Losungswort Schöpfung und Urzeugung ist. Bei weitem die größere Mehrzahl aller jener Ansichten ist dualistisch und glaubt an eine Schöpfung, d. h. an eine Entstehung der ersten lebendigen Wesen durch eine außerhalb der Materie befindliche, zweckmäßig wirkende Kraft. Nur verhältnismäßig wenige Ansichten sind monistisch und nehmen eine Urzeugung an, d. h. eine erste Entstehung lebendiger Körper durch die ureigenen, der Materie innewohnenden, mit absoluter Notwendigkeit gesetzlich wirkenden Kräfte.

Die vielen verschiedenartigen Schöpfungs-Theorieen weichen hauptsächlich darin voneinander ab, daß die einen einen individuellen Schöpfungsakt für jeden einzelnen Organismus, die anderen einen besonderen Schöpfungsakt für jede „Spezies" (aus der sich ihre Nachkommen durch natürliche Fortpflanzung entwickeln), die dritten endlich eine Schöpfung nur für jene einfachsten Urorganismen fordern, aus denen sich alle übrigen „Spezies", gemäß der Deszendenz-Theorie, allmählich entwickelt haben. Von diesen drei verschiedenen Ansichten brauchen wir bloß die letzte hier zu diskutieren. Denn die erste Annahme, daß jeder individuelle Organismus (z. B. jeder einzelne Tannenbaum, jede einzelne Diatomee, jede einzelne Stubenfliege, jeder einzelne Mensch) für sich vom Schöpfer besonders erschaffen sei, ist zwar unter den Menschenkindern (auch den sogenannten „Gebildeten") noch sehr weit verbreitet, widerspricht aber so sehr den einfachsten und allgemeinsten naturwissenschaftlichen Erfahrungen, daß sie von keinem einzigen wahren Naturforscher mehr verteidigt wird. Nicht so ist es mit der zweiten oben angeführten, übrigens nicht minder unwissenschaftlichen Ansicht; daß jede sogenannte „Spezies oder Art“ einem besonderen Schöpfungsakt ihre Entstehung verdanke, daß also von jeder Spezies einmal eines oder mehrere Individuen geschaffen worden sind, von denen alle übrigen auf dem Wege natürlicher Fortpflanzung erzeugt worden sind. Diese auch unter den Naturforschern noch weit verbreitete und gewöhnlich mit dem absurden Speziesdogma verkettete Ansicht bedarf hier ebenfalls keiner Widerlegung, da wir unten die Spezies selbst als eine ganz willkürliche und künstliche Abstraktion und die Vorstellung ihrer absoluten Konstanz als ganz unhaltbar nachweisen werden. Wir haben also nur noch die letzte (auch von Darwin geteilte) Schöpfungshypothese zu widerlegen, welche annimmt, daß die wenigen einfachsten Stammformen, aus welchen alle übrigen durch allmähliche Differenzierung sich entwickelt haben, unmittelbar „erschaffen“ worden sind. Da wir diese Annahme dadurch widerlegen müssen, daß wir die Schöpfung überhaupt als undenkbar nachweisen, so werden dadurch zugleich sämtliche übrigen Schöpfungsannahmen widerlegt.

Der Begriff der Schöpfung ist entweder überhaupt undenkbar oder doch mit jeder reinen, auf empirische Basis gegründeten Naturanschauung vollkommen unverträglich. In der Abiologie ist auch nirgends mehr von einer Schöpfung die Rede, und nur in der Biologie ist man noch vielfach von diesem Irrtum befangen. Vollkommen undenkbar ist der Begriff der Schöpfung, wenn man darunter „ein Entstehen von etwas aus nichts“ versteht. Diese Annahme ist ganz unvereinbar mit einem der ersten und obersten Naturgesetze, welches auch allgemein anerkannt ist, dem großen Gesetze nämlich, das alle Materie ewig ist, und daß nicht ein einziges Atom aus der Körperwelt verschwinden, so wenig als ein einziges neues hinzukommen kann. Der einzige denkbare Sinn, welcher daher für den Begriff der Schöpfung übrig bleibt, ist die Vorstellung, daß durch eine außerhalb der Materie stehende Kraft Bewegungserscheinungen der Materie hervorgerufen werden und daß diese zur Bildung bestimmter Formen führen; gewöhnlich versteht man darunter speziell die Bildung individueller, vorzüglich organischer Formen, und in unserem speziellen Falle die Bildung jener einfachsten organischen

Urformen. Die Annahme einer jeden solchen Schöpfung ist nun deshalb durchaus unstatthaft, weil wir in der ganzen Körperwelt, welche unserer naturwissenschaftlichen Erkenntnis zugänglich ist, nicht ein einziges Beispiel von einer außer der Materie stehenden Kraft empirisch kennen. Alle Kräfte, die wir kennen, von den einfachen „physikalischen“ Kräften (z. B. der Lichtbrechung, Wärmeleitung) anorganischer Kristalle, bis zu den höchsten Lebenserscheinungen der Organismen (bis zu der Blütenbildung der Bäume, bis zu dem Fluge der Insekten, bis zu den philosophischen Gehirnoperationen des Menschen) sind mit absoluter Notwendigkeit an die Materie gebunden, und ebenso ist jede Materie (organische und anorganische) notwendig mit einer gewissen Summe von Kräften begabt. Einerseits also haben wir nicht einen einzigen, auch nur wahrscheinlichen Erfahrungsbeweis für die Existenz einer solchen, die Materie von außen beherrschenden und „schaffenden“ Kraft (mag man dieselbe nun Lebenskraft, Schöpferkraft, oder wie immer nennen); andererseits aber gehört nur ein wenig tieferes Nachdenken dazu, um zu der festen Überzeugung zu gelangen, daß eine solche Kraft ganz undenkbar ist. Wie sollen wir uns eine Kraft außerhalb der Materie nur irgend vorstellen, eine Kraft, der jeder Angriffspunkt, welchen die Materie bietet, als solcher unangreifbar ist? eine Kraft, welche materielle Bewegungserscheinungen hervorruft, ohne selbst materiell zu sein? eine Kraft, die eine Bewegung ohne Anziehung und ohne Abstoßung, mithin eine Wirkung ohne Ursache hervorrufen würde? Wir gestehen offen, daß wir persönlich vollkommen unfähig sind, uns irgendeine denkbare Vorstellung von einer solchen immateriellen Kraft zu machen, und daß wir unter den zahllosen Definitionen und Darstellungen, welche von solchen immateriellen Kräften unter den verschiedensten Namen gegeben werden, nicht eine einzige gefunden haben, die nicht vollständig mit den allgemeinsten und unmittelbarsten sinnlichen Erfahrungen, sowie mit den wichtigsten und obersten Grundgesetzen der Naturwissenschaft (und vor allem mit dem Kausalgesetze) unvereinbar wäre.

Ist nun schon an sich der Begriff einer solchen immateriellen, außerhalb der Materie befindlichen, von ihr unabhängigen und dennoch auf sie wirkenden Kraft vollkommen unzulässig und undenkbar, so wird es in unserem Falle hier die schöpferische Kraft in um so höherem Maße, als mit deren Vorstellung sich die unhaltbarsten teleologischen Vorstellungen und die handgreiflichsten Anthropomorphismen verbinden. Denn es ist klar, daß jenes schöpferische immaterielle Prinzip, welches bald als Lebenskraft, bald als Schöpferkraft, bald als persönlicher Schöpfer die Organismen „schaffen“ soll, hierbei durchaus in analoger Weise zu Werke gehen soll, wie der Mensch oder andere Tiere bei „Schöpfung“ irgendeines Kunstwerks, wie z. B. eine Wespe beim Bau ihres kunstvollen Nestes, oder wie der Schneidervogel beim Zusammennähen der Blätter, oder wie der Mensch beim Bauen eines Hauses, beim Modellieren einer Statue. Wie alle diese Tiere hierbei nach einem vorhergehenden Entwurfe ihren Bau konstruieren, so soll auch die Schöpferkraft oder der persönliche Schöpfer nach einem bestimmten Bauplan die Organismen zweckmäßig konstruieren, und wenn seine Schöpfungstätigkeit sich auf die Erschaffung jener wenigen einfachsten Urwesen beschränkt, aus denen sich die anderen hervorgebildet haben, so hat er jedem dieser Urwesen die bestimmten Bewegungserscheinungen verliehen, welche man als sein „Leben“ bezeichnet. In allen diesen teleologischen Vorstellungen, und gleicherweise in sämtlichen Schöpfungsgeschichten, welche die dichterische Phantasie der Menschen produziert hat, liegt der grobe Anthropomorphismus[1]) so auf der Hand,

[1]) Wie durchgreifend diesen Schöpfungsansichten überall die Vorstellung des tierischen und insbesondere des menschlichen freiwilligen Handelns nach einem bestimmten (natürlich kausal bedingten) Willensimpulse zugrunde liegt, beweisen schon die allgemein gebräuchlichen Ausdrücke „des Bauplans, der zweckmäßigen Einrichtung, des künstlichen Baues usw.“. Offenbar wird hier stets das zu schaffende oder erschaffene „Geschöpf“ als das Produkt eines vorbedachten Planes betrachtet, welchen der „Schöpfer“ in ganz gleicher Weise entworfen, modifiziert und ausgeführt hat, wie der Mensch bei Konstruktion seiner zweckmäßigen Maschinen und andere Wirbeltiere bei Ausführung ihrer oft äußerst künstlichen und zweckmäßigen Nester, Bauten usw. tun. Der Anthropomorphismus oder, allgemeiner gesagt: Zoomorphismus, welcher hier zur Vorstellung des persönlichen oder individuellen Schöpfers führt, ist um so seltsamer und auffallender, als dieser Schöpfer dabei zugleich als immaterielles Wesen oder Geist gedacht wird, also im Grunde, wie Reil in der früher zitierten Stelle treffend ausführt, als ein gasförmiger oder elastisch-flüssiger Körper, oder als ein Individuum, welches aus der feineren Materie des schwerelosen oder unwägbaren Äthers (dem Wärmestoff zwischen den Atomen und Molekülen der Materie) besteht. Einerseits also wird der die Materie modelnde und formende Schöpfer nach Art des Menschen oder eines anderen höheren Wirbeltieres denkend und planausführend, mithin als ein willkürlich bewegliches und mit Organen handelndes Wirbeltier vorgestellt, andererseits als ein gasförmiger, also organloser Körper (daher auch die Ausdrücke: Spiritus, Pneuma, Hauch des Schöpfers, Blasen und Wehen seines Odems usw.). Wir gelangen somit zu

daß wir der Einsicht jedes überhaupt denkenden und nicht allzusehr in traditionellen Vorurteilen befangenen Lesers die Vernichtung dieser Schöpfungsvorstellung selbst überlassen können. Denjenigen Morphologen aber, welche nicht durch eigenes Nachdenken zu dieser Erkenntnis gelangen können, empfehlen wir zu aufmerksamer Lektüre den merkwürdigen „Essay on classification" des geistvollen Agassiz, in welchem dieser berühmte Naturforscher (1859) die teleologische Vorstellung des Schöpfers und der Schöpfungsakte dadurch in glänzendster Weise widerlegt, daß er sie bis auf ihre extremen Konsequenzen verfolgt und ihre unlöslichen Widersprüche überall lichtvoll an den Tag fördert.

Eine Schöpfung der Organismen ist mithin teils ganz undenkbar, teils aller empirisch erworbenen Naturkenntnis so vollständig zuwiderlaufend, daß wir uns zu dieser Hypothese auf keinen Fall entschließen dürfen. Es bleibt mithin nichts übrig, als eine spontane Entstehung der einfachsten Organismen, aus denen sich alle vollkommeneren durch allmähliche Umbildung entwickelten, anzunehmen, eine Selbstformung oder Selbstgestaltung der Materie zum Organismus, welche gewöhnlich Urzeugung oder Generatio spontanea (aequivoca) genannt wird.

III. Urzeugung oder Generatio spontanea.

Die ursprüngliche mechanische Entstehung oder die elternlose Zeugung der einfachsten, strukturlosen Organismen, welche wir im folgenden Abschnitt als Selbstzeugung oder Autogonie näher betrachten werden, ist nicht oder nur teilweis identisch mit den verschiedenen Arten der freiwilligen oder Urzeugung, welche unter dem Namen der Generatio spontanea, aequivoca, heterogenea, originaria, automatica, primitiva, primigenia, primaria usw. seit so langer Zeit und mit so viel Interesse diskutiert worden sind. Die Vorstellungen der verschiedenen Naturforscher über jene Urzeugung sind im allgemeinen sehr verschieden, stimmen aber doch alle darin überein, daß durch

---

der paradoxen Vorstellung eines gasförmigen Wirbeltieres, einer Contradictio in adjecto. Im ganzen gilt von diesen wie von den meisten ähnlichen anthropomorphen Vorstellungen der schöpferischen Persönlichkeit das Umgekehrte von dem, was die Priester sagen: „Gott schuf den Menschen nach seinem Bilde." Es müßte vielmehr heißen: „Der Mensch schafft Gott nach seinem Bilde", oder wie es der Dichter in dem bekannten Spruche ausdrückt: „In seinen Göttern malet sich der Mensch!"

jenen Prozeß lebendige Wesen aus der nicht belebten (sogenannten „toten") Materie, durch deren innewohnende, ureigene Kraft, ohne Dazwischentreten einer außerhalb der Materie stehenden Schöpferkraft, hervorgehen sollen. In diesem Sinne also können wir alle diese verschiedenen Vorstellungen zusammen als Hypothesen von der Urzeugung (Archigonie) den soeben widerlegten Hypothesen von der Schöpfung (Creation) gegenüberstellen.

Wie nun alle die mannigfaltigen Schöpfungshypothesen sich in drei verschiedene Gruppen bringen ließen, die sich mehr oder weniger von der wissenschaftlichen Erkenntnis entfernen, so können wir auch die vielfältigen Urzeugungshypothesen in drei verschiedene Gruppen bringen, welche sich mehr oder weniger der wissenschaftlichen Erkenntnis nähern, und von denen wir nur eine einzige als die für uns unentbehrliche Hypothese auswählen können.

Nach der einen Gruppe der Hypothesen sind von jeder Organismenart oder Spezies (zu einer gewissen Zeit oder zu verschiedenen Zeiten der Erdgeschichte) eines oder mehrere Individuen spontan entstanden, als deren durch unmittelbare Fortpflanzung entstandene Nachkommen wir alle übrigen Individuen derselben „Spezies" anzusehen hätten, welche zu irgendeiner Zeit der Erdgeschichte gelebt haben oder welche noch jetzt leben. Danach wären also z. B. alle einzelnen Individuen des Weinstocks, des Sperlings, des Menschen, welche jemals existiert haben, die unmittelbaren Nachkommen eines einzigen oder einer gewissen Zahl von Individuen des Weinstocks, des Sperlings, des Menschen, welche entweder einmal (zu einer bestimmten Zeit) oder zu wiederholten Malen spontan entstanden sind. Diese Hypothesengruppe (bei der es uns hier gleichgültig ist, ob diese Entstehung nur einmal stattfand oder sich mehrmals wiederholte, ob dabei nur ein oder zwei oder mehrere Individuen entstanden, ob diese ersten Individuen als Eier oder als Erwachsene entstanden usw.) schließt sich am nächsten an die vorher erwähnte, am weitesten verbreitete Schöpfungsvorstellung an, nach welcher von jeder Art ein Stammvater oder mehrere Ureltern geschaffen wurden; sie unterscheidet sich von jener Hypothese nur dadurch, daß an die Stelle des schöpferischen Planes oder Willens die blinde Kraft der „toten" Materie tritt. Sie bedarf, wie jene, schon deshalb keiner Widerlegung, weil sie auf dem grundfalschen Dogma von der Konstanz der Spezies fußt. Aber auch abgesehen hiervon widerspricht die Vorstellung, daß so hoch organisierte und so verwickelt gebaute

Organismen, wie es die höheren Tiere und Pflanzen sind, bloß durch die Kraft nicht organisierter Materie unmittelbar entstehen können, so sehr den einfachsten Erkenntnissen und den bekanntesten Tatsachen, daß sich diese Hypothese niemals eine allgemeinere Anerkennung hat erringen können.

Die zweite Gruppe der Urzeugungshypothesen behauptet, daß aus vorhandener organischer Substanz, lediglich durch die organisierende Kraft derselben, niedere Organismen, Tier- und Pflanzenformen von sehr einfacher Organisation entstehen können. Hierher gehört die große Mehrzahl aller Vorstellungen, welche sich die Naturforscher der verschiedensten Zeiten über die Urzeugung gebildet haben. Schon Aristoteles behauptete, daß aus warmem Schlamme oder faulenden vegetabilischen Substanzen niedere Tiere (Würmer, Insekten usw.) entstünden. Als man später mit dem Mikroskop die Fülle von kleinen, dem bloßen Auge unsichtbaren Organismen entdeckte, welche alle Gewässer bevölkern, nahm man für einen großen Teil dieser kleinen Pflanzen und Tiere eine selbständige Entstehung aus der zersetzten organischen Substanz an, welche von abgestorbenen Organismen geliefert wird und in allen Gewässern verbreitet ist. Diese Vorstellung von der Generatio aequivoca wurde um so mehr befestigt und verbreitet, als man bald entdeckte, daß in allen Flüssigkeiten, welche durch Übergießung (Infusion) organischer Substanzen mit Wasser bereitet werden, derartige niedere Tiere und Pflanzen gleichzeitig mit deren Zersetzung massenhaft entstehen (Infusorien, Rotatorien, Anguillulen, Pilze, Algen, vielerlei Protisten). Vorzüglich wurde diese Generatio aequivoca für die Eingeweidewürmer und andere Organismen angenommen, deren Entstehung an ihrem abgeschlossenen Wohnorte auf dem Wege der gewöhnlichen Zeugung man sich nicht erklären konnte. Als nun später die verwickelten und oft unter Wanderungen u. dgl. so versteckten Fortpflanzungsverhältnisse dieser Organismen entdeckt wurden, trat ein allgemeiner Rückschlag ein, indem man nun hieraus die homogene Fortpflanzung für alle Organismen deduzierte und die Urzeugung für alle Organismen ohne Ausnahme bestritt. Dieser Satz wurde so dogmatisch verallgemeinert, daß der „Glaube an die Generatio aequivoca“ in den letzten Dezennien fast allgemein für ein Kriterium einer unwissenschaftlichen biologischen Richtung galt. Wie einseitig dieser Rückschlag sich entwickelte, zeigen am deutlichsten die lebhaften Streitigkeiten, welche in den letzten Jahren wiederum im

Schoße der französischen Akademie geführt wurden, und in denen Pouchet für, Pasteur gegen die Generatio aequivoca eintrat.

Für die uns hier beschäftigende Frage von der ersten Entstehung der organischen Wesen hat diese Form der sogenannten Generatio aequivoca, bei welcher sich gewisse niedere Organismen aus vorhandener organischer Substanz entwickeln, die von zersetzten Organismen herrührt, gar kein Interesse oder doch nur einen ganz untergeordneten Wert. Denn das Vorhandensein dieser organischen Substanzen, aus denen sich spontan Organismen entwickeln sollen, setzt bereits die Existenz anderer (abgestorbener) Organismen voraus und erklärt uns also nicht die erste spontane Entstehung lebender Wesen. Abgesehen hiervon aber ist die Art und Weise, in welcher diese Frage von den meisten Autoren, sowohl Gegnern als Anhängern der Urzeugung, diskutiert worden ist, eine so unwissenschaftliche, daß wir hier ganz darüber hinweggehen können.

Wenn wir noch beiläufig einen flüchtigen Blick auf die Art und Weise werfen, in welcher diese Generatio aequivoca von zahlreichen Naturforschern untersucht und diskutiert worden ist, so tritt uns hier, wie immer am deutlichsten in solchen allgemeinen Fragen, äußerst auffallend der große Mangel einer streng philosophischen Methode entgegen, welchen wir oben eingehend gerügt haben. Der Mangel an allgemeiner Übersicht des Naturganzen und an philosophischer Erfassung desselben, die daraus hervorgehende Planlosigkeit und verkehrte Fragestellung an die Natur, die Inkonsequenz der Untersuchungsmethoden und die Fehlerhaftigkeit der Schlüsse — alle diese Grundfehler einer falschen oder doch einer unvollkommenen Methode der Naturerkenntnis treten hier, nur oberflächlich verdeckt durch eine scheinbar vollkommen „exakte“ Experimentalmethode, in so auffallendem Maße hervor, daß es uns nicht Wunder nimmt, wenn hier noch gar kein Resultat, keine positive und keine negative Entscheidung, erreicht ist.

Was die experimentelle Begründung oder Widerlegung dieser Generatio aequivoca betrifft, auf welche die „exakte“ Schule der Neuzeit so großen Wert legt, so müssen wir in erster Linie hervorheben, daß eine positive Widerlegung dieser Frage dadurch bisher nicht herbeigeführt, aber auch gar nicht möglich ist. Denn was beweisen alle diese vielfachen und wegen ihrer raffinierten Komplikation zum Teil so bewunderten Experimente (z. B. von Pasteur und seinen Genossen) anderes, als daß unter diesen oder jenen, äußerst komplizierten, künstlichen und unnatürlichen Bedingungen eine mit Flüssigkeit infundierte organische Substanz keine Organismen geliefert hat? Kann dies irgend etwas anderes beweisen, und was ist mit diesem Beweise erreicht? Unserer Ansicht nach gar nichts! Und wenn man diese künstlichen Experimente vertausendfachte, wenn man wirklich Bedingungen herstellte, die den in der freien Natur vorkommenden ähnlicher wären, und wenn hier bei Anwendung aller Vorsichtsmaßregeln niemals Organismen in der Infusion entständen, so würde damit eben immer nur der Beweis geliefert sein, daß unter diesen oder jenen ganz bestimmten Bedingungen keine Organismen in einer solchen Infusion entstehen. Niemals aber wird dadurch der Beweis geliefert werden, daß eine solche Generatio aequivoca unter keinen Bedingungen in der freien Natur möglich sei. Niemals wird sich dieselbe in dieser Weise experimentell widerlegen lassen.

Weiterhin werden gewöhnlich als solche Organismen, welche in dergleichen Infusionen entstehen, ganz kritiklos untereinander sehr einfache und sehr kompliziert gebaute Organismen genannt, z. B. Vibrionen, Monaden, Rhizopoden, Diatomeen, einzellige Algen, niedere Pilze, höhere Algen und Pilze, Würmer, Rädertierchen etc. Nun ist es aber klar, daß nur die Entstehung höchst einfacher und noch nicht differenzierter Organismen auf diesem Wege denkbar ist und daß nur die geringe, mikroskopische Größe, welche allen diesen, sonst so verschieden differenzierten „Infusions"-Organismen gemein ist, zu einer kollektiven Zusammenfassung derselben verleitet hat. Wollte man hier scharf und klar sehen, so müßte man die einzelnen Organismen aus so verschiedenen Klassen und Organisationshöhen, welche auf diese Weise entstehen, alle einzeln hinsichtlich ihrer Existenz- und Entstehungsbedingungen untersuchen, und würde dann finden, daß nur von den allerniedrigsten und einfachsten Organismen, entweder von den ganz homogenen und strukturlosen Moneren (Vibrionen, Protamoeben etc.) oder doch höchstens von solchen, deren Körper noch nicht die Höhe einer differenzierten Zelle erreicht hat, eine solche spontane Entstehung zu erwarten ist.

Endlich aber, und dies ist hier vor allem hervorzuheben, ist mit Konstatierung der Tatsache wenig gewonnen, daß sich niedere Organismen aus solchen organischen Substanzen entwickeln, welche von anderen, schon dagewesenen Organismen herrühren. Hierdurch kann niemals die erste Entstehung des Lebens auf der Erde erklärt werden. Die erste spontane Entstehung jener einfachsten, homogenen Urwesen, aus denen sich alle übrigen durch Differenzierung und natürliche Züchtung allmählich entwickelt haben, läßt sich vielmehr einzig und allein durch eine dritte und letzte Urzeugungshypothese erklären, welche den unmittelbaren Übergang anorganischer Substanz in individualisierte organische Substanz behauptet, ein Prozeß, der der Kristallisation der Anorgane durchaus analog ist. Diese Urzeugung, welche also von der gewöhnlich angenommen Generatio aequivoca wesentlich verschieden ist, wollen wir als Selbstzeugung oder Autogonie hier besonders in Erwägung ziehen.

IV. Selbstzeugung oder Autogonie.

Die Hypothese der Selbstzeugung oder Autogonie fordert, daß die äußerst einfachen und vollkommen homogenen, strukturlosen Organismen (Moneren), welche wir als die Stammformen aller übrigen, durch Differenzierung daraus hervorgegangenen zu betrachten haben, unmittelbar aus dem Zusammentritt von Stoffen der anorganischen Natur in ähnlicher Weise sich in einer Flüssigkeit gebildet haben, wie es bei der Bildung von Kristallen in der Mutterlauge der Fall ist.

Von den soeben betrachteten Formen der Urzeugung oder Generatio aequivoca (spontanea etc.) wie sie gewöhnlich vorgestellt und besprochen werden, unterscheidet sich unsere Selbstzeugung oder Autogonie wesentlich dadurch, daß dort organische Materien (kompliziertere Kohlenstoffverbindungen), welche von zersetzten Organismen herrühren, hier dagegen nur sogenannte anorganische Materien (d. h. einfachere Verbindungen) vorausgesetzt werden, aus denen sich zunächst verwickeltere Kohlenstoffverbindungen (Plasma), und hieraus unmittelbar organische Individuen einfachster Art (Moneren) hervorbildeten. Uns erscheint diese Annahme für das Verständnis der gesamten organischen Natur vollkommen unentbehrlich, weil sie die einzige große Lücke ausfüllt, welche bisher in der gesamten Entwickelungsgeschichte der Erde und ihrer Bewohner bisher noch bestanden hat. Wir müssen diese Hypothese als die unmittelbare Konsequenz und als die notwendigste Ergänzung der allgemein angenommenen Erdbildungstheorie von Kant und Laplace hinstellen, und finden hierzu in der Gesamtheit der Naturerscheinungen eine so zwingende logische Notwendigkeit, daß wir deshalb diese Deduktion, die vielen sehr gewagt erscheinen wird, als unabweisbar bezeichnen müssen.

Jede irgendwie ins einzelne eingehende Darstellung der Autogonie ist vorläufig schon deshalb gänzlich unstatthaft, weil wir uns durchaus keine irgendwie befriedigende Vorstellung von dem ganz eigentümlichen Zustande machen können, den unsere Erdoberfläche zur Zeit der ersten Entstehung der Organismen darbot, vielmehr alle sicheren Anhaltspunkte hierfür fehlen. Wahrscheinlich war die Erdoberfläche unseres Erdballes zu der Zeit, als sie soweit erkaltet war, daß sich Organismen auf ihr bilden konnten, ringsum von einem zusammenhängenden uferlosen Meere umgeben, Zonenunterschiede noch nicht vorhanden. Von der Beschaffenheit jenes Urmeeres und der heißen, darüber ausgebreiteten, mit Kohlensäure und Wasserdämpfen gesättigten Atmosphäre können wir uns aber gar keine bestimmte Vorstellung machen, wenn wir bedenken, daß die ungeheuren Mengen von Kohlenstoff, Wasserstoff, Sauerstoff und Stickstoff, die von der Steinkohlenzeit an bis zur Gegenwart und wahrscheinlich schon lange vor der Steinkohlenzeit an den Körper zahlloser Organismen gebunden waren, in jener Urzeit in ganz anderen, einfacheren Verbindungen nebeneinander existierten, oder ganz frei und ungebunden aufeinander wirkten. Die ungeheuren Massen von Kohlensäure, von verschiedenen Kohlenwasserstoffen und von zahllosen anderen Kohlenstoffverbindungen, die damals zur Zeit der ersten Entstehung des Lebens teils gasförmig in der Atmosphäre verbreitet, teils in dem Urmeere aufgelöst oder auf dessen Boden niedergeschlagen gewesen sein müssen, gestatten uns durchaus keine sichere hypothetische Vorstellung von den Existenzbedingungen, unter denen sich die ersten einfachsten Organismen in jenem Urmeere bildeten. Nur so viel können wir mit Bestimmtheit sagen, daß die Beschaffenheit des Urmeeres und der Uratmosphäre zu jener Zeit sehr bedeutend verschieden von der jetzigen gewesen sein muß.

Die Anhänger der Generatio aequivoca pflegen gewöhnlich, wenn sie die Natur der elternlos entstehenden Organismen erörtern, zu behaupten, daß dies einzellige Wesen sein müßten. Dagegen halten wir es für viel wahrscheinlicher, daß die einzelligen Wesen sich erst durch Differenzierung von innerem Kern und äußerem Plasma aus den strukturlosen Moneren hervorgebildet haben, und daß diese die wirklichen Autogonen sind. Die Gründe hierfür liegen in der Vergleichung, welche wir oben zwischen diesen Moneren und den Kristallen ausgeführt haben, und in welcher wir zu zeigen versuchten, wie die spontane Entstehung solcher homogenen, imbibitionsfähigen Eiweißkörper ganz analog der spontanen Entstehung von Kristallen in der Mutterlauge zu denken sei. Nach unserer Hypothese sind demnach zuerst ausschließlich vollkommen strukturlose und homogene Plasmaklumpen, gleich den Protamoeben, im Urmeere entstanden; in diesen hat sich erst später eine Differenz von festerem Kern und weicherer Hülle gebildet, und noch später erst sind diese einfachen kernhaltigen Zellen zur Bildung mehrzelliger Organismen zusammengetreten, aus denen sich dann alle höheren allmählich durch natürliche Zuchtwahl entwickelt haben.

Siebentes Kapitel.

Tiere und Pflanzen.

„Wenn man Pflanzen und Tiere in ihrem unvollkommensten Zustande betrachtet, so sind sie kaum zu unterscheiden. So viel aber können wir sagen, daß die aus einer kaum zu sondernden Verwandtschaft als Pflanzen und Tiere nach und nach hervortretenden Geschöpfe nach zwei entgegengesetzten Seiten sich vervollkommnen, so daß die Pflanze sich zuletzt im Baume dauernd und starr, das Tier im Menschen zur höchsten Beweglichkeit und Freiheit sich verherrlicht."
Goethe (Jena, 1807).

Unterscheidung von Tier und Pflanze.

„Der wissenschaftliche Standpunkt unserer Anschauungen von der organischen Natur hat sich in keinem Verhältnisse jedesmal so treu abgespiegelt, als da, wo es sich um Erörterung der Unterschiede handelt, welche zwischen Tier und Pflanze bestehen. Seit jener Zeit, als vor mehr denn hundert Jahren die Tiernatur der pflanzenartig festsitzenden, baumähnlich verästelten und blütengleiche Individuen tragenden Polypenstöcke kund ward, hat jede neue Forschung in diesem Gebiete neue Theorien zutage gebracht, von denen eine die andere verdrängte." (Gegenbaur, 1859.)

Zusatz (1906). Das siebente Kapitel enthielt auf 48 Seiten kritische Untersuchungen über die Unterscheidung und den Ursprung von Tier- und Pflanzenreich, sowie die Begründung des niedersten, zwischen beiden stehenden Protistenreiches. Darauf folgte eine eingehende Charakteristik der drei Organismenreiche und ihrer Stämme in chemischer, morphologischer und physiologischer Beziehung. Die hier zuerst gegebene Darstellung und Einteilung des Protistenreiches, sowie seine Abgrenzung gegen das Pflanzenreich einerseits und das Tierreich andererseits, wurde ausführlicher behandelt und vielfach verbessert in den zehn aufeinander folgenden Auflagen der „Natürlichen Schöpfungsgeschichte". Eine selbständige Behandlung erfuhr diese wichtige Aufgabe schon 1878 in meiner (längst vergriffenen) Schrift: „Das Protistenreich, eine populäre Übersicht über das Formengebiet der niedersten Lebewesen" (104 Seiten, mit 58 Figuren). Meine endgültige (für mich persönlich nach vielen Veränderungen abgeschlossene!) Auffassung und Klassifikation der Protisten (als einzellige, nicht gewebebildenden Organismen) gab ich 1894 im ersten Bande meiner „Systematischen Phylogenie" (S. 34—251).

ZOOLOGIE ODER TIERKUNDE.

(Gesamtwissenschaft von den Tieren.)

Zoostatik oder tierische Morphonomie.				**Zoochemie** oder tierische Chemie.		**Zoodynamik** oder tierische Phoronomie.	
Tierische Morphologie oder Statische Zoologie.		**Chemie der tierischen Substrate.** Morphologische Chemie der Tiere.		**Chemie der tierischen Prozesse.** Physiologische Chemie der Tiere.		**Tierische Physiologie** oder Dynamische Zoologie.	
Tierische Morphologie.				**Tierische Physiologie.**			
Zootomie oder Anatomie der Tiere (Vergleichende Anatomie oder wissenschaftliche Zootomie.)		**Zoogenie oder Morphogenie der Tiere** (Entwickelungsgeschichte der Tiere im weiteren Sinne.)		**Konservations-Physiologie der Tiere** oder Physiologie der tierischen Selbsterhaltungs-Verrichtungen.		**Relations-Physiologie der Tiere** oder Physiologie der tierischen Beziehungs-Verrichtungen.	
Tierische Tektologie oder Strukturlehre der Tiere.	Tierische Promorphologie oder Grundformenlehre der Tiere.	Ontogenie der Tiere. Entwickelungsgeschichte der tierischen Individuen.	Phylogenie der Tiere. Entwicklungsgeschichte der tierischen Stämme.	Physiologie der tierischen Ernährung oder des Stoffwechsels.	Physiologie der tierischen Fortpflanzung oder der Generation.	Physiologie der Beziehungen der einzelnen Teile des Tierkörpers zueinander.	Physiologie der Beziehungen des tierischen Organismus zur Außenwelt.
1. Histologie 3. Antimerologie 5. Prosopologie	2. Organologie 4. Metamerologie 6. Cormologie.	Embryologie und Metamorphologie der Tiere.	Palaeontologie und Genealogie der Tiere.	Erhaltung der tierischen Individuen.	Erhaltung der tierischen Stämme.	Physiologie der Muskeln und Nerven usw.	Oecologie und Geographie der Tiere.

DRITTES BUCH.

ERSTER TEIL DER ALLGEMEINEN ANATOMIE.

GENERELLE TEKTOLOGIE ODER ALLGEMEINE STRUKTURLEHRE DER ORGANISMEN.

(INDIVIDUALITÄTSLEHRE DER ORGANISMEN.)

„Jedes Lebendige ist kein Einzelnes, sondern eine Mehrheit; selbst insofern es uns als Individuum erscheint, bleibt es doch eine Versammlung von lebendigen, selbständigen Wesen, die der Idee, der Anlage nach gleich sind, in der Erscheinung aber gleich oder ähnlich, ungleich oder unähnlich werden können. Diese Wesen sind teils ursprünglich schon verbunden, teils finden und vereinigen sie sich. Sie entzweien sich und suchen sich wieder, und bewirken so eine unendliche Produktion auf alle Weise und nach allen Seiten.

„Je unvollkommener das Geschöpf ist, desto mehr sind diese Teile einander gleich oder ähnlich, und desto mehr gleichen sie dem Ganzen. Je vollkommener das Geschöpf wird, desto unähnlicher werden die Teile einander. In jenem Falle ist das Ganze den Teilen mehr oder weniger gleich, in diesem das Ganze den Teilen unähnlich. Je ähnlicher die Teile einander sind, desto weniger sind sie einander subordiniert. Die Subordination der Teile deutet auf ein vollkommneres Geschöpf.

„Daß nun das, was der Idee nach gleich ist, in der Erfahrung entweder als gleich oder als ähnlich, ja sogar als völlig ungleich und unähnlich erscheinen kann, darin besteht eigentlich das bewegliche Leben der Natur, das wir in unsern Blättern zu entwerfen gedenken."

Goethe (Jena, 1807).

Achtes Kapitel.

Begriff und Aufgabe der Tektologie.

Freuet euch des wahren Scheins,
Euch des ernsten Spieles,
Kein Lebendiges ist Eins,
Immer ist's ein Vieles.
Goethe.

I. Die Tektologie als Lehre von der organischen Individualität.

Die Tektologie oder Strukturlehre der Organismen ist die gesamte Wissenschaft von der Individualität der belebten Naturkörper, welche meistens ein Aggregat von Individuen verschiedener Ordnung darstellt. Die Aufgabe der organischen Tektologie ist mithin die Erkenntnis und die Erklärung der organischen Individualität, d. h. die Erkenntnis der bestimmten Naturgesetze, nach denen sich die organische Materie individualisiert, und nach denen die meisten Organismen einen einheitlichen, aus Individuen verschiedener Ordnung zusammengesetzten Formenkomplex bilden.

Begriff und Aufgabe der Tektologie, wie wir sie hier feststellen, sind bisher von den meisten Morphologen nicht scharf ins Auge gefaßt worden, da man in der Anatomie die Tektologie und Promorphologie stets vermischt zu behandeln pflegt. Wenn nun auch diese Behandlungsweise in der anatomischen Praxis sich gewiß am meisten empfiehlt, und es immer am bequemsten sein wird, bei der Anatomie jedes einzelnen Organismus die gesamte Anatomie (Tektologie und Promorphologie) der einzelnen Individuen verschiedener Ordnung nach einander abzuhandeln, so müssen wir dagegen hervorheben, daß es für das theoretische Verständnis des Organismus von der größten Wichtigkeit ist, die wesentlich verschiedene Aufgabe der beiden anatomischen Hauptzweige scharf getrennt zu erfassen, und Tektologie und Promorphologie als gesonderte koordinierte Wissenschaften nebeneinander zu begreifen. Für die allgemeine und synthetische Betrachtung einer Organismengruppe wird daher die vollständige Trennung der Tektologie und Promorphologie, wie wir sie hier durchführen, vorzuziehen sein, während für die besondere und analytische Erforschung eines einzelnen Organismus sich mehr die Verschmelzung der beiden anatomischen Hauptzweige empfehlen wird.

Der Körper der großen Mehrzahl aller jetzt lebender Organismen stellt ein verwickeltes Gebäude dar, welches aus gleichartigen und ungleichartigen Teilen oder Organen in sehr komplizierter Weise zusammengesetzt ist. Allgemein können wir diese „*Partes similares et dissimilares*“ derart in verschiedene subordinierte Kategorien einteilen, daß jede höhere Kategorie eine in sich abgeschlossene und selbständige Einheit, zugleich aber auch eine Vielheit von mehreren Einheiten der nächstniederen Kategorie darstellt. Diese Kategorien betrachten wir als verschiedene Stufen oder Ordnungen von organischen Individuen. Wir konnten daher auch die Tektologie oder Strukturlehre als die „Wissenschaft von der Zusammensetzung der Organismen aus organischen Individuen verschiedener Ordnung“ bezeichnen. Hiergegen ist nur zu erinnern, daß diese verwickelte Zusammensetzung des Organismus aus subordinierten Individualitäten bei sehr zahlreichen niederen Organismen fehlt, nämlich bei allen Lebewesen, welche zeitlebens auf der niedersten Stufe der Individualität stehen bleiben und bloß den morphologischen Wert einer einzigen Plastide (entweder einer Cytode oder einer Zelle) behalten. Auch ist die Erwägung sehr wichtig, daß alle organischen Individuen ohne Ausnahme, mögen sie auch in ihrer vollendeten Form die höchste Stufe der Komplikation erreichen, in ihren ersten Anfängen stets ein einfachstes Individuum erster Ordnung, eine einzelne Plastide, repräsentieren. Da wir nun außerdem in den homogenen und strukturlosen Moneren Organismen kennen, welche überhaupt nicht aus ungleichartigen Teilen, sondern bloß aus gleichartigen Plasmamolekülen zusammengesetzt sind, so erscheint es nicht passend, die Tektologie allgemein als Merologie oder Lehre von den Teilen zu bezeichnen, falls man unter diesen „Teilen“ nur die Individuen verschiedener Ordnung verstehen will. Vielmehr würde es vom allgemeinen Gesichtspunkte aus passender erscheinen, falls der Ausdruck der Tektologie oder Strukturlehre aus jenem Grunde zu beschränkt erscheinen sollte, diesen Zweig der Anatomie als die „Wissenschaft von der organischen Individualität“ oder kurz als Biontik, Biontologie oder Individualitätslehre zu bezeichnen.

Bevor wir die eigentliche Aufgabe der Tektologie oder Biontik zu lösen und die Gesetze zu erkennen versuchen, nach denen sich die organische Materie individualisiert, erscheint es uns notwendig, den Begriff des organischen Individuums im allgemeinen zu erörtern und die sehr verschiedenen Ansichten zu erwägen, welche die verschiedenen Naturforscher sich über die Individualität der Organismen gebildet haben. Erst dann können wir ausführlich unsere eigene Ansicht von den morphologischen und physiologischen Individuen verschiedener Ordnung begründen, welche nach unserem Dafürhalten allgemein unterschieden werden müssen.

II. Begriff des organischen Individuums im allgemeinen.

Das Wort „Individuum" wird in außerordentlich vielfacher und verschiedenartiger Bedeutung angewandt. Seinem Wortlaute nach soll dieser Begriff ein Unteilbares bezeichnen. Im strengsten Sinne unteilbar können wir uns aber nur die Massenatome vorstellen, aus denen wir uns nach der anatomischen Hypothese die Materie zusammengesetzt denken, und die Atome des expansiven Äthers, welche die attraktiven Massenatome trennen, „Atom" (ἄτομος) ist ja ursprünglich weiter nichts, als das griechische Wort für das römische „Individuum", für das deutsche „Unteilbar". In diesem Sinne wurden denn auch von früheren Philosophen die Ausdrücke Atom und Individuum als gleichbedeutend angewandt.

Das Wort Atom hat späterhin diese ursprüngliche Bedeutung des Individuum allein beibehalten und wird jetzt in diesem Sinne ausschließlich zur Bezeichnung der einfachsten und letzten diskreten Größen, der kleinsten, homogenen und unteilbaren Stoffteilchen verwandt, aus deren Aggregation die atomistische Hypothese die Masse und den zwischen den Massenatomen befindlichen Äther konstruiert. Das Wort Individuum dagegen wird zur Bezeichnung sehr verschiedener Erscheinungsformen der Materie gebraucht, welchen nur die Idee der Einheit als gemeinsames Band zugrunde liegt. Wenn man von der einheitlichen Erscheinungsform der Individuen absieht, so bleibt für den Begriff des Individuums weiter nichts übrig.

Hieraus folgt bereits, daß der Begriff des Individuums keiner weiteren Definition fähig ist, daß er keine absolute, sondern nur eine relative Bedeutung besitzt. Streng genommen ist das Individuum eigentlich gar kein Begriff, sondern nur die rein anschauliche Auffassung irgendeines gegebenen Begriffes als Einheit unter einer Vielheit von gleichen Begriffen. So hat schon Schleiden das Individuum als „die rein anschauliche Auffassung irgendeines wirklichen Gegenstandes unter einem gegebenen Artbegriff" definiert. Erst die Beziehung zu diesem Artbegriff läßt das Individuum als solches erscheinen. Dasjenige, was im gewöhnlichen Leben am häufigsten als Individuum bezeichnet wird, der einzelne Mensch, oder die Person, ist ein Individuum unter dem Artbegriff seiner Nation; die Nation ist ein Individuum unter den übrigen Nationen ihrer Rasse; die Rassen sind Individuen unter der Menschenart; die Menschenart ist ein Individuum unter den verschiedenen Säugetierarten usw. Erst wenn der Artbegriff vollkommen definiert ist, von dessen Individuen man spricht, erhält das Individuum eine bestimmte Bedeutung. Es tritt uns dann die Individualität als eine einheitliche Erscheinung entgegen, welche nicht geteilt werden kann, ohne ihren Charakter, ihr eigenstes Wesen zu zerstören.

Über das gegenseitige Verhältnis der verschiedenartigen Individualitäten, die uns in den konkreten Naturkörpern entgegentreten, über ihr koordiniertes und subordiniertes Verhältnis im allgemeinen existieren noch keine zusammenhängenden Untersuchungen. Destomehr hat man sich bemüht, bestimmte Erscheinungsformen der Naturkörper κατ' ἐξοχήν als „eigentliche" Individuen zu bestimmen. Unter den Anorganen ließ sich eine solche absolute Individualität leicht in den Kristallen finden. Unter den Organismen hat man bei den Tieren meistens keine Schwierigkeiten gefunden, indem man als typisches Individuum die sowohl physiologisch als morphologisch vollkommen abgeschlossene und einheitliche Erscheinung auffaßte, in welcher der einzelne Mensch und alle übrigen Wirbeltiere, wie die große Mehrzahl der höheren Tiere überhaupt, auftreten, und welche wir vorläufig als Person (Prosopon) bezeichnen wollen. Viel schwieriger erschien dagegen die Feststellung eines solchen absoluten Individuums im Pflanzenreiche, woher es sich erklärt, daß die Botaniker am meisten sich mit dieser Frage beschäftigt haben. Als diejenige Einheitsform, welche der tierischen Person äquivalent ist, haben die meisten Botaniker bei den höheren Pflanzen den Sproß oder die Knospe anerkannt. Da jedoch neben dieser Anschauung noch eine Anzahl von anderen sehr verschiedenartigen Auffassungen der tierischen und pflanzlichen Individualität sich Geltung verschafft haben, so müssen wir auf die Aufstellung von absoluten organischen Individuen überhaupt verzichten und gelangen nur dadurch zum Ziele, daß wir verschiedene Ordnungen oder Kategorien von relativen Individuen in den organischen Naturkörpern unterscheiden.

VI. Morphologische und physiologische Individualität.

Morphologisches Individuum oder Formindividuum oder organische Formeinheit nennen wir allgemein diejenige einheitliche Formerscheinung, welche ein in sich abgeschlossenes und formell kontinuierlich zusammenhängendes Ganzes bildet; ein Ganzes, von dessen konstituierenden Bestandteilen man keinen hinwegnehmen, und das man überhaupt nicht in Teile auseinanderlegen kann, ohne das Wesen, den Charakter der ganzen Form zu vernichten. Das Formindividuum *(Morphon)* ist demnach eine einfache, zusammenhängende Raumgröße, die wir im Momente der Beurteilung als eine unveränderliche Gestalt anzusehen haben.

Physiologisches Individuum oder Leistungsindividuum *(Bion)*, oder Lebenseinheit, nennen wir diejenige einheitliche Formerscheinung, welche vollkommen selbständig längere oder kürzere Zeit hindurch eine eigene Existenz zu führen vermag; eine Existenz, welche sich in allen Fällen in der Betätigung der allgemeinsten organischen Funktion äußert, in der Selbsterhaltung. Das Leistungsindividuum ist demnach eine einfache, zusammenhängende Raumgröße, welche wir als solche längere oder kürzere Zeit hindurch leben, d. h. sich ernähren sehen, und welche wir also im Momente der Beurteilung als veränderlich ansehen. Sehr häufig vermag dieselbe außerdem sich fortzupflanzen und auch andere Lebensfunktionen zu vollziehen. Der Kürze halber wollen wir die physiologischen Individuen ein für allemal mit dem Namen der Bionten belegen.[1])

Die morphologische Individualität zerfällt in sechs verschiedene, subordinierte Kategorien oder Ordnungen von Individuen, und jede dieser Ordnungen tritt in bestimmten Organismen als physiologische Individualität auf. Für jede Art (Spezies) ist aber eine bestimmte Ordnung als höchste charakteristisch und repräsentiert

---

[1]) βίον, τὸ (βίοντα, τὰ) das physiologische Individuum als konkrete Lebenseinheit, als selbständiges „Lebewesen."

hier ausnahmslos die eigentliche physiologische Individualität, wenigstens zur Zeit der vollkommenen Reife des Organismus. Die sechs Ordnungen der organischen Individualität sind folgende:

I. Plastiden (Cytoden und Zellen) oder „Elementarorganismen".

II. Organe oder Idorgane, (Zellenstöcke oder Zellfusionen, einfache oder homoplastische Organe, zusammengesetzte oder heteroplastische Organe, Organsysteme, Organapparate).

III. Antimeren (Gegenstücke oder homotype Teile). „Strahlen" der Strahltiere, „Hälften" der eudipleuren (bilateral-symmetrischen) Tiere etc.

IV. Metameren (Folgestücke oder homodyname Teile). „Stengelglieder" der Phanerogamen, „Segmente", Ringe oder Zoniten der Gliedertiere, Wirbelsegmente der Wirbeltiere etc.

V. Personen (Prosopen). Sprosse oder Gemmae der Pflanzen und Coelenteraten usw. „Individuen" im engsten Sinne bei den höheren Tieren. (Später als Histonalen zusammengefaßt).

VI. Cormen (Stöcke oder Kolonien). Bäume, Sträucher etc. (Zusammengesetzte Pflanzen). Salpenketten, Polypenstöcke etc.

Jedes dieser sechs morphologischen Individuen verschiedener Ordnung vermag als selbständige Lebenseinheit aufzutreten und das physiologische Individuum zu repräsentieren. Auf der niedersten Stufe der Plastiden bleiben sehr viele Organismen zeitlebens stehen, z. B. die meisten Protisten. Die zweite Kategorie des Formindividuums, das Organ, erscheint als selbständige Lebenseinheit bei vielen Protisten, Algen und Coelenteraten. Auf der dritten Stufe, dem Antimerenzustande, bleibt die Lebenseinheit stehen bei einzelnen niederen Pflanzen und Tieren. Die vierte Ordnung, das Metamer, erscheint als Lebenseinheit bei den meisten Mollusken, vielen niederen Würmern, Algen usw. Die fünfte Kategorie, die Person, repräsentiert das physiologische Individuum bei den meisten Tieren, aber wenigen Pflanzen. Endlich die sechste Ordnung der morphologischen Individuen, der Stock, bildet die physiologische Individualität bei den meisten Pflanzen und Coelenteraten.

Sehr wichtig ist nun die Erwägung, daß alle Organismen ohne Ausnahme, welche als ausgebildete, reife Lebenseinheiten durch morphologische Individuen höherer Ordnung repräsentiert werden, ursprünglich nur der niedersten Ordnung angehören und sich zu den höheren Stufen nur dadurch erheben können, daß sie die niederen durchlaufen. Der Mensch z. B. und ebenso jedes andere Wirbeltier, ist als Ei ursprünglich ein Formindividuum erster Ordnung, eine Zelle. Es erreicht die zweite Stufe, indem aus der Eifurchung ein

Zellenhaufen hervorgeht, der den morphologischen Wert eines Organs besitzt. Mit der Ausbildung der Embryonalanlage und mit dem Auftreten des Primitivstreifes (der Achsenplatte) scheidet es sich in zwei Individuen dritter Ordnung oder Antimeren. Mit dem Hervorknospen der Urwirbel beginnt die Gliederung des Rumpfes, der Zerfall in Metameren, und mit deren Differenzierung ist die Ausbildung der Person, des Formindividuums fünfter Ordnung, vollendet, welches nun als physiologisches Individuum persistiert. Ebenso durchläuft jede geschlechtlich erzeugte phanerogame Pflanze, indem sie aus der einfachen Zelle (dem eigentlichen Ei) zum Zellenhaufen (Organ) wird, der sich mit dem Auftreten einer Achse in zwei oder mehr Antimeren differenziert, die drei ersten Stufen der Formindividualität. Auf der vierten Stufe des Metamers bleibt sie bis zum Beginne der Gliederung der Achse. Aus den differenzierten Stengelgliedern setzt sich der Sproß zusammen, der nun aus der fünften zur sechsten Stufe, dem Stocke, sich durch Bildung seitlicher Sprosse erhebt.

Hieraus geht deutlich hervor, daß der eigentliche morphologische Wert der physiologischen Individualität für jede Organismenart nur nach erlangter vollständiger Reife, wenn sie „ausgewachsen" ist, bestimmt werden kann. Man darf daher auch niemals als Kriterium der physiologischen Individualität, wie es vielfach geschehen ist, die Entwickelungsfähigkeit zu einer selbständigen Lebenseinheit betrachten. Diese haftet ursprünglich stets an den Formindividuen erster Ordnung, den Plastiden (Cytoden und Zellen), und erst durch die Differenzierung der Zellen, welche bei den höheren Organismen (besonders den Tieren) sehr weit geht, verlieren dieselben jene Fähigkeit, oder vielmehr es bleibt dieselbe auf einzelne bestimmte Plastiden (Eier) beschränkt. Ausnahmsweise (*Hydra*, viele Phanerogamen) behalten auch noch bei höher differenzierten Organismen zahlreiche Plastiden diese Entwickelungsfähigkeit bei.

Ebensowenig als letztere darf man die Reproduktionsfähigkeit, das Vermögen eines abgelösten Teils, sich zum Ganzen zu ergänzen (Würmer, Coelenteraten, viele Phanerogamen), als Kriterium der physiologischen Individualität anwenden, da auch hier das eigentlich Wirksame die ursprünglich allen Plastiden eigene Entwickelungsfähigkeit ist. Will man die physiologische Individualität der Organismen dadurch charakterisieren, so geht die Schärfe ihres Begriffes vollständig verloren. Diese ist nur dadurch zu erhalten, daß wir die Fähigkeit der Selbsterhaltung als das entscheidende Kriterium hinstellen, sowie es für die morphologische Individualität in der Unfähigkeit der Teilung, in der individuellen Unteilbarkeit liegt. Das Leistungsindividuum ist der einheitliche Lebensherd, dessen Existenz mit der Funktion der Selbsterhaltung erlischt; das Formindividuum ist die einheitliche Lebensgestalt, deren Existenz mit ihrer Teilung erlischt.

Die vielfach aufgeworfene Frage nach der absoluten Individualität der Organismen ist also dahin zu beantworten, daß dieselbe nicht existiert, und daß alle Organismen, als physiologische Individuen betrachtet, entweder zeitlebens auf der ersten Stufe der morphologischen Individualität, der Plastide, stehen bleiben, oder aber, von dieser ausgehend, sich sekundär zu höheren Stufen erheben.

Indem wir nun in den folgenden Kapiteln das Verhältnis der verschiedenen Individualitätsgrade zueinander, welches die eigentliche Grundlage der gesamten Tektologie ist, näher zu bestimmen versuchen, wollen wir zunächst die Begriffe der sechs einzelnen Ordnungen der morphologischen Individualität bestimmt feststellen, und dann nachweisen, wie jede dieser verschiedenen Ordnungen in verschiedenen Organismen die physiologische Individualität zu repräsentieren vermag.

Neuntes Kapitel.

Morphologische Individualität der Organismen.

„Die Pflanze erscheint fast nur einen Augenblick als Individuum, und zwar da, wenn sie sich als Samenkorn von der Mutterpflanze loslöst. In dem Verfolg des Keimens erscheint sie schon als ein Vielfaches, an welchem nicht allein ein identischer Teil aus identischen Teilen entspringt, sondern auch diese Teile durch Sukzession verschieden ausgebildet werden, so daß ein mannigfaltiges, scheinbar verbundenes Ganzes zuletzt vor unseren Augen dasteht. Allein daß dieses scheinbare Ganze aus sehr unabhängigen Teilen bestehe, gibt teils der Augenschein, teils die Erfahrung: denn Pflanzen in viele Teile getrennt und zerrissen, werden wieder als eben so viele scheinbare Ganze aus der Erde hervorsprossen."

Goethe.

I. Morphologische Individuen erster Ordnung:

Plastiden oder Plasmastücke.

I. 1. Unterscheidung von Cytoden und Zellen.

Als morphologische Individuen erster und niedrigster Ordnung würden wir, der gegenwärtig herrschenden Auffassung gemäß, nur eine einzige Art von Körpern, die Zellen (Cellulae) aufzuführen haben. Nach derjenigen Auffassung des tierischen und pflanzlichen Organismus, welche der unsrigen am nächsten steht, ist derselbe entweder eine einzige einfache Zelle oder ein einheitliches Aggregat von mehreren, entweder gleichartigen oder differenzierten Zellen. Die Zelle ist hiernach das allgemeine Formelement oder das Elementarorgan aller Organismen und wird als solches jetzt häufig als Elementarorganismus bezeichnet. Die Zellen sind entweder selbst die ganzen Organismen (Eier der Pflanzen und Tiere, permanent einzellige Pflanzen und Tiere), oder sie sind die Individuen, durch deren Verbindung der ganze Organismus, als Zellengesellschaft oder Zellenstaat, sich konstituiert.

Es ist die Auffassung, welche von Schleiden und Schwann in die Wissenschaft eingeführt wurde, und welche man nach ihnen allgemein als „Zellentheorie“ bezeichnet, gegenwärtig in der gesamten Biologie die herrschende Theorie. So richtig dieselbe ohne Zweifel im großen und ganzen ist, und so sehr wir sie für die große Mehrzahl aller Organismen als die allein berechtigte anerkennen müssen, so ist es dennoch nicht möglich, sie auf alle Organismen ohne Ausnahme auszudehnen. Vielmehr kennen wir viele Organismen niedersten Ranges (z. B. Bakterien), deren ganzer Körper noch nicht einmal den Wert einer einzigen Zelle besitzt, und einen individuell abgeschlossenen Formzustand der lebenden Materie repräsentiert, den wir durch den Namen der Cytode oder des zellenähnlichen Körpers bezeichnen wollen.

Als wesentliche Bestandteile aller echten Zellen müssen stets zwei differente Teile betrachtet werden: I. der innere (zentrale oder exzentrische) Zellkern (Nucleus, Cytoblastus), welcher entweder ein fester, homogener, oder selbst wieder ein zusammengesetzter (bläschenförmiger) Körper ist; II. der äußere, den Kern umschließende (peripherische) Zellstoff (Protoplasma, Plasma), welcher aus einem festflüssigen Eiweißkörper besteht. Als dritter, nicht konstanter und in der ersten Jugend der Zelle stets oder doch meist fehlender Bestandteil, kommt dazu in vielen Fällen eine äußerste, den Zellstoffkörper umschließende Zellhaut (Membrana cellulae), welche entweder nur die verdichtete und als besondere Hautschicht differenzierte äußerste Oberflächenlage des Protoplasma oder aber von diesem in flüssiger Form, als Sekret, nach außen abgeschieden, und in Form einer Cuticula über demselben erstarrt, erhärtet ist.

Wir können demgemäß sämtliche Zellen des Pflanzen-, Protisten- und Tierreichs in zwei Hauptgruppen bringen, Hautzellen und hautlose Zellen. Die nackten oder hautlosen Zellen oder Urzellen (Cellulae primordiales, Gymnocyta)[1]), bestehen bloß aus innerem Kern und äußerem Protoplasma. Dahin gehören viele Eier, die Teilprodukte derselben oder Furchungskugeln, die Embryonalzellen, viele Nervenzellen, Bindegewebszellen, die ausgeschlüpften Schwärmsporen vieler Algen etc. Bei den Hautzellen oder Schlauchzellen (Cellulae membranosae, Lepocyta)[2]) ist das den Kern umschließende Protoplasma selbst wieder von einer äußeren Membran umgeben oder aber in Interzellularsubstanz eingeschlossen. Hierher gehören die meisten pflanzlichen und viele tierische Zellen.

---

[1]) γυμνός nackt: κύτος (τὸ) Zelle.

[2]) λέπος (τὸ) Rinde, Hülle, Schale; κύτος (τὸ) Zelle.

Die Cytoden oder die kernlosen Plasmaklumpen zerfallen gleich den echten kernhaltigen Zellen in zwei Gruppen, je nachdem das weiche, festflüssige Plasma ihres Körpers außen nackt und hüllenlos oder an der Oberfläche von einer Hülle oder Membran umgeben ist. Diese Haut kann, wie die Zellhaut, entweder die verdichtete, differenzierte Oberflächenschicht des Plasmakörpers selbst, oder aber von der Oberfläche des Plasmakörpers nach außen als flüssiges Sekret abgeschieden und außerhalb desselben zur Kapsel erhärtet sein.

Die Cytoden, welchen der Kern stets fehlt, und die echten Zellen, welche stets einen Kern zu irgendeiner Zeit ihres Lebens besitzen, können unter dem Namen der Plastiden oder Bildnerinnen zusammengefaßt werden und stellen als solche die morphologischen Individuen erster Ordnung dar. Diese Bildnerinnen sind in der Tat die bildenden, plastischen Elemente, welche durch ihr Zusammenwirken die Formindividuen höherer Ordnung aufbauen, und durch ihre Aggregation die Gewebe, die Organe etc. konstituieren. Nach den vorausgehenden Erläuterungen können wir unter den Plastiden allgemein vier Gruppen unterscheiden, welche sich in folgender Übersicht auf zwei Hauptgruppen von Bildnerinnen (πλάστιδες) verteilen:

Übersicht der verschiedenen morphologischen Individuen erster Ordnung:

Plastides (Plasmastücke oder Bildnerinnen).

I. **Cytodae.** (Cellinae.) Cytoden. Plasmaklumpen ohne Kern.
- I. 1. Gymnocytodae. Urklumpen oder nackte Klumpen. Kernlose Plasmaklumpen ohne Haut oder Schale.
- I. 2. Lepocytodae. Hautklumpen oder Schläuche. Kernlose Plasmaklumpen mit Haut oder Schale.

II. **Cellulae.** (Cyta.) Zellen. Plasmaklumpen mit Kern.
- II. 1. Gymnocyta. Urzellen oder nackte Zellen. Kernhaltige Plasmaklumpen ohne Haut oder Schale.
- II. 2. Lepocyta. Hautzellen oder Kernschläuche. Kernhaltige Plasmaklumpen mit Haut oder Schale.

II. 2. Zusammensetzung der Plastiden (Cytoden und Zellen) aus verschiedenen Formbestandteilen.

A. Plasma. (Protoplasma oder Cytoplasma.) Zellstoff.

Da wir durch die Einteilung der Plastiden in Cytoden und Zellen neue Begriffe in die Histologie eingeführt haben, deren Gebiet bisher die Zellen als die einzigen und allmächtigen Elementarorganismen beherrschten, und da uns diese Unterscheidung der Cytoden und Zellen insbesondere für die Vorstellungen von der ersten Entstehung der Organismen die größte Wichtigkeit zu besitzen scheint, so müssen wir den verschiedenen Strukturverhältnissen der Plastiden eine eingehendere Betrachtung widmen, als es bei den Individuen höherer Ordnung gestattet sein wird. Wir werden daher hier besonders die Zusammensetzung der Plastiden (Cytoden und Zellen) aus verschiedenen Formbestandteilen und die wesentlichen Eigenschaften dieser Formbestandteile ins Auge zu fassen haben, und betrachten demgemäß zunächst das Plasma oder den Zellstoff, (Cytoplasma), dann den Nucleus oder Zellkern und endlich die verschiedenen (äußeren und inneren) Plasmaprodukte.

Als Plasma oder Zellstoff, besser Bildungsstoff, bezeichnen wir nach dem vorhergehenden alle diejenigen organischen Materien, welche als die wesentlichen und in keinem Falle fehlenden Träger der Lebensbewegung erscheinen, als das aktive materielle Substrat des Lebens, und welche also gewissermaßen als der „Lebensstoff“ oder die „lebende Materie“ im engeren Sinne bezeichnet werden könnten. Überall, wo wir bisher im Tier-, Protisten- und Pflanzenreiche in der Lage waren, die chemische Natur dieses Körpers bestimmen zu können, hat sich derselbe als ein Eiweißkörper oder Albuminat (sogenannte Proteinverbindung) herausgestellt.

B. Nucleus. (Cytoblastus oder Karyon). Zellkern.

Als derjenige wesentliche Formbestandteil, welcher die organische Zelle als solche charakterisiert und von der Cytode oder kernlosen Plastide unterscheidet, ist der Nucleus oder Zellkern von besonderem Interesse. Gleich dem Plasma aller Plastiden ist auch der Nucleus aller Zellen stets aus einer Eiweißverbindung gebildet, welche durch geringe physikalisch-chemische Differenzen sich von der des Protoplasma oder Cytoplasma unterscheidet.

Bei den meisten tierischen Zellen ist der Nucleus während der ganzen Zeit ihres Lebens nachzuweisen, während er dagegen bei vielen Pflanzenzellen (z. B. Holz- und Gefäßzellen) nur in ihrer Jugend existiert und späterhin verschwindet. Der Kern erscheint in den meisten Zellen als ein scharf umschriebener rundlicher Körper, weniger umfangreich als das Protoplasma, das ihn gewöhnlich von allen Seiten umschließt. In selteneren Fällen liegt in gewissen Hautzellen der Kern ganz peripherisch, so daß er nur auf der einen Seite vom Plasma, auf der anderen von der Membran begrenzt wird.

Im Gegensatze zum Plasma, welches durch Anpassung an die Außenwelt die verschiedenartigsten Formen annehmen kann, zeigt der Kern allermeist eine sehr einfache und scharf umschriebene Form. Gewöhnlich ist er kugelig oder sphäroidal, bald mehr ellipsoid, bald mehr linsenförmig, seltener zylindrisch verlängert oder stäbchenförmig, sehr selten verästelt, sternförmig oder von komplizierterer Form. Der Grenzkontur des Kerns gegen das umschließende Plasma ist meist scharf und deutlich.

Betrachtet man die Zelle in ihren natürlichen Verhältnissen, mit Vermeidung alterierender Flüssigkeiten, so erscheint der Kern sehr häufig homogen und klar, und in seinem Lichtbrechungsvermögen wenig von dem Plasma verschieden. Oft erzeugt aber schon Wasserzusatz, und in den meisten Fällen bewirkt Zusatz von Essigsäure im Nucleus einen feinkörnigen Niederschlag, so daß derselbe sich als dunkel granulierter Körper scharf von dem umgebenden Protoplasma absetzt.

Über die Konsistenz und den Bau des Zellenkerns findet man bei Botanikern und Zoologen die widersprechendsten Ansichten, die sich wohl großenteils dadurch erklären werden, daß der Kern in verschiedenen Zellen eine sehr verschiedene Beschaffenheit besitzt. Während die meisten dem Kerne eine festere Beschaffenheit als dem Plasma zuschreiben und ihn als einen „leidlich festen", soliden, homogenen Körper ansehen, beschreiben ihn dagegen andere als ein „Bläschen", aus fester Membran und flüssigem Inhalt gebildet, und in manchen Fällen wird er sogar als ein halbflüssiger „Eiweißtropfen" geschildert. In der Tat scheint der Kohäsionsgrad bei verschiedenen Kernen außerordentlich verschieden zu sein. In sehr vielen Fällen ist der Nucleus ohne Zweifel weit fester und derber als das Plasma, und eine Differenz von Hülle und Inhalt dann nicht an ihm nachzuweisen, während in anderen Fällen, z. B. bei vielen Eiern, Furchungskugeln, Embryonalzellen, Nervenzellen und anderen Urzellen, der Kern als ein zartes, oft ziemlich dickwandiges und doppelt konturiertes Bläschen einen homogenen, eiweißartigen Inhalt zu umschließen scheint, dessen Konsistenz hinter derjenigen des Plasma zurückbleibt.

Sehr häufig bemerkt man in dem Kern, auch ohne Zusatz alterierender Flüssigkeiten, mehrere feine Körner (oft vielleicht Bläschen?) und außerdem ein größeres Korn oder Bläschen, welches sich in der Regel durch stärkere Lichtbrechung auszeichnet. Dieser kleine Körper, welcher entweder im Innern oder an der Peripherie des Nucleus liegt, wird als Nucleolus oder Kernkörperchen beschrieben. Bisweilen ist in diesem zentralen Körper nochmals ein vierter scharf umschriebener kleiner Körper eingeschachtelt, der dann Nucleolinus oder Kernpunkt genannt werden kann (z. B. in manchen Eiern, Ganglienzellen etc.).

Die chemische Zusammensetzung des Zellkerns und der in ihm eingeschlossenen Körperchen, Nucleolus und Nucleolinus, ist oft schwierig zu ermitteln und in vielen Fällen unbekannt. Wahrscheinlich besteht derselbe aber immer aus einem vom Plasma etwas verschiedenen Eiweißkörper, sei es in festflüssigem, sei es in festem Aggregatzustande. In allen Fällen, wo durch mikrochemische Reaktion die chemische Konstitution des Kerns zu ermitteln war, hat sich stets eine Eiweißverbindung herausgestellt.

C. Plasmaprodukte.

Da wir sämtliche Plastiden, sowohl Cytoden als Zellen, als selbständige Elementarorganismen zu betrachten haben, die mindestens in ihrer Jugendzeit ein mehr oder minder unabhängiges Leben als morphologische Individuen führen, so sind dieselben natürlich der Lebensbewegung und damit einer Reihe von Veränderungen unterworfen, die wir als Funktionen der Plastiden anzusehen haben, und die ihre Ernährung, ihre Fortpflanzung, und ihre Beziehungen zur Außenwelt betreffen. Von diesen verschiedenen Lebenstätigkeiten der Plastiden sind für uns hier diejenigen zunächst von besonderem Interesse, die man gewöhnlich unter dem Namen der Zellmetamorphose zusammenfaßt, und die sich auf die Veränderung der Größe, Form, Konsistenz und namentlich auf die Produktion von Teilen beziehen, welche vom Plasma und dem Kerne verschieden sind. Wir können diese Teile, welche als integrierende morphologische Bestandteile der metamorphosierten Plastiden erscheinen, und entweder in ihrem Inneren oder auf ihrer Oberfläche, aber immer mit dem Plasma räumlich verbunden (adhärent) auftreten, allgemein als Produkte des Plasma bezeichnen.

Unter Produkten des Plasma fassen wir demgemäß alle diejenigen Formbestandteile der metamorphosierten Zelle zusammen, welche von dem Plasma und dem Nucleus verschieden sind, mögen sie nun im Plasma eingeschlossen oder außerhalb desselben liegen. Demnach gehören hierher alle diejenigen Teile, welche man gewöhnlich in der tierischen und pflanzlichen Zellenlehre mit folgenden Namen zu belegen pflegt: 1. die „Zellenmembranen“; 2. die „Intercellularsubstanzen“; 3. der „Zellsaft“; 4. der „Zellinhalt“, und noch verschiedene andere Teile, welche logischerweise unter eine der erwähnten Kategorien sich einreihen lassen.

Sämtliche Produkte des Plasma, mögen dieselben innerhalb oder außerhalb des metamorphosierten Plasma getroffen werden, entstehen entweder durch Differenzierung des Plasma oder durch Ausscheidung des Plasma. Der Unterschied zwischen beiden Entstehungsweisen der Plasmaprodukte liegt darin, daß im ersteren Falle die Substanz des Plasma selbst sich verändert und in den neuen Körper übergeht, während im letzteren Falle der Plasmakörper selbst unverändert bleibt und nicht in die Substanz des Produktes übergeht. Als eine reine Differenzierung des Plasma würden wir z. B. die Entstehung der quergestreiften aus der homogenen Muskelsubstanz, die Bildung gewisser eiweißartiger Intercellularsubstanzen, und überhaupt allgemein die Entstehung der heterogenen und spezifischen Plasmakörper der Epithelzellen, Nervenzellen, Drüsenzellen usw. aus den indifferenten Plasmakörpern der homogenen und indifferenten Embryonalzellen aufzufassen haben. Dagegen würden wir als eine Ausscheidung des Plasma z. B. die Bildung der Cuticulae (der Chitinhäute etc.), der Zellulosemembranen und eines großen Teils der Intercellularsubstanzen, ferner im Innern der Plastiden die Bildung vieler nicht eiweißartiger Stoffe, z. B. der Stärkemehlkörner und anderer Konkretionen, der Kristalle etc. anzusehen haben.

So scharf sich aber auch der prinzipielle Unterschied der beiderlei Plasmaprodukte in der Theorie dahin aussprechen läßt, daß die Differenzierungsprodukte aus der Substanz des sich verändernden Plasma selbst, die Ausscheidungsprodukte durch Wirkung des Plasma nach außen, Exsudation usw. entstehen, so schwierig ist es in der Praxis in den meisten Fällen zu sagen, wohin das eine oder das andere Produkt zu rechnen sei; und im Grunde genommen ist diese Unterscheidung nur eine rohe und oberflächliche, denn eigentlich ist auch jede Ausscheidung mit einer Veränderung, d. h. Differenzierung der Substanz des Plasma, und umgekehrt jede Differenzierung mit einer Trennung bestimmter, weniger veränderter Plasmateile von anderen mehr veränderten, d. h. Ausscheidung verbunden. In sehr vielen Fällen werden Ausscheidung und Differenzierung gleichmäßig bei der Bildung des Produktes zusammenwirken, oder in einer Weise verbunden, daß der Anteil des einen und des anderen Prozesses sehr schwierig zu bestimmen sein wird. Aus diesem Grunde betrachten wir hier die Produkte der Differenzierung und Ausscheidung gemeinschaftlich als Plasmaprodukte und unterscheiden nur zwischen äußeren, auf der Oberfläche des bleibenden Protoplasma gelegenen und inneren, innerhalb oder zwischen einzelnen Teilen des Plasma gelegenen Plasmaprodukten.

Ca. Äußere Plasmaprodukte.
(„Zellenmembranen“ und „Intercellularsubstanzen“.)

Die übliche Trennung der äußeren Plasmaprodukte in Zellenmembranen und Intercellularsubstanzen ist künstlich und nicht ohne Willkür durchzuführen, weshalb wir hier beiderlei Produkte gemeinsam zu besprechen haben.

Die allgemeine Bedeutung der Membran der Plastiden hat in neuerer Zeit sehr an Wichtigkeit verloren, seitdem, wie oben schon angeführt wurde, der Beweis geführt worden ist, daß wir in allen Fällen, wo eine Plastide von einer Haut umschlossen ist, sowohl bei den kernhaltigen Zellen, als bei den kernlosen Cytoden, die Membran für ein sekundäres Produkt des Plasma zu halten haben, nicht für einen primären und integrierenden Bestandteil der Plastide als solcher. In der Tat sind jetzt so sichere und so zahlreiche Beispiele von Cytoden und von Zellen bekannt, die Zeit ihres Lebens nackt und membranlos bleiben, und von anderen Plastiden, die anfangs (bei ihrer Entstehung durch Teilung oder Keimbildung) nackt, später von einer Hülle oder Schale umgeben sind, daß an der Wahrheit der obigen Behauptung nicht mehr gezweifelt werden kann. Für die allgemeine biologische Auffassung der Zelle als Elementarorganismus ist aber dieser Umstand von der größten Wichtigkeit. Denn während man früher, wo die allgemeine Anwesenheit der Zellenmembran als eines das Plasma völlig umschließenden Schlauches oder Sackes als allgemein gültiges Dogma die Zellentheorie beherrschte, der Membran meist eine hohe, oft selbst eine größere physiologische Bedeutung als dem in ihr enthaltenen Plasma zuschrieb, gewöhnt man sich jetzt richtiger daran, das Plasma als das aktive, primär wirksame Element des Zellenlebens, und die Membran dagegen als passiven Bestandteil, als das sekundäre Produkt des ersteren, zu betrachten.

In sehr vielen Fällen existieren die nackten, hautlosen Plastiden sehr lange Zeit hindurch, und zwar gerade in der Jugendzeit, wo sie am tatkräftigsten und leistungsfähigsten sind, ohne alle Hülle, und umgeben sich erst mit einer solchen, wenn sie in den ruhigeren und passiveren Zustand des Alters übergehen. Insbesondere zeigt sich dieser Umstand darin, daß die Membran meist ganz vermißt wird, so lange die Zelle als Ganzes noch wächst und ihr Volum ausdehnt, und so lange sie sich noch durch Teilung vermehrt. Eine

Plastide mit Membran (oder Lepoplastide) ist jedenfalls abgeschlossener gegen die Außenwelt, als eine nackte hüllenlose Plastide ohne Membran (oder Gymnoplastide) deren Oberfläche unmittelbar mit ihrer Umgebung in Berührung steht und demgemäß mit derselben in weit energischere Wechselwirkung treten kann. Dieses Verhältnis ist besonders von Max Schultze betont worden, welcher die von einer Membran umschlossene Zelle sehr passend mit einem encystierten Infusorium vergleicht, und hinzufügt, daß die Bildung einer chemisch differenten Membran auf der Oberfläche des Protoplasma ein Zeichen beginnenden Rückschrittes sei, ein Zeichen herannahender Dekreszenz, oder wenigstens eines Stadiums, auf welchem die Zelle in den ihr ursprünglich zukommenden Lebenstätigkeiten bereits eine bedeutende Einschränkung erleidet.

Die Zellenmembran fällt demnach in unserer Anschauung in eine Ordnung oder Kategorie zusammen mit den übrigen Teilen der Zelle, welche als Produkte der Zelle auftreten, und sind namentlich nicht scharf zu trennen von einer anderen Reihe äußerer Plasmaprodukte, nämlich von den Intercellularsubstanzen, denen man, besonders in der pflanzlichen Histologie, bei weitem nicht die Bedeutung, wie den Membranen zuerkannt hat. Zwar werden die Zellenmembranen und die Intercellularsubstanzen in der Regel, und namentlich von den Botanikern, als ganz verschiedene Dinge betrachtet; indes ist es in sehr vielen, und namentlich tierischen Geweben mit Sicherheit nachzuweisen, daß die Intercellularsubstanz aus verschmelzenden Membranen benachbarter Zellen hervorgeht. Daß beiderlei Substanzen in vielen Fällen von sehr verschiedener chemischer und physikalischer Beschaffenheit sind, spricht nicht dagegen, da die Zelle fähig ist, in verschiedenen Perioden ihres Lebens sehr verschiedene Stoffe abzuscheiden.

Cb. Innere Plasmaprodukte.
(„Zellsaft und Zellinhalt“.)

Weit mannigfaltiger noch, als die formenreichen und auch chemisch sehr differenten Stoffe, welche die Plastiden nach außen auf ihre Oberfläche, sei es durch Differenzierung, sei es durch Sekretion, oder durch beide Prozesse vereinigt, abscheiden, sind diejenigen teils formlosen teils geformten Bestandteile, welche man gewöhnlich als „Zelleninhalt“ bezeichnet, und welche wir, da sie sämtlich vom Plasma umschlossen sind, als innere Plasmaprodukte zusammenfassen.

Wir können diese inneren Ablagerungen in der Substanz der Plastiden in flüssige und feste einteilen, oder, da sich zwischen diesen beiden Aggregatzuständen gerade hier alle möglichen Übergänge durch das „Festflüssige" hindurch finden, in formlose und geformte. Zu den formlosen inneren Plasmaprodukten rechnen wir insbesondere den sogenannten „Zellsaft", ferner das flüssige Fett der Fettzellen etc. Unter den geformten inneren Plasmaprodukten sind die Kristalle im Innern der Plastiden, die Konkretionen (z. B. Amylumkörner), die Pigmentkörner etc. oft von großer Bedeutung.

D. Plasma und Nucleus als aktive Zellsubstanz.

Wir haben im vorhergehenden die Plasmaprodukte lediglich als passive Erzeugnisse des Plasma, ohne Rücksicht auf den Kern betrachtet, und es erscheint dies gerechtfertigt, nach dem, war wir vom Verhältnis des Kern zum Plasma wissen. Da dieses Verhältnis, obwohl noch sehr dunkel, doch von der größten Wichtigkeit und namentlich für unsere Betrachtung der Plastiden als morphologischer Individuen von besonderem Interesse ist, so möge es gestattet sein, hier mit wenigen Worten unsere Auffassung desselben zu erläutern.

Im allgemeinen können wir bei allen Plastiden das Plasma als die aktive, formende Substanz oder Keimsubstanz (*„germinal matter"*) und die Plasmaprodukte entsprechend als die passive, geformte Substanz (*„formed matter"*) bezeichnen. Bei den Zellen, wo neben dem Plasma auch noch der Kern als aktive Materie wirksam ist, haben wir Kern und Plasma zusammen als formende Substanz aufzufassen. Allerdings ist der Kern, seinem ersten Ursprunge nach, als Differenzierungsprodukt des Plasma zu betrachten, aber in dem Sinne, daß nunmehr Plasma und Produkt als koordinierte Teile, gewissermaßen als verschiedene Organe gleichen Ranges, nebeneinander stehen, und differente Funktionen vollziehen.

Wenn wir, wie späterhin gezeigt werden wird, die Form jedes Organismus als das Produkt aus zwei verschiedenen Faktoren, nämlich aus den ererbten Eigenschaften seiner Materie und aus der Anpassung an die Verhältnisse der Außenwelt zu betrachten haben, so müssen wir dieses Gesetz auch auf die Beurteilung der Elementarorganismen, der Plastiden anwenden können. Hier scheinen nun die beiden Funktionen der Erblichkeit und der Anpassung bei den kernlosen Cytoden noch nicht auf differente Substanzen verteilt zu sein, sondern der gesamten homogenen Materie des Plasma zu inhärieren, während dieselben bei den kernführenden Zellen in der Weise auf die beiden heterogenen aktiven Substanzen der Zelle verteilt sind, daß der innere Kern die Vererbung der erblichen Charaktere, das äußere Plasma dagegen die Anpassung, die Akkomodation oder Adaptation an die Verhältnisse der Außenwelt zu besorgen hat.

Für diese Auffassung dürfte auch namentlich die bedeutende Rolle sprechen, welche der Kern allgemein bei der Fortpflanzung der Zellen spielt. Fast immer geht der Teilung des Plasma die Teilung des Zellenkerns vorher und die beiden so entstandenen Kerne wirken nun als selbständige Attraktionszentra, um welche sich die Substanz des Plasma sammelt. Das Plasma dagegen ist von größerer Bedeutung für die Ernährung der Zelle. Ihm scheint bei der Zellenvermehrung eine mehr passive Rolle zugeteilt zu sein, und seine Hauptaufgabe scheint in der Zuführung des Nahrungsmaterials zum Kerne, und in der Vermittlung des Verkehrs der Zelle mit der Außenwelt zu liegen. Wenn wir demgemäß das Plasma vorzugsweise als den nutritiven, den Nucleus dagegen vorzugsweise als den reproduktiven Bestandteil der Zelle ansehen können, und wenn wir dazu den im fünften Buche nachgewiesenen Zusammenhang einerseits zwischen der Ernährung und Anpassung, andererseits zwischen der Fortpflanzung und Erblichkeit in Erwägung ziehen, so werden wir mit Recht den Kern der Zellen als das hauptsächliche Organ der Vererbung, das Plasma als das hauptsächliche Organ der Anpassung betrachten können. Bei den Cytoden, wo Kern und Plasma noch nicht differenziert sind, werden wir das gesamte Plasma als das gemeinsame Organ beider Funktionen zu betrachten haben.

Hieraus ergibt sich, daß der Kern nicht bloß als ein Reservekörper für das Plasma zu betrachten ist, wie diese Auffassung namentlich von Beale neuerdings vertreten worden ist. Gewiß ist es ein großes Verdienst von Beale, die aktiven Teile der Gewebe (als *„germinal matter“* oder Keimsubstanz) als die eigentlich lebenden und bildenden Elementarorganismen, scharf von den passiven Teilen (der *„formed matter“* oder geformten Substanz) getrennt zu haben. Auch ist es gewiß sehr richtig, wenn er die Zellmembran und die

Intercellularsubstanzen lediglich als geformte Substanzen und das Plasma nebst Kern vorzugsweise als bildende Substanz auffaßt. Dagegen geht er wohl zu weit, wenn er das Plasma stets in demselben Grade, als es äußerlich durch Bildung anderer Stoffe abgenutzt, aufgebraucht wird, von innen her, durch Auflösung der äußeren Kernschichten, ersetzt werden läßt. Plasma und Kern sind mindestens in vielen Fällen doch wohl als wesentlich heterogene Plastidenteile zu betrachten und dem Kern vorzugsweise (wenn auch nicht allein) die Fortpflanzung und damit die Vererbung der erblichen Eigenschaften der Zelle, dem Plasma dagegen vorzugsweise die Ernährung und damit zugleich die Anpassung derselben an die Umgebung, zuzuschreiben[1]).

II. Morphologische Individuen zweiter Ordnung:

Organe oder Werkstücke.

II. 1. Morphologischer Begriff des Organes.

Die physiologische Individualität des Organismus bleibt bei zahlreichen niederen Organismen (Protisten) auf die morphologische Individualität erster Ordnung, auf die Plastide beschränkt, ohne sich jemals auf eine höhere Stufe zu erheben. Sobald in diesen Fällen eine Vermehrung der Plastiden durch Teilung eintritt, ist damit zugleich eine Vermehrung der physiologischen Individuen gegeben, die als selbständige Lebenseinheiten eine unabhängige Existenz führen.

Bei der großen Mehrzahl derjenigen Lebewesen, welche gegenwärtig die Erde bevölkern, erhebt sich die physiologische Individualität über den Rang der einfachen Plastiden, der Formindividuen erster Ordnung, indem mehrere Plastiden zu einem geselligen Verbande zusammentreten, der nun als eine höhere physiologische Einheit in das Leben tritt. Es entstehen dadurch die verschiedenen morphologischen Individuen höherer Ordnung, welche wir oben als Organe, Antimeren, Metameren, Personen und Stöcke unterschieden haben.

Die wesentlichsten und obersten Gesetze, welche diese Vereinigung der einfachen Formindividuen erster Ordnung zu zusammen-

---

[1]) (1906). Der Begriff des Plasma ist später dahin erweitert, daß es die gesamte aktive „lebendige Substanz" umfaßt: Das innere Karyoplasma des Zellkerns (Karyon) und das äußere Cytoplasma des Zellenleibes (Cytosoma).

gesetzten leiten, sind die Gesetze der Aggregation oder Gemeindebildung und der Differenzierung oder Arbeitsteilung. Zunächst tritt eine Mehrzahl von gleichartigen Plastiden zu einer einfachen, aus homogenen Elementen bestehenden Gesellschaft zusammen (Zellverein, *Coenobium*). Die Erhöhung der Leistungsfähigkeit, die physiologische Vervollkommnung, welche diese Gemeinde von gleichartigen Plastiden als höhere Einheit auszeichnet, besteht zunächst bloß in einem quantitativen Zuwachs der Kräfte. Mehrere gleiche Individuen vereinigt vermögen mehr Kraft zu entwickeln, als ein einziges allein. Allmählich aber geht aus dieser quantitativen Vervollkommnung durch Aggregation die viel wichtigere qualitative Vervollkommnung durch Differenzierung hervor. Es treten nämlich zunächst sehr geringe, bald aber bedeutendere Unterschiede zwischen den ursprünglich gleichartigen Plastiden auf, welche endlich zu einer vollständigen Arbeitsteilung führen. Indem die einzelnen Cytoden oder Zellen ihre individuelle Selbständigkeit dadurch mehr oder weniger aufgeben, und in die Dienste der höheren Einheit, des Plastidenstockes, treten, entwickeln sie bestimmte Eigentümlichkeiten einseitig nach gewissen Richtungen hin und ergänzen und bedingen sich dadurch gegenseitig.

Die Bezeichnungen, welche die verschiedenen Autoren diesen mannigfaltigen höheren Formindividuen beilegen, die noch nicht den Rang der Person (des Individuums im gewöhnlichen, engeren Sinne) erreichen, sind sehr verschieden. Man nennt sie „höhere Elementarteile, Gewebe, Organe, Systeme, Apparate" usw., indem man bald mehr an die morphologische, bald mehr an die physiologische Individualität derselben denkt. Eine konsequente Unterscheidung und klare Einteilung derselben ist aber noch kaum versucht und auch nur sehr schwierig durch die ganze bunte Organismenwelt hindurch auszuführen. Am meisten haben sich mit dieser Aufgabe die Anthropotomen beschäftigt, denen aber gewöhnlich der Überblick über die vielfach verschiedenen einfacheren Organismen zu sehr abgeht, um aus ihrer genauen Kenntnis der organischen Zusammensetzung des menschlichen Körpers eine allgemein anwendbare Klassifikation der Organe verschiedener Ordnung für alle Organismen ableiten zu können. In der Regel findet man die Angabe, daß der menschliche Körper (und überhaupt der Wirbeltierorganismus) zusammengesetzt sei aus vier verschiedenen, übereinander stehenden morphologischen Einheiten, nämlich 1. Apparaten, 2. Systemen, 3. Organen, und diese letzteren endlich 4. aus den höheren und niederen Elementarteilen (Geweben und Zellen). Wir glauben, daß man alle diese verschiedenen Teilkategorien am besten unter dem gemeinsamen Namen der Organe zusammenfaßt, und unter diesen Organe verschiedener Ordnungen oder Stufen unterscheidet.

Der Begriff des Organes oder „Werkteiles, Werkzeuges" ist ursprünglich ein rein physiologischer und es bedarf daher einer Rechtfertigung, wenn wir denselben zur Bezeichnung der morphologischen Individualität zweiter Ordnung verwenden. Diese Rechtfertigung liegt zunächst schon darin, daß die Leistungen jedes Werkzeuges nur zum Teile durch chemisch-physikalische Eigenschaften, zum Teile aber zugleich, und sehr oft zum größten Teile, durch seine Form und durch die der äußeren Form zugrunde liegende innere Struktur oder Zusammensetzung bedingt sind. Für die Werkzeuge des Lebens, die wir im engeren Sinne „Organe" nennen, gilt dies um so mehr, da sie meistens ungleich kompliziertere Form- und Strukturverhältnisse zeigen, als die feinsten Organe der Maschinen, die wir künstlich zu konstruieren imstande sind. Auf diese Zusammensetzung des Organs aus einer Mehrzahl von untergeordneten Formeinheiten gründete Victor Carus seine morphologische Charakteristik des Organs als einer „Summe bestimmter Elementarteile oder Gewebe in konstanter Verbindung und Form". Diese Definition ist aber zu allgemein, weil sie ebenso gut auf die Formindividuen dritter bis sechster Ordnung paßt. Diese letzteren, sowie auch den Begriff des Gewebes müssen wir ausschließen und den Ausdruck Elementarteil durch den bestimmten morphologischen Begriff der „Plastide" ersetzen, andererseits den einheitlichen Charakter des Organs als eines Ganzen hervorheben.

Der morphologische Begriff des Organs im allgemeinen läßt sich nach dieser unserer Auffassung feststellen als „eine konstante einheitliche Raumgröße von bestimmter Form, welche aus einer Summe von mehreren bestimmten Plastiden (Cytoden oder Zellen) in konstanter Verbindung zusammengesetzt ist, und welche nicht die positiven Charaktere der Formindividuen dritter bis sechster Ordnung erkennen läßt." Diese morphologische Definition des Organs mag insbesondere ihres teilweise negativen Inhalts wegen sehr mangelhaft erscheinen, wird aber bei der außerordentlichen Verschiedenartigkeit der verschiedenen Organe nicht leicht durch eine bessere allgemein anwendbare zu ersetzen sein.

III. Morphologische Individuen dritter Ordnung:

Antimeren oder Gegenstücke.

(Homotypische Teile.)

Die vorhergehende Betrachtung der morphologischen Individuen erster und zweiter Ordnung, der Plastiden und der Organe, hat uns mit Überwindung großer Schwierigkeiten in das verwickelte Labyrinth von koordinierten und subordinierten Teilen eingeführt, aus welchen der ganze Organismus der höheren Tiere und Pflanzen als höhere Einheit zusammengesetzt wird. Eine genauere Betrachtung der höchst komplizierten und kunstvollen Art und Weise, auf welche diese Zusammensetzung erfolgt, läßt uns alsbald erkennen, daß die stufenweise emporsteigende Komplikation des organischen Baues, wenigstens bei den höheren Pflanzen und Tieren, nicht allein nach den großen Gesetzen der Aggregation und der Differenzierung (oder des Polymorphismus) erfolgt, sondern daß die verschiedenen koordinierten und subordinierten Teile sich derartig im ganzen verflechten, gegenseitig räumlich durchwachsen und verbinden, und in so verwickelter Weise ineinander eingreifen, daß wir zur Aufstellung ganz verschiedener morphologischer Einheiten gelangen, je nachdem wir unseren Standpunkt auf verschiedenen Seiten nehmen und von diesem oder jenem gemeinsamen Tertium aus zwei Einheiten vergleichen. So kann also derselbe Nerv, derselbe Muskel als ein Komplex von einfachen Organen erster und zweiter Ordnung, oder als ein heteroplastisches Organ, oder als ein Teil eines Organsystems, oder als ein Teil eines Organapparates aufgefaßt werden, und von jedem dieser verschiedenen Gesichtspunkte aus wird er eine verschiedene Beurteilung erfahren.

Schon hieraus geht hervor, daß die Organe (und ebenso die morphologischen Individuen niederer Ordnung überhaupt) sich nicht allein durch stufenweis fortgesetzte Aggregation und Arbeitsteilung zu den Individualitäten höherer Ordnung zusammenfügen, sondern daß hier komplizierte Gesetze der Formbildung walten, um deren Erkenntnis man sich bisher noch kaum bemüht hat. Wie wenig auf diesem wichtigen und interessanten Gebiete der allgemeinen Morphologie noch geschehen ist, geht aber weiter namentlich daraus hervor, daß man die höheren Individualitäten, welche zunächst aus dem Zusammentreten der verschiedenen Organe hervorgehen, und die wir im folgenden als Antimeren und Metameren untersuchen werden, überhaupt noch keiner eingehenden Untersuchung und allgemeinen Vergleichung, ja häufig nicht einmal einer Erwähnung gewürdigt hat. Mindestens sind sie als besondere morphologische Individualitäten bisher nur selten oder nie anerkannt worden.

Die Teile des Organismus, welche wir hier als Antimeren oder Gegenstücke, und Metameren oder Folgestücke unterscheiden, sind scharf ausgeprägte morphologische Individualitäten, welche einen Rang über den Organen einnehmen, während sie den höheren morphologischen Einheiten fünfter und sechster Ordnung beständig untergeordnet sind. In der bei weitem größten Mehrzahl der Organismenarten ist das einzelne physiologische Individuum nicht ein bloßes Aggregat von Organen, sondern eine Einheit von mehreren Metameren und Antimeren. Für die Gesamtform des Organismus sind diese Teilstücke, welche als scharf ausgeprägte Formeinheiten in Vielzahl neben- und hintereinander auftreten, von der allergrößten Bedeutung, und dennoch hat man sie bisher fast gar keiner Betrachtung gewürdigt; ja es existiert für die beiden wesentlich verschiedenen Individualitäten des Antimeres oder Metameres nicht einmal ein besonderer einfacher Name. Wo man sie bisher im konkreten Falle der Verständigung halber hat erwähnen müssen, hat man beide zusammen mit dem vieldeutigen Ausdrucke des Segments oder Teilstücks oder Gliedes (Articulum), oder auch wohl des „homologen oder homonomen Teils" belegt. Die Metameren, als welche wir z. B. die einzelnen gleichartigen hintereinander gelegenen Abschnitte des Wirbeltier- und des Gliedertierrumpfes, die einzelnen Stielglieder der Krinoidcenstengel, die Stengelglieder der Phanerogamen ansehen, hat man insbesondere häufig „Glieder" und bei den Gliedertieren und Würmern „Ringe" oder Zoniten genannt. Die Antimeren, die nebeneinander gelegenen Hauptabschnitte dagegen hat man, wenn ihrer nur zwei zugegen sind, wie bei den Wirbel-, Glieder- und Weichtieren, als „Körperhälften", wenn ihrer drei, vier, fünf oder mehr sind, wie bei den „Strahltieren" und Phanerogamenblüten, als „Strahlen" oder „Radialsegmente", oft aber ebenfalls als „Glieder" bezeichnet.

Der einzige Naturforscher, welcher bisher diese beiderlei Teile vom allgemeineren Gesichtspunkte aus untersucht und auf die hohe Bedeutung derselben für die Gesetze der organischen Formbildung hingewiesen hat, ist der verdienstvolle Bronn, welcher in seinen trefflichen „morphologischen Studien“ (1858) diejenigen nebeneinander gelegenen Hauptabschnitte, welche wir Antimeren nennen, als homotypische Teile, diejenigen hintereinander liegenden Abschnitte dagegen, welche wir Metameren nennen, als homonyme Teile bezeichnet hat. In dem Kapitel, in welchem er das wichtige von ihm entdeckte „Gesetz der Zahlenreduktion gleichnamiger Teile“ behandelt, faßt er beiderlei Abschnitte als „gleichgesetzliche“ oder „homonome“ Körperteile zusammen und gibt von beiden eine kurze Definition, welche jedoch weder erschöpfend, noch hinreichend klar und genau ist. Wir werden diese Definition in dem nächsten Abschnitte, welcher von den Metameren handelt, wörtlich anführen und näher beleuchten, und wenden uns hier sogleich zur näheren Betrachtung derjenigen Formeinheiten des Organismus, welche wir allgemein als Antimeren bezeichnen wollen.

Unter Antimeren oder Gegenstücken (den homotypischen Organen Bronns) verstehen wir diejenigen neben- (nicht hinter)einander liegenden, als deutlich geschlossene Einheiten auftretenden Körperabschnitte oder „Segmente“, welche als gleichwertige Organkomplexe alle oder fast alle wesentlichen Körperteile der Spezies (alle typischen Organe) in der Art zusammengesetzt enthalten, daß jedes Antimer die wesentlichsten Eigenschaften der Spezies als Organkomplex repräsentiert, und daß nur noch die Zahl der Antimeren als das die Speziesform bestimmende Element hinzutritt. Bei den meisten höheren, sogenannten „bilateral-symmetrischen“ Tieren (Wirbel-, Glieder-, Weichtieren) besteht der Körper demgemäß nur aus zwei Antimeren, den beiden Körperhälften nämlich, welche in der Medianebene verwachsen sind. Bei den sogenannten „Strahltieren“, sowie bei den allermeisten Geschlechtsindividuen (Blüten) der Phanerogamen ist dagegen der Körper aus so vielen Antimeren zusammengesetzt, als „Strahlen“, d. h. Kreuzachsen, vorhanden sind, also drei bei den meisten Monocotyledonen und vielen Radiolarien, vier bei den meisten Medusen, den Rugosen und Cereanthiden, ferner auch bei den meisten Würmern und bei sehr vielen Dicotyledonen, fünf bei den meisten Echinodermen und Dicotyledonen, sechs bei den meisten Anthozoen (Enallonemen, die Rugosen ausgenommen, und Antipathiden) und bei einigen Medusen (Carmariniden). Sehr selten im ganzen genommen ist der Körper aus mehr als sechs Antimeren zusammengesetzt. Sieben kommen nur ausnahmsweise vor, z. B. bei *Luidia Savignyi* unter den Seesternen, bei *Trientalis europaea* unter den Phanerogamen. Acht Antimeren finden sich bei allen Ctenophoren und Octactinien Alcyonarien), dagegen sehr selten bei den Phanerogamen (*Mimusops*) unter den Sapotaceen. Ebenfalls selten treten neun, zehn, zwölf und zwanzig oder mehr Antimeren zur Bildung des Körpers zusammen. In der Regel sind die niedrigeren Zahlen der Antimeren innerhalb der Spezies konstant. Sobald aber mehr als sechs Antimeren auftreten, wird die Grundzahl (acht ausgenommen) innerhalb der Spezies schwankend und um so unbeständiger, je höher die Zahl steigt. Dasselbe Verhältnis zeigt sich auch bei den Metameren, z. B. wenn man die Insekten (mit wenigen, neun bis dreizehn Ringen) und die Myriapoden und Arachniden (mit sehr zahlreichen Metameren) vergleicht. Dies Verhältnis ist sehr wichtig für die Begründung des Bronnschen Gesetzes der Zahlenreduktion gleichnamiger Teile.

So unwesentlich es vom physiologischen Standpunkte aus erscheinen mag, ob der ganze Körper (die Person) aus zwei, drei, vier, fünf oder mehr gleichen Körperteilen zusammengesetzt ist, von denen jeder sämtliche wesentliche Organkomplexe oder typischen Organe des Körpers in der gleichen Zahl, Form, Struktur und Lagerung enthält und also für sich schon die Spezies repräsentieren könnte, so wichtig ist die homotypische Grundzahl, wie wir mit Bronn die spezifische Antimerenzahl nennen können, für die morphologische Betrachtung des Körpers als Ganzen. Insbesondere wird durch die Antimeren jene Summe von Formeigentümlichkeiten bedingt, welche man gewöhnlich als Habitus bezeichnet, und welche oft ebenso schwer zu definieren und näher zu bestimmen ist, als sie dem geübten Auge charakterbestimmend, als physiognomisches Moment entgegentritt.

Freilich ist uns der Kausalnexus zwischen dem typischen Organisationscharakter und der homotypischen Grundzahl der Organismen zurzeit noch vollständig unbekannt. Daß er aber vorhanden ist, beweist die auffallende Konstanz, welche die Antimerenzahl innerhalb der großen Hauptabteilungen des Tier- und Pflanzenreiches zeigt. Ohne Ausnahme sind die Wirbeltiere und Weichtiere nur aus zwei, die Ctenophoren und Octactinien aus acht Antimeren zusammengesetzt, und ganz vorherrschend ist unter den Echinodermen die Antimerenzahl fünf, unter den Monocotyledonen die Zahl drei.

IV. Morphologische Individuen vierter Ordnung:
Metameren oder Folgestücke.
(Homodyname Teile oder allgemein homologe Teile.)

Eine der häufigsten Erscheinungen, welche der Organismus der höheren Tiere bezüglich seines Aufbaues aus untergeordneten Teilen darbietet, ist die Gliederung oder Segmentierung desselben, d. h. die Bildung von hintereinander in einer Achse gelegenen Abschnitten, deren jeder im wesentlichen dieselbe Anzahl von Organen in gleicher oder ähnlicher Lagerung, Zusammensetzung, Form usw. wiederholt. Diese Gliederung, wie sie am ausgesprochensten bei den Wirbeltieren, Gliedertieren und Echinodermen auftritt (während sie den Weichtieren in sehr charakteristischer Weise abgeht), kann sowohl den Stamm (in der Längsachse) als die seitlichen Anhänge des Stammes betreffen, welche entweder in der Breitenachse (bei den Gliedertieren) oder in den Kreuzachsen (bei den Strahltieren) hintereinander liegen. In beiden Fällen werden die Segmente von Bronn als homonyme Teile bezeichnet. Ganz denselben allgemeinen morphologischen Wert wie den einzelnen Segmenten oder Zoniten des Wirbel- und Gliedertierrumpfes müssen wir auch den einzelnen Stengelgliedern der Phanerogamen zugestehen. Auch diese sind Wiederholungen homonymer Teile in der Hauptachse. Und ebenso tragen wir kein Bedenken, die Gliederung, die sich in Seitenteilen (Blattorganen) der Phanerogamen ausspricht, z. B. in den gefiederten Blättern, der Gliederung der Seitenanhänge (Extremitäten) bei den Wirbel- und Gliedertieren gleichzusetzen.

Für die richtige Wertschätzung der Rangstufe der subordinierten Formgruppen, aus denen sich der ganze Leib jener gegliederten Tiere und Pflanzen aufbaut, ist es aber durchaus notwendig, diese beiden Fälle wohl zu unterscheiden. Wir werden daher den von Bronn eingeführten Namen der Homonymie auf das Verhältnis der hintereinander liegenden Segmente beschränken, welche durch Gliederung eines nicht in der Hauptachse liegenden Seitenteils entstehen, welcher also einer Breitenachse oder Kreuzachse entspricht; während wir dagegen die wechselseitige Beziehung derjenigen Segmente, welche durch Gliederung des Rumpfes selbst in der Hauptachse (Längsachse) entstehen, als Homodynamie zu bezeichnen vorschlagen. Ferner werden wir der Kürze und Bequemlichkeit halber die Segmente der Hauptachsen oder die homodynamen Teile Metameren, die Segmente der Kreuzachsen (oder Breitenachsen) oder die homonymen Teile Epimeren nennen.

Homonyme Organe in unserem Sinne oder Epimeren sind also z. B. die Extremitätenabschnitte (z. B. Oberarm, Vorderarm, Carpus, Metacarpus, Phalangen der vorderen Extremität) der Wirbeltiere, ferner die sogenannten Glieder oder Segmente der Extremitäten (z. B. coxa, trochanter, femur, tibia, tarsus) der Gliedertiere, ferner die einzelnen Abschnitte der Armzweige (Pinnulae etc.) bei den Crinoiden, die einzelnen Nesselringe an den Tentakeln der Medusen usw. Im Pflanzenreiche haben wir dementsprechend als Epimeren oder homonyme Teile alle ähnlichen Gliederbildungen an den Blättern zu betrachten, z. B. die Fiedern der gefiederten Blätter etc.

Homodyname Organe oder Metameren sind dagegen: bei den Wirbeltieren die einzelnen Abschnitte des Rumpfes, deren jeder einem Urwirbel, und am ausgebildeten Tiere einem Wirbel nebst zugehörigen Organen entspricht (einem Rippenpaar, einem Ganglienpaar des Sympathicus, einem Paar austretender Interkostalnerven und Gefäße etc.); bei den Gliedertieren ebenso die hintereinander liegenden Segmente oder Glieder des Rumpfes, die bei den Gliederfüßern schon weit differenziert (heteronom), bei den Würmern dagegen noch sehr gleichartig (homonom) sind, so daß in jedem Stücke dieselben Organe sich wiederholen. Ebenso so stark entwickelt wie bei den Wirbel- und Gliedertieren ist die Homodynamie oder Metamerenbildung auch bei den Echinodermen; hier haben wir als Metameren zu betrachten: bei den Echiniden die hintereinander liegenden Plattenpaare jedes Ambulacrums, nebst entsprechendem Segmente des Ambulacralsystems, Nervensystems etc., bei den Asteriden die sogenannten Wirbelstücke oder Pseudovertebrae der Arme,[1]) bei den Crinoiden die Stengelglieder des Stiels etc. Vollkommen diesen entsprechende Metameren sind im Pflanzenreiche die Stengelglieder der Phanerogamen. Die Metameren sind also subordinierte Teile (Glieder)

[1]) Auf den ersten Blick könnte man mehr geneigt sein, diese Teile der Echinodermen als Epimeren, als homonyme Teile zu betrachten. Indessen lehrt eine tiefere Erfassung der schwierigen Echinodermenhomologien, daß wir dieselben mit größerem Rechte als Metameren oder homonyme Teile auffassen. Vgl. hierüber das VI. Buch.

eines Formindividuums fünfter, die Epimeren dagegen erster, zweiter oder dritter Ordnung.

Die Metameren oder homodynamen Körperabschnitte haben als Gliederungen der Hauptachse (Längsachse) natürlich einen weit höheren morphologischen Wert als die Epimeren, welche nur als Gliederungen der Nebenachsen (Breitenachse oder Kreuzachsen) auftreten. Auch werden wir unten sehen, daß die letzteren im Tierreiche niemals oder nur sehr selten der physiologischen Individualisation fähig sind, welche die ersteren sehr leicht und häufig erlangen. Die Metameren sind bei den niederen Formen des Tierstammes, in welchem sie auftreten, lediglich Multiplikationen der spezifischen Form der betreffenden Art, Wiederholungen, welche ursprünglich so unabhängig sind, daß sie sehr leicht sich voneinander abtrennen und daß alsdann jedes einzelne Metamer jene Speziesform mehr oder weniger vollständig repräsentiert. Die Epimeren dagegen vermögen niemals in ähnlicher Weise die Speciesform zu vertreten, da sie eben nicht Wiederholungen des ganzen Organismus, sondern nur Multiplikationen von einzelnen seitlichen Teilen desselben, von Organen verschiedener Ordnung sind. Die Epimeren verhalten sich zu den Metameren ganz analog, wie die Parameren zu den Antimeren.

Die sogenannte Gliederung oder homodyname Zusammensetzung des ganzen Organismus (dessen physiologische Individualität in Form der Person auftritt), wie sie bei den Wirbeltieren, den meisten Gliedertieren, Echinodermen und den meisten Phanerogamen stattfindet, bekundet einen bedeutenden Fortschritt in der Organisation und wir können daher allgemein diese Organismen als höher und vollkommener bezeichnen, im Vergleich zu jenen, bei denen die Metamerenbildung fehlt, und bei denen mithin das physiologische Individuum selbst nur den Wert eines Metameres erreicht, wie bei den niederen Würmern, den Mollusken etc. Besonders lehrreich für die richtige Auffassung der Homodynamie oder der Metamerenbildung ist die allmähliche Übergangsreihe von ungegliederten zu gegliederten Formen, wie sie uns die niederen Würmer (besonders Cestoden) zeigen; hier zeigt sich auf das klarste, wie dieselben Teile (Metameren), die in den niederen Formen als physiologische Individuen auftreten, in den höheren Formen nur den Rang von homodynamen Teilen haben. (Vergl. das zehnte Kapitel.)

V. Morphologische Individuen fünfter Ordnung:

Histonalen (Personen oder Prosopen im Tierreich, und Sprosse oder Blasten im Pflanzenreich.)[1]

Wir gelangen nunmehr im aufsteigenden Stufengange unserer Betrachtung zu derjenigen höheren organischen Formeinheit, welche sowohl der gewöhnliche Sprachgebrauch der Laien, als auch die in der Zoologie (nicht aber in der Botanik!) allgemein herrschende Anschauungsweise als das „eigentliche“ Individuum aufzufassen pflegt. Obwohl eine unbefangene und tiefer eingehende Betrachtung der organischen Individualität zeigt, daß auch diese „eigentlichen“ oder absoluten Individuen in der Tat nur relative sind und auf keine andere individuelle Geltung Anspruch machen können, als sie auch dem Metamer und allen anderen, vorher aufgeführten Individuen niederen Ranges zukommt, und obwohl diese „eigentlichen“ Individuen bei den meisten höheren Pflanzen und Coelenteraten nur als subordinierte Bestandteile einer noch höher stehenden Einheit, des Stockes erscheinen, so ist dennoch, ausgehend von der Individualität des Menschen und der höheren Tiere, die irrtümliche Auffassung der morphologischen Individuen fünfter Ordnung als der „eigentlichen“ organischen Individuen eine so allgemeine geworden und hat sich so fest in dem wissenschaftlichen sowohl als im Volksbewußtsein eingenistet, daß wir sie als die Hauptquelle der zahlreichen verschiedenartigen Auffassungen und Streitigkeiten, die in betreff der organischen Individualität herrschen, bezeichnen müssen.

Um diese „eigentliche Individualität“, welche sich durch bestimmte morphologische Eigenschaften mit voller Sicherheit als ein „morphologisches Individuum fünfter Ordnung“ scharf charakterisieren läßt, ein für allemal von allen anderen organischen Individualitätsformen zu unterscheiden, wollen wir für dieselbe im Tierreich die Bezeichnung der Person oder des Prosopon[1]) beibehalten. Mit diesem Ausdrucke lehnen wir uns unmittelbar an den bestehenden Sprachgebrauch an, welcher ja insbesondere das menschliche Individuum sehr allgemein als „Person“ bezeichnet. Die Botaniker gebrauchen zur Bezeichnung derselben morphologischen Individualität im Pflanzenreich den Ausdruck Sproß oder Blastus, welcher sehr

[1]) πρόσωπον, τό; *Persona*. βλαστός, ὁ; der Sproß. Beide Begriffe sind später von mir als Histonal zusammengefaßt worden. (Zusatz 1906.)

häufig irrtümlich durch den keineswegs gleichbedeutenden Ausdruck der Knospe (Gemma) ersetzt wird. Wir machen daher ausdrücklich darauf aufmerksam, daß im Sinne der besten Botaniker und namentlich im Sinne derjenigen, welche die Individualität der Sprosse am eingehendsten und klarsten behandelt haben, wie Alexander Braun, der Ausdruck Sproß oder Blastus ausschließlich in dem hier beibehaltenen Sinne für das morphologische Pflanzenindividuum fünfter Ordnung gebraucht wird. Der Ausdruck Knospe oder Gemma, welcher so oft damit verwechselt wird, ist dagegen, wenn er einen scharf bestimmten Begriff bezeichnen soll, nur für diejenige rein physiologische Individualität irgendeiner Ordnung anzuwenden, welche durch den bestimmten ungeschlechtlichen Fortpflanzungsmodus der Knospenbildung (Gemmatio) entsteht. Wie wir im siebzehnten Kapitel noch näher ausführen werden, ist dieser wichtige Spaltungsprozeß durch Gemmation bei organischen Individuen aller Ordnungen weit verbreitet, und es entstehen nicht bloß viele Sprosse durch Knospung, sondern auch viele Zellen, Organe, Metameren und Stöcke. Knospe oder Gemma bedeutet also in diesem korrekten und fortan stets festzuhaltenden Sinne ausschließlich ein durch Knospenbildung erzeugtes Individuum irgendeiner Ordnung. Sproß oder Blastus dagegen nennen wir mit Alexander Braun u. a. ausschließlich das echte morphologische Individuum fünfter Ordnung. Der pflanzliche Sproß, Blastos, ist also der tierischen Person, dem Prosopon, gleichwertig und es könnte demnach die erstere Bezeichnung überflüssig erscheinen. Man kann sie aber mit Vorteil beibehalten für diejenigen Personen, welche nicht frei als Bionten leben, sondern als untergeordnete Bestandteile der höheren Einheit, des Stockes (Cormus) auftreten. Wir werden also fernerhin die morphologischen Individuen fünfter Ordnung nur dann als Sprosse (Blasti) bezeichnen, wenn sie integrierende Bestandteile eines Individuums sechster Ordnung (Cormus) sind, wie bei den meisten Phanerogamen und Coelenteraten; dagegen als Personen (Prosopa), wenn sie frei als selbständige Bionten existieren, wie bei den Wirbeltieren und Arthropoden. Ähnlich verhalten sich die sogenannten „einfachen Pflanzen“ der Phanerogamen, mit ganz einfacher gegliederter Achse, ohne alle Nebenachsen (Zweige, Ausläufer etc.).

Wenn wir nun in diesem Sinne die Bezeichnung der Person und des Sprosses beibehalten, so läßt sich der Begriff des Histonal, der beide vereinigt, als morphologisches Individuum fünfter Ordnung vollkommen scharf und bestimmt feststellen. Es besteht nämlich das echte Histonal in allen Fällen aus einer Vielheit von untergeordneten Individuen der ersten bis vierten Ordnung. Jedes einzelne morphologische Individuum fünfter Ordnung ist also zusammengesetzt aus mindestens zwei Metameren, mindestens zwei Antimeren und ebenso stets aus einer Vielheit von Organen und einer Vielheit von Plastiden. Eine jede physiologische Individualität, welche diesem Begriffe nicht entspricht, wie z. B. die meisten Mollusken, welche nicht aus Metameren zusammengesetzt, sondern einem Metamer gleichwertig sind, können wir nicht als Person anerkennen.

VI. Morphologische Individuen sechster Ordnung: Stöcke oder Cormen.

Den höchsten Grad morphologischer Vollendung in der Zusammensetzung aus verschiedenen Individualitäten finden wir bei denjenigen Organismen, bei welchen eine Vielheit von Personen oder Sprossen sich zu der höheren Einheit des Stockes oder Cormus verbindet. Es ist dies die sechste und letzte Stufe, welche der Organismus in seiner fortschreitenden Strukturverwickelung erreicht.

Unter Stock oder Cormus verstehen wir ausschließlich diejenige organische Formeinheit, welche aus einer Vielheit von Histonalen oder Formindividuen fünfter Ordnung zusammengesetzt ist. In dieser ihrer Eigenschaft als untergeordnete Bestandteile eines Stockes bezeichnen wir die Personen mit dem Namen der Sprosse oder Blasten. Wir schließen also aus dem morphologischen Begriffe des Cormus alle diejenigen stockähnlichen Bildungen aus, welche sowohl in der Botanik als in der Zoologie sehr oft als „Stöcke“ bezeichnet werden, ohne wirkliche Cormen zu sein. Solche falsche Stöcke sind die Coenobien der Protisten, bei welchen die Komponenten des stockähnlichen Gebildes nicht Individuen fünfter, sondern erster Ordnung sind, einfache Cytoden oder Zellen (z. B. die „Stöcke“ der Diatomeen, Volvocinen und vieler Infusorien). Alle diese Scheinstöcke oder Pseudocormen stimmen nur darin mit den echten Stöcken oder Cormen überein, daß sie (meistens ziemlich lockere) Verbindungen von Individuen einer subordinierten Ordnung darstellen, niemals aber von echten Individuen fünfter Ordnung. Es ist also lediglich die Zusammensetzung aus untergeordneten Individualitäten, meistens noch verstärkt durch eine äußere Ähnlichkeit, welche zu der allgemeinen Verwechselung der echten mit den Scheinstöcken geführt hat. Besonders die Art der äußeren Spaltung, nämlich die laterale Knospenbildung, welche beiden gemeinsam ist, scheint jenen Mangel einer wichtigen Unterscheidung bewirkt zu haben. Bei vielen Scheinstöcken von Diatomeen, Flagellaten, Vorticellen sind es einzelne Plastiden, welche durch fortgesetzte laterale Knospenbildung ganz ähnliche verzweigte Bildungen produzieren, wie die stockbildenden Personen. Es ist aber für die allgemeine Morphologie von der größten Wichtigkeit, den wesentlichen Unterschied zwischen diesen echten Stöcken sechster Ordnung und jenen falschen Scheinstöcken fünfter Ordnung (Personen) oder zweiter Ordnung (Organen) zu erkennen. Der Ausdruck Kolonie oder Gemeinde (Synusie) läßt sich auf alle diese stockartigen Verbindungen gemeinsam anwenden und bedeutet nichts als die Vereinigung einer Vielheit von Individuen niederer Ordnung zu einer morphologischen Einheit höherer Ordnung. Der echte Stock oder Cormus aber ist eine ganz bestimmte Art dieser Kolonien, nämlich nur diejenige höchste und vollkommenste Art, welche aus Individuen fünfter Ordnung oder Histonalen zusammengesetzt ist.

Da der Cormus die höchste und letzte von allen sechs Individualitätsordnungen ist, so kann er niemals als integrierender Bestandteil einer höheren Ordnung auftreten, wie alle fünf untergeordneten Individualitäten. Da der morphologische Charakter der Person oder des Sprosses, wie wir vorher sahen, ein ganz bestimmter ist, so muß auch gleicherweise derjenige des Stockes, welcher stets eine Vielheit von Sprossen ist, vollkommen fest bestimmt sein. Jeder Stock besteht demnach nicht allein aus einer Mehrheit von Personen, sondern auch natürlich aus einer Mehrheit von Metameren, Antimeren, Organen und Plastiden, weil ja jeder einzelne Sproß allein schon eine Vielheit von diesen vier untergeordneten Individualitäten repräsentiert.

Die echten Stöcke oder Cormen erreichen ihre höchste Entwickelung und weiteste Verbreitung im Pflanzenreiche, wo die allermeisten Phanerogamen und höheren Cryptogamen sich zu festsitzenden Stöcken entwickeln. Nur sehr wenige Phanerogamen bleiben auf einer niedrigeren Stufe der Individualität stehen. Ausnahmsweise kommen solche ganz einfache Blasten (astlose Hauptsprosse mit einer einzigen einfachen Blüte) auch bei solchen Spezies vor, die gewöhnlich einen verzweigten Stock bilden, z. B. *Radiola millegrana, Erythraea pulchella, Saxifraga tridactylites.*

Zehntes Kapitel.

Physiologische Individualität der Organismen.

„Das Anerkennen eines Neben-, Mit- und Ineinanderseins und Wirkens verwandter lebendiger Wesen leitet uns bei jeder Betrachtung des Organismus und erleuchtet den Stufenweg vom Unvollkommenen zum Vollkommenen."

Goethe.

Aktuelle, virtuelle und partielle Bionten.

(Physiologische Individuen verschiedener Art.)

Jede der sechs verschiedenen Formeinheiten, welche wir im vorigen Kapitel als sechs Ordnungen der morphologischen Individualität unterschieden haben, tritt bei gewissen Organismenarten als physiologisches Individuum oder Bion auf. Wir haben mit diesem Ausdruck diejenige einheitliche Raumgröße bezeichnet, welche als lebendiger Organismus, als zentralisierte Lebenseinheit, vollkommen selbständig längere oder kürzere Zeit hindurch eine eigene Existenz zu führen vermag; eine Existenz, welche sich in allen Fällen in der Betätigung der allgemeinsten organischen Funktion äußert, in der Selbsterhaltung durch Stoffwechsel. Auch andere Lebensfunktionen, die Fortpflanzung oder die Erhaltung der Art, sowie die Vermittelung ihrer Beziehungen zur Aussenwelt, z. B. durch Ortsbewegungen, vermag das physiologische Individuum zu verrichten, ohne daß jedoch die Verrichtung dieser Funktionen als notwendig zum Begriffe des Bion betrachtet werden müßte. Das Bion oder Funktionsindividuum ist demnach keineswegs, wie das morphologische Individuum, eine unteilbare Raumgröße, die wir im Momente der Beurteilung als unveränderlich anzusehen haben (unteilbar in dem Sinne, daß wir keinen Teil von ihr wegnehmen können, ohne ihren Charakter als Formindividuum zu vernichten). Vielmehr ist das physiologische Individuum eine einheitliche, zusammenhängende Raumgröße, welche wir als solche längere oder kürzere Zeit hindurch leben, d. h. sich in der allgemeinen Lebensbewegung, im Stoffwechsel, erhalten sehen, und welche wir also im Momente der Beurteilung als veränderlich ansehen; auch können sich Teile von dem Funktionsindividuum ablösen, ohne daß seine Individualität, d. h. sein Fortbestehen als selbständige Lebenseinheit dadurch gefährdet wird. Wenn das Bion sich fortpflanzt, geschieht sogar diese Ablösung von Teilen, die sich zu neuen Bionten zu entwickeln vermögen, regelmäßig. Wir können demnach den wichtigen Unterschied zwischen der morphologischen und physiologischen Individualität kurz dahin zusammenfassen: Das physiologische Individuum (Bion) ist eine einzelne organische Raumgröße, welche als zentralisierte Lebenseinheit der Selbsterhaltung fähig und zugleich teilbar ist, und welche wegen der mit diesen Funktionen verbundenen Bewegungen nur als eine in verschiedenen Zeitmomenten veränderliche erkannt werden kann. Das morphologische Individuum (Morphon, erster bis sechster Ordnung) dagegen ist eine einzelne organische Raumgröße, welche als vollkommen abgeschlossene Formeinheit unteilbar ist, und welche in diesem ihren Wesen nur als eine in einem bestimmten Zeitmomente unveränderliche erkannt werden kann.

Wie wir bereits oben zeigten, vermag jedes Morphon, jede der sechs morphologischen Individualitäten verschiedener Ordnung, die physiologische Individualität zu repräsentieren; und jedes Bion, welches als der reife Repräsentant der Spezies einen höheren morphologischen Individualitätsgrad besitzt, muß, falls es sich aus einem befruchteten Ei oder einer unbefruchteten Plastide (Spore) entwickelt, während seines Entwickelungs-Cyklus alle vorhergehenden niederen Individualitätsgrade durchlaufen haben. Wir müssen jedoch unterscheiden zwischen drei wesentlich verschiedenen Erscheinungsweisen oder Arten der physiologischen Individualität, welche allgemein als das *aktuelle* Bion (oder das Bion im engeren Sinne), das *virtuelle* oder potentielle Bion und das *partielle* oder scheinbare Bion bezeichnet werden können.

I. Aktuelles Bion oder physiologisches Individuum im engeren Sinne ist jedes vollständig entwickelte organische Individuum, welches den höchsten Grad morphologischer Individualität erreicht hat, der ihm als reifen, ausgewachsenen Repräsentanten der Spezies zukommt. Dieser Grad ist für jede organische Spezies ein bestimmter. Es ist also z. B. das aktuelle Bion bei den Phanerogamen ein morphologisches Individuum sechster, bei den Wirbeltieren fünfter, bei den meisten Mollusken vierter, bei den Spongien dritter, bei den Volvocinen zweiter, bei den einzelligen Protisten erster Ordnung.

II. Virtuelles Bion oder potentielles physiologisches Individuum ist jedes unentwickelte organische Individuum, so lange es noch nicht den höchsten Grad morphologischer Individualität erreicht hat, welcher ihm als reifen, ausgewachsenen Repräsentanten der Spezies zukommt, und zu welchem es sich entwickeln kann. Dieser Grad ist zu verschiedenen Zeiten, in verschiedenen Stadien oder Perioden der individuellen Entwickelung ein verschiedener. Es ist also z. B. beim Menschen und bei den Wirbeltieren überhaupt das virtuelle Bion zuerst ein morphologisches Individuum erster (Ei), dann zweiter (Blastoderma), dann dritter (Embryonalanlage ohne Primitivstreif), dann vierter (Embryo mit Primitivstreif), dann endlich fünfter Ordnung (Embryo mit Primitivrinne und Urwirbelkette). Bei den Anthozoen, welche Stöcke bilden, z. B. den Astraeiden, ist das virtuelle Bion im ersten Stadium der Entwickelung (als einfaches Ei) ein morphologisches Individuum erster, dann (als kugeliger Zellenhaufen) zweiter, dann (als protaxonier, noch nicht diradiierter Körper) dritter, darauf (als diradiierter Körper mit sechs Antimeren) vierter, dann (als Polyp mit gegliederter Hauptachse, nachdem die horizontalen Böden, Tabulae, ausgebildet sind) fünfter, endlich (nachdem die Stockbildung durch Teilung oder Knospenbildung begonnen hat) sechster Ordnung. Bei den Phanerogamen lassen sich die gleichen sechs Stufen oder Ordnungen der morphologischen Individualität, welche das virtuelle Bion während seiner Entwickelung bis zum aktuellen durchläuft, folgendermaßen ordnen: erste Stufe: Embryobläschen (Ei); zweite Stufe: Vorkeim (Proembryo); dritte Stufe: Keim (Embryo) ohne Cotyledonen; vierte Stufe: Keim (Embryo) mit Cotyledonen; fünfte Stufe: Keim (Embryo) mit Cotyledonen und Plumula (Internodien); nach dem Keimen: junge einfache Pflanze; sechste Stufe: verzweigte Pflanze (Stock). Jeder Organismus also, welcher als aktuelles Bion ein morphologisches Individuum zweiter oder höherer Ordnung ist, muß vorher die vorhergehenden Individualitätsstufen als virtuelles Bion durchlaufen haben. Hier tritt mithin das virtuelle Bion als regulärer, in periodischem Cyklus sich wiederholender Entwickelungszustand auf und ist zuerst, als Ei oder Spore, eine einfache Plastide, ein Formindividuum erster Ordnung, welches einen abgelösten Bestandteil des aktuellen elterlichen Bion bildete. Es kann aber auch bei vielen Organismen jeder einzelne Körperteil unter Umständen als virtuelles Bion auftreten, d. h. sich zum aktuellen Bion entwickeln, wie es bei der *Hydra* der Fall ist und bei zahlreichen Pflanzenarten, wo viele einzelne Zellen oder Zellgruppen des Körpers eine so ausgezeichnete Reproduktionsfähigkeit besitzen, daß sie sich, losgelöst vom elterlichen Organismus, vom aktuellen Bion, selbst wieder zu einem solchen ergänzen und heranbilden können.

III. Partielles Bion oder scheinbares physiologisches Individuum ist jeder Teil eines organischen Individuums, welcher die Fähigkeit besitzt, nach seiner Ablösung von dem potentiellen oder aktuellen Bion längere oder kürzere Zeit sich selbst zu erhalten und als scheinbares, selbständiges Bion seine Existenz unabhängig fortzuführen, ohne sich jedoch zum aktuellen Bion entwickeln zu können. Das scheinbare oder partielle Bion vermag niemals, wie das virtuelle, sich zum Ganzen zu reproduzieren und zum aktuellen Bion durch selbständiges Wachstum allmählich sich auszubilden. Vielmehr geht es zugrunde, nachdem es eine Zeitlang sich erhalten, und bisweilen während dieser Zeit eine bestimmte Funktion (z. B. die Fortpflanzung) ausgeübt hat. So ist es z. B. mit dem Hectocotylus der Cephalopoden (einem Organ), mit der Proglottis der Cestoden (einem Metamer), mit dem männlichen Blütensproß der *Vallisneria* (einer Person), welche sich von einem aktuellen Bion höherer Ordnung abgelöst haben. Wie man sieht, ist der Begriff dieses partiellen oder scheinbaren Bion ein sehr weiter und unbestimmter, und es kommt ihm bei weitem nicht die hohe Bedeutung zu, wie dem wesentlich verschiedenen virtuellen und aktuellen Bion. Doch haben die meisten früheren Versuche, die organische Individualität zu bestimmen, gerade auf das partielle Bion einen außerordentlich hohen Wert gelegt, und es ist deshalb wohl nicht überflüssig, dasselbe als eine dritte Erscheinungsweise der physiologischen Individualität neben dem virtuellen und aktuellen Bion aufzuführen.

Wenn wir oben wiederholt den wichtigen Satz hervorhoben, daß jede der sechs morphologischen Individualitäten als Bion oder physiologisches Individuum auftreten kann, so gilt dies von allen drei Erscheinungsformen des letzteren. Sowohl das aktuelle, als das virtuelle, als endlich auch das partielle Bion kann durch jede der sechs morphologischen Individualitätsformen repräsentiert werden.

Elftes Kapitel.

Tektologische Thesen.

„Eine Erfahrung, die aus mehreren anderen besteht, ist offenbar von einer höheren Art. Auf solche Erfahrungen der höheren Art loszuarbeiten halte ich für höchste Pflicht des Naturforschers, und dahin weist uns das Exempel der vorzüglichsten Männer, die in diesem Fache gearbeitet haben."
Goethe.

I. Thesen von der Fundamentalstruktur der Organismen.

1. Alle morphologischen Eigenschaften der Organismen, sowohl ihre anatomischen, als ihre Entwickelungserscheinungen, und von den anatomischen Eigenschaften sowohl die tektologischen als die promorphologischen Verhältnisse, sind die notwendigen Folgen mechanischer wirkender Ursachen.

2. Jeder Organismus oder belebte Naturkörper ist eine materielle Raumgröße (Masseneinheit), welche als solche aus einer Summe von Massenatomen und zwischen denselben befindlichen Ätheratomen zusammengesetzt ist.

3. Die Massenatome, welche jeden Organismus zusammensetzen, gehören mindestens vier verschiedenen Atomarten (chemischen Elementen oder Urstoffen) an, welche zu sehr verwickelten Verbindungen in demselben vereinigt sind.

4. Die chemischen Verbindungen, aus welchen jeder Organismus zusammengesetzt ist, sind teils konstante, welche allen Organismen gemeinsam zukommen, teils inkonstante, welche einem Teile der Organismen besonders zukommen.

5. Die konstanten, allen Organismen ohne Ausnahme zukommenden chemischen Verbindungen sind Kohlenstoffverbindungen aus der Gruppe der Eiweißkörper (Albuminate, Proteinverbindungen), welche alle mindestens aus vier verschiedenen Atomarten: Kohlenstoff, Sauerstoff, Wasserstoff und Stickstoff zusammen-

gesetzt sind; meistens zugleich noch aus Schwefel und oft aus Phosphor.

6. Die inkonstanten, nur einem Teile der Organismen zukommenden chemischen Verbindungen sind teils organische (kohlenstoffhaltige) Verbindungen (Fette, Kohlenhydrate etc.), teils anorganische (kohlenstofffreie) Verbindungen (Alkalisalze, Kalksalze, Kieselverbindungen etc.).

7. Von den chemischen Verbindungen, welche das materielle Substrat jedes Organismus bilden, befindet sich immer wenigstens ein Teil (und zwar ausnahmslos ein Teil der konstanten Eiweißverbindungen) im festflüssigen Aggregatzustande (Imbibitionszustande).

8. Alle Eigenschaften der Organismen sind die unmittelbaren oder mittelbaren Wirkungen der chemischen Verbindungen, aus denen sie zusammengesetzt sind, und in letzter Linie der Massenatome und Ätheratome, aus welchen jene chemischen Verbindungen zusammengesetzt sind.

9. Alle Eigenschaften der Organismen sind entweder physiologische (Bewegungserscheinungen der Massenatome und der aus ihnen zusammengesetzten Moleküle) oder morphologische (Lagerungsverhältnisse der Massenatome und der aus ihnen zusammengesetzten Moleküle),

10. Die Leistungen oder Funktionen der Organismen (physiologische Eigenschaften oder Lebenserscheinungen) sind als Bewegungen (Anziehungen und Abstoßungen) der Atome und Moleküle nur in einer Reihe von Zeitmomenten erkennbar und als solche Objekt der Physiologie (*Biodynamik*).

11. Die Formen oder Morphen der Organismen (morphologische Eigenschaften oder Lebensbildungen) sind als Ruhezustände (Gleichgewichtszustände) der Atome und Moleküle nur in einem einzigen Zeitmomente erkennbar und als solche Objekt der Morphologie (*Biostatik*).

12. Die Massenbewegungen (Anziehungen und Abstoßungen der Atome und Moleküle in den organischen Verbindungen), welche wir Lebenserscheinungen nennen, erfolgen innerhalb jedes Organismus nach denselben ewigen und unabänderlichen Gesetzen der die gesammte Natur beherrschenden Notwendigkeit, wie alle Bewegungserscheinungen in der anorganischen Natur; alle sind mithin die notwendigen Folgen wirkender Ursachen (nach dem allgemeinen Kausalgesetz).

13. Die Ruhezustände (Gleichgewichtszustände) der Atome und Moleküle in den organischen Verbindungen, welche wir Lebensformen nennen, werden durch dieselben ewigen und unabänderlichen Gesetze der absoluten Notwendigkeit bedingt, wie alle gesetzmäßigen Formen in der anorganischen Natur (Kristalle); alle sind mithin die notwendigen Folgen wirkender Ursachen (nach dem allgemeinen Kausalgesetz).

14. Die Massebewegungen der organischen Atome und Moleküle, deren Endresultat die Lebensformen sind, gehen immer aus von den niemals fehlenden, sehr beweglichen und veränderlichen Eiweißverbindungen, welche die „aktive" organische Materie oder das Plasma, den „Lebensstoff" im engeren Sinne bilden.

II. Thesen von der organischen Individualität.

15. Jeder einzelne Organismus als lebendige Masseneinheit erscheint in der Form einer einheitlich abgeschlossenen und selbständigen Raumgröße, welche ganz oder teilweise von festflüssiger organischer Materie gebildet wird und eine einheitliche Summe von Leistungen (Lebenserscheinungen) ausführt.

16. Jeder einzelne Organismus, vom morphologischen Standpunkte aus betrachtet und bloß hinsichtlich seiner formellen Individualität als Einheit untersucht, erscheint als ein morphologisches Individuum oder Morphon.

17. Jeder einzelne Organismus, vom physiologischen Standpunkte aus betrachtet und bloß hinsichtlich seiner funktionellen Individualität als Lebenseinheit untersucht, erscheint als physiologisches Individuum oder Bion.

18. Das Bion oder das physiologische Individuum als Lebenseinheit ist an ein materielles Substrat gebunden, welches entweder ein einziges einfaches morphologisches Individuum oder ein einheitlicher Komplex (Synusie, Kolonie) von zwei oder mehreren, innig verbundenen einfachen morphologischen Individuen ist.

19. Jeder einheitliche Komplex (Synusie oder Kolonie) von zwei oder mehreren, innig verbundenen einfachen morphologischen Individuen, welcher ein natürliches Ganzes, eine selbständige Formeinheit bildet, ist als ein morphologisches Individuum zweiter oder höherer Ordnung zu betrachten.

20. Alle morphologischen Individuen, welche im Tierreiche, im

Protistenreiche, und im Pflanzenreiche als materielle Substrate der Bionten, als Träger der einheitlichen Lebenserscheinungen auftreten, lassen sich in sechs subordinierte Stufen oder Ordnungen gruppieren, welche wir, von unten nach oben aufsteigend, mit folgenden morphologisch bestimmten Ausdrücken bezeichnen: 1) das Plasmastück (Plastis); 2) das Werkstück (Organon); 3) das Gegenstück (Antimeros); 4) das Folgestück (Metameros); 5) die Person (Prosopon); 6) der Stock (Cormos).

21. Jede einzelne Formeinheit höherer Ordnung ist eine Vielheit (Synusie oder Kolonie) von mehreren vereinigten Formeinheiten der vorhergehenden niederen Ordnungen.

22. Nur die Plastide (entweder Cytode oder Zelle), als das morphologische Individuum erster und niederster Ordnung, ist demnach ein wirklich einfaches Formindividuum; alle übrigen morphologischen Individuen (zweiter bis sechster Ordnung) sind stets zusammengesetzte Individuen oder Kolonien (Synusien, Komplexe).

III. Thesen von den einfachen organischen Individuen.

23. Die Plastide oder das Plasmastück, als das einzige einfache organische Individuum, ist das allgemeine Formelement aller Organismen, die gemeinsame Grundlage aller Protisten, Tiere und Pflanzen ohne Ausnahme.

24. Jede lebende Plastide ohne Ausnahme besteht aus einem zusammenhängenden Stücke einer festflüssigen Eiweißverbindung (Plasma), welche den eigentlich aktiven Lebensstoff repräsentiert, indem sie in beständiger chemischer Umsetzung begriffen ist, und dadurch die Lebensbewegungen veranlaßt.

25. Alle die endlos mannigfaltigen und verschiedenartigen morphologischen und physiologischen Eigenschaften der Organismen sind lediglich die unmittelbaren oder mittelbaren Wirkungen der endlos mannigfaltigen und verschiedenartigen atomistischen Zusammensetzung der Eiweißverbindungen, welche als individuelle Plasmaklumpen das Plasma der Plastiden bilden.

26. In allen Plastiden ist das Plasma entweder der einzige aktive Bestandteil (das „Lebenselement“), oder es hat sich im Innern des Plasma ein zweiter aktiver Bestandteil aus demselben differenziert, der Kern oder Nucleus, welcher aus einer von dem Plasma verschiedenen Eiweißverbindung besteht.

27. Die Zellen (als Plastiden mit Plasma und Kern) sind demnach als eine höhere Entwickelungsstufe, von den unvollkommeneren Cytoden (den einfachen Plasmaklumpen ohne Kern) zu unterscheiden.

28. Alle Formbestandteile der Plastiden, und also der Organismen überhaupt (als einfacher Plastiden oder Plastidenkomplexe), welche nicht aktives Plasma oder aktiver Kern sind, werden als passive oder sekundäre von jenen aktiven oder primären Plastidenteilen gebildet, entweder äußerlich (Zellenmembranen und Intercellularsubstanzen) oder innerlich (innere Plasmaprodukte).

IV. Thesen von den zusammengesetzten organischen Individuen.

29. Alle morphologischen und physiologischen Eigenschaften der zusammengesetzten organischen Individuen (zweiter bis sechster Ordnung) sind die notwendige Wirkung der sie konstituierenden einfachen Individuen (Plastiden) und zwar in letzter Instanz ihrer aktiven Bestandteile (Plasma und Kern).

30. Die Komposition der zusammengesetzten Individuen aus Aggregaten von einfachen Individuen erfolgt in den Organismen aller drei Reiche (Tiere, Protisten und Pflanzen) nach denselben einfachen Gesetzen.

31. Das Organ (in rein morphologischem Sinne, als das morphologische Individuum zweiter Ordnung) ist ein Komplex von zwei oder mehreren vereinigten Plastiden (Cytoden oder Zellen).

32. Das Antimer oder der homotype Stückteil ist ein Komplex von zwei oder mehreren vereinigten Organen.

33. Das Metamer oder der homodyname Stückteil ist ein Komplex von zwei oder mehreren vereinigten Antimeren.

34. Die Person oder das Prosopon (Histonal) ist ein Komplex von zwei oder mehreren vereinigten Metameren.

35. Der Stock oder Cormus ist ein Komplex von zwei oder mehreren vereinigten Histonalen (Blasten oder Personen).

V. Thesen von der physiologischen Individualität.

36. Jede bestehende Art oder Spezies von Organismen ist aus allen physiologischen Individuen zusammengesetzt, welche unter nahezu gleichen Verhältnissen oder doch unter sehr ähnlichen

Existenzbedingungen eine nahezu gleiche oder doch sehr ähnliche Formenreihe während ihrer individuellen Entwickelung durchlaufen.

37. Für jede Art oder Spezies von Organismen ist die Stufe der morphologischen Individualität, welche das vollständig reife und ausgebildete physiologische Individuum repräsentiert, eine konstante, welche wir mit dem Ausdruck des aktuellen Bion bezeichnen.

38. Wirklich einfache Organismenspezies können bloß die Monoplastiden genannt werden, d. h. diejenigen Arten, bei welchen das aktuelle Bion sowohl, als alle Entwickelungsstadien desselben, den Formenwert einer einzigen Plastide (entweder einer Cytode oder einer Zelle) besitzen.

39. Alle Organismenarten, welche als aktuelle Bionten aus zwei oder mehreren Plastiden zusammengesetzt sind, und demgemäß den Formwert eines morphologischen Individuums zweiter bis sechster Ordnung haben, können als zusammengesetzte Organismenspezies oder Polyplastiden bezeichnet werden.

40. Alle Organismen, welche als aktuelle Bionten durch morphologische Individuen zweiter bis sechster Ordnung dargestellt werden (also alle zusammengesetzten Organismenspezies), durchlaufen während ihrer individuellen Entwickelung die vorhergehenden niederen Individualitätstufen, von der ersten an.

41. So lange das Bion sich auf einer morphologischen Individualitätsstufe befindet, welche niedriger ist, als diejenige, welche es später als aktuelles Bion erreicht, muß dasselbe entweder als virtuelles oder als partielles Bion bezeichnet werden.

42. Als virtuelles oder potentielles Bion muß das physiologische Individuum unterschieden werden, wenn dasselbe die Fähigkeit besitzt, sich zu der höheren morphologischen Individualitätsstufe zu entwickeln, welche dem aktuellen Bion seiner Spezies eigentümlich ist.

43. Als partielles oder scheinbares Bion dagegen muß das physiologische Individuum angesehen werden, wenn es zwar die Fähigkeit besitzt, als selbständige Lebenseinheit längere oder kürzere Zeit zu existieren, nicht aber sich zu der morphologischen Individualitätsstufe zu entwickeln, welche dem aktuellen Bion seiner Spezies eigentümlich ist.

44. Sowohl die aktuellen, als die virtuellen, als die partiellen Bionten können als materielles Substrat jede der sechs morphologischen Individualitätsordnungen haben.

45. Alle physiologischen Individuen, gleichviel welche morphologische Individualitätsordnung ihr materielles Substrat bildet, sind in allen ihren Leistungen und Formverhältnissen auf die morphologischen Individuen erster Ordnung, die Plastiden (Cytoden und Zellen) als „Elementarorganismen" zurückzuführen, da jedes Bion entweder selbst eine einfache Plastide (Monoplastis) oder ein Aggregat (Synusie, Kolonie) von mehreren Plastiden ist (Polyplastis).

46. Sämtliche physiologische und morphologische Eigenschaften eines jeden polyplastiden Organismus erscheinen mithin als das notwendige Gesamtresultat aus den physiologischen und morphologischen Eigenschaften aller Plastiden, welche ihn zusammensetzen.

VI. Thesen von der tektologischen Differenzierung und Zentralisation.

47. Die Struktur oder der Körperbau (die innere Form) der Organismen ist das Verhältnis der einzelnen konstituierenden Bestandteile der Organismen zueinander und zum Ganzen.

48. Bei den monoplastiden Organismen, welche als aktuelle Bionten stets auf der ersten morphologischen Individualitätsstufe stehen bleiben, ist die Struktur durch das Verhältnis der (aktiven) konstituierenden Plasmamoleküle und der von ihnen produzierten anderen (passiven) Stoffmoleküle zueinander und zum Ganzen bestimmt.

49. Bei den polyplastiden Organismen hingegen, welche als aktuelle Bionten die zweite oder eine noch höhere morphologische Individualitätsstufe erreichen, ist die Struktur durch das Verhältnis bestimmt, welches die konstituierenden morphologischen Individuen von allen untergeordneten, und in letzter Instanz von der ersten Individualitätsstufe zueinander und zum Ganzen einnehmen.

50. Die verschiedenen Grade der morphologischen Vollkommenheit, welche die verschiedenen Organismenarten zeigen, sind teils durch ihre tektologischen, teils durch ihre promorphologischen Eigenschaften bedingt, also weder allein durch die Struktur, noch allein durch die Grundform.

51. Die verschiedenen Grade der Vollkommenheit der Organismen sind, insofern sie unmittelbar auf den Struktur-Verhältnissen beruhen, durch mehrere verschiedene tektologische Momente bestimmt, welche wesentlich auf dem gegenseitigen Verhältnis der aggregierten morphologischen Individuen verschiedener Ordnung zueinander und zum Ganzen beruhen.

52. Der Organismus ist um so vollkommener, je höher der morphologische Individualitätsgrad ist, zu welchem er sich erhebt, je größer also die Zahl der untergeordneten Individualitätsstufen ist, welche ihn zusammensetzen.

53. Der Organismus ist, falls er aus gleichartigen Plastiden zusammengesetzt ist, um so vollkommener, je größer die Anzahl der konstituierenden Plastiden ist.

54. Der Organismus ist, falls er aus ungleichartigen Plastiden zusammengesetzt ist, um so vollkommener, je ungleichartiger die konstituierenden Plastiden sind (Gesetz der Differenzierung der Plastiden).

55. Jede morphologische Individualität irgendeiner Ordnung ist um so vollkommener, je ungleichartiger die in Mehrzahl vorhandenen Individuen der nächst tieferen Ordnung sind, welche sie konstituieren, je größer also deren Polymorphismus (Arbeitsteilung, Differenzierung) ist.

56. Der Organismus ist um so vollkommener, je abhängiger die gleichartigen Individualitäten, welche ihn zusammenzetzen, voneinander und vom Ganzen sind, und je mehr also der ganze Organismus zentralisiert ist, und alle subordinierten Individualitäten beherrscht (Gesetz der Zentralisation).

57. Jedes einzelne Formindividuum irgend einer Ordnung ist dagegen um so vollkommener, je unabhängiger dasselbe von seinen koordinierten Genossen (den anderen Formindividuen derselben Ordnung) und je unabhängiger es zugleich von dem übergeordneten Ganzen ist (Gesetz der individuellen Autonomie).

58. Der Organismus ist um so vollkommener, je höher zwischen allen untergeordneten Individualitäten, welche ihn zusammensetzen, der Grad der Arbeitsteilung und der Grad der Wechselwirkung ist, je größer mithin die Differenzierung und die Zentralisation des ganzen Organismus ist.

VII. Thesen von der Vollkommenheit der verschiedenen Individualitäten.

59. Die Formindividuen erster Ordnung, die Plastiden (Cytoden und Zellen), sind allgemein um so vollkommener, je größer die Anzahl der konstituierenden Plasmamoleküle ist, je differenter ihre atomistische Zusammensetzung und folglich ihre physiologische Funktion ist, je abhängiger mithin dieselben voneinander und von der ganzen Plastide sind, und je mehr die ganze Plastide zentralisiert und von dem etwa übergeordneten Organe unabhängig ist.

60. Die Formindividuen zweiter Ordnung, die Organe, sind allgemein um so vollkommener, je größer die Anzahl ihrer konstituierenden Plastiden ist, je differenter deren chemische Zusammensetzung und folglich auch ihre physiologische Funktion ist, je abhängiger mithin die Plastiden voneinander und vom ganzen Organ sind, und je mehr das ganze Organ zentralisiert und von dem etwa übergeordneten Antimer unabhängig ist.

61. Die Formindividuen dritter Ordnung oder Antimeren sind allgemein um so vollkommener, je größer die Anzahl der konstituierenden Organe, je differenter deren histologische Zusammensetzung, und folglich auch ihre physiologische Funktion ist, je abhängiger mithin die Organe voneinander und vom ganzen Antimer sind, und je mehr das ganze Antimer zentralisiert und von dem etwa übergeordneten Metamer unabhängig ist.

62. Die Formindividuen vierter Ordnung, die Metameren oder Folgestücke, sind allgemein um so vollkommener, je differenzierter, je ungleichartiger ihre homotypische, organologische und histologische Zusammensetzung, und folglich auch je vielseitiger ihre physiologische Funktion ist, je abhängiger mithin die konstituierenden Plastiden, Organe und Antimeren voneinander und vom ganzen Metamer sind, und je mehr das ganze Metamer zentralisiert und von der etwa übergeordneten Person unabhängig ist.

63. Die Formindividuen fünfter Ordnung, die Personen oder Histonalen, sind allgemein um so vollkommener, je differenzierter, je ungleichartiger ihre homodyname, homotypische, organologische und histologische Zusammensetzung, und folglich auch je vielseitiger ihre physiologische Funktion ist, je abhängiger mithin die konstituierenden Plastiden, Organe, Antimeren und Metameren voneinander und vom ganzen Histonal sind, und je stärker die ganze Person zentralisiert und von dem etwa übergeordneten Stocke unabhängig ist.

64. Die Formindividuen sechster Ordnung, die Stöcke oder Cormen, sind allgemein um so vollkommener, je differenzierter, je ungleichartiger ihre prosopologische, homodyname, homotypische, organologische und histologische Zusammensetzung, und folglich auch je vielseitiger ihre physiologische Funktion ist, je abhängiger mithin die konstituierenden Plastiden, Organe, Antimeren, Metameren und Personen (Sprosse) voneinander und vom ganzen Stocke sind, und je stärker also der ganze Stock zentralisiert ist.

VIERTES BUCH.

ZWEITER TEIL DER ALLGEMEINEN ANATOMIE.

GENERELLE PROMORPHOLOGIE ODER ALLGEMEINE GRUNDFORMENLEHRE DER ORGANISMEN.

(STEREOMETRIE DER ORGANISMEN.)

Bemerkungen zum vierten Buche (1906).

Die Grundformenlehre oder Promorphologie behandelte im 12. Kapitel Begriff und Aufgabe dieser Wissenschaft (S. 375—399), im 13. Kapitel das neue System der organischen Grundformen (S. 400—527), im 14. Kapitel die Grundformen der sechs Individualitätsordnungen (S. 528—539); im 15. Kapitel waren die Ergebnisse dieser promorphologischen Untersuchungen in 95 Thesen zusammengefaßt. Dazu kam dann noch ein Anhang von 5 Tabellen und die Erklärung der beiden promorphologischen Tafeln (S. 554—574).

Dieser ganze Teil der Morphologie gehört zu denjenigen, welche in weiteren Kreisen wenig Interesse finden; man begnügt sich gewöhnlich noch heute mit der Unterscheidung von drei Symmetrieverhältnissen: Regulären, Bilateralen und Irregulären Formen. Die schärfere Unterscheidung und mathematische Präzision zahlreicher Gruppen von Grundformen, die ich hier (1866) zuerst gegeben hatte, ist nur selten berücksichtigt worden. Da zum klaren Verständnisse dieser schwierigen promorphologischen Fragen zahlreiche Abbildungen erforderlich sind, habe ich hier jetzt auf ihre eingehende Erörterung verzichtet. Ich verweise auf die ausführliche Begründung, die ich inzwischen (unter Verwendung zahlreicher Figuren) in zwei anderen Werken gegeben habe: I. Grundriß einer Allgemeinen Naturgeschichte der Radiolarien (Berlin, Georg Reimer, 1887, S. 8—20, mit 64 Tafeln). II. Kunstformen der Natur, Supplement-Heft: Grundformen der Organismen, S. 9—49. 100 Tafeln. (Leipzig, Bibliogr. Institut.)

„Freudig war seit vielen Jahren
Eifrig so der Geist bestrebt,
Zu erforschen, zu erfahren,
Wie Natur im Schaffen lebt.
Und es ist das ewig Eine,
Das sich vielfach offenbart;
Klein das Große, groß das Kleine,
Alles nach der eignen Art,
Immer wechselnd, fest sich haltend,
Nah und fern, und fern und nah
So gestaltend, umgestaltend —
Zum Erstaunen bin ich da.“

Goethe.

Zwölftes Kapitel.

Begriff und Aufgabe der Promorphologie.

„Was man an der Natur Geheimnisvolles pries
Das wagen wir verständig zu probieren,
Und was sie sonst organisieren ließ,
Das lassen wir kristallisieren."
Goethe.

I. Die Promorphologie als Lehre von den organischen Grundformen.

Die Promorphologie oder Grundformenlehre der Organismen ist die gesamte Wissenschaft von der äußeren Form der organischen Individuen, und von der stereometrischen Grundform, welche derselben zugrunde liegt, und auf deren Erkenntnis durch Abstraktion sich jede wissenschaftliche Darstellung einer organischen Form stützen muß. Die Aufgabe der organischen Promorphologie ist mithin die Erkenntnis und die Erklärung der organischen individuellen Gesamtform durch ihre stereometrische Grundform d. h. die Bestimmung der idealen Grundform durch Abstraktion aus der realen organischen Form, und die Erkenntnis der bestimmten Naturgesetze, nach denen die organische Materie die äußere Gesamtform der organischen Individuen bildet.

Begriff und Aufgabe der organischen Promorphologie, wie wir sie hier feststellen, sind bisher noch nicht Gegenstand von eingehenden morphologischen Untersuchungen gewesen. Die Vorwürfe, welche die meisten Zoologen und Botaniker hinsichtlich der allgemeinen Vernachlässigung der Tektologie verdienen, gelten in noch höherem Maße hinsichtlich der Promorphologie. Nur sehr wenige Naturforscher haben versucht, in der scheinbar gesetzlosen und ganz unberechenbaren Formenmannigfaltigkeit des Tier- und Pflanzenreichs nach der Erkenntnis allgemeiner Gesetze zu streben, nach denen diese Formen gebildet sind. Nur einzelne haben den wenig berücksichtigten Versuch gemacht, mathematisch bestimmbare Grundformen aufzufinden, welche die notwendige Gesetzlichkeit auch in den kompliziertesten Bildungen der organischen Naturkörper verraten; aber auch diese sind meistens bald vor den großen Schwierigkeiten zurückgeschreckt, welche einer mathematischen Erkenntnis der organischen Formen entgegenstehen, und welche bei jedem tieferen Eindringen in das Rätsel ihrer höchst komplizierten Bildungen die erstere unmöglich erscheinen lassen.

Die anorganische Morphologie ist in dieser Beziehung der organischen unendlich voraus. Derjenige Wissenschaftszweig, welcher dort der organischen Promorphologie entspricht, ist die Kristallographie, und es ist bekannt, welchen hohen Grad wissenschaftlicher Vollendung, vorzüglich durch strenge Anwendung der rein mathematischen Methode, diese „Promorphologie der Anorgane" erlangt hat. Von der Kristallographie lernen wir, daß die Erkenntnis des Wesens der Form nicht durch die bloße Beschreibung der realen Form des Individuums, sondern durch die Konstruktion seiner idealen Grundform gewonnen wird. Der wissenschaftlichen Mineralogie genügt nicht die genaueste äußerliche Beschreibung eines individuellen Kristalles, wenn nicht das Verhältnis seiner verschiedenen Achsen und deren Pole zueinander erörtert und daraus die ideale stereometrische Grundform des Kristalles, sein „System" erkannt ist. Bei den Organismen dagegen begnügt man sich fast allgemein mit der bloßen Beschreibung entweder der äußeren Oberflächen oder der inneren Struktur, und vernachlässigt die ideale stereometrische Grundform, welche auch hier unter der verwickelten individuellen Form verborgen liegt, entweder gänzlich; oder glaubt genug getan zu haben, wenn man sie entweder als „bilateral-symmetrische" oder als „radial-reguläre" bezeichnet.

Wir befinden uns also hier beim Eintritt in die Promorphologie in der seltsamen Lage, die Wissenschaft, deren Grundzüge wir darstellen wollen, nicht allein in den ersten embryonalen Anfängen schlummernd, sondern sogar nicht einmal als selbständige individuelle Disziplin anerkannt zu finden. Die Promorphologie der Organismen, welche nach unserer Überzeugung ein so wichtiger Bestandteil der organischen Morphologie ist, daß wir ihn sogar der Tektologie als anderen ebenbürtigen Hauptzweig der Anatomie gegenüberstellen, ist in der Tat als solcher bisher noch von keinem Naturforscher anerkannt, und selbst von den wenigen denkenden Männern, welche ihm ihre Aufmerksamkeit zuwandten, nicht in gehörigem Maße kultiviert und hervorgehoben worden.

Wenn wir daher im folgenden die Fundamente der organischen Promorphologie für die gesamte Formenwelt der drei organischen Reiche festzustellen versuchen, so haben wir nicht allein mit der großen Schwierigkeit des Gegenstandes an sich zu kämpfen, sondern in noch höherem Maße mit den Vorurteilen der Zeitgenossen, welche größtenteils diesem ersten Versuche einer „organischen Stereometrie“ in erhöhtem Maße die Ungunst der Beurteilung zuwenden werden, die unsere morphologischen Reformversuche überhaupt zu erwarten haben. Es erscheint deshalb notwendig, ehe wir die bisher unternommenen promorphologischen Versuche überblicken, den Begriff der organischen Grundform selbst, wie er uns persönlich vorschwebt und im folgenden speziell untersucht ist, in seiner allgemeinen Bedeutung kurz zu erörtern und festzustellen.

II. Begriff der organischen Grundform im allgemeinen.

Unter organischer Grundform oder Promorphe verstehen wir allgemein denjenigen mathematischen Körper, welcher der äußeren Form jedes organischen Individuums erster bis sechster Ordnung zugrunde liegt, und welcher mit dieser letzteren in allen wesentlichen Verhältnissen der formbestimmenden Körperachsen und ihrer beiden Pole übereinstimmt. Die ideale stereometrische Grundform sowohl als die reale Form des organischen Individuums, in welcher die erstere verkörpert ist, sind also lediglich durch ihre fest bestimmten Achsen und deren beide Pole erkennbar und einer mathematischen Bestimmung fähig. Mithin sind nur diejenigen organischen Individuen von dieser stereometrischen Erkenntnis ausgeschlossen, bei denen wegen absoluten Mangels jeder bestimmten Achse auch eine stereometrische Grundform nicht ausgesprochen ist, nämlich die absolut unregelmäßigen oder amorphen Gestalten, welche wir in der Formengruppe der Achsenlosen (*Anaxonia*) zusammenfassen. Die „achsenlosen“ organischen Individuen verhalten sich zu der großen Mehrzahl der „achsenfesten“ oder *Axonia* ebenso, wie die amorphen Anorgane zu den Kristallen.

Die ideale stereometrische Grundform, welche wir in jedem realen organischen Formindividuum erster bis sechster Ordnung verkörpert finden, ist eine absolut bestimmte, eine vollkommen konstante und daher gesetzmäßige. In dieser Konstanz der idealen stereometrischen Grundform, d. h. in ihrem notwendigen kausalen Zusammenhange mit den formbildenden Ursachen der realen organischen Form, kurz in ihrer Gesetzmäßigkeit, liegt der hohe Wert, den dieselbe für eine wissenschaftliche Erkenntnis und Darstellung der realen organischen Formen besitzt. Es wird nämlich dadurch möglich, alle wesentlichen Formverhältnisse jedes organischen Körpers durch den einfachsten Ausdruck mit mathematischer Sicherheit zu bezeichnen. Die einfache Angabe der stereometrischen Grundform jedes morphologischen Individuums genügt vollkommen, um alle charakteristischen Formeigenschaften desselben mit einem einzigen Wort zu bezeichnen, an welches dann die Beschreibung der äußeren Einzelheiten sich ohne Mühe anschließen läßt. In dieser Beziehung ist die Promorphologie der wahre mathematische Grundstein der mechanischen Morphologie der Organismen im allgemeinen und der deskriptiven Morphographie im besonderen.

Die Form jedes Körpers, als die Summe aller äußeren Grenzflächen, Grenzlinien und Grenzwinkel desselben, ist im allgemeinen nichts anderes als das Lagerungsverhältnis der konstituierenden Bestandteile des Körpers, oder, genauer ausgedrückt, das Resultat aus der Zahl und Größe, der gegenseitigen Lagerung und Verbindung, der Gleichheit oder Ungleichheit aller konstituierenden Bestandteile des Körpers. Wenn wir nun diese allgemeine Definition der Form jedes Körpers auf die ideale organische Grundform übertragen, welche einem morphologischen Individuum bestimmter Ordnung zugrunde liegt, so zeigt sich auch diese wesentlich als das notwendige Resultat der Zahl und Größe, Lagerung und Verbindung, Gleichheit oder Ungleichheit der konstituierenden Formbestandteile, d. h. zunächst der morphologischen Individuen der nächst niederen Ordnung. Schon hieraus ist klar, daß die stereometrische Grundform jedes morphologischen Individuums nicht bloß aus der Oberflächenbetrachtung seines Äußeren erkannt werden kann, daß vielmehr dazu eine vollständige Erkenntnis seiner inneren Zusammensetzung aus den subordinierten Formindividuen niederer Ordnung unentbehrlich ist. Obgleich also die Promorphologie wesentlich die Aufgabe hat, die äußere Form jedes gegebenen morphologischen Individuums geometrisch zu erklären, kann sie diese Aufgabe doch nur lösen durch die vorhergegangene tektologische Erkenntnis seiner inneren Form, seiner Struktur. Aus diesem Grunde muß also stets die tektologische Erkenntnis jedes organischen Formindividuums seiner promorphologischen vorausgehen.

Die organische Grundform ist also keineswegs eine willkürliche Abstraktion, welche wir durch beliebige Hervorhebung oder willkürliche Ergänzung einzelner Begrenzungsflächen, Linien oder Winkel des organischen Körpers erhalten, sondern sie ist der notwendige und unveränderliche Ausdruck des konstanten Lagerungsverhältnisses aller konstituierenden Bestandteile der organischen Form zueinander und zum Ganzen. Jedes organische Formindividuum besitzt also in jedem gegebenen Zeitmomente nur eine einzige konstante geometrische Grundform.

III. Verschiedene Ansichten über die organischen Grundformen.

Die allgemeine Existenz konstanter stereometrischer Grundformen in allen realen morphologischen Individuen ist bisher nicht in dem Sinne, wie wir soeben bestimmt haben, anerkannt worden. Zwar haben einige wenige denkende Morphologen, unter denen namentlich Bronn, Johannes Müller, Burmeister, G. Jäger hervorzuheben sind, versucht, die verwickelten Tierformen auf einfache geometrische Grundformen zurückzuführen. Indessen galt es doch bei der Mehrzahl der organischen Morphologen, und zwar bei den Botanikern noch mehr, als bei den Zoologen, als feststehendes Dogma, daß eine solche Reduktion entweder gar nicht oder nur in höchst beschränktem Maße möglich sei. Vergleicht man in dieser Beziehung die einleitenden Bemerkungen, welche selbst die besseren zoologischen und botanischen Lehrbücher über die allgemeine Form der Tiere und Pflanzen geben, so wird man meistens weiter nichts finden, als die kurze Angabe, daß der Körper der Organismen, sowohl der Tiere als der Pflanzen, von höchst komplizierten gekrümmten Flächen und krummen Linien begrenzt werde, während die reinen Formen der anorganischen Naturkörper, der Kristalle, sich durch ebene Flächen und gerade Linien scharf unterscheiden sollen. Es wird sogar diese Differenz als eine der wesentlichsten aufgeführt, welche die beiden großen Hauptabteilungen der Naturkörper, organische und anorganische, trennen; auch wird oft noch hinzugefügt, daß eine mathematische Bestimmung der Form, eine Reduktion auf einfache geometrische Grundformen, wie sie bei den Kristallen so leicht durchzuführen, und Aufgabe der Kristallographie sei, bei den Tieren und Pflanzen auf unüberwindliche Hindernisse stoße. Entweder sollen geometrisch reine Formen, wie die meisten Kristalle (aber auch nur annähernd!) darstellen, im Organismus gar nicht vorkommen, oder ihre Regelmäßigkeit soll sich darauf beschränken, daß die eine Gruppe der Formen symmetrisch oder bilateral, d. h. aus zwei gleichen Hälften zusammengesetzt, die andere Gruppe dagegen regulär oder radial, d. h. aus mehr als zwei gleichen Stücken zusammengesetzt sei. Dementsprechend werden sämtliche organische Formen von den meisten Morphologen in drei große Gruppen gebracht: I. absolut unregelmäßige Formen (nicht halbierbar); II. regelmäßige (oder strahlige) Formen (in zwei oder mehreren Richtungen halbierbar); III. symmetrische (oder zweiseitige) Formen (nur in einer einzigen Richtung halbierbar).

Am wenigsten hat bisher die Frage nach der stereometrischen Grundform des Organismus die Botaniker beschäftigt, obschon in vielen Pflanzen dieselbe überraschend rein und scharf ausgesprochen ist, allerdings mehr in einzelnen Teilen (z. B. symmetrischen Blättern, pyramidalen Früchten, tetraedrischen und dodecaedrischen Pollenzellen), als in ganzen Pflanzen höherer Formordnung. Schleiden sagt bloß: „Regelmäßig nennt man bei der Pflanze solche Formen, die sich mit vielen Schnitten durch eine angenommene Achse in zwei gleiche Teile teilen lassen, symmetrisch dagegen solche, die nur durch einen einzigen Schnitt in zwei gleiche Teile, die sich dann wie rechte und linke Hand verhalten, geteilt werden können." E. Meyer nennt die ersteren (die regulären Formen) konzentrische, die letzteren ebenfalls symmetrische, und unterscheidet als eine dritte Form die diaphorischen (unseren Dysdipleura entsprechend), bei welcher rechte und linke Hälfte einen organischen Gegensatz (durch ungleiches Wachstum) bilden, durch welchen ihre Symmetrie teilweis wieder aufgehoben wird. Auch Hugo von Mohl hat in seiner Dissertation „über die Symmetrie der Pflanzen" (1836) nur diese drei verschiedenen Grundformen betrachtet und mit besonderer Rücksicht auf ihre Beziehungen zum Wachstume und zur Differenzierung (besonders bei den niederen Pflanzen) erläutert, obwohl seine schönen Untersuchungen über den Pollen (1834) ihn hätten veranlassen können, die Frage auch von einem weiteren Gesichtspunkte aus zu behandeln und namentlich die rein stereometrische Grundform vieler Zellen hervorzuheben. Er behandelt aber nur die Symmetrie des Thallus, des Stengels und Blattes und die allmählichen Übergänge der symmetrischen einerseits in die regulären („konzentrischen“) andererseits in die diaphorischen (asymmetrischen, unsere dysdipleuren) Formen.

Weit allgemeiner und eingehender, als die Botaniker, haben sich die Zoologen mit den organischen Grundformen hinsichtlich ihrer Einteilung in irreguläre, reguläre und symmetrische beschäftigt. Hier ist sogar vielfach die Ansicht verbreitet, daß man symmetrische oder Bilateraltiere und reguläre oder Strahltiere als zwei Hauptgrundformen des Tierreiches unterscheiden könne. Zu den bilateralen oder symmetrischen Tieren, bei denen der Körper aus zwei gleichen oder ähnlichen Teilhälften besteht, werden von den meisten Zoologen die drei Stämme der Vertebraten, Articulaten und Mollusken gerechnet, zu den regulären oder strahligen Tieren dagegen, bei denen der Körper aus drei oder mehr gleichen Teilen besteht, die beiden Stämme der Echinodermen und Coelenteraten. Einige Autoren stellen zu den Strahltieren als einen dritten Stamm auch noch die bunte Kollektivgruppe der „Protozoen“, während andere die Gruppe der Strahltiere auf die Echinodermen und Coelenteraten beschränken und die Protozoen als eine dritte, unregelmäßige oder unsymmetrische Gruppe des Tierreiches aufstellen, bei welcher gleiche Teile überhaupt nicht zu unterscheiden seien. Eine weitere Unterscheidung von tierischen Grundformen, als diese zwei oder drei, ist gewöhnlich nicht zu finden, ebensowenig eine ausführlichere Erörterung der wichtigen Unterschiede, welche diese Differenzen im ganzen Körperbau bedingen. Von den meisten Zoologen wird diese Frage, welche die wichtigsten Grundsätze der allgemeinen Morphologie berührt, und die ganze Auffassung der organischen Form wissenschaftlich regulieren muß, vielmehr als eine gleichgültige Nebensache vernachlässigt.

IV. Die Promorphologie als organische Stereometrie.

Die Forderung, daß die organische Morphologie die allein absolut sichere Methode der mathematisch-philosophischen Erkenntnis einzuschlagen und daß sie insbesondere auch die Betrachtung der organischen „Form an sich“ nach dieser stereometrischen Methode zu beginnen habe, ist schon wiederholt und mit Recht von denkenden Naturforschern gestellt und von den vorher genannten auch zu erfüllen versucht worden. Insbesondere hat die neuere Physiologie, seitdem sie den allein möglichen mechanisch-kausalen Weg bei Erforschung der dynamischen Lebensprozesse eingeschlagen hat, wiederholt die Notwendigkeit ausgesprochen, daß auch die organische Morphologie bei Untersuchung der statischen Lebenssubstrate, der organischen Formen, denselben Weg verfolgen müsse. Indessen erschien diese Forderung immer ebenso leicht ausgesprochen, als schwer zu erfüllen. Der theoretischen Notwendigkeit schien sich stets die praktische Unmöglichkeit gegenüber zu stellen.

Der Grund dieser Erscheinung liegt nach unserer Ansicht wesentlich darin, daß man meistens nicht nach einer Erkenntnis der stereometrischen Grundform, sondern nach einer absoluten mathematischen Erkenntnis der gesamten äußeren Form des Organismus, nach einer genauen Ausmessung und Berechnung aller Einzelheiten seiner Oberfläche strebte. Diese ist aber in der Tat entweder (in den meisten Fällen) ganz unmöglich, oder da, wo sie ausführbar ist, von ganz untergeordnetem Werte. Die Gründe dafür liegen teils in der absoluten und unbegrenzten Variabilität der Organismen, teils in ihrem festflüssigen Aggregatzustande. Wollte man dennoch eine sorgfältige stereometrische Ausmessung und Berechnung aller der unendlich verwickelten und vielfältig gekrümmten Flächen, Linien und Winkel versuchen, welche auch die meisten einfacheren, festflüssigen organischen Formen begrenzen, so würde eine derartige geometrische Bestimmung weder von theoretischem Interesse noch von praktischer Bedeutung sein. Auf eine solche absolute mathematische Bestimmung der Oberflächenformen können wir daher, namentlich auch angesichts der individuellen Ungleichheit und Variabilität aller Organismen, vollständig verzichten.

Anders verhält sich die theoretische Bedeutung und der praktische Wert der stereometrischen Grundform, deren Erkenntnis für den organischen Morphologen dieselbe Wichtigkeit, wie für den anorganischen Kristallographen besitzt. Diese ist wesentlich unabhängig von allen Einzelheiten der Oberflächenbegrenzung und richtet ihr Augenmerk vor allen auf die formbestimmenden Achsen des Körpers und deren Pole. Die Methode der Kristallographie zeigt uns hier den allein möglichen und richtigen Weg. Kein Kristallograph würde jemals zu der Aufstellung von einigen wenigen geometrischen Grundformen für die mannigfaltigen vielflächigen Kristallkörper der Mineralien gelangt sein, wenn er bei der Betrachtung der Kristallflächen stehen geblieben wäre und sich mit der, wenn auch noch so sorgfältigen Ausmessung derselben begnügt hätte. Zur Entdeckung der einfachen Grundform des Kristalles oder seines „Systems“

gelangt vielmehr der Mineralog nur dadurch, daß er die idealen Achsen des Kristallkörpers aufsucht, mit bezug auf welche sämtliche Teilchen desselben eine bestimmte Lagerung einnehmen, und daß er die gleiche oder verschiedene Beschaffenheit dieser Achsen und ihrer Pole erwägt.

Ganz ebenso muß auch der Morpholog zu Werke gehen, der einfache geometrische Grundformen für die unendliche Mannigfaltigkeit der Tier- und Pflanzengestalten auffinden will, und gerade in dieser vorwiegenden Berücksichtigung der Achsen des organischen Naturkörpers und seiner Pole ist das Verdienst der bahnbrechenden Arbeiten von Bronn und der späteren von Gustav Jäger zu suchen. Wie die nachfolgenden Untersuchungen beweisen werden, führt eine scharfe Erfassung der Achsen und ihrer Pole nicht allein sicher, sondern auch einfach und leicht zu der Entdeckung der einfachen geometrischen Grundform, der Urgestalt oder des Modells, des organisierten Kristalls gewissermaßen, welcher der augenscheinlich ganz unberechenbaren Gestalt der allermeisten Tier-, Protisten- und Pflanzengestalten zugrunde liegt. Erst wenn diese mathematisch bestimmte Grundform, dieses konstante „Kristallsystem" des organischen Individuums gefunden ist, welches mit einem einzigen Worte alle wesentlichen Grundverhältnisse der Gestalt ausspricht, kann sich daran die wissenschaftliche Darstellung der individuellen Einzelheiten der Form anschließen. Man mißt dann zunächst die Länge der verschiedenen Achsen und den Abstand der einzelnen Oberflächenteile von denselben und von ihren Polen, und kann so erforderlichenfalls eine mathematisch genaue Beschreibung des Ganzen entwerfen.

Als eine der wichtigsten Ergebnisse, welche uns diese stereometrische Betrachtungsweise der organischen individuellen Form geliefert hat, ist schon oben hervorgehoben worden, daß die herrschende Ansicht von der fundamentalen morphologischen Differenz der anorganischen und organischen Naturkörper ein unbegründetes Dogma ist. Wenn in den meisten Handbüchern die Grundformen der mineralischen Kristalle einerseits, die der Tiere und Pflanzen andererseits als vollkommen und im Grunde verschieden bezeichnet werden, so ist dies ganz irrig. Es gibt Organismen, insbesondere unter den Rhizopoden, welche zwar nicht in der Flächenausbildung, wohl aber in der die Flächenform bestimmenden Achsenbildung von regulären Kristallen gar nicht zu unterscheiden sind. Ja es lassen sich sogar unter den Radiolarien viele Tierformen nachweisen, deren ganzes

Skelet gewissermaßen weiter nichts als ein System von verkörperten Kristallachsen ist, und zwar gehören diese organisierten Kristallformen den verschiedenen Systemen an, welche auch der Mineralog unterscheidet. So finden wir z. B. in *Haliomma hexacanthum* und *Actinomma drymodes* das reguläre Hexaeder des tesseralen Kristallsystems, in *Acanthostaurus hastatus* und *Astromma Aristotelis* das Quadratoctaeder des tetragonalen Kristallsystems, in *Tetrapyle octacantha* und *Stephanastrum rhombus* das Rhombenoctaeder des rhombischen Kristallsystems vollkommen regulär verkörpert. Man braucht bloß die Spitzen der betreffenden Achsen durch Linien zu verbinden und durch je zwei benachbarte Linien eine Fläche zu legen, um in der Tat die entsprechenden Octaederformen zu erhalten.

Wie wir nun in diesen Fällen unmittelbar durch die objektive Betrachtung in der organischen Gestalt eine einfache stereometrische Grundform erkennen, welche nicht von derjenigen eines Kristallsystems zu unterscheiden ist, so finden wir auch in den anderen konkreten Gestalten der organischen Individuen (bloß die amorphen Anaxonien ausgenommen) unmittelbar eine einfache stereometrische Form als ideale Grundform durch die konstanten Beziehungen der Achsen und ihrer Pole konstant ausgesprochen, und wir können demnach in der Tat die Promorphologie als Stereometrie der Organismen ansehen. Die detaillierte Beschreibung jeder organischen Form muß zunächst diese Grundform aufsuchen, die Maßverhältnisse ihrer Achsen bestimmen und an dieses mathematische Skelet der Form die Darstellung der Einzelnheiten überall anfügen.

Dreizehntes Kapitel.

System der organischen Grundformen.

„Dich im Unendlichen zu finden,
Mußt unterscheiden und dann verbinden."
Goethe.

I. Das promorphologische System als generelles Formensystem.

Das System der Grundformen haben wir zunächst aufgestellt, um dadurch eine geordnete Übersicht über die unendliche Fülle der gesetzmäßig gebildeten organischen Formen zu gewinnen. Indem wir am Schlusse des vierten Buches, in diesem Anhange, die wichtigsten Kategorien jener organischen Grundformen nochmals, nach verschiedenen Gesichtspunkten geordnet, übersichtlich zusammenstellen, wollen wir nicht unterlassen, den Hinweis darauf vorauszuschicken, daß unser Formensystem auch noch einer weiteren Anwendung fähig ist. Wie wir bereits die Krystallformen und die charakteristischen Formen gewisser menschlicher Kunstprodukte als ebenfalls innerhalb des Formenkreises unseres Systems fallend nachgewiesen haben, wie auch die Sphaeroidform der Weltkörper sich der (anepipeden) Haplopolenform unterordnet, so werden wir bei allgemeinerer Betrachtung desselben finden, daß überhaupt alle verschiedenen Körperformen, welche in der Natur, und ebenso auch die verschiedenen Formen der Kunstprodukte, welche in der Sphäre menschlicher Kunsttätigkeit entstehen, sich demselben einordnen lassen. Die Erkenntnis der formbestimmenden Achsen und ihrer Pole wird uns auch hier überall als erklärende Leuchte in dem unendlichen Chaos der realen Formen dienen. So erkennen wir z. B. in den meisten Bewegungswerkzeugen zu Wasser und zu Lande die Eudipleurenform, in den meisten Waffen (Gewehren etc.) die Dysdipleurenform, in den meisten Vasen die Diphragmenform, in den meisten Bechern, Schüsseln, Glasgefäßen, Luftballons etc. entweder die homostaure oder die diplopole Grundform wieder. Der innige mechanische Zusammenhang zwischen Form und Funktion ist hier ebenso wie bei den organischen Formen in der Natur unverkennbar. Es wird daher unser promorphologisches System nur weniger Ergänzungen bedürfen, um als erklärender Führer bei der geordneten vergleichenden Betrachtung sämtlicher Körperformen überhaupt gute Dienste leisten zu können. Wir hoffen, damit die Grundlage eines generellen Formensystems gegeben zu haben.

II. Übersicht der wichtigsten stereometrischen Grundformen nach ihrem verschiedenen Verhalten zur Körpermitte.

I. Organische Grundformen ohne geometrische Mitte. Acentra.

1. Anaxonia. *Spongilla-Form.* Klumpen (Absolut irreguläre Form.)

II. Organische Grundformen mit einem Mittelpunkt. Centrostigma.

1. Homaxonia. *Sphaerozoum-Form.* Kugel.
2. Allopolygona. *Rhizosphaera-Form.* Endosphärisches Polyeder mit ungleichvieleckigen Seiten.
3. Isopolygona. *Ethmosphaera-Form.* Endosphärisches Polyeder mit gleichvieleckigen Seiten.
4. Icosaedra. *Aulosphaera-icosaedra-Form.* Reguläres Icosaeder.
5. Dodecaedra. *Bucholzia-Pollen-Form* (Bucholzia maritima etc.). Reguläres Dodecaeder.
6. Octaedra. *Chara-Antheridien-Form.* Reguläres Octaeder.
7. Hexaedra. *Hexaedromma-Form* (Actinomma drymodes). Reguläres Hexaeder.
8. Tetraedra. *Corydalis-Pollen-Form* (Corydalis sempervirens etc.). Reguläres Tetraeder.

III. Organische Grundformen mit einer Mittellinie (Achse). Centraxonia.

1. Haplopola anepipeda. *Coccodiscus-Form.* Sphäroid.
2. Haplopola amphepipeda. *Pyrosoma-Form.* Zylinder.
3. Diplopola anepipeda. *Ovulina-Form.* Ei.
4. Diplopola monepipeda. *Conulina-Form.* Kegel.
5. Diplopola amphepipeda. *Nodosaria-Form.* Kegelstumpf.
6. Isostaura polypleura. *Heliodiscus-Form.* Reguläre Doppelpyramide.
7. Isostaura octopleura. *Acanthostaurus-Form.* Quadrat-Octaeder.
8. Allostaura polypleura. *Amphilonche-Form.* Amphithecte Doppel-Pyramide.
9. Allostaura octopleura. *Stephanastrum-Form.* Rhomben-Octaeder.
10. Homostaura. *Aequorea-Form.* Reguläre Pyramide.
11. Tetractinota. *Aurelia-Form.* Quadrat-Pyramide.
12. Oxystaura. *Eucharis-Form.* Amphithecte Pyramide.
13. Orthostaura. *Saphenia-Form.* Rhomben-Pyramide.

IV. Organische Grundformen mit einer Mittelebene. Centroplana.

1. Amphipleura. *Spatangus-Form.* Halbe amphithecte Pyramide.
2. Eutetrapleura radialia. *Praya-Form.* Doppeltgleichschenkelige Pyramide.
3. Eutetrapleura interradialia. *Nereis-Form.* Antiparallelogramm-Pyramide.
4. Dystetrapleura. *Abyla-Form.* Ungleichvierseitige Pyramide.
5. Eudipleura. *Homo-Form.* Gleichschenkelige Pyramide.
6. Dysdipleura. *Pleuronectes-Form.* Ungleichdreiseitige Pyramide.

III. Tabelle über die promorphologischen Kategorien.

I. **Anaxonia.** Achsenlose Formen. Klumpen. Absolut irreguläre Formen.

II. **Axonia.** Achsenfeste Grundformen.

II, 1. **Homaxonia.** Kugeln. Absolut reguläre Formen. Alle Achsen gleich.

II, 2. **Heteraxonia.** Grundformen mit einer oder mehreren konstanten Achsen.

2, A. *Polyaxonia.* Grundformen mit mehreren konstanten Achsen (ohne Hauptachse und ohne Kreuzachsen!).

A, a. **Arrhythma.** Irreguläre Polyeder.

a, I. *Allopolygona.* Irreguläre Polyeder mit ungleichvieleck. Seiten.

a, II. *Isopolygona.* Irreguläre Polyeder mit gleichvieleck. Seiten.

A, b. **Rhythmica.** Reguläre Polyeder.

b, I. *Icosaedra.* Reguläre Icosaeder.

b, II. *Dodecaedra.* Reguläre Dodecaeder.

b, III. *Octaedra.* Reguläre Octaeder.

b, IV. *Hexaedra.* Reguläre Hexaeder.

b, V. *Tetraedra.* Reguläre Tetraeder.

2, B. *Protaxonia.* Grundformen mit einer konstanten Achse oder Hauptachse (mit oder ohne Kreuzachsen).

B, a. **Monaxonia.** Grundformen mit einer einzigen Achse (ohne Kreuzachsen).

a, I. *Haplopola.* Einachsige Grundformen mit gleichpoliger Achse.

I, 1. *Haplopola anepipeda.* Sphäroide.

I, 2. *Haplopola amphepipeda.* Zylinder.

a, II. *Diplopola.* Einachsige Grundformen mit ungleichpoliger Achse.

II, 1. *Diplopola anepipeda.* Eiformen.

II, 2. *Diplopola monepipeda.* Kegel.

II, 3. *Diplopola amphepipeda.* Kegelstumpfe.

B, b. **Stauraxonia.** Doppel-Pyramiden oder Pyramiden (Grundformen mit einer Hauptachse und mit Kreuzachsen).

b, I. *Homopola.* Doppel-Pyramiden.

I, 1. *Isostaura.* Reguläre Doppel-Pyramiden.

1, A. *Isostaura polypleura.* Reguläre Doppel-Pyramiden von 6, 10, $10 + 2n$ Seiten.

1, B. *Isostaura octopleura.* Quadrat-Octaeder.

I, 2. *Allostaura.* Amphithecte Doppel-Pyramiden.

2, A. *Allostaura polypleura.* Amphithecte Doppel-Pyramiden von $8 + 4n$ Seiten.

2, B. *Allostaura octopleura.* Rhomben-Octaeder.

b, II. *Heteropola.* Pyramiden.

II, 1. *Homostaura.* Reguläre Pyramiden.

1, A. *Isopola.* Reguläre Pyramiden von $2n$ Seiten.

1, B. *Anisopola.* Reguläre Pyramiden von $2n - 1$ Seiten.

II, 2. *Heterostaura.* Irreguläre Pyramiden.

2, A. *Autopola.* Amphithecte Pyramiden.

A, a. *Oxystaura.* Amphith. Pyram. von $4 + 2n$ Seiten.

A, b. *Orthostaura.* Rhomben-Pyramiden.

2, B. *Allopola.* Halbe amphithecte Pyramiden.

B, a. *Amphipleura.* H. a. P. von $4 + 2n$ Seiten.

B, b. *Zygopleura.* Halbe Rhomben-Pyramiden.

I. Lipostaure Grundformen.	Realer Typus.	Deutsche Bezeichnung
1. Klumpen (Bolus)	*Spongilla*	Klumpen
2. Kugel (Sphaera)	*Sphaerozoum* (Volvox)	Kugelformen
3. Endosphaer. Polyeder mit ungleichvieleckigen Seiten	*Rhizosphaera*	Ungleichvieleckige
4. Endosphaer. Polyeder mit gleichvieleckigen Seiten	*Ethmosphaera*	Gleichvieleckige
5. Reguläres Icosaeder	*Aulosphaera icosaedra*	Zwanziggleichflächner
6. Reguläres Dodecaeder	*Bucholzia* (Pollen)	Zwölfgleichflächner
7. Reguläres Octaeder	*Chara* (Antheridien)	Achtgleichflächner
8. Reguläres Hexaeder	*Actinomma drymodes*	Würfel
9. Reguläres Tetraeder	*Corydalis* (Pollen)	Viergleichflächner
10. Sphäroid (Ellipsoid)	*Coccodiscus*	Sphäroidformen
11. Zylinder	*Pyrosoma*	Zylinderformen
12. Vogelei	*Ovulina*	Eiformen
13. Kegel	*Conulina*	Kegelformen
14. Kegelstumpf	*Nodosaria*	Kegelstumpfformen
II. Diplopyramidale oder pyramidale Grundformen.		
15. Reguläre Doppelpyramide mit 6, 10, 10+2 n Seiten	*Heliodiscus*	Reguläre diplopyramidale
16. Quadrat-Octaeder	*Acanthostaurus*	Quadrat-octaedrische
17. Amphithecte Doppelpyramide mit 8+4 n Seiten	*Amphilonche*	Amphithecte diplopyramidale
18. Rhomben-Octaeder	*Stephanastrum*	Rhomben-octaedrische
19. Reguläre Pyramide mit 10+2 n Seiten	*Aequorea*	Gradzahlige Vielstrahlige
20. Zehnseitige reguläre Pyramide	*Aegineta globosa*	Zehnstrahlige
21. Achtseitige reguläre Pyramide	*Alcyonium* (Mimusops)	Achtstrahlige
22. Sechsseitige reguläre Pyramide	*Carmarina* (Achras)	Sechsstrahlige
23. Vierseitige reguläre Pyramide	*Aurelia* (Paris)	Vierstrahlige
24. Reguläre Pyramide mit 9+2 n Seiten	*Brisinga*	Ungradzahlige Vielstrahlige
25. Neunseitige reguläre Pyramide	*Luidia senegalensis*	Neunstrahlige
26. Siebenseitige reguläre Pyramide	*Trientalis*	Siebenstrahlige
27. Fünfseitige reguläre Pyramide	*Ophiura* (Primula)	Fünfstrahlige
28. Dreiseitige reguläre Pyramide	*Iris* (Lychnocanium)	Dreistrahlige
29. Achtseitige amphithecte Pyramide	*Eucharis*	Achtreifige
30. Sechsseitige amphithecte Pyramide	*Flabellum*	Sechsreifige
31. Vierstückige Rhombenpyramide	*Saphenia* (Draba)	Vierreifige
32. Doppelstückige Rhombenpyramide	*Petalospyris* (Circaea)	Zweireifige
33. Halbe vierzehnseitige amphithecte Pyramide	*Disandra*	Siebenschienige
34. Halbe zwölfseitige amphithecte Pyramide	*Oculina* (Cuphea)	Sechsschienige
35. Halbe zehnseitige amphithecte Pyramide	*Spatangus* (Viola)	Fünfschienige
36. Halbe sechsseitige amphithecte Pyramide	*Orchis* (Dictyophimus)	Dreischienige
37. I. Doppelt-gleichschenkelige Pyramide	37, I. *Praya* (Reseda)	Gleichhälftige
37. II. Antiparallelogramm-Pyramide	37, II. *Nereis* (Iberis)	Zweipaarige
38. Ungleichvierseitige Pyramide	*Abyla*	Ungleichhälftige Zweipaarige
39. Gleichschenkelige Pyramide	*Homo* (Fumaria)	Gleichhälftige Einpaarige
40. Ungleichdreiseitige Pyramide	*Pleuronectes*	Ungleichh. Einpaarige

I. Organische Grundformen ohne Kreuzachsen. Lipostaura.

				Promorphologische Kategorie.
ine konstante Achse		Alle Achsen ungleich	Absolut Irreguläre	1. *Anaxonia*
		Alle Achsen gleich	Absolut Reguläre	2. *Homaxonia*
ine oder mehrere onstante vor allen übrigen ausge- ichnete) Achsen; er keine euzachsen	Mehrere (mehr als zwei) konstante Achsen *Polyaxonia*	Nicht alle Antimeren kongruent *Polyaxonia arrhythma*	Grenzflächen ungleichvielseitig	3. *Allopolygona*
			Grenzflächen gleichvielseitig	4. *Isopolygona*
		Alle Antimeren kongruent *Polyaxonia rhythmica*	20 kongruente Antimeren	5. *Icosaedra*
			12 kongruente Antimeren	6. *Dodecaedra*
			8 kongruente Antimeren	7. *Octaedra*
			6 kongruente Antimeren	8. *Hexaedra*
			4 kongruente Antimeren	9. *Tetraedra*
	Eine einzige konstante Achse (Längsachse) *Monaxonia*	Achse gleichpolig *Haplopola*	Keine Grenzebene	10. *Haplopola anepipeda*
			Zwei Grenzebenen	11. *Haplopola amphepipeda*
		Achse ungleichpolig *Diplopola*	Keine Grenzebene	12. *Diplopola anepipeda*
			Eine Grenzebene	13. *Diplopola monepipeda*
			Zwei Grenzebenen	14. *Diplopola amphepipeda*

II. Organische Grundformen mit Kreuzachsen. Stauraxonia.

ngsachse eichpolig Doppel- yramiden *omopola*	Alle radialen oder alle semiradialen Kreuzachsen gleich *Isostaura*	3,5 oder 5+n Antimeren	15. *Isostaura polypleura*
		Nur 4 Antimeren	16. *Isostaura octopleura*
	Nicht alle radialen oder semiradialen Kreuzachsen gleich *Allostaura*	4+2n Antimeren	17. *Allostaura polypleura*
		Nur 4 Antimeren	18. *Allostaura octopleura*

Längsachse oder Hauptachse ngleichpolig Pyramiden *Hetero-pola*	Alle radialen oder alle semiradialen Kreuzachsen untereinander gleich *Homostaura*		Kreuzachsen gleichpolig, halb radial, halb interradial *Isopola*		10+2n Antimeren	19. *Myriactinota*
					10 Antimeren	20. *Decactinota*
					8 Antimeren	21. *Octactinota*
					6 Antimeren	22. *Hexactinota*
					4 Antimeren	23. *Tetractinota*
			Kreuzachsen ungleichpolig, alle semiradial *Anisopola*		9+2n Antimeren	24. *Polyactinota*
					9 Antimeren	25. *Enneactinota*
					7 Antimeren	26. *Heptactinota*
					5 Antimeren	27. *Pentactinota*
					3 Antimeren	28. *Triactinota*
	Nicht alle radialen oder alle semiradialen Kreuzachsen gleich *Heterostaura*	Dorsoventralachse gleichpolig *Autopola*	3 oder 3+n radiale Kreuzachsen *Oxystaura*		8 Antimeren	29. *Octophragma*
					6 Antimeren	30. *Hexaphragma*
			2 oder eine radiale Kreuzachse *Orthostaura*		4 Antimeren	31. *Tetraphragma*
					2 Antimeren	32. *Diphragma*
		Dorsoventralachse ungleichpolig *Zeugita* (Centrepipeda) *Allopola*	3 oder 5 oder 5+n Kreuzachsen *Amphipleura*		7 Antimeren	33. *Heptamphipleura*
					6 Antimeren	34. *Hexamphipleura*
					5 Antimeren	35. *Pentamphipleura*
					3 Antimeren	36. *Triamphipleura*
			4 od. 2 Kreuzachsen *Zygopleura*	4 Antimeren *Tetrapleura*	Lateralachse gleichpolig	37. I. *Eutetrapleura radialia*
						37. II. *Eutetrapleura interr.*
					Lateralachse ungleichpolig	38. *Dystetrapleura*
				2 Antimeren *Dipleura*	Lateralachse gleichpolig	39. *Eudipleura*
					Lateralachse ungleichpolig	40. *Dysdipleura*

Vierzehntes Kapitel.

Grundformen der sechs Individualitätsordnungen.

„Wäre die Natur in ihren leblosen Anfängen nicht so gründlich stereometrisch, wie wollte sie zuletzt zum unberechenbaren und unermeßlichen Leben gelangen?"
Goethe.

Fünfzehntes Kapitel.

Promorphologische Thesen.

„Alles, was den Raum erfüllt, nimmt, insofern es solidesziert, sogleich eine Gestalt an, diese regelt sich mehr oder weniger und hat gegen die Umgebung gleiche Bezüge mit anderen gleichgestalteten Wesen."
Goethe.

Bemerkung (1906). Diese beiden Kapitel (XIV. und XV.), welche in der Originalausgabe (1866) zusammen mit dem XIII. Kapitel einen Raum von 175 Seiten einnahmen (S. 400—574), fallen jetzt weg aus den S. 147 angegebenen Gründen.

FÜNFTES BUCH.

ERSTER TEIL DER ALLGEMEINEN ENTWICKELUNGSGESCHICHTE.

GENERELLE ONTOGENIE ODER ALLGEMEINE ENTWICKELUNGSGESCHICHTE DER ORGANISCHEN INDIVIDUEN.

(EMBRYOLOGIE UND METAMORPHOLOGIE.)

„Wagt ihr, also bereitet, die letzte Stufe zu steigen
Dieses Gipfels, so reicht mir die Hand und öffnet den freien
Blick ins weite Feld der Natur. Sie spendet die reichen
Lebensgaben umher, die Göttin; aber empfindet
Keine Sorge, wie sterbliche Frau'n, um ihrer Gebornen
Sichere Nahrung; ihr ziemet es nicht: denn zwiefach bestimmte
Sie das höchste Gesetz, beschränkte jegliches Leben,
Gab ihm gemess'nes Bedürfnis und ungemessene Gaben,
Leicht zu finden, streute sie aus, und ruhig begünstigt
Sie das muntre Bemüh'n der vielfach bedürftigen Kinder;
Unerzogen schwärmen sie fort nach ihrer Bestimmung."

„Zweck sein selbst ist jegliches Tier; vollkommen entspringt es
Aus dem Schoß der Natur und zeugt vollkommene Kinder.
Alle Glieder bilden sich aus nach ew'gen Gesetzen,
Und die seltenste Form bewahrt im geheimen das Urbild."

„So ist jedem der Kinder die volle reine Gesundheit
Von der Mutter bestimmt: denn alle lebendigen Glieder
Widersprechen sich nie und wirken alle zum Leben.
Also bestimmt die Gestalt die Lebensweise des Tieres;
Und die Weise zu leben, sie wirkt auf alle Gestalten
Mächtig zurück. So zeiget sich fest die geordnete Bildung,
Welche zum Wechsel sich neigt durch äußerlich wirkende Wesen.
Doch im Innern findet die Kraft der edlern Geschöpfe
Sich im heiligen Kreise lebendiger Bildung beschlossen.
Diese Grenzen erweitert kein Gott, es ehrt die Natur sie:
Denn nur also beschränkt war je das Vollkommene möglich."

„Dieser schöne Begriff von Macht und Schranken, von Willkür
Und Gesetz, von Freiheit und Maß, von beweglicher Ordnung,
Vorzug und Mangel, erfreue dich hoch; die heilige Muse
Bringt harmonisch ihn dir, mit sanftem Zwange belehrend.
Keinen höhern Begriff erringt der sittliche Denker,
Keinen der tätige Mann, der dichtende Künstler; der Herrscher,
Der verdient es zu sein, erfreut nur durch ihn sich der Krone.
Freue dich, höchstes Geschöpf der Natur, du fühlest dich fähig,
Ihr den höchsten Gedanken, zu dem sie schaffend sich aufschwang,
Nachzudenken. Hier stehe nun still und wende die Blicke
Rückwärts, prüfe, vergleiche, und nimm vom Munde der Muse,
Daß du schauest, nicht schwärmst, die liebliche volle Gewißheit."

Goethe (Die Metamorphose der Tiere. 1819).

Sechzehntes Kapitel.

Begriff und Aufgabe der Ontogenie.

Werdend betrachte sie nun, wie nach und nach sich die Pflanze,
Stufenweise geführt, bildet zu Blüten und Frucht.
Also prangt die Natur in hoher voller Erscheinung;
Und sie zeiget, gereiht, Glieder an Glieder gestuft.
Jede Pflanze verkündet dir nun die ew'gen Gesetze,
Jede Blume, sie spricht lauter und lauter mit dir.
Aber entzifferst du hier der Göttin heilige Lettern,
Überall siehst du sie dann, auch in veränderter Zug;
Kriechend zaudre die Raupe, der Schmetterling eile geschäftig,
Bildsam ändre der Mensch selbst die bestimmte Gestalt!
Goethe (die Metamorphose der Pflanzen. 1817).

I. Die Ontogenie als Entwickelungsgeschichte der Bionten.

Die Ontogenie oder Entwickelungsgeschichte der organischen Individuen ist die gesamte Wissenschaft von den Formveränderungen, welche die Bionten oder physiologischen Individuen während der ganzen Zeit ihrer individuellen Existenz durchlaufen, von ihrer Entstehung an bis zu ihrer Vernichtung. Die Aufgabe der Ontogenie ist mithin die Erkenntnis und Erklärung der individuellen Formveränderungen, d. h. die Feststellung der bestimmten Naturgesetze, nach welchen die Formveränderungen der morphologischen Individuen erfolgen, durch welche die Bionten repräsentiert werden.

II. Die Ontogenie und die Deszendenztheorie.

So allgemeine Anerkennung und Anwendung auch die Entwicklungsgeschichte in unserem Jahrhundert in der Zoologie und Botanik erlangt hat, so haben dennoch die meisten Biologen weder den weiten Umfang ihres Gebiets, noch den eigentlichen Grund ihres hohen morphologischen Wertes richtig begriffen. Es wird dies sofort klar, wenn wir daran erinnern, daß man unter Entwickelungsgeschichte bisher fast immer nur diejenige der Individuen und nicht diejenige der Stämme begriffen hat. Die Ontogenie oder Entwickelungsgeschichte der physiologischen Individuen ist aber unzertrennlich und auf das innigste verbunden mit der Phylogenie oder Entwickelungsgeschichte der genealogischen Stämme (Phylen). Jedoch haben in der ganzen Biologie kaum zwei Wissenschaftszweige so weit voneinander entfernt gestanden, als die Ontogenie und die Phylogenie. Wie innig dieselben überall zusammenhängen, wie wesentlich sie sich gegenseitig bedürfen und ergänzen, wie erst aus der engen Verschmelzung beider sich die eigentliche Entwickelungsgeschichte der Organismen im vollen Sinne des Wortes konstruieren läßt, ist bisher von den meisten Biologen entweder nicht richtig gewürdigt oder auch gänzlich übersehen worden.

Freilich kann man zu der vollen Einsicht dieses wichtigen Verhältnisses und zu der richtigen Schätzung seines außerordentlichen Wertes nur durch die Deszendenztheorie gelangen, welche uns allein den Schlüssel des Verständnisses für die wundervollen Erscheinungen der Entwickelungsgeschichte liefert und welche uns zeigt, daß die Ontogenie weiter nichts ist als eine kurze Rekapitulation der Phylogenie. Hierin gerade liegt die unermeßliche Bedeutung der Abstammungslehre und hierin liegt die Quelle des außerordentlichen Verdienstes, welches sich Darwin durch die Reformation und die kausale Begründung der Deszendenztheorie erworben hat. Die Abstammungslehre allein vermag uns die Entwickelungsgeschichte der Organismen zu erklären.

III. Typus und Grad der individuellen Entwickelung.

Der unschätzbare Wert, den die Deszendenztheorie als das kausal erklärende Fundament der Entwickelungsgeschichte besitzt, zeigt sich nirgends schlagender als in den allgemeinsten Gesetzen, zu welchen sich die letztere erhoben hat. Als das oberste dieser allgemeinen Gesetze, welches aus der verglichenen Summe aller ontogenetischen Tatsachen hervorgeht, gilt mit Recht die von Bär festgestellte Theorie, daß die individuelle Entwickelung jedes Organismus von zwei verschiedenen und gewissermaßen entgegengesetzten Momenten geleitet werde, dem Typus der Organisation und dem Grade der Ausbildung. Bär formuliert dieses Gesetz in folgenden Worten:

„Die Entwickelung eines Individuums einer bestimmen Tierform wird von zwei Verhältnissen bestimmt: 1. von einer fortgehenden Ausbildung des tierischen Körpers durch wachsende histologische und morphologische Sonderung; 2. zugleich durch Fortbildung aus einer allgemeineren Form des Typus in eine mehr besondere."

Nun ist es klar, daß Bärs Typus der Entwickelung weiter nichts ist als die Folge der Vererbung und Bärs Grad der Ausbildung weiter nichts als die Folge der Anpassung. Jener läßt sich also auf die Fortpflanzung, dieser auf die Ernährung als auf seinen physiologischen Grund zurückführen. Offenbar tun wir aber durch diese Zurückführung einen außerordentlich bedeutenden Schritt. Denn es werden dadurch die beiden morphologischen Grundgesetze, und somit überhaupt alle Erscheinungen der organischen Entwickelung aus physiologischen Fundamenten erklärt, welche ihrerseits lediglich auf mechanisch wirkenden Ursachen, auf chemischen und physikalischen Prozessen beruhen.

Während also die beiden Grunderscheinungen der organischen Entwickelung, Bildungstypus und Ausbildungsgrad, welche Bär richtig als die beiden formbildenden Kräfte der gesamten Organismenwelt aus rein morphologischen Induktionen erkannte, ohne die Abstammungslehre für uns zwei unverstandene Rätsel bleiben, welche weder durch die anthropomorphe Vorstellung eines vorbedachten „Schöpfungsplans oder Entwickelungsplans", noch durch die leere Phrase eines „allgemeinen Entwickelungsgesetzes oder Bildungsgesetzes" dem tieferen wissenschaftlichen Verständnis, d. h. der monistischen, kausalen Erkenntnis, näher gerückt werden, so werden uns durch die Deszendenztheorie diese beiden Rätsel im monistischen Sinne gelöst: wir erkennen in dem Bildungstypus die Wirkung des inneren Bildungstriebes der Vererbung, in dem Ausbildungsgrad die Wirkung des äußeren Bildungstriebes der Anpassung, jene eine Teilerscheinung der Fortpflanzung, diese der Ernährung. Diese beiden aber beruhen anerkanntermaßen auf denselben physikalischen und chemischen Prozessen, welche die gesamte organische und anorganische Natur einheitlich beherrschen. So gelangen wir denn an das höchste Ziel, welches Bär der Entwickelungsgeschichte gesteckt hat, die Zurückführung der bildenden Kräfte des organisierten Körpers auf die allgemeinen Kräfte des Weltganzen.

IV. Evolution und Epigenesis.

Das Verhältnis der *Evolution* zur *Epigenesis* und die Geschichte beider Theorien habe ich eingehend erörtert in meiner „Anthropogenie" (Vortrag I—III) 1874 (V. Aufl. 1903).

V. Entwickelung und Zeugung.

Die eigentümliche Stellung, welche die Entwickelungsgeschichte zwischen der Morphologie und Physiologie einnimmt, haben wir bereits früher eingehend erörtert. Wir haben gesehen, daß die Entwickelungsgeschichte einerseits zur Physiologie oder Biodynamik gerechnet werden kann, insofern sie die Reihe von Formveränderungen, d. h. Bewegungserscheinungen, untersucht, welche die organischen Formen während ihrer individuellen Existenz durchlaufen. Andererseits waren wir genötigt, dieselbe für die Morphologie oder Biostatik in Anspruch zu nehmen, insofern diese als bloße Anatomie, ohne die Entwickelungsgeschichte, keiner wahren wissenschaftlichen Existenz fähig ist. Da die Kenntnis der werdenden Form des Organismus uns allein zum Verständnis der gewordenen oder vollendeten Form desselben hinüberzuleiten vermag, mußten wir Anatomie und Morphogenie als die beiden koordinierten Hauptzweige der organischen Morphologie betrachten. Wir konnten dies mit um so größerem Rechte, als die Entwickelungsgeschichte der Organismen bisher fast ausschließlich Gegenstand anatomischer und nicht physiologischer Forschungen war, und demgemäß auf ihrer gegenwärtigen niederen Entwickelungsstufe wesentlich eine statische und nicht eine dynamische Disziplin darstellt. Denn in Wahrheit ist fast alles, was wir in der Zoologie, Protistik und Botanik Entwickelungsgeschichte nennen, bisher wesentlich eine Kenntnis der morphogenetischen Tatsachen, nicht aber eine Erkenntnis ihrer physikalisch-chemischen Ursachen gewesen. Wenn wir zu letzterer gelangen wollen, und wenn wir also die Morphogenie wirklich kausal begründen wollen, so müssen wir notwendig auch an die Physiologie der Entwickelung uns wenden.

Nun haben wir keineswegs die Absicht, in den folgenden Blättern eine allgemeine Beschreibung der bekannten organischen Entwickelungserscheinungen zu geben; vielmehr verfolgen wir das höhere Ziel einer allgemeinen Erklärung derselben. Wir wollen den schwierigen und bisher noch nicht unternommenen Versuch einer solchen mechanisch-kausalen Erklärung der morphogenetischen Erscheinungsreihen wenigstens anbahnen, und zwar auf Grund derjenigen Theorie, welche allein diese Erklärung zu liefern vermag, der Deszendenztheorie. Insofern nun aber diese Theorie eine physiologische Erklärung der morphologischen Erscheinungen gibt, werden wir uns nicht auf den morphologischen Teil der Entwickelungsgeschichte beschränken können, sondern auch ihren physiologischen Teil berücksichtigen müssen. Es ist die Physiologie der Zeugung oder Generation, deren Grundgesetze wir in ihren allgemeinsten Zügen verstehen müssen, um zu einem wirklichen monistischen Verständnis der Entwickelungsgeschichte zu gelangen.

Die Physiologie der Zeugung oder Fortpflanzung hängt auf das engste zusammen mit der Physiologie der Ernährung und des Wachstums. „Das Wachstum ist Ernährung mit Bildung neuer Körpermasse — in der Tat eine fortgesetzte Zeugung, und die Zeugung ist nichts als der Anfang eines individuellen Wachstums.“ Die Fortpflanzung ist eine Ernährung und ein Wachstum des Organismus über das individuelle Maß hinaus, welche einen Teil desselben zum Ganzen erhebt. Alle Organismen haben eine beschränkte Zeitdauer ihrer individuellen Existenz als Bionten, und die Arten der Organismen würden einem beständigen Wechsel durch Aussterben der bestehenden Arten unterliegen, wenn nicht die Fortpflanzung dieser Gefahr entgegenwirkte. Daher wird die Fortpflanzung ebenso als die Selbsterhaltung der Art bezeichnet, wie die Ernährung als die Selbsterhaltung der Individuen. Wie aber die Ernährung nur durch den Stoffwechsel möglich ist, so beruht die Arterhaltung auf dem Individuenwechsel. Wie bei der Ernährung beständig die materiellen Bestandteile des Organismus, welche durch die Lebenstätigkeit verbraucht wurden, durch andere, neue gleichartige Teile ersetzt werden, so werden bei der Fortpflanzung beständig die aussterbenden Individuen (Bionten) durch neue Individuen ersetzt.

Die durch Fortpflanzung entstehenden neuen Individuen, die kindlichen Organismen (Partus), sind also allgemein Teile von bestehenden Individuen, von elterlichen Organismen (Parens). Diese Teile haben sich infolge des übermäßigen totalen oder partiellen Wachstums von dem Ganzen abgelöst und wachsen nun selbst wieder zur Größe und Form des Ganzen heran, indem sie sich ergänzen oder reproduzieren. Für diesen Vorgang als Wachstumserscheinung sind insbesondere die Ergänzungs- oder Reproduktions-Erscheinungen sehr lehrreich, welche wir sehr allgemein bei niederen, aber auch bei höheren Organismen eintreten sehen, wenn einzelne Teile durch traumatische oder sonstige äußere Einflüsse verloren gegangen sind. Bei hochorganisierten Wirbeltieren, z. B. den Amphibien, und Gliedertieren, z. B. den Crustaceen, sehen wir, daß selbst ganze verlorene Extremitäten mit Skelett, Muskeln, Nerven etc. vollständig wieder erzeugt, reproduziert werden. Bei niederen Tieren kann durch künstliche Teilung das Individuum vervielfältigt werden, indem jedes der künstlich getrennten Teilstücke sich alsbald wieder zu einem vollständigen Individuum ergänzt. Diese wichtigen Wachstumserscheinungen werfen das bedeutendste Licht auf die Fortpflanzungsvorgänge, welche uns in ihren höchsten Formen als ein ganz eigentümlicher und schwer begreifbarer Lebensprozeß erscheinen, während doch die niedersten Formen sich unmittelbar an jene Wachstums- und Reproduktionsprozesse anschließen. Bei der natürlichen Selbstteilung, als der einfachsten Fortpflanzungsform, spaltet sich das Individuum spontan in zwei Hälften, deren jede sich alsbald wieder durch Wachstum zu einem vollständigen Individuum, einem aktuellen Bion regeneriert. Jede Hälfte fungiert hier ebenso als virtuelles oder potentielles Bion, wie bei der Fortpflanzung durch Eier oder Keimzellen (Sporen) die einzelne, vom elterlichen Organismus abgesonderte Plastide.

Die weitere Betrachtung der verschiedenen Fortpflanzungsformen bleibt dem siebzehnten Kapitel vorbehalten. Hier wollten wir als Grundlage für die Betrachtung der gesamten Ontogenie den wichtigen Satz feststellen, daß die Fortpflanzung und die unmittelbar damit zusammenhängende Entwickelung physiologische Funktionen und in den materiellen Wachstumsgesetzen begründet sind.

VI. Aufbildung, Umbildung, Rückbildung.

Wir verstehen unter morphologischer Entwickelung des Individuums die kontinuierlich zusammenhängende zeitliche Kette von Formveränderungen, welche das organische Individuum während der gesamten Zeit seines individuellen Lebens, vom Beginn seiner Existenz an bis zum Abschluß derselben, durchläuft. Immerhin wird es in vielen Fällen von Vorteil sein, die verschiedenen Stadien der individuellen Entwickelung, welche wir als „eigentliche Entwickelung", Reife und Rückbildung unterscheiden, als drei untergeordnete Abschnitte des individuellen Entwickelungskreises künstlich zu trennen und die Vorgänge, welche dieselben kennzeichnen, gesondert zu betrachten. In diesen Fällen schlagen wir vor, die drei Stadien der Entwickelung, welche wir im siebzehnten Kapitel allgemein zu charakterisieren versuchen werden, bestimmter mit folgenden Benennungen zu bezeichnen.

I. Anaplasis oder Aufbildung (Evolution). Erstes Stadium der individuellen Entwickelungskette. Sogenannte „eigentliche Entwickelung" oder Entwickelung im engeren Sinne.

II. Metaplasis oder Umbildung (Transvolution). Zweites Stadium der individuellen Entwickelungskette. Sogenannte „Reife" oder Vollendungszustand des Individuums.

III. Kataplasis oder Rückbildung (Involution). Drittes Stadium der individuellen Entwickelungskette. Dekreszenz. Senilität.

VII. Embryologie und Metamorphologie.

Die Entwickelungsgeschichte der organischen Individuen, welche wir Ontogenie nennen, wird gewöhnlich als Embryologie bezeichnet. Indessen ist dieser Ausdruck nicht hierfür passend und nicht allgemein anwendbar. Die eigentliche Embryologie ist nur ein Teil der Ontogenie und bei sehr vielen Organismenarten kann man überhaupt nicht von Embryologie sprechen.

Der Begriff „Embryo" kann nur dann scharf bestimmt und mit Nutzen angewandt werden, wenn man darunter den „Organismus innerhalb der Eihüllen" versteht. Diesen festbestimmten Sinn hatte der Begriff des Embryo bereits im ganzen Altertum, wo man stets die „ungeborene Frucht im Mutterleibe" (bei den Römern Foetus, richtiger Fetus) darunter verstand. Mit dem Geburtsakte galt das embryonale oder fetale Leben als beendet und der Embryon oder Fetus wurde durch denselben zum selbständigen, freien Organismus. Ebenso wurde von den meisten neueren Naturforschern sowohl der tierische wie pflanzliche Organismus stets nur so lange als Embryo bezeichnet, so lange er sich innerhalb der Eihüllen befand. Erst den letzten beiden Dezennien, welche sich durch die überhandnehmende Verwilderung der Begriffe und fortschreitende Verwirrung der Anschauungen in stets zunehmendem Maße vor den früheren Zeiten auszeichneten, blieb es vorbehalten, auch diesen klaren und festen Begriff zu vernichten und durch die Einführung von „freien Embryonen" in die Wissenschaft diese aufs neue eines sicheren Begriffs zu berauben. Seitdem man begonnen hat, die „Larven" als Embryonen mit freiem und selbständigem Leben zu bezeichnen, hat man sich leider in weiten Kreisen daran gewöhnt, die gänzlich verschiedenen Begriffe der Larve und des Embryo (besonders bei den niederen Tieren) gemischt zu gebrauchen, so daß gegenwärtig der mißbräuchliche Ausdruck des „freien Embryo" statt der „Larve" leider sehr verbreitet ist. Insbesondere nennt man häufig so die bewimperten, frei im Wasser schwimmenden Larven vieler niederer Tiere, welche gewissen Infusorien sehr ähnlich sind. Für diese werden die Ausdrücke Schwärm-Embryo, Wimper-Embryo, infusorienartiger Embryo etc. so vielfältig gebraucht, daß darüber die eigentliche Bedeutung des „Embryo" ganz vergessen worden ist. Es ist dies um so mehr zu bedauern, als gar kein zwingendes Moment vorlag, den sicheren und feststehenden Begriff des Embryo aufzugeben. Wir halten daher unbedingt an demselben fest und verstehen ein für allemal unter Embryo ausschließlich den Organismus innerhalb der Eihüllen, und unter „embryonalem Leben" diejenige Periode der individuellen Existenz, welche mit der Entstehung des kindlichen Individuums durch den geschlechtlichen Zeugungsakt beginnt und mit seinem Durchbruch der Eihüllen abschließt. Diese beiden Momente sind vollkommen scharf bestimmt und lassen keinerlei Verwechselung zu.

Nun ist es ohne weiteres klar, daß man die gesamte Entwickelungsgeschichte des physiologischen Individuums, wie wir deren Umfang soeben bezeichnet haben, in keinem einzigen Falle mit dem Namen der Embryologie belegen darf, falls dieser Ausdruck irgendeinen bestimmten Sinn haben soll. Denn es gibt keinen einzigen Organismus, dessen individuelle Existenz sich auf das embryonale Leben beschränkt. Vielmehr erscheint dieses letztere, vom physiologischen Gesichtspunkte aus betrachtet, stets nur als die vorbereitende Einleitung der individuellen Existenz, vom morphologischen Gesichtspunkte aus als die „Rekapitulation der paläontologischen Entwickelung des Stammes", zu welchem die durch das Individuum repräsentierte Art gehört. Die Entwickelung, welche der Organismus außerhalb der Eihüllen durchläuft, ist aber nicht minder Entwickelung, Genesis, als diejenige, welche derselbe innerhalb derselben durchzumachen hat. Wir werden also bei denjenigen Organismen, welche sich aus einem befruchteten Ei entwickeln, allgemein zu unterscheiden haben zwischen der embryonalen und der postembryonalen Entwickelung, welche beide durch eine unzweideutige Grenzmarke voneinander getrennt sind. Der Begriff der Embryologie ist demnach zu beschränken auf die Wissenschaft von der embryonalen Entwickelung. Dagegen bezeichnen wir die Wissenschaft von der postembryonalen Entwickelung mit dem Namen der Metamorphologie.

Will man in der Ontogenie noch verschiedene Zweige unterscheiden, entsprechend den drei Entwickelungsstadien der Aufbildung

(Evolution), Umbildung (Transvolution) und Rückbildung (Involution), so würden diese drei untergeordneten Teile der Ontogenie allgemein zu bezeichnen sein als Anaplastologie, Metaplastologie und Kataplastologie.

I. Anaplastologie, Aufbildungslehre: Entwickelungsgeschichte des organischen Individuums während der Periode der Aufbildung (Evolution). Dieser Teil der Ontogenie ist derjenige, welcher allen organischen Individuen (erster bis letzter Ordnung) ohne Ausnahme zukommt, da alle ein Stadium der Aufbildung durchmachen, welches vorzugsweise in Wachstum und Differenzierung besteht. Es gehört hierher alle Embryologie und derjenige Teil der Metamorphologie, welcher bis zur erlangten Reife sich erstreckt. Die Anaplastologie entspricht mithin der Entwickelungsgeschichte im Sinne der meisten Menschen.

II. Metaplastologie, Umbildungslehre: Entwickelungsgeschichte des organischen Individuums während der Periode der Umbildung (Transvolution). Dieser Teil der Ontogenie fehlt denjenigen organischen Individuen, deren Existenz zugleich mit ihrer Aufbildung abschließt, z. B. den embryonalen Zellen, den Moneren und vielen anderen Protisten, welche sich nach Erlangung der vollständigen Größe alsbald teilen. Er umfaßt hauptsächlich Differenzierungsvorgänge.

III. Kataplastologie, Rückbildungslehre: Entwickelungsgeschichte des organischen Individuums während der Periode der Rückbildung (Involution). Dieser Teil der Ontogenie fehlt vollständig bei der großen Anzahl derjenigen organischen Individuen, welche überhaupt keine Rückbildung erleiden, vielmehr ihre Existenz mit erlangter Differenzierung abschließen. Dagegen ist er sehr wichtig bei denjenigen Spezies, welche parasitisch leben. Er umfaßt hauptsächlich Degenerationsprozesse.

VIII. Entwickelung und Metamorphose.

Die Metamorphose oder Verwandelung und ihre Beziehungen zur Entwickelung der Organismen sind auf verschiedenen Gebieten von den Biologen in einer sehr verschiedenen Bedeutung aufgefaßt worden. Die Botaniker verstehen seit Goethe unter „Metamorphose der Pflanzen“ die gesamte Entwickelungsgeschichte des Blütensprosses oder des Individuums fünfter Ordnung bei den Phanerogamen, welches denselben morphologischen Wert hat, wie die tierische Person. Goethe führte 1790 geistvoll den zuerst von C. F. Wolff (1764) ausgesprochenen Gedanken aus, daß alle wesentlichen Teile der Phanerogamenblüte, mit Ausnahme der Stengelorgane (Achsorgane), nichts anderes seien, als „umgewandelte, metamorphosierte“ Blätter, d. h. verschiedenartig differenzierte Modifikationen eines und desselben Grundorgans, des Blattes. Das Wesentliche in diesem Verwandelungsprozesse der Phanerogamenblüte ist also das Wachstum und die Differenzierung, auf welcher die gesamte Entwickelung derselben beruht. Die Lehre von der Metamorphose umfaßt daher hier die gesamte Anaplase und Metaplase, und es erscheint nicht nötig, für diese die besondere Bezeichnung der Metamorphose als eines besonderen ontogenetischen Vorganges beizubehalten. Vielmehr fällt in diesem allgemeineren Sinne der Begriff der Metamorphose mit dem Begriffe der epigenetischen Entwickelung überhaupt zusammen.

In einer wesentlich anderen Bedeutung wird dagegen der Begriff der Metamorphose seit langer Zeit von den Zoologen angewendet. Diese verstehen darunter größtenteils die auffallenderen Formwandelungen, welche zahlreiche, vorzüglich wirbellose Tiere während ihrer postembryonalen Entwickelung durchmachen, ehe sie ihren Reifezustand erreichen. Ausgehend von dem am längsten und allgemeinsten bekannten Beispiele der Insekten, bei denen Raupe, Puppe und Schmetterling und ebenso Made, Puppe und Fliege als drei auffallend verschiedene und scharf voneinander abgegrenzte Entwickelungszustände eines und desselben organischen Individuums aufeinander folgen, belegte man allgemein die ähnlichen Formfolgen, welche in neuerer Zeit bei so vielen wirbellosen Tieren aufgefunden wurden und bei denen ebenfalls ein und dasselbe Tier in mehreren auffallend verschiedenen äußeren Formen nacheinander erscheint, mit dem Namen der Metamorphose. Da nun aber ähnliche „auffallende" Formveränderungen, wie sie hier vom Organismus außerhalb der Eihüllen, also in der postembryonalen Zeit, durchlaufen werden, bei vielen anderen Tieren, bei denen dies nicht der Fall ist, innerhalb des embryonalen Lebens durchgemacht werden, so dehnte man späterhin den Begriff der tierischen Metamorphose noch weiter aus und verstand darunter die sämtlichen auffallenden Formveränderungen, welche der tierische Organismus während der Aufbildungsperiode, der Anaplase, durchläuft. Man konnte demnach zwischen einer embryonalen und einer postembryonalen Metamorphose unterscheiden, wie es auch neuerdings vielfach geschehen ist. Hier würde nun wieder der Begriff der Metamorphose mit dem der individuellen Entwickelung überhaupt zusammenfallen, oder man könnte diese letztere höchstens insofern in Ontogenie mit und ohne Metamorphose unterscheiden, als die Formveränderungen des sich entwickelnden Individuums bald auffallende und plötzliche, bald unmerkliche und allmähliche sind. Da nun aber gerade im embryonalen Leben eine solche

Unterscheidung gar nicht durchzuführen ist, und da streng genommen alle embryonale Anaplase mit Metamorphose verbunden ist, so müssen wir den Begriff der Metamorphose auf die postembryonale Ontogenie beschränken und denselben auf diesem Gebiete schärfer zu bestimmen versuchen.

Ohne nun auf die zahlreichen verschiedenen und sehr divergierenden Versuche, welche in dieser Beziehung gemacht worden sind, näher einzugehen, wollen wir hier nur denjenigen Begriff der postembryonalen Metamorphose feststellen, der uns allein bei einer vergleichenden Betrachtung aller Organismen durchführbar zu sein scheint. Wir nennen Metamorphose in diesem engeren Sinne diejenige Art der postembryonalen Umbildung oder Entwickelung, bei welcher der jugendliche Organismus, ehe er in die geschlechtsreife Form übergeht, bestimmt geformte Teile abwirft; derselbe ist also ausgezeichnet durch den Besitz provisorischer Teile (gewöhnlich Organe), welche er später als geschlechtsreifer Repräsentant der Spezies nicht mehr besitzt. Der Verlust dieser provisorischen Teile ist der eigentliche Kern der Metamorphose im engeren Sinne.

Die Entwickelungszustände der metamorphen Organismen, welche durch den Besitz provisorischer Teile ausgezeichnet sind, hat man seit langer Zeit als Larven (Larvae) oder Schadonen (Aristoteles) bezeichnet, die reifen Formen, welche aus der Larve durch die Metamorphose entstehen, als Bilder (Imagines).

Wichtig ist im Allgemeinen die Unterscheidung zwischen progressiver und regressiver Metamorphose. Diese beiden Formen der echten postembryonalen Metamorphose, obwohl auch bisweilen ineinander übergreifend, unterscheiden sich wesentlich dadurch, daß die morphologische Differenzierung und also die Vollkommenheit des ganzen Individuums im Falle der progressiven Metamorphose größer ist bei der Imago als bei der Larve; im Falle der regressiven Metamorphose umgekehrt größer bei der Larve als bei der Imago. Die fortschreitende oder progressive Verwandlung ist die gewöhnliche Art der Metamorphose; die rückschreitende oder regressive Verwandlung, welche durch Anpassung an einfachere Existenzbedingungen entsteht, findet sich vorzüglich bei parasitischen Tieren, z. B. vielen Crustaceen.

Siebzehntes Kapitel.

Entwickelungsgeschichte der physiologischen Individuen.

(Naturgeschichte der Zeugungskreise oder der genealogischen Individuen erster Ordnung.)

„Die Vergleichung beider Geschlechter miteinander ist, zu tieferer Einsicht in das Geheimnis der Fortpflanzung, als des wichtigsten Ereignisses, der Physiologie unentbehrlich. Beider Objekte natürlicher Parallelismus erleichtert sehr das Geschäft, bei welchem unser höchster Begriff, die Natur könne identische Organe dergestalt modifizieren und verändern, daß dieselben nicht nur in Gestalt und Bestimmung völlig andere zu sein scheinen, sondern sogar in gewissem Sinne einen Gegensatz darstellen, bis zur sinnlichen Anschauung heranzuführen ist."

Goethe.

I. Verschiedene Arten der Zeugung.

Die Entwickelung der organischen Individuen in dem Umfange, welchen wir oben für diesen Begriff festgestellt haben, dauert ihr ganzes Leben hindurch; denn das ganze Leben ist eine kontinuierliche Kette von Bewegungserscheinungen der organischen Materie, welche immer mit entsprechenden Formveränderungen verknüpft sind. Die Erkenntnis dieser gesamten Formveränderungen, mögen dieselben nun progressive oder regressive sein, ist das Objekt der Ontogenie, in dem weiteren Sinne, welchen wir dieser Wissenschaft vindizieren. Da die organische Individualität, welche jene Kette von Entwickelungsformen durchläuft, als physiologisches Individuum (Bion) auftritt, so ist die Ontogenie des ganzen Organismus die Entwickelungsgeschichte seiner physiologischen Individualität.

Die Existenz jedes physiologischen Individuums beginnt mit dem Momente seiner Entstehung durch Zeugung und hört auf entweder mit seinem Tode oder mit seinem vollständigen Zerfall in zwei oder mehrere kindliche Individuen (Selbstteilung). Wir werden daher die allgemeine Entwickelungsgeschichte der physiologischen Individuen mit einer allgemeinen Erörterung der Zeugungserscheinungen anfangen müssen, mit denen die Existenz aller organischen Individuen ohne Ausnahme beginnt.

Der Begriff der Zeugung fällt zusammen mit dem Begriff der Entstehung der organischen Individualität. Durch jeden Zeugungsprozeß entsteht ein organisches Individuum, welches vorher nicht existierte, und der Moment der Zeugung ist der Moment des Beginnes seiner individuellen Existenz und seiner Entwickelung. Alle Zeugung, d. h. also alle Entstehung organischer Individuen, ist entweder Urzeugung (*Generatio spontanea*) oder Elternzeugung (*Generatio parentalis*). Die letztere geht aus von vorhandenen organischen Individuen, die erstere nicht.

A. Urzeugung.

(Archigonia. Generatio spontanea.)

Die elternlose Zeugung oder Urzeugung (Generatio spontanea, originaria, aequivoca, primaria etc.) besteht darin, daß organische Individuen erster Ordnung von der einfachsten Beschaffenheit (strukturlose und homogene Moneren) unter bestimmten Bedingungen in einer nicht organisierten Flüssigkeit entstehen, welche die den Organismus zusammensetzenden Stoffe entweder in anorganischen oder in organischen Verbindungen gelöst enthält. Wenn die chemischen Elemente, welche zu verwickelten Verbindungen zusammengesetzt den Monerenkörper konstituieren, in anorganischer Form (d. h. zu einfachen und festen Verbindungen, Kohlensäure, Ammoniak, binären Salzen etc.) vereinigt in der Bildungsflüssigkeit gelöst sind, so nennen wir diesen Modus der Generatio spontanea Autogonie. Wenn dagegen jene Elemente bereits zu organischen Verbindungen (d. h. zu verwickelten und lockeren Kohlenstoffverbindungen, Eiweiß, Fett, Kohlehydraten etc.) vereinigt in der Bildungsflüssigkeit gelöst sind, so nennen wir diese Art der Generatio spontanea Plasmogonie. (Vergl. Kapitel 6.)

B. Elternzeugung.

(Tocogonia. Generatio parentalis.)

Unter dem Begriffe der elterlichen Zeugung oder Tocogonie faßt man allgemein diejenigen Entstehungsweisen organischer Individuen zusammen, welche von bereits bestehenden organischen Individuen ausgehen. Die Lebenstätigkeit der bestehenden oder elterlichen Individuen, durch welche die neu entstehenden oder kindlichen Organismen hervorgebracht werden, heißt allgemein Fortpflanzung (Propagatio). Das Wesen dieses Vorganges als einer Wachstumserscheinung haben wir bereits oben erörtert. Indem das Individuum über sein individuelles Maß hinaus wächst, löst sich das überschüssige Wachstumsprodukt in Form eines Teiles von ihm ab, welcher sich alsbald wieder zu einem vollständigen Individuum durch eigenes Wachstum ergänzt. Der neu erzeugte kindliche Organismus (*Partus*) ist also ein abgelöster Teil des elterlichen Organismus (*Parens*). Die Ablösung kann vollständig oder unvollständig sein. Im ersteren Falle erhält das neu erzeugte morphologische Individuum durch den Ablösungsakt die Selbständigkeit des physiologischen Individuums (*Bion*). Im letzteren Falle bleibt das kindliche morphologische Individuum mit dem elterlichen mehr oder minder innig verbunden und bildet mit ihm einen Komplex oder eine Kolonie (*Synusia*), ein physiologisches Individuum, welches einer höheren morphologischen Ordnung angehört, als die beiden Komponenten.

Man pflegt die Tokogonie oder parentale Zeugung allgemein in zwei verschiedene Reihen einzuteilen, unter welche sich alle ihre zahlreichen Modifikationen subsumieren lassen: die geschlechtslose oder *monogone* und die geschlechtliche oder *amphigone* Fortpflanzung. Bei der Monogonie oder ungeschlechtlichen Fortpflanzung ist das einzelne Wachstumsprodukt, welches sich von dem elterlichen Organismus ablöst, zur Selbsterhaltung und zum selbständigen Wachstum befähigt, ohne dazu der Mitwirkung eines anderen Wachstumsproduktes zu bedürfen. Bei der Amphigonie oder geschlechtlichen Fortpflanzung dagegen wird das einzelne Wachstumsprodukt erst durch materielle Verbindung mit einem zweiten davon verschiedenen Wachstumsprodukte, durch geschlechtliche Vermischung (*Gamos*) zur Selbsterhaltung und zum selbständigen Wachstum befähigt. Die Grenze zwischen diesen beiden, in ihren Extremen sehr abweichenden Fortpflanzungsarten, welche früherhin für vollständig verschiedene Zeugungsformen galten, ist durch die neueren Entdeckungen über die Parthenogenesis so sehr verwischt worden, daß es schwierig ist, eine scharfe Definition derselben zu geben. Insbesondere haben die Fälle von Parthenogenesis bei den Insekten (Bienen, Psychiden) dazu geführt, als das Kriterium der geschlechtlichen Zeugung nicht die materielle Verbindung zweier verschiedener Individuen zu bestimmen, sondern die Entstehung der Keime, aus denen sich die neuen Individuen bilden, in einem „Geschlechtsapparate“; die in dem „Eierstock“ gebildete „Eizelle“ soll hier entscheidend sein, und es kann diese Ansicht namentlich gestützt werden durch die Betrachtung der Bienen, bei denen eine und dieselbe Zelle, wenn sie befruchtet wird, sich zum Weibchen, wenn sie nicht befruchtet wird, zum Männchen entwickelt.

1. Ungeschlechtliche Fortpflanzung.

(Monogonia. Generatio monogenea.)

Die ungeschlechtliche oder monogene Zeugung (Monogonie) ist dadurch charakterisiert, daß das Wachstumsprodukt des elterlichen Organismus selbständig entwickelungsfähig ist, ohne der Befruchtung, der Vermischung mit einem anderen Wachstumsprodukte zu bedürfen. Sie ist auch als Spaltung (*Fissio*) bezeichnet worden, weil der entwickelungsfähige Teil des Individuums, welcher sich zu einem neuen Individuum entwickelt, sich früher oder später von dem ersteren abspaltet, und durch diese unvollständige oder vollständige Spaltung selbständig wird. Indessen scheint es passender, den Begriff der Spaltung auf die beiden Formen der monogenen Fortpflanzung, welche man als Teilung und Knospenbildung bezeichnet, zu beschränken, da die dritte Hauptform derselben, die Sporenbildung, ebenso wie die Bildung der Geschlechtsprodukte, mehr auf einer inneren Aussonderung eines einzelnen Wachstumsproduktes, als auf einer eigentlichen äußeren Spaltung des ganzen Individuums beruht. Wir können also allgemein zunächst zwei Hauptgruppen unter den verschiedenen monogenen Fortpflanzungsformen unterscheiden, nämlich 1. die Spaltung oder *Schizogonie* (Fission) und 2. die Sporenbildung oder *Sporogonie.* Bei der ersteren (Selbstteilung und Knospenbildung) bleibt das Wachstumsprodukt entweder dauernd mit dem elterlichen Individuum in Verbindung, oder es löst sich (meist äußerlich) von dem parentalen Organismus erst ab, nachdem es schon eine größere oder geringere Selbständigkeit und Ausdehnung erlangt hat. Meist entspricht dasselbe bereits einem differenzierten Plastidenkomplexe, wenn die Abspaltung erfolgt. Bei der Sporogonie dagegen sondert sich das Wachstumsprodukt (meist innerlich) schon frühzeitig von dem elterlichen Organismus ab, ehe es sich selbständig entwickelt hat, und stellt zur Zeit der Ablösung meist eine einfache Plastide dar. In dieser Beziehung erscheint also die Spore oder Keimplastide nicht sowohl als Spaltungs-, wie als Absonderungsprodukt des elterlichen Organismus, und schließt sich vielmehr den ebenfalls abgesonderten Geschlechtsprodukten an, denen sie auch in ihren Entwickelungs- und besonders in den Vererbungserscheinungen oft näher verwandt ist. Da nämlich die Kontinuität zwischen elterlichem und kindlichem Organismus bei der Teilung und Knospenbildung inniger ist und längere Zeit hindurch fortdauert, als bei der Sporenbildung und geschlechtlichen Zeugung, so werden auch bei der ersteren die individuellen Eigenschaften des elterlichen Organismus genauer und strenger auf das kindliche Individuum übertragen, als bei der letzteren.

A. Ungeschlechtliche Zeugung durch Spaltung.

(Generatio fissipara. Fissio. Schizogonia.)

Die Monogonie durch Spaltung (Fissio) ist dadurch charakterisiert, daß das Wachstumsprodukt sich (meistenteils äußerlich) vom elterlichen Organismus entweder überhaupt gar nicht oder erst dann ablöst, nachdem dasselbe bereits eine im Verhältnis zu letzterem beträchtliche Ausdehnung und morphologische Differenzierung erhalten hat. Bei den polyplastiden Organismen stellt dasselbe zur Ablösungszeit bereits eine Mehrheit von Plastiden dar. Die beiden Hauptformen, welche man unter den verschiedenen Modifikationen der Spaltung unterscheidet, sind 1. die Selbstteilung oder Divisio und 2. die Knospenbildung oder Gemmatio. Bei der Selbstteilung ist das die Fortpflanzung einleitende Wachstum des Individuums ein totales, und es zerfällt dasselbe bei der Spaltung in seiner Totalität, so daß die Teilungsprodukte gleichwertig sind. Bei der Knospenbildung dagegen ist es ein einzelner Körperteil des Individuums, welcher durch bevorzugtes Wachstum zur Bildung einer neuen Individualität (Knospe) führt, und diese trennt sich dann von dem elterlichen Individuum unvollständig oder vollständig, ohne daß dessen eigene Individualität dadurch vernichtet wird. Es sind also die beiden Spaltungsprodukte hier ungleichwertig.

Aa) Die Selbstteilung oder Division.

(Generatio scissipara sive divisiva. Divisio. Scissio.)

Die Selbstteilung wird eingeleitet durch ein allseitiges Wachstum des Individuums, welches bei Überhandnahme desselben in seiner Totalität zerfällt und durch den Teilungsprozeß selbst vernichtet wird. Die Teilungsprodukte sind von gleichem Alter, also koordiniert, und auch ihrer morphologischen Bedeutung nach meistens vollkommen oder doch annähernd gleichwertig. Äußerlich beginnt der Teilungsprozeß mit der Bildung einer ringförmigen Furche an der Körperoberfläche, welche tiefer und tiefer greift und endlich oft mit der Bildung einer vollständigen Teilungsebene durchschneidet. Indessen geht dieser äußerlichen Abschnürung immer als wesentliches Moment des Prozesses die Bildung von zwei neuen Wachstumscentren in dem dezentralisierten Individuum vorher. Sehr oft kommt auch die Teilung äußerlich gar nicht als Furchung oder Abschnürung zur Erscheinung, während sie doch dadurch in gewisser Hinsicht vollständig wird, daß sich eine heterogene Scheidewand zwischen den beiden homogenen Hälften ausbildet. Dies ist insbesondere sehr allgemein bei der Selbstteilung der Plastiden der Fall, welche zu Parenchym miteinander verbunden bleiben.

Man unterscheidet gewöhnlich vollständige Teilung (Divisio completa), bei welcher die aus der Teilung entstehenden kindlichen Individuen sich gänzlich voneinander trennen, und unvollständige Teilung (Divisio incompleta), bei welcher dieselben zu Individuenkomplexen oder Synusien vereinigt bleiben. Letztere ist außerordentlich wichtig, da auf ihr meistens die Bildung der Individuen höherer Ordnung beruht. Außerdem pflegt man noch, je nach der verschiedenen Richtung der Teilungsebene zum Körper, Längsteilung und Querteilung zu unterscheiden. Da eine schärfere Unterscheidung dieser Formen, als bisher üblich war, für verschiedene Entwickelungsverhältnisse von hoher Bedeutung ist, so wollen wir auf dieselben hier etwas näher eingehen.

Zunächst erscheint uns hier besonders wichtig der bisher nicht berücksichtigte Unterschied zwischen der Zweiteilung (*Dimidiatio*), wobei das Individuum in zwei gleiche Hälften, und der Strahlteilung (*Diradiatio*), bei welcher dasselbe in drei oder mehr gleiche Stücke zerfällt. Die letztere teilen wir wieder ein in paarige (*artia*) und unpaarige Diradiation (*anartia*).

Ab) Die Knospung oder Knospenbildung.

(Generatio gemmipara. Gemmatio.)

Die Knospenbildung oder Gemmation als die zweite Hauptform der Spaltung oder Fission ist, wie oben bemerkt, wesentlich dadurch von der Selbstteilung verschieden, daß sie durch ein einseitiges (nicht allseitiges) Wachstum des Individuums eingeleitet wird, und daß daher bei der Abspaltung des einseitig gewucherten Teiles die Individualität des Ganzen nicht zerstört wird, sondern vielmehr erhalten bleibt. Die Knospungsprodukte sind also von ungleichem Werte, und es ist von Anfang an das elterliche Individuum von dem kindlichen, welches als Knospe aus ihm hervorwächst, verschieden. Die beiden Spaltungsprodukte sind bei der Knospung von verschiedenem Alter, bei der Teilung von gleichem Alter. Bei der letzteren spaltet sich das Individuum in zwei oder mehrere koordinierte, bei der ersteren in zwei oder mehrere subordinierte Teile. Der durch bevorzugtes partielles Wachstum ausgebildete kindliche Organismus oder die Knospe ist dem elterlichen knospenden Individuum untergeordnet, wenn er auch denselben Grad morphologischer Ausbildung erreicht.

Wie bei der Teilung unterscheidet man auch bei der Knospung gewöhnlich nach der verschiedenen Dauer des Zusammenhanges zwischen beiden Spaltungsprodukten zwei Gemmationsarten: die vollständige Knospenspaltung (*Gemmatio completa*), bei welcher das kindliche Individuum, die Knospe, sich vollständig von dem elterlichen ablöst, und die unvollständige Knospenspaltung (*Gemmatio incompleta*), bei welcher dieselben als Individuenstock oder Synusie vereinigt bleiben. Die letztere kommt in außerordentlich mannigfaltiger Form zur Ausführung, besonders im Pflanzenreiche und bei den Coelenteraten, wo die charakteristische Form der Kormen größtenteils durch die Form der unvollständigen Knospenspaltung bedingt wird.

Der Begriff der Knospe (*Gemma*) ist ein streng physiologischer (so gut wie der irgendeines anderen Spaltungsproduktes) und bedeutet stets ein physiologisches Individuum (*Bion*), welches von einem vorher bestehenden elterlichen Individuum durch den soeben geschilderten Spaltungsprozeß, die Knospenbildung oder Gemmation, erzeugt wird. Es ist sehr wichtig, diese einzig durchführbare scharfe Bestimmung des Begriffs „Knospe“ streng festzuhalten, und ebenso sie bestimmt zu unterscheiden von dem rein morphologischen Begriff des Sprosses (Blastos), welcher sehr häufig, besonders in der Botanik, damit verwechselt wird. Durch diese Verwechselung der beiden ganz verschiedenen Begriffe, welche beide einen scharf bestimmten Umfang und Inhalt haben, ist schon unendliche Verwirrung angerichtet worden. Der Sproß ist von der Knospe ebenso verschieden, wie die Zelle oder wie der Stock. Der Sproß oder Blastos ist, wie wir im neunten Kapitel festgestellt haben, das morphologische Individuum fünfter Ordnung, das Histonal; bei den Tieren meistens als das „eigentliche Individuum“ die Person oder das Prosopon, bei den Pflanzen bald als Sproß, bald als Knospe bezeichnet. Die Knospe (Gemma) dagegen kann als physiologisches Individuum (Bion) von den morphologischen Individuen aller sechs Ordnungen vertreten werden. Durch Knospung entstehen nicht allein die meisten Sprosse, sondern auch die meisten Stöcke, die meisten Organe (z. B. Blätter, Extremitäten), sehr viele Zellen und Cytoden. Alle diese Form-Individuen verschiedenen Ranges können mit Rücksicht auf ihre Entstehung als Knospen (Gemmae) bezeichnet werden.

Als die verschiedenen Hauptformen der Knospen werden in der Botanik allgemein die drei Formen der Terminalknospen, Axillarknospen und Adventivknospen unterschieden. Wichtiger ist die in der Zoologie gebräuchliche Unterscheidung der äußeren und inneren Knospenbildung, je nachdem die Knospen äußerlich auf der Oberfläche, oder innerlich in einem Hohlraum des elterlichen Individuums entstehen.

B. Ungeschlechtliche Zeugung durch Sporenbildung.

(Generatio sporipara. Sporogonia.)

Die Sporogonie oder ungeschlechtliche Fortpflanzung durch Keime unterscheidet sich als die zweite Hauptart der Monogonie von der ersten, der Spaltung, wesentlich dadurch, daß das Wachstumsprodukt im Inneren abgesondert wird und schon sehr frühzeitig, ehe es entwickelt und differenziert ist, von dem elterlichen Organismus sich ablöst. Die Trennung von demselben ist vollständig und erfolgt schon, ehe das lokale Wachstumsprodukt eine im Verhältnis zum elterlichen Organismus irgend bedeutende Ausdehnung und morphologische Differenzierung erreicht hat. Von den vorher aufgeführten Formen der Monogonie steht die innere Knospenbildung der Sporogonie am nächsten. Allein dort erreicht die Knospe schon einen weit höheren Grad der individuellen Entwickelung, ehe sie sich vom Eltern-Individuum ablöst. Es ist die physiologische Abhängigkeit des kindlichen vom parentalen Organismus bei der Knospenbildung eine größere, als bei der Sporogonie, während die morphologische Abhängigkeit umgekehrt bei der letzteren größer erscheinen kann als bei der ersteren. Die selbständige Zentralisation der Spore ist viel bedeutender und beginnt viel früher, als es bei der Knospe der Fall ist. Ein wesentlicher Unterschied zwischen beiden liegt auch darin, daß die innere Knospe in einer Höhle des parentalen Individuums, aber in Kontinuität mit deren Wand, sich entwickelt, während der Keim oder die Spore mitten im

Parenchym desselben entsteht, durch Absonderung von der umhüllenden Parenchymmasse, mit welcher er nur in lockerer Kontiguität bleibt. Es ist daher die Sporogonie auch weniger eine Abspaltung (Fissio) als vielmehr eine Absonderung (Secretio), und hierdurch schließt sie sich, wie oben bemerkt, unmittelbar an die sexuelle Zeugung an, mit welcher sie durch die Parthenogenesis fast untrennbar verbunden ist.

2. Geschlechtliche Fortpflanzung.

(Amphigonia. Generatio digenea.)

Die geschlechtliche oder digene Zeugung (*Amphigonia*) läßt sich nur dadurch scharf charakterisieren, daß wir als Kriterium derselben die Vermischung zweier verschiedener Stoffe festhalten, welche von zwei verschiedenen Individuen oder von zwei verschiedenen Teilen (Geschlechtsteilen) eines und desselben Individuums produziert sind: die weibliche Eizelle (*Ovulum*) und die männliche Samenzelle (*Spermium*). Die verschiedenen Formen der geschlechtlichen Fortpflanzung unterscheiden sich zunächst am meisten durch die Verteilung oder Vereinigung der beiden Geschlechtsprodukte, Ei und Samen, auf verschiedene Individuen. Man pflegt hiernach allgemein „Individuen mit vereinigten Geschlechtsprodukten" (Zweigeschlechtige, Bisexuales, Zwitter oder *Hermaphroditen*) und „Individuen mit getrennten Geschlechtsprodukten" (Getrenntgeschlechtige oder Eingeschlechtige, Unisexuales oder *Gonochoristen*) zu unterscheiden. Die Botaniker unterscheiden ferner zwischen monoecischen und dioecischen Pflanzen. Monoecische oder einhäusige sind solche unisexuelle Pflanzen, bei denen beiderlei eingeschlechtige Individuen (d. h. Blüten, Individuen fünfter Ordnung) auf einem und demselben „zusammengesetzten Individuum" (d. h. auf einem Individuum sechster Ordnung oder Stock) vereinigt sind. Dioecische oder zweihäusige sind solche unisexuelle Pflanzen, bei denen beiderlei eingeschlechtige Blüten auf verschiedene Stöcke verteilt sind. Dieselbe Unterscheidung monoecischer und dioecischer Stöcke ist auch bei den Coelenteraten, insbesondere den Anthozoen, welche den „zusammengesetzten Pflanzen" in ihrer Stockbildung so auffallend gleichen, von einigen Zoologen richtig gemacht worden. Man kann also zunächst unter den Organismen allgemein *Monoecisten* und *Dioecisten* unterscheiden, je nach der Verteilung der beiderlei Geschlechtsprodukte auf eines oder auf verschiedene Individuen sechster Ordnung (Stöcke) und unter den Monoecisten wiederum *Bisexuelle* und *Unisexuelle*, je nach der Verteilung der beiderlei Geschlechtsprodukte auf eines oder auf verschiedene Individuen fünfter Ordnung (Personen, Blütensprosse). Diese Unterscheidung ist aber insofern ungenügend, als dabei die Verteilung der beiderlei Geschlechtsprodukte auf eines oder auf verschiedene Individuen der niederen Ordnungen (vierter, dritter, zweiter Ordnung) nicht berücksichtigt ist. Wie man überhaupt bisher diese niederen Individualitätsgrade, die doch für das Verständnis des ganzen Organismus so wichtig sind, nicht gehörig unterschieden hat, so ist auch jenes besondere Verhältnis ihrer geschlechtlichen Differenzierung meist gänzlich übersehen oder doch nicht richtig beurteilt worden, und daher, besonders in der Zoologie, eine ungemeine Verwirrung in der Auffassung der Geschlechtsverhältnisse eingerissen. Bei den Coelenteraten z. B. weiß niemand mehr, was er unter vereinigten und getrennten Geschlechtern verstehen soll, da diese Ausdrücke bunt durcheinander für monoecische und dioecische, unisexuelle und bisexuelle Organismen und außerdem ohne alle Unterscheidung der Geschlechtsverhältnisse bei den Individuen niederer Ordnung gebraucht werden. Daher erscheint es uns unerläßlich, diese Begriffe scharf zu bestimmen und das Verhältnis der Vereinigung oder Trennung der Geschlechter bei den Individuen aller Ordnungen scharf zu unterscheiden.

Wir bezeichnen demnach ganz allgemein zunächst die Vereinigung der beiderlei Genitalprodukte auf einem Individuum (gleichviel welcher Ordnung) als Zwitterbildung oder *Hermaphroditismus*. Jedes Individuum (irgendeiner Ordnung) als Zwitter (*Hermaphroditus*) vereinigt in sich beiderlei Geschlechtsstoffe, Ovum und Sperma. Der Gegensatz hierzu ist die Trennung der Genitalien, die Verteilung der beiderlei Geschlechtsstoffe auf zwei Individuen (gleichviel welcher Ordnung), welche wir als Geschlechtstrennung oder *Gonochorismus* bezeichnen. Jedes Individuum irgendeiner Ordnung als Nichtzwitter (*Gonochoristus*) besitzt nur einen von beiden Geschlechtsstoffen, Ovum oder Sperma. Das getrenntgeschlechtliche Individuum mit Ovum, ohne Sperma, wird allgemein als weibliches (*femininum*), das nichtzwitterige Individuum mit Sperma, ohne Ovum, als männliches (*masculinum*) bezeichnet. Indem wir die zwölf möglichen verschiedenen Fälle des Gonochorismus und Hermaphroditismus einzeln betrachten, finden wir das Gesetz, daß immer der Hermaphroditismus einer bestimmten Individualitätsordnung mit Gonochorismus einer niedrigeren Ordnung verbunden ist.

I. Geschlechtsverhältnisse der Plastiden (Cytoden und Zellen).

Ia) Hermaphroditismus der Plastiden.

Zwitterbildung der Individuen erster Ordnung.

Die beiderlei Geschlechtsstoffe sind in einem Individuum erster Ordnung (Plastide) vereinigt.

Der Hermaphroditismus der Plastiden ist von den zwölf möglichen Fällen, welche uns die zweifach verschiedenen Geschlechtsverhältnisse der Individuen von sechs verschiedenen Ordnungen darbieten können, der einzige, dessen Existenz nicht ganz sicher nachgewiesen ist. Es ist uns kein Fall mit Sicherheit bekannt, daß eine und dieselbe Plastide (sei es nun eine Cytode oder eine Zelle) beiderlei Geschlechtsstoffe in sich erzeugt hätte.[1]) Weder bei den Tieren, noch bei den Protisten, noch bei den Pflanzen sind unzweifelhaft zwitterige Cytoden oder Zellen beobachtet worden, d. h. einzelne Plastiden, die in einem Teile ihres Leibes weibliche, in einem anderen männliche Zeugungsstoffe produziert hätten. Selbst bei den einzelligen Algen, welche geschlechtlich zeugen, entstehen entweder die beiden Geschlechtsprodukte in zwei verschiedenen Individuen (Zellen), oder wenn ein einzelnes Individuum sie beide erzeugt, geschieht dies in besonderen Abteilungen der Zelle, welche sich vorher durch Scheidewände von den übrigen Teilen der Zelle getrennt haben, also im Grunde selbst schon wieder selbständige Zellen darstellen. Vielleicht findet sich jedoch wirklicher Hermaphroditismus der Plastiden bei einem Teile derjenigen niederen Pflanzen (Desmidiaceen und Zygnemaceen) und Tiere (Gregarinen, Infusorien), welche durch Konjugation und Copulation zeugen. Bekanntlich besteht dieser Prozeß darin, daß zwei Individuen erster Ordnung oder Plastiden (bald Zellen, bald Cytoden) mit einer Stelle ihres Leibes sich aneinander legen, hier verwachsen und endlich teilweise oder vollständig verschmelzen. Die vollständige Verschmelzung, bei welcher aus zwei Individuen eines wird, bezeichnet man als Kopulation (z. B. bei Gregarinen und anderen Protoplasten, Rhizopoden, einigen Infusorien); dagegen die unvollständige Verschmelzung, bei welcher die Individualität

---

[1]) (1906). Ein solcher Fall ist erst neuerdings in der Konjugation der Wimperinfusorien entdeckt worden. Jede der beiden konjugierenden Ciliatenzellen sondert im Standkern *(Paulocaryon)* einen weiblichen, im Wanderkern *(Planocaryon)* einen männlichen Teil ab.

der beiden verschmelzenden Plastiden mehr oder weniger erhalten bleibt, als Konjugation (z. B. bei den Konjugaten: Zygnemaceen, Desmidiaceen). Das Resultat dieser Verschmelzung ist die Bildung einer einzigen oder mehrerer, zur selbständigen Entwickelung fähiger Plastiden, welche man gewöhnlich als Sporen bezeichnet. Nach unserer Auffassung ist die besonders von de Bary aufgestellte Ansicht die richtigere, daß wir es hier mit einer wirklichen geschlechtlichen Zeugung zu tun haben, und das Produkt derselben, die Zygospore, ist demnach nicht als Spore, sondern als sexuelles Zeugungsprodukt, als „befruchtetes Ei" zu bezeichnen. Offenbar ist das Wesentliche dieses Prozesses, wie bei jeder geschlechtlichen Zeugung, die Vermischung zweier verschiedener Stoffe, welche zur Bildung eines neuen Individuums führt. Von den übrigen Formen der geschlechtlichen Zeugung ist die Kopulation und Konjugation nur dadurch verschieden, daß diese beiden verschiedenen Geschlechtsstoffe nicht geformt sind, und gerade hierin liegt für uns die große Bedeutung derselben, da sie offenbar den primitivsten Anfangszustand der Amphigonie repräsentieren, der sich unmittelbar an die ungeschlechtliche Sporogonie anschließt. Man könnte nun wohl daran denken, daß bereits in den noch nicht zur Kopulation oder Konjugation gelangten Plastiden eine Sonderung des Plasma in zweierlei verschiedene Zeugungsstoffe eingetreten sei, und es würde dann der Prozeß der Kopulation und Konjugation selbst als eine wechselseitige Befruchtung zweier hermaphroditischer Individuen erster Ordnung aufzufassen sein, wie wir dieselbe sehr häufig bei zwitterigen Individuen höherer Ordnung (z. B. den Schnecken) finden.[1]) Insbesondere könnte hierfür angeführt werden, daß unter Umständen auch die einzelnen Individuen, welche gewöhnlich konjugieren (z. B. Zygnemen) oder kopulieren (z. B. Gregarinen) selbständig „Sporen" in ihrem Innern erzeugen können. Indessen muß es vorläufig zweifelhaft bleiben, ob hier eine Selbstbefruchtung einer hermaphroditischen Zelle, oder eine Parthenogenesis, die schon zur Sporogonie zu rechnen sein würde, vorliegt, da wir noch nicht imstande gewesen sind, die Verschiedenheit der beiderlei Zeugungsstoffe in den einzelnen kopulierenden und konjugierenden Individuen (weder in chemischer, noch in morphologischer Beziehung) zu konstatieren.

---

[1]) (1906). Die hier ausgesprochene Vermutung ist 30 Jahre später durch die modernen Entdeckungen über die Konjugation der Infusorien und Sporozoen vollauf bestätigt worden.

Ib) Gonochorismus der Plastiden.

Geschlechtstrennung der Individuen erster Ordnung.

Die beiderlei Geschlechtsstoffe sind auf zwei verschiedene Individuen erster Ordnung (Plastiden) verteilt.

Dieser Fall der Geschlechtstrennung ist der allgemeinste von allen sechs möglichen Fällen des Gonochorismus, und wenn ein Hermaphroditismus der Plastiden nicht existierte, so würden eigentlich sämtliche Fälle der geschlechtlichen Differenzierung und Zeugung überhaupt hierher zu ziehen sein. Denn bei allen sexuellen Individuen zweiter und höherer Ordnung, mögen dieselben nun Hermaphroditen oder Gonochoristen sein, finden wir die beiderlei Geschlechtsprodukte von verschiedenen Individuen erster Ordnung erzeugt. In allen uns bekannten Geschlechtsorganen gibt es männliche und weibliche Zellen nebeneinander, aber keine Plastiden, welche zugleich männliche und weibliche Geschlechtsstoffe bildeten. Zwitterige Zellen sind bisher innerhalb eines Geschlechtsorgans nicht beobachtet worden. Wenn wir also von den soeben erwähnten möglichen Fällen des Hermaphroditismus bei kopulierenden und konjugierenden Protisten absehen, so würden wir den Gonochorismus der Plastiden als allgemeine Eigenschaft sämtlicher amphigoner Organismen ansehen können. Die weibliche Geschlechtszelle erzeugt gewöhnlich ein einziges Ei, d. h. sie wandelt sich in ihrer Totalität in eine Eizelle um. Die einzelne männliche Geschlechtszelle (Samenzelle) dagegen erzeugt sehr häufig einen Komplex von mehreren Zoospermien; anderemale fungiert sie in ihrer Totalität. Die Formenmannigfaltigkeit der Zoospermien bei den verschiedenen Organismen ist außerordentlich groß. Besonders bemerkenswert ist die auffallende Ähnlichkeit der fadenförmigen beweglichen Zoospermien (Geißelzellen) bei den Cryptogamen und den meisten Tieren. Ebenso zeigt auch die Form der Eizelle, und besonders ihre Hüllenbildung, bei Pflanzen und Tieren mannigfaltige Analogien.

II. Geschlechtsverhältnisse der Organe.

IIa) Hermaphroditismus der Organe.

Zwitterbildung der Individuen zweiter Ordnung.

Die beiderlei Geschlechtsprodukte sind in einem Individuum zweiter Ordnung (Organ) vereinigt.

Die Zwitterbildung der Organe ist im ganzen selten, da bei den meisten hermaphroditischen Organismen die beiden Geschlechtsstoffe auf zwei verschiedene Individuen dritter oder höherer Ordnung verteilt sind. Doch finden wir in sehr ausgezeichneter Weise beiderlei Zeugungsstoffe von einem einzigen Organe produziert bei manchen Mollusken, und zwar am auffallendsten bei den sonst hoch differenzierten Lungenschnecken (Pulmonaten). Trotz der außerordentlichen Komplikation, welche der Geschlechtsapparat dieser Tiere im übrigen darbietet, werden dennoch die Eier und Samenzellen von einem und demselben Organe unmittelbar neben einander erzeugt. Eine gleiche Zwitterdrüse (Glandula hermaphrodita) findet sich bei *Synapta* unter den Echinodermen. Unter den Pflanzen kommen ähnliche Zwitterdrüsen, d. h. Organe, welche männliche und weibliche Geschlechtsprodukte zugleich erzeugen, nur sehr selten vor, z. B. bei *Marsilea, Pilularia* und einigen anderen Rhizocarpeen.

IIb) Gonochorismus der Organe.

Geschlechtstrennung der Individuen zweiter Ordnung.

Die beiderlei Geschlechtsprodukte sind auf zwei verschiedene Individuen zweiter Ordnung (Organe) verteilt.

Die Verteilung der Geschlechtstätigkeit auf verschiedene Organe ist die allgemeine Regel für die große Mehrzahl aller Organismen, auch für die meisten sogenannten „Zwitterindividuen“ (d. h. hermaphroditischen Individuen dritter und höherer Ordnung). Die weiblichen Organe, welche die Eier produzieren, heißen bei den Tieren allgemein Eierstöcke (*Ovaria*), bei den phanerogamen Pflanzen Samenknospen (*Gemmulae*), bei den meisten cryptogamen Oogonien oder Archegonien (oder Pistillidien). Die männlichen Organe, welche das Sperma produzieren, heißen bei den Tieren allgemein Hoden (*Spermaria, Testiculi*), bei den Phanerogamen Antheren oder Staubblätter, bei den Cryptogamen Antheridien. Bei den Tieren entwickeln sich sehr häufig weibliche und männliche Geschlechtsorgane aus einer und derselben Anlage, so zwar, daß bei den beiderseitigen Embryonen beiderlei Organe bis zu einer gewissen Zeit nicht zu unterscheiden sind und sich erst später differenzieren (z. B. bei den Wirbeltieren). Bei den phanerogamen Pflanzen dagegen sind beiderlei Organe in morphologischer Beziehung wesentlich verschieden, indem die männliche Geschlechtsdrüse ein reines Blattorgan („Staubblatt“), die weibliche Geschlechtsdrüse (Samenknospe) dagegen entweder ein reines Achsenorgan oder eine wirkliche Knospe (ein Achsenorgan mit Blattorganen) ist. Zwischen den vollkommen getrennten Geschlechtsorganen und den vorhin erwähnten Zwitterdrüsen gibt es bei den Tieren (insbesondere Schnecken und Würmern) eine Menge vermittelnder Übergänge, welche die allmähliche Hervorbildung der ersteren aus den letzteren in schlagender Weise bekunden. Insbesondere sind die Ausführungsgänge der männlichen und weiblichen Drüsen oft noch auf kürzere oder längere Strecken hin vereinigt.

III. Geschlechtsverhältnisse der Antimeren.

IIIa) Hermaphroditismus der Antimeren.

Zwitterbildung der Individuen dritter Ordnung.

Die beiderlei Geschlechtsorgane sind in einem Individuum dritter Ordnung (Antimer) vereinigt.

Dieser Fall ist die allgemeine Regel bei den allermeisten hermaphroditischen Individuen vierter und höherer Ordnung. Insbesondere bei den zwitterigen Tieren besitzt meist jeder homotypische Abschnitt beiderlei Geschlechtsorgane. Fast allgemein finden wir bei den dipleuren Zwittertieren beiderlei Organe sowohl auf der rechten als auf der linken Hälfte, bei den centraxonien und amphipleuren Zwittertieren in jedem ihrer „Strahlteile". Weniger allgemein ist dieses Verhältnis bei den Pflanzen, wo öfters insbesondere die weiblichen Organe in einem oder mehreren Antimeren abortieren, so daß diese bloß eingeschlechtig sind.

IIIb) Gonochorismus der Antimeren.

Geschlechstrennung der Individuen dritter Ordnung.

Die beiderlei Geschlechtsorgane sind auf zwei verschiedene Individuen dritter Ordnung (Antimeren) verteilt.

Dieser Fall ist im ganzen viel seltener als der vorige, besonders im Tierreiche. Hier kommt es nur ausnahmsweise vor, daß bei einem hermaphroditischen Organismus die Genitalien des einen Antimeres männlich, die des anderen weiblich sind, so bei den Ctenophoren. Bei einigen Anthozoen-Arten schließen die Mesenterialfalten (in der Medianebene der Antimeren liegend) alternierend männliche und weibliche Genitalien ein. Derartige Zwitter finden sich bisweilen auch bei dipleuren Tieren, die sonst getrennten Geschlechts sind, bei denen aber beiderlei Organe sich aus derselben Anlage hervorbilden, wie z. B. bei den Wirbeltieren. Unter letzteren sind solche Zwitterbildungen, wo die rechte Hälfte weiblich, die linke männlich differenziert war, oder umgekehrt, mehrfach beobachtet worden, in einzelnen Fällen auch beim Menschen (sogenannter Hermaphroditismus lateralis). Eben solche Fälle sind auch von unseren Flußmuscheln (*Unio, Anodonta*) bekannt, wo bisweilen das Geschlechtsorgan der rechten Seite ein Hoden, der linken ein Eierstock ist, und umgekehrt. Häufiger ist diese sexuelle Differenzierung der Antimeren bei den phanerogamen Pflanzen, wo oft in einer Zwitterblüte (Person), die im einen Geschlechtskreise (Metamer) weibliche, im anderen männliche Organe auf mehrere Antimeren verteilt trägt, der eine oder andere homotypische Abschnitt kein Geschlechtsorgan entwickelt (abortiert), so daß ein Teil der Antimeren bloß männlich, ein anderer Teil bloß weiblich wird. Selten aber ist dieser Abortus in beiden Kreisen (männlichen und weiblichen) so regelmäßig komplementär, daß die ganze Blüte (Person) bloß aus rein männlichen und rein weiblichen Antimeren zusammengesetzt ist. Vielmehr behält meistens ein Teil der Antimeren (gewöhnlich die Mehrzahl) die ursprüngliche Zwitterbildung bei. In höchst ausgezeichneter Weise findet sich der reine Gonochorismus der Antimeren konstant bei *Canna*, wo nicht zwei Metameren (Blattkreise) geschlechtlich differenziert sind, sondern wo nur ein einziger Blattkreis (Metamer) zur geschlechtlichen Entwickelung gelangt, und wo in diesem, aus drei Antimeren bestehenden Kreise, das eine Antimer männlich, das zweite weiblich wird und das dritte abortiert.

IV. Geschlechtsverhältnisse der Metameren.

IVa. Hermaphroditismus der Metameren.

Zwitterbildung der Individuen vierter Ordnung.

Die beiderlei Geschlechtsorgane sind in einem Individuum vierter Ordnung (Metamer) vereinigt.

Dieser Fall ist die allgemeine Regel bei den hermaphroditischen Tieren, bei welchen die physiologische Individualität den Rang eines Metameres hat. Hier müssen natürlich die beiderlei Genitalorgane auf einem und demselben Metamer vereinigt sein, z. B. bei den Trematoden, Zwitterschnecken. Bei den zwitterigen Articulaten, welche durch Aggregation von Metameren Personen herstellen, wie auch bei den Bandwürmern, wiederholen sich gewöhnlich ganz regelmäßig weibliche und männliche Organe in mehr oder minder inniger, teilweiser Vereinigung in jedem Metamer, mit Ausnahme der geschlechtslosen. Doch kommt es hier auch häufig vor (z. B. bei den Hirudineen, Lumbricinen), daß nur einige Metameren hermaphroditisch, die anderen dagegen unisexuell, bloß männlich oder bloß weiblich sind. Viel seltener als bei den Tieren ist der Hermaphroditismus der Metameren bei den phanerogamen Pflanzen (z. B. *Canna*): vielmehr ist der umgekehrte folgende Fall hier die Regel.

IVb. Gonochorismus der Metameren.

Geschlechtstrennung der Individuen vierter Ordnung.

Die beiderlei Geschlechtsorgane sind auf zwei verschiedene Individuen vierter Ordnung (Metameren) verteilt.

Im Gegensatz zu den zwitterigen Tier-Personen zeichnen sich die hermaphroditischen Blüten der phanerogamen Pflanzen dadurch aus, daß gewöhnlich die männlichen und weiblichen Geschlechtsorgane auf verschiedene Metameren oder Glieder verteilt sind. In den allermeisten Fällen ist ein unteres (hinteres) Stengelglied vorhanden, welches den Kreis der männlichen Staubblätter, und ein oberes (vorderes), welches den (inneren) Kreis der weiblichen Fruchtblätter trägt, an denen die Samenknospen sitzen. Da nun morphologisch jedes Stengelglied, das einen Blattkreis trägt, auch wenn es ganz unentwickelt ist, ein vollständiges Metamer darstellt, so sehen wir bei den meisten Phanerogamen die Blüte aus einem (oder mehreren) weiblichen (oberen) und männlichen (unteren) Metameren zusammengesetzt; das obere weibliche Metamer heißt der Kreis der Fruchtblätter (Carpella), das untere männliche der Kreis der Staubblätter (Antherae). Unter den geschlechtlichen Kreisen stehen dann noch mehrere geschlechtslose Metameren, welche nicht sexuell differenzierte Blattkreise (Blumen-, Kelch-, Deckblätter etc.) tragen. Unter den Tieren ist dieser Gonochorismus der Metameren sehr verbreitet bei den gonochoristen Bionten vierter Ordnung, insbesondere bei den höheren Mollusken, welche alle den morphologischen Rang eines Metameres haben. Selten dagegen ist er bei zwitterigen Bionten fünfter Ordnung. In ausgezeichneter Weise findet er sich so bei *Sagitta*, welche aus zwei zwitterigen Antimeren und zwei Metameren besteht, und wo das vordere Metamer (entsprechend dem oberen oder vorderen der Phanerogamen) weiblich, das hintere (entsprechend dem unteren) männlich ist.

V. Geschlechtsverhältnisse der Personen.

Va. Hermaphroditismus der Personen (Monoclinia).

Zwitterbildung der Individuen fünfter Ordnung.

Die beiderlei Geschlechtsorgane sind auf einem bisexuellen Individuum fünfter Ordnung (Prosopon) vereinigt.

Dieser Fall wird von den Zoologen gewöhnlich als „Hermaphroditismus“ schlechtweg bezeichnet, weil die meisten Tiere auf der (fünften) tectologischen Rangstufe der Personen stehen bleiben. Bei den Pflanzen dagegen, welche meistens die höhere (sechste) Rangstufe des Stockes erreichen, unterscheiden die Botaniker sorgfältiger zwischen der Zwitterbildung der Sprosse (*Monoclinia*) und der Stöcke (*Monoecia*). Unter den Tieren ist der Hermaphroditismus der Personen vorzugsweise bei den kleineren und niederen Formen verbreitet. Im Stamme der Vertebraten findet er sich nur ausnahmsweise (bei einigen Kröten, wenigstens rudimentär; bei *Serranus* unter den Fischen); im Stamme der Articulaten selten bei den höher stehenden Arthropoden (Tardigraden unter den Arachniden, Cirripedien unter den Crustaceen), häufiger bei den tiefer stehenden Würmern (Hirudineen, Scoleinen, Sagitta etc.); im Echinodermenstamme selten (bei *Synapta*); auch im Coelenteratenstamme nur ausnahmsweise. Ungleich verbreiteter ist der Hermaphroditismus der Personen bei den Pflanzen, wo er sich bei der großen Mehrzahl aller Phanerogamen und sehr vielen Cryptogamen findet.

Vb. Gonochorismus der Personen (Diclinia).

Geschlechtstrennung der Individuen fünfter Ordnung.

Die beiderlei Geschlechtsorgane sind auf zwei verschiedene unisexuelle Individuen fünfter Ordnung verteilt.

Die gonochoristen Personen sind es, welche die Zoologen gewöhnlich als „getrennt-geschlechtige“ Tiere im engeren Sinne, die Botaniker schärfer als „diclinische“ Pflanzen unterscheiden. Die weibliche Person wird bei den Phanerogamen als „weibliche Blüte“ bezeichnet; die männliche Person als „männliche Blüte“. Dieselbe Trennung der Geschlechter findet sich bei der großen Mehrzahl aller Tiere; bei allen Vertebraten (einige Kröten und *Serranus* ausgenommen), bei den meisten Arthropoden (die Cirripedien und Tardigraden ausgenommen), bei den meisten höheren Würmern und den meisten Coelenteraten. Unter den Pflanzen ist sie umgekehrt die Ausnahme. Es gehören hierher alle Personen (Blütensprosse) der Phanerogamen, welche monoecische und dioecische Stöcke zusammensetzen, außerdem aber auch alle unisexuellen Blüten, welche keine Stöcke bilden (besonders unter den Cryptogamen).

VI. Geschlechtsverhältnisse der Stöcke.

VIa. Hermaphroditismus der Stöcke (Monoecia).

Zwitterbildung der Individuen sechster Ordnung.

Die beiderlei Geschlechtspersonen sind auf einem bisexuellen Individuum sechster Ordnung (Cormus) vereinigt.

Alle hierher gehörigen Fälle von Zwitterbildung bei den Phanerogamen hat Linné in seiner einundzwanzigsten Phanerogamenklasse, den Monoecia, zusammengefaßt. Die sogenannte „zusammengetzte Pflanze", d. h. der Stock, ist hier hermaphroditisch, die einzelnen Personen aber (Blütensprosse), welche ihn zusammensetzen, diclinische, teils männliche, teils weibliche Blüten. Es ist dies z. B. der Fall bei den Birken, Buchen, Eichen, Riedgräsern etc. Ganz dieselbe Vereinigung der beiderlei unisexuellen Personen auf einem Stocke findet sich unter den Tieren bei den allermeisten Siphonophorenstöcken, dagegen nur ausnahmsweise bei den Korallenstöcken (Anthozoen).

VIb. Gonochorismus der Stöcke (Dioecia).

Geschlechtstrennung der Individuen sechster Ordnung.

Die beiderlei Geschlechtspersonen sind auf zwei verschiedene unisexuelle Individuen sechster Ordnung (Cormen) verteilt.

Dieser zwölfte und letzte, am weitesten gehende Fall von Trennung der Geschlechter gab Linné Veranlassung zur Aufstellung seiner zweiundzwanzigsten Phanerogamenklasse, der Dioecia. Die sogenannte „zusammengesetzte Pflanze" oder der Stock ist hier unisexuell, entweder männlich oder weiblich. Alle einzelnen denselben zusammensetzenden Personen sind diclinisch und gehören einem und demselben Geschlechte an. Es ist dies der Fall bei den Weiden und Pappeln, den meisten Palmen und vielen Wasserpflanzen. Ferner gehören hierher unter den Tieren die meisten Anthozoenstöcke, aber nur wenige Siphonophorenstöcke, z. B. *Diphyes quadrivalvis*.

II. System der ungeschlechtlichen Fortpflanzungsarten.

				Beispiele.
A. Ungeschlechtliche Zeugung durch Spaltung **Schizogonia** Generatio fissipara	a) Selbsttheilung **Divisio** (Spaltung mit Vernichtung des zeugenden Individuums)	I. Zweiteilung Dimidiatio (Teilung in zwei Hälften)	1. Stückteilung Divisio indefinita.	Viele Protisten. Viele Plastiden von Tieren und Pflanzen.
			2. Längsteilung Divisio longitudinalis.	Diatomeen. Astraeiden. Turbinoliden.
			3. Querteilung Divisio transversalis	Ophryoscolecinen. Halteria.
			4. Diagonalteilung Divisio diagonalis	Chlorogonium. Lagenophyrs.
		II. Strahlteilung Diradiatio (Teilung in mehr als zwei Stücke)	5. Paarige Strahlteilung Diradiatio artia	Vierzählige Phanerogamen-Blütensprosse. Die meisten Coelenteraten.
			6. Unpaarige Strahlteilung Diradiatio anartia	Die meisten Blütensprosse der Phanerogamen. Die meisten Echinodermen.
	b) Knospung **Gemmatio** (Spaltung ohne Vernichtung des zeugenden Individuums)	I. Äußere Knospenbildung Gemmatio externa	1. Endknospenbildung Gemmatio terminalis	Internodien der Phanerogamen. Strobila der Cestoden.
			2. Seitenknospenbildung Gemmatio lateralis	Axillarknospen der Phanerogamen und Bryozoen.
		II. Innere Knospenbildung Gemmatio interna	3. Innere Knospen ohne Knospenzapfen Gemmatio coeloblasta	Medusen, z. B. Aegineta prolifera.
			4. Innere Knospung an einem Knospenzapfen Gemmatio organoblasta	Salpa. Doliolum.
B. Ungeschlechtliche Zeugung durch Sporenbildung **Sporogonia** Generatio sporipara	I. Keimknospenbildung Polysporogonia. Produkt der Keimbildung eine Mehrheit von Plastiden (Polyspora).		1. Fortschreitende Keimknospenbildung Polysporogonia progressiva	Distomeen. Gyrodactylus Infusorien.
			2. Rückschreitende Keimknospenbildung Polysporogonia regressiva	Gemmulae der Spongien.
	II. Keimplastidenbildung Monosporogonia Produkt der Keimbildung eine einzelne Plastide (Monospora).		3. Fortschreitende Keimplastidenbildung Monosporogonia progressiva	Algen. Pilze. Rhizopoden. Infusorien.
			4. Rückschreitende Keimplastidenbildung Monosporogonia regressiva Parthenogonia (pro parte?)	Chara crinita. Coelebogyne. Aphis. Apis. Coccus.

III. System der geschlechtlichen Fortpflanzungsarten.

I. Hermaphroditismus der sechs Individualitätsordnungen.

Verschiedene Formen der Geschlechtsverteilung.	Beispiele aus dem Pflanzenreiche.	Beispiele aus dem Tierreiche.
1. Hermaphroditismus der Plastiden (Zwitterbildung erster Ordnung).	Conjugatae. Desmidiaceae. Zygnemaceae.	Gregarinae. Infusoria.
2. Hermaphroditismus der Organe (Zwitterbildung zweiter Ordnung).	Einige Rhizocarpeen (Pilularia, Marsilea).	Synapta. Gasteropoda pulmonata.
3. Hermaphroditismus der Antimeren (Zwitterbildung dritter Ordnung).	Die meisten zwitterigen Phanerogamen, z. B. Liliaceen, Primulaceen.	Die meisten zwitterigen Tiere, z. B. Trematoden, Cirripedien.
4. Hermaphroditismus der Metameren (Zwitterbildung vierter Ordnung).	Sehr wenige zwitterige Phanerogamen, z. B. Canna.	Die meisten zwitterigen Tiere, z. B. Trematoden, Cestoden, Planarien, Mollusken.
5. Hermaphroditismus der Personen (Zwitterbildung fünfter Ordnung). (Monoclinia.)	Die meisten zwitterigen Phanerogamen, z. B. Liliaceen, Primulaceen.	Wenige zwitterige Tiere, z. B. Tardigraden, Cirripedien.
6. Hermaphroditismus der Cormen (Zwitterbildung sechster Ordnung). (Monoecia.)	Viele Bäume (Betula, Quercus). Viele Wasserpflanzen (Myriophyllum, Typha).	Wenige Korallenstöcke (Anthozoen). Die meisten Siphonophorenstöcke.

II. Gonochorismus der sechs Individualitätsordnungen.

1. Gonochorismus der Plastiden (Geschlechtstrennung erster Ordnung).	Die meisten sexuell differenzierten Pflanzen.	Die meisten sexuell differenzierten Tiere.
2. Gonochorismus der Organe (Geschlechtstrennung zweiter Ordnung).	Die meisten sexuell differenzierten Pflanzen.	Die meisten sexuell differenzierten Tiere.
3. Gonochorismus der Antimeren (Geschlechtstrennung dritter Ordnung).	Einige zwitterige Phanerogamen, z. B. Canna.	Ctenophoren. Einige Anthozoen mit alternierend männlichen und weiblichen Antimeren.
4. Gonochorismus der Metameren (Geschlechtstrennung vierter Ordnung).	Die meisten Phanerogamen, z. B. Liliaceen, Primulaceen.	Sagitta. Die meisten Mollusca cephalota. (Alle Cephalopoden etc.)
5. Gonochorismus der Personen (Geschlechtstrennung fünfter Ordnung). (Diclinia.)	Alle monoecischen und dioecischen Phanerogamen.	Die meisten Vertebraten und Arthropoden (ausgenommen Tardigraden und Cirripedien.)
6. Gonochorismus der Cormen (Geschlechtstrennung sechster Ordnung). (Dioecia.)	Viele Bäume (Salix, Populus). Viele Wasserpflanzen (Hydrocharis, Vallisneria).	Die meisten Korallenstöcke (Anthozoen). Wenige Siphonophorenstöcke (z. B. Diphyes quadrivalvis).

IV. Verschiedene Funktionen der Entwickelung.

„Die Entwickelungsgeschichte des Individuums ist die Geschichte der wachsenden Individualität in jeglicher Beziehung." In diesen wenigen treffenden Worten spricht Bär das allgemeinste Resultat seiner klassischen Untersuchungen und Beobachtungen über die Entwickelungsgeschichte der Tiere aus. In der Tat ist das Wachstum der Individuen diejenige organische Funktion, welche den wichtigsten Entwickelungsvorgängen zugrunde liegt. Selbst die Zeugung, mit der jede individuelle Entwickelung beginnt, ist im Grunde, wie wir sahen, unmittelbar mit dem Wachstum zusammenhängend und in den allermeisten Fällen (die Generatio spontanea ausgenommen) die direkte Folge des Wachstums über das individuelle Maß hinaus. Obgleich wir also allgemein das Wachstum als die bedeutendste Fundamentalfunktion der ontogenetischen Prozesse bezeichnen können, müssen wir dennoch, wenn wir den Begriff der Ontogensis in dem weitesten oben festgestellten Umfange fassen, und nicht nur die Anaplase, sondern auch die Metaplase und Cataplase darunter verstehen wollen, neben dem Wachstum noch einige andere organische Funktionen unterscheiden, welche zwar ebenfalls Ernährungsvorgänge sind und schon als solche mit demselben zusammenhängen, aber doch wesentlich von ihm verschieden sind. Es sind dies namentlich die Erscheinungen der Differenzierung, welche wir im neunzehnten Kapitel noch eingehender betrachten werden, und die Vorgänge der Degeneration oder Entbildung. Wir können demnach allgemein als verschiedene „Funktionen der Ontogenesis" folgende vier Prozesse unterscheiden: 1. die Zeugung; 2. das Wachstum im engeren Sinne; 3. die Differenzierung; 4. die Degeneration. Alle vier Prozesse, auf welche sich sämtliche übrigen ontogenetischen Vorgänge zurückführen lassen, sind physiologische, d. h. physikalisch-chemische Funktionen, welche unmittelbar mit der allgemeinen organischen Fundamentalfunktion der Ernährung zusammenhängen.

1. Die Zeugung (Generatio).

Die Entstehung des organischen Individuums durch Zeugung ist der erste und fundamentalste Prozeß, mit welchem jede individuelle Entwickelung beginnt. Da wir ihre verschiedenen Formen im vorhergehenden bereits betrachtet haben, so heben wir hier bloß nochmals hervor, daß die Zeugung nicht allein als der erste Entstehungsakt die Ontogenesis jedes organischen Individuums einleitet, sondern auch das Wachstum der Individuen zweiter und höherer Ordnung dadurch bewirkt, daß beständig die Individuen erster Ordnung, welche dieselben zusammensetzen, durch wiederholte Zeugungsakte sich vermehren.

2. Das Wachstum (Crescentia).

Das Wachstum im engeren Sinne (Crescentia) zeigt sich äußerlich allgemein in einer Größenzunahme des Individuums, einer totalen oder partiellen Vermehrung seines Volums und seiner Masse. Das innere Wesen dieser unmittelbar mit der Ernährung zusammenhängenden Funktion haben wir bereits im fünften Kapitel eingehend erläutert. Wir führten dort aus, daß das Wachstum sowohl der organischen als der anorganischen Individuen wesentlich darin beruht, daß das vorhandene Individuum, ein festflüssiger oder fester Körper, als Attraktionszentrum wirksam ist und aus einer umgebenden Flüssigkeit bestimmte Moleküle anzieht, welche in dieser gelöst sind und welche er aus dem flüssigen in den festflüssigen Aggregatzustand überführt. Die Anziehung der Moleküle geschieht mit einer bestimmten, durch die chemische Wahlverwandtschaft des Körpers bedingten Auswahl. Das Wachstum der organischen und anorganischen Individuen ist durchaus analog und beruht in beiden Fällen auf den physikalischen Gesetzen der Massenbewegung, Anziehung und Abstoßung. Der wesentliche Unterschied im Wachstum beider Gruppen von Naturkörpern besteht darin, daß das Wachstum des festflüssigen organischen Individuums durch Intussusception nach innen, dasjenige des festen anorganischen Individuums (Kristalls) durch Apposition von außen erfolgt. Wenn wir im folgenden vom Wachstum im engsten Sinne, oder vom „einfachen Wachstum“ (*Crescentia simplex*) der Organismen sprechen, so verstehen wir darunter lediglich diesen Prozeß, die Vergrößerung (Volumvermehrung) durch Aufnahme neuer Moleküle. Diese einfache Wachstumsfunktion wird eigentlich nur von den Individuen erster Ordnung (Plastiden) geübt. Denn das Wachstum aller Individuen zweiter und höherer Ordnung ist erst das mittelbare Resultat des einfachen Wachstums der Individuen erster Ordnung, und kann insofern als „zusammengesetztes Wachstum“ (*Crescentia composita*) unterschieden werden, als es stets auf einer Verbindung der beiden angeführten Entwickelungsfunktionen, Zeugung und Wachstum der Plastiden, beruht. Wir können es daher als allgemeines Gesetz aussprechen, daß das Wachstum der morphologischen Individuen erster Ordnung ein direktes oder einfaches, das Wachstum der morphologischen Individuen zweiter und höherer Ordnung dagegen ein indirektes ist, zusammengesetzt aus den beiden zusammenwirkenden Funktionen der Zeugung und des Wachstums der konstituierenden Plastiden. Obwohl die Entwickelungsfunktion des Wachstums vorzugsweise in dem Stadium der *Anaplase* wirksam erscheint, setzt dieselbe dennoch ihre Tätigkeit auch noch während der Stadien der *Metaplase* und *Cataplase* beständig fort, da die Deckung der Substanzverluste, welche durch die Lebensfunktionen herbeigeführt werden, in letzter Instanz immer wieder durch die Ernährung und das Wachstum der Plastiden bewirkt wird.

3. Die Differenzierung (Divergentia) oder Arbeitsteilung (Polymorphismus).

Die dritte wichtige Fundamentalfunktion, welche bei der Entwickelung der organischen Individuen wirksam ist, und auf welcher alle höhere Entwickelung, alle Vervollkommnung derselben beruht, bezeichnet man allgemein mit dem Namen der Differenzierung oder Arbeitsteilung. Man versteht bekanntlich unter diesem wichtigen Prozesse ganz im allgemeinen eine Hervorbildung ungleichartiger Teile aus gleichartiger Grundlage, welche durch Anpassung derselben an ungleiche Existenzbedingungen bewirkt wird. Im neunzehnten Kapitel werden wir die Divergenz des Charakters, welche dieser ungleichartigen Entwickelung von ursprünglich gleichartigen Teilen zugrunde liegt, näher zu erläutern und auf die Gesetze der Anpassung und Vererbung zurückzuführen haben. Hier sei daher nur so viel bemerkt, daß wir den Begriff der Differenzierung im weitesten Sinne fassen. Gewöhnlich wird derselbe nur auf die Bionten oder physiologischen Individuen angewandt. Wie wir aber das Verständnis von deren Entwickelung nur dadurch erlangen können, daß wir die Ontogenesis der morphologischen Individuen aller Ordnungen erkennen, so verstehen wir auch den Polymorphismus der Bionten nur dadurch, daß wir die Differenzierung aller untergeordneten Individualitäten erkennen, welche die höheren zusammensetzen. Ja wir gehen noch weiter, und leiten die divergente Entwickelung der Individuen erster Ordnung, der Plastiden, von einer Arbeitsteilung der Eiweißmoleküle des Plasma ab, welches die aktive Plastidensubstanz bildet. Wir führen mit einem Wort die morphologische und physiologische Differenzierung auf die chemische Arbeitsteilung der Plasmamoleküle zurück. Aus diesem Molekularvorgang resultieren alle höheren Differenzierungsprozesse, welche die divergente Entwickelung der vollkommenen Organismen möglich machen. So allgemein nun auch diese Funktion in der ganzen organischen Welt und ganz besonders bei der *Metaplase* wirksam ist, so ist es doch sehr bemerkenswert, daß sie bei den einfachsten Organismen, den Moneren (Bacterien) fehlt. Bei diesen homogenen und strukturlosen Protisten, welche sich zunächst an die Kristalle anschließen, beschränkt sich die Ontogenesis auf die beiden Funktionen der Zeugung und des Wachstums, ohne daß eine Differenzierung eintritt. Die Moneren schließen sich in dieser wie in mehreren anderen Beziehungen näher an die organischen Kristalle, als an die übrigen Organismen an.

4. Die Entbildung (Degeneratio).

Unter Entbildung oder Degeneration verstehen wir hier diejenige Veränderung der organischen Individuen, deren Resultat eine Beschränkung oder Verminderung oder eine gänzliche Vernichtung ihrer physiologischen Funktion zur Folge hat, und welche sich stets auch in entsprechenden morphologischen Veränderungen ihrer Form und oft in Verminderung ihres Volums kundgibt. Es ist dieser Prozeß also dem des Wachstums gewissermaßen entgegengesetzt und wie das letztere die Grundlage der *Anaplase*, so bildet die Degeneration das Fundament der *Cataplase*. Wir betrachten die Rückbildung, welche oft der Entwickelung im engeren Sinne geradezu entgegengesetzt wird, dennoch als einen Teil derselben, da wir oben gezeigt haben, daß sich diese Vorgänge nicht scharf trennen lassen, und daß die vollständige Ontogenie alle Stadien der individuellen Existenz zu begreifen hat. Wir nennen die Degeneration, welche oft auch als „Rückbildung“ bezeichnet wird, „Entbildung“, um sie scharf von der eigentlichen Rückbildung oder Cataplase zu unterscheiden, von der sie nur einen Teil darstellt. Die Rückbildung betrifft den ganzen Organismus in seiner Totalität, die Entbildung nur einzelne Teile desselben. Durch den Abschluß der Rückbildung wird die Existenz des organischen Individuums vernichtet, durch den Abschluß der Entbildung dagegen nicht; vielmehr verliert dasselbe durch letztere nur einzelne Teile. Jede Entbildung eines Individuums zweiter oder höherer Ordnung ist verbunden mit einer Rückbildung einer Anzahl von Individuen erster Ordnung (Plastiden), welche das erstere zusammensetzen. Aber nicht jede Entbildung einer Plastide ist zugleich ihre Rückbildung. Es kann z. B. eine einzelne, stark differenzierte Pflanzenzelle einen Entbildungsprozeß (z. B. Verlust bestimmter Fortsätze oder Inhaltsteile der Zelle) vollständig von Anfang bis zu Ende durchmachen, ohne daß dadurch ihre Rückbildung eintritt. Wir müssen also diese beiden Prozesse, die totale Rückbildung des Bionten und seine partielle Entbildung wohl unterscheiden, wenngleich immer die Rückbildung der Individuen zweiter und höherer Ordnung auf einer Entbildung eines Teiles ihrer konstituierenden Plastiden beruht. Im ganzen sind die Vorgänge der Entbildung oder Degeneration noch sehr wenig untersucht, da man sie meistens gar nicht als Teile der Entwickelungsgeschichte betrachtet hat. Nur in der pathologischen Physiologie des Menschen, wo sie von großer praktischer Bedeutung sind, haben dieselben eine eingehendere Untersuchung erfahren. Es gehören dahin besonders die Prozesse der fettigen Degeneration, der Erweichung, Verkalkung, amyloiden Degeneration etc., kurz alle diejenigen, welche man als Necrobiose zusammengefaßt hat. Bei den Pflanzen gehören dahin die Verdickungen der Zellwände, die Bildung der lufthaltigen Spiralgefäße durch Verschmelzung und Degeneration von Zellen etc. Für die Cataplase und namentlich auch für die regressive Metamorphose im engeren Sinne sind diese Vorgänge der Degeneration von der größten Bedeutung und verdienen ein weit eingehenderes Studium, als ihnen bisher zu teil geworden ist.

Werfen wir nach dieser kurzen Übersicht der vier verschiedenen Funktionen der individuellen Entwickelung auf dieselbe noch einen vergleichenden Rückblick, so sehen wir, daß dieselbe im großen und ganzen den verschiedenen Stadien der individuellen Entwickelung entsprechen, so jedoch, daß gewöhnlich keine der ersteren ausschließlich für sich allein eines der letzteren bildet. Es beteiligt sich die Zeugung und das Wachstum vorzugsweise an der *Anaplase*, die Differenzierung vorzugsweise an der *Metaplase* und die Degeneration vorzugsweise an der *Cataplase*. Eine genauere Betrachtung der drei Entwickelungsstadien wird uns dies noch bestimmter nachweisen.

V. Verschiedene Stadien der Entwickelung.

1. Anaplasis oder Aufbildung (Evolutio).

(Aetas juvenilis. Juventus. Adolescentia. Jugendalter.)

Wir haben oben im allgemeinen drei Stadien oder Perioden der individuellen Entwickelung unterschieden, die Aufbildung, Umbildung und Rückbildung, und werden nun versuchen, den Charakter derselben etwas schärfer zu bestimmen. Das erste Stadium derselben, die Aufbildung oder Anaplase, ist dasjenige, welches der Entwickelung (Evolutio) im gewöhnlichen Sinne des Wortes entspricht. Es umfaßt die aufsteigende oder fortschreitende Reihe von Formveränderungen, welche das organische Individuum von dem Momente seiner Entstehung an bis zur erlangten Reife durchläuft. Im weiteren Sinne kann man diese Periode als das Jugendalter (Juventus, Aetas juvenilis) des Individuums bezeichnen. Auch der Ausdruck Adolescentia wird dafür gebraucht, der aber deshalb zweideutig ist, weil er von anderen (nicht mit Recht) zur Bezeichnung des reifen Alters (Maturitas) verwandt wird.

Die Entwickelungsfunktionen, welche das Stadium der Anaplase vorzugsweise charakterisieren, sind die Vorgänge der Zeugung und des Wachstums. Wie diese beiden Prozesse mit der Ontogenese aller organischen Individuen ohne Ausnahme verbunden sind, so ist auch das Aufbildungsalter das einzige, welches allen Organismen ohne Ausnahme zukommt. Bei den niedersten Organismen, den Moneren, beschränkt sich die gesamte Entwickelung des Individuums auf diese beiden Funktionen, auf seine Entstehung durch Zeugung (entweder Archigonie oder Monogonie) und auf sein Wachstum. Hierin stimmen diese einfachsten Bionten wesentlich mit den Kristallen überein, deren Entwickelung ebenfalls auf die beiden Momente ihrer Entstehung (durch einen der Archigonie ganz analogen Vorgang) und ihres Wachstums beschränkt bleibt. Bei den allermeisten Organismen kommt aber später noch die dritte Funktion der Differenzierung hinzu, durch welche das anfangs gleichartige Individuum in ein ungleichartiges umgewandelt wird. Diese Differenzierung tritt schon bei den meisten Organismen ein, welche zeitlebens auf der niedersten morphologischen Stufe der Plastide stehen bleiben. Sie erreicht aber ihre eigentliche Bedeutung und eine entschiedenere Wirksamkeit erst dann, wenn durch Synusie von mehreren Plastiden ein Formindividuum zweiter oder höherer Ordnung entsteht.

Die relative Ausdehnung und Bedeutung des Jugendalters ist bei den Individuen verschiedener Ordnung und bei den Bionten verschiedener Stämme und Klassen außerordentlich verschieden, und man kann daher nicht allgemein bestimmte untergeordnete Perioden desselben unterscheiden. Bei denjenigen Individuen, welche durch geschlechtliche Zeugung entstehen, zerfällt dasselbe stets in die beiden

Abschnitte der embryonalen Jugend und der freien Jugend. So lange das jugendliche Individuum in den Eihüllen eingeschlossen ist, heißt es Embryo, sobald es dieselben verlassen hat, entweder Junges (*Juvenis, Pullus*) oder Larve; letzteres, wenn es noch eine wirkliche Metamorphose (durch Abwerfen provisorischer Teile) durchzumachen hat, ersteres, wenn dies nicht der Fall ist. Bei denjenigen Individuen, welche sich mit Metamorphose entwickeln, kommt also auch die vierte Entwickelungsfunktion, die Degeneration zur Geltung, indem lediglich durch diesen Prozeß der Verlust der provisorischen Teile oder Larvenorgane bedingt wird. Sonst ist die Entbildung oder Degeneration diejenige von den vier ontogenetischen Funktionen, welche am wenigsten von allen bei der Anaplase in Wirkung tritt.

Bei sehr zahlreichen organischen Individuen ist das Stadium der Anaplase das einzige Entwickelungsstadium, welches sie durchlaufen, da sie weder zur Reife, noch zur Rückbildung gelangen. Solche Individuen sind z. B. die Furchungskugeln, die Embryonalzellen und überhaupt alle in lebhafter Vermehrung begriffenen Plastiden. Aber auch viele Individuen höherer Ordnung gibt es, welche weder einer Metaplase noch einer Cataplase unterworfen sind, und bei denen mithin die ganze Zeit der individuellen Existenz sich auf das Jugendalter beschränkt. Dies ist z. B. der Fall bei allen Individuen, welche, sobald sie durch Wachstum eine bestimmte Grenze erreicht haben, sich teilen und durch Zerfall in mehrere neue Individuen untergehen. Insbesondere ist dies bei den niederen Organismen sehr allgemein der Fall. Aber auch die meisten Pflanzen, selbst die höchst entwickelten, sind den meisten Tieren gegenüber dadurch ausgezeichnet, daß sehr viele von ihren Individualitäten (besonders die geschlechtslosen Sprosse und die Stöcke) ein unbegrenztes Wachstum besitzen und also nie eigentlich in das Reifealter übertreten. Bei den Tieren sind viele niedere Formen durch die relativ bedeutendere Länge der Juventus ausgezeichnet.

2. Metaplasis oder Umbildung (Transvolutio).

(Maturitas. Adultas. Aetas matura. Reifealter.)

Das mittlere der drei individuellen Entwickelungsstadien, die Periode der Reife oder Maturität, ist, wie wir schon oben zeigten, in keiner allgemein gültigen Weise scharf von den beiden anderen zu trennen. Einerseits geht es ebenso allmählig aus dem Jugendalter hervor, wie es sich andererseits in das Greisenalter verliert. Allgemein kann man nur den Abschluß des Wachstums als den bezeichnenden Beginn der Reife ansehen. Der Organismus gilt meistens für „reif“ oder „vollendet“, wenn er „ausgewachsen“ ist. Bei den geschlechtlich entwickelten Organismen pflegt man aber als das eigentliche Kriterium des Reifealters die Fortpflanzungsfähigkeit anzusehen, die vollständige Ausbildung der Geschlechtsorgane oder die Geschlechtsreife. Wir haben indes schon oben gezeigt, daß dieses Kriterium zwar in vielen Fällen, aber keineswegs allgemein anwendbar ist, da sehr häufig der Abschluß des Wachstums nicht mit der Geschlechtsreife zusammenfällt. Viele Tiere (z. B. Coelenteraten) und noch mehr Pflanzen (aus vielen Gruppen) pflegen sich sowohl geschlechtlich als ungeschlechtlich schon lange fortzupflanzen, ehe ihr Wachstum seine Grenze erreicht hat; andere umgekehrt erst längere Zeit, nachdem schon diese Grenze überschritten ist. Überdies gibt es zahlreiche organische Individuen, die sich niemals fortpflanzen, und die dennoch ein entschiedenes Alter der Reife erreichen. Wollen wir daher anders den Begriff der Maturität irgendwie scharf gegen den der Juventus abgrenzen, so müssen wir sagen: das organische Individuum (aller Ordnungen) ist reif, sobald es ausgewachsen ist, sobald es seine volle individuelle Größe erreicht hat.

Nicht minder schwierig, meistens sogar noch weit schwieriger, ist andererseits die Abgrenzung des Reifealters von dem der Rückbildung. Auch hier hat man bei denjenigen Individuen, welche sexuell differenziert sind, besonders das Aufhören der Geschlechtstätigkeit als den Beginn der Cataplase betrachtet. Indessen ist hier dieses Kriterium noch weniger anwendbar, da viele Organismen noch die volle Zeugungsfähigkeit besitzen, während bereits entschiedene Rückbildung eingetreten ist, andere umgekehrt dieselbe schon lange vorher verlieren. Auch erleiden viele Individuen eine Rückbildung, welche niemals geschlechtsreif werden, und andere verlieren ihre Zeugungsfähigkeit, ohne sich rückzubilden. Hier scheint also nichts anderes übrig zu bleiben, als das Ende der Reife und den Beginn der Rückbilduug durch das Auftreten von entschiedenen Degenerationsprozessen einzelner integrierender Bestandteile zu bestimmen, welche an dem ausgebildeten Organismus in voller Funktion waren.

Die Entwickelungsfunktion, welche das Stadium der Metaplase vorzugsweise charakterisiert, ist die Differenzierung. Wie das Wachstum für die *Anaplase*, wie die Degeneration für die *Cataplase*, so ist die Differenzierung der Teile für die *Metaplase* das vorzugsweise charakteristische Moment, und streng genommen die einzige plastische Funktion derselben, welche dem Individuum selbst zugute kommt. Wenn die Ernährungsvorgänge, welche das Wachstum veranlassen, während der Metaplase noch fortdauern, so führen dieselben nicht mehr zur Vergrößerung des Individuums, sondern zu seiner Fortpflanzung, zur Erzeugung neuer Individuen, und diese Tätigkeit erscheint, wie bemerkt, bei sehr vielen (aber nicht bei allen!) organischen Individuen zunächst als die am meisten auffallende Äußerung der Reife. Man kann also sagen, daß zwar das Wachstum an dem reifen und „ausgewachsenen" Individuum noch fortdauert, aber nicht mehr eine Volumvermehrung desselben, sondern nur eine Ablösung der überschüssigen Wachstumsprodukte, eine Abspaltung der Keime von neuen Individuen zur Folge hat. Eigentliche Degenerationsvorgänge sind im Alter der Reife unter normalen (nicht pathologischen) Verhältnissen gewöhnlich ausgeschlossen und ihr Eintreten bezeichnet bereits den Beginn der Cataplase.

Das Maturitätsstadium tritt, wie schon bemerkt, keineswegs bei allen organischen Individuen ein, fehlt vielmehr allgemein da, wo die individuelle Existenz mit dem Abschluß des Wachstums selbst beendigt ist. Die Zeitdauer der Reife steht bei den höheren Tieren häufig (aber nicht immer) in einem gewissen Verhältnis zur Vollkommenheit derselben, so daß die Maturität, gegenüber der Juventus und Senectus, um so länger dauert, je vollkommener das Tier ist. Anderemale nimmt aber auch bei sehr vollkommenen Organismen die Anaplase einen weit längeren Zeitraum in Anspruch, als die Metaplase, so z. B. bei sehr vielen metabolen Insekten.

3. Cataplasis oder Rückbildung (Involutio).

(Senilitas. Aetas senilis. Deflorescentia. Decrescentia. Greisenalter.)

Das letzte der drei individuellen Entwickelungsstadien, die Periode der Abnahme oder Rückbildung, ist dasjenige, welches im allgemeinen die geringste Bedeutung hat und daher bis jetzt auch nur sehr wenig sowohl in physiologischer als morphologischer Beziehung berücksichtigt ist. Bei sehr vielen organischen Individuen fehlt es ganz, und nur bei verhältnismäßig wenigen nimmt dasselbe eine längere Zeit der individuellen Existenz ein. Dennoch kann man dasselbe in vielen Fällen deutlich als einen besonderen letzten Lebensabschnitt unterscheiden, und bei vielen höher entwickelten Organismen ist es von nicht geringer physiologischer Bedeutung;

sein Verlauf ist daher sowohl für die richtige Beurteilung der allgemeinen Lebensvorgänge, wie der partiellen Degenerationserscheinungen, von hohem Interesse.

Der Charakter des Greisenalters liegt im allgemeinen in einer Abnahme teils der gesamten Lebenstätigkeit des Individuums, teils besonderer physiologischer Leistungen und namentlich der Fortpflanzungsfunktionen. Mit dieser Dekreszenz der Funktionen geht eine entsprechende rückschreitende Veränderung auch der Formverhältnisse Hand in Hand, welche allerdings oft mehr im allgemeinen zu bemerken, als im einzelnen scharf nachzuweisen ist. Doch können wir das morphologische Kriterium für den Beginn der Defloreszenz und ihre Abgrenzung von dem Reifealter nur darin finden, daß Degenerationsprozesse an einzelnen Teilen des Individuums auftreten, welche an dem erwachsenen Organismus sich beständig in ihrer Integrität erhalten hatten. Es ist also ganz besonders die Entwickelungsfunktion der Entbildung oder Degeneration, welche für dieses dritte und letzte Hauptstadium der individuellen Entwickelung charakteristisch ist. Das Individuum, welches während der Metaplase lediglich in Differenzierungs- und Fortpflanzungsprozessen sich bewegt hatte, beginnt die Cataplase mit dem Eintritt degenerativer Prozesse in einzelnen Teilen. Bei der menschlichen Person, wo wir das Greisenalter besonders genau kennen, sind es insbesondere fettige und kalkige Degenerationen, Erweichungen und Verhärtungen der Gewebe etc., welche in den verschiedensten Organen das Signal der beginnenden Rückbildung, des Greisenalters geben. Das Wachstum und die Zeugungsfähigkeit haben schon vorher aufgehört oder dauern doch nur kurze Zeit fort. Selten ist aber die Grenze zwischen den beiden Perioden der Reife und der Dekreszenz scharf zu ziehen, und bei sehr vielen Organismen können wir letztere als besondere Periode schon deshalb nicht unterscheiden, weil bereits unmittelbar mit dem Aufhören des Wachstums oder mitten in der vollen Reife plötzlich die Vernichtung der individuellen Existenz eintritt, entweder durch Selbstteilung oder durch den Tod.

Sämtliche Formveränderungen der organischen Individuen, welche während der Cataplase auftreten, sind ebenso wie alle Formveränderungen, welche während der Metaplase und Anaplase vor sich gehen, die notwendigen Wirkungen von physiologischen Ernährungsveränderungen, und als solche auf mechanische, physikalisch-chemische Ursachen zurückführbar. Der spezielle Verlauf jener ontogenetischen

Formveränderungen wird mit kausaler Notwendigkeit durch den Verlauf der Wechselwirkung von Vererbung und Anpassung bedingt, welche die paläontologische Entwickelung der Vorfahren des Individuums bestimmte und leitete.

VI. Verschiedene Arten der Zeugungskreise.

In den vorhergehenden drei Abschnitten dieses Kapitels haben wir die verschiedenen Formen der Zeugung, die verschiedenen Funktionen der Ontogenesis und die verschiedenen Stadien derselben kennen gelernt, und es erübrigt nun noch, einen Überblick über die verschiedenen Zeugungskreise zu gewinnen, welche durch die mannigfaltigsten Kombinationen der verschiedenen Zeugungs- und Entwickelungsarten bei den verschiedenen Individualitäten zustande kommen.

Als Zeugungskreis (Cyclus generationis) haben wir die genealogische Individualität erster Ordnung bezeichnet, den geschlossenen Kreis oder die volle Summe aller der organischen Formen, welche aus einem einzigen physiologischen Individuum hervorgehen, von dem Zeitpunkte an, wo dasselbe erzeugt wurde, bis zu dem Zeitpunkte, wo dasselbe selbst wieder die gleiche organische Form entweder direkt oder indirekt (durch Einschaltung verschiedener Generationen) erzeugt hat. Diese geschlossene Entwickelungseinheit, eine ringförmige Kette von Formzuständen, deren Ausgangspunkt und Ende gleich ist, erscheint für uns von großer Bedeutung als die konkrete Grundlage der höheren Entwickelungseinheit, welche wir Art oder Spezies nennen. Der Zeugungskreis ist diejenige individuelle Einheit (das genealogische Individuum erster Ordnung), aus deren Vielheit die höhere Einheit der Art oder Spezies (das genealogische Individuum zweiter Ordnung) zusammengesetzt ist. In dieser Beziehung ist auch der Zeugungskreis von einigen Autoren nicht passend als „Artindividualität" bezeichnet worden. Dieser Ausdruck muß der Spezies selbst vorbehalten bleiben, während man den Zeugungskreis, um jenes Verhältnis auszudrücken, das Glied der Art nennen könnte. In der Tat setzt sich die genealogische Einheit der Spezies in ganz ähnlicher Weise aus einer Vielheit von subordinierten Zeugungskreisen zusammen, wie die morphologische Einheit der Person aus einer Vielheit von subordinierten Gliedern oder Metameren.

Wir haben oben im allgemeinen zwei verschiedene Hauptformen von Zeugungskreisen oder Generationszyklen aufgestellt, welche sich durch den Mangel oder die Anwesenheit der geschlechtlichen Differenzierung unterscheiden. Diejenige einfachere Hauptform der Zeugungskreise, welche bloß aus Wachstumsvorgängen und einem einzigen ungeschlechtlichen Zeugungsakt, oder aber aus einer Reihe von ungeschlechtlichen Zeugungsakten zusammengesetzt ist, haben wir den Spaltungskreis benannt (*Cyclus monogenes*), und den Entwickelungsvorgang innerhalb desselben Monogenesis oder Entwickelung mit ausschließlich monogener Zeugung. Die entgegengesetzte höhere Hauptform der Zeugungskreise, welche stets von einem geschlechtlichen Zeugungsakte ausgeht und zu diesem zurückkehrt, haben wir als Eikreis (*Cyclus amphigenes*) unterschieden, und den Entwickelungsprozeß innerhalb desselben als Amphigenesis oder Entwickelung mit geschlechtlicher Zeugung. Indem wir von diesem Hauptunterschiede in der Entstehung der Zeugungskreise ausgehen, können wir unter jeder der beiden Hauptformen vier untergeordnete Formen von Generationszyklen unterscheiden. Der monogene Zeugungskreis zerfällt in die beiden Entwickelungsarten der Schizogenese und Sporogenese, je nachdem er mit einfacher Spaltung (Teilung oder Knospenbildung) oder mit Sporenbildung abschließt. Unter beiden Genesis-Arten können wir wieder als zwei Unterarten die monoplastide und die polyplastide trennen, je nachdem die reife Speziesform (das zeugungsfähige Bion) eine einfache Plastide (Formindividuum erster Ordnung) oder einen Plastidenkomplex (Formindividuum zweiter Ordnung) darstellt. Der amphigene Zeugungskreis zerfällt ebenfalls in zwei untergeordnete Entwickelungsarten, die Metagenese (mit Generationswechsel) und die Hypogenese (ohne Generationswechsel). Unter der Metagenese unterscheiden wir die beiden subordinierten Formen des progressiven und des regressiven Generationswechsels, je nachdem der amphigene Zyklus aus mehr als zwei, oder nur aus zwei Bionten besteht. Unter der Hypogenese endlich, bei welcher der Eikreis nur durch ein einziges Bion gebildet wird, können wir als zwei untergeordnete Formen die metamorphe und die epimorphe Hypogenese unterscheiden, erstere mit, letztere ohne postembryonale Metamorphose.

Indem wir auf den folgenden Seiten eine systematische Übersicht und eine allgemeine Charakteristik der verschiedenen Arten der Zeugungskreise zu geben versuchen, erinnern wir ausdrücklich daran,

VII. System der verschiedenen Arten der Zeugungskreise.

Monogenesis. Entwickelung ohne geschlechtliche Zeugung. Alle Bionten der Spezies entstehen durch ungeschlechtliche Zeugung. Generationszyklus ist ein Spaltungskreis (Cyclus monogenes).	**Schizogenesis.** Spaltungskreis oderSpaltprodukt (Cyclus monogenes) durch Teilung oder Knospenbildung erzeugt.	Reifes, spaltungsfähiges Bion eine einfache Plastide.	Schizogenesis monoplastidis. Die einfachsten monoplastiden Protisten, Moneren: Schizophyten (Chromaceen, Bakterien); Amoeben, Flagellaten, Diatomeen.
		Reifes, spaltungsfähiges Bion eine Plastidenkolonie.	Schizogenesis polyplastidis. Viele polyplastide Protisten, Soziale Moneren (Ketten von Chromaceen und Bakterien), Flagellaten, Diatomeen etc.
	Sporogenesis. Spaltungskreis oderSpaltprodukt (Cyclus monogenes) durch Sporenbildung erzeugt.	Reifes, sporenbildendes Bion eine einzige Plastide.	Sporogenesis monoplastidis. Viele monoplastide Protisten (Rhizopoden, Flagellaten) u. „einzellige Pflanzen“, z. B. Codiolum, Hydrocytium.
		Reifes, sporenbildendes Bion eine Plastidenkolonie.	Sporogenesis polyplastidis. Viele polyplastide Protisten (Rhizopoden und Flagellaten, Myxomyceten) und viele niedere Pflanzen (Desmidiaceen und andere Algen).
Amphigenesis. Entwickelung mit geschlechtlicher Zeugung. Entweder ein Teil der Bionten oder alle Bionten der Spezies entstehen durch geschlechtliche Zeugung. Generationszyklus ist ein Eikreis (Cyclus amphigenes).	**Metagenesis.** Eikreis oder Eiprodukt (Cyclus amphigenes) aus zwei oder mehr Bionten zusammengesetzt. Generationswechsel.	Eiskreis aus mehr als zwei Bionten zusammengesetzt.	Metagenesis progressiva. Viele Würmer (Platyelminthen etc.), viele Tunicaten(Salpen), die meisten Hydromedusen; viele Cryptogamen (Moose, Farne), Phanerogamen mit Brutknospen.
		Eikreis aus zwei Bionten zusammengesetzt.	Metagenesis regressiva. Viele Arthropoden (Aphiden, Cocciden, Daphniden).
	Hypogenesis. Eikreis oder Eiprodukt (Cyclus amphigenes) aus einem einzigen Bionten bestehend. Kein Generationswechsel.	Postembryonale Entwickelung mit echter Metamorphose.	Hypogenesis metamorpha. Amphibien und einige Fische. Die Mehrzahl der Articulaten, Mollusken und Echinodermen.
		Postembryonale Entwickelung ohne echte Metamorphose.	Hypogenesis epimorpha. Alle allantoiden und die meisten anallantoiden Wirbeltiere. Cephalopoden. Ametabole Insekten. Wenige andere Wirbellose. Die meisten Phanerogamen. Einige Cryptogamen (Fucaceen etc.).

daß die ontogenetischen Erscheinungen, welche den Inhalt der individuellen Entwickelungsgeschichte bei allen Organismen bilden, nur zu verstehen sind durch die Erkenntnis ihres kausalen Zusammenhanges mit der parallelen Phylogenie, mit der Entwickelungsgeschichte des gesamten Stammes (Phylon), und speziell aller Vorfahren, von welchen das Individuum in kontinuierlicher Erbfolge abstammt. Die Reihe von Formveränderungen, welche den Zeugungskreis jedes individuellen Organismus konstituieren, ist die kurze und schnelle Rekapitulation der wichtigsten Formveränderungen, welche die gesamte Reihe seiner Vorfahren während ihrer langsamen paläontologischen Entwickelung in langen Zeiträumen durchlaufen hat.

VIII. Allgemeine Charakteristik der Zeugungskreise.

I. Monogenesis.

Entwickelung ohne Amphigonie.

(Ontogenesis der Spaltungsprodukte.)

Der Zeugungskreis ist ein monogener Generationszyklus. Alle Bionten, welche die Spezies repräsentieren, entstehen durch ungeschlechtliche Fortpflanzung.

Die Bionten, welche die Spezies zusammensetzen, entwickeln niemals Geschlechtsorgane und pflanzen sich niemals durch befruchtete Eier fort. Das Spaltungsprodukt oder der Spaltungskreis, die Formenreihe, welche die Spezies innerhalb ihres ungeschlechtlichen Fortpflanzungszyklus (von der vollständigen Spaltung bis zur vollständigen Spaltung oder von der Spore bis zur Spore) durchläuft, wird stets nur durch ein physiologisches Individuum (Bion) repräsentiert. Die Entwickelung ist entweder ausschließliches Wachstum, oder mit Differenzierung verbunden. Je nachdem der Fortpflanzungsprozeß einfache Spaltung (Teilung oder Knospenbildung) oder Sporenbildung ist, unterscheiden wir Schizogenesis und Sporogenesis.

I, 1. Schizogenesis.

Entwickelung des Spaltungsproduktes ohne Sporenbildung.

Monogene Entwickelung mit Spaltung (Teilung oder Knospenbildung) und mit einfachem oder zusammengesetztem Wachstum, ohne Sporenbildung. Der monogene Zeugungskreis bildet ein einziges Bion erster oder höherer Ordnung.

Der Organismus, welcher entweder einer einzigen oder einem Komplex von mehreren Plastiden entspricht, pflanzt sich ausschließlich durch einfache Spaltung (Teilung oder Knospenbildung) fort. Die dadurch erzeugten Teilstücke ergänzen sich durch Wachstum zu der elterlichen Form, aus deren Spaltung sie entstanden sind. Ist die Spaltung stets vollständig, so sind die Bionten der Spezies Monoplastiden; ist sie abwechselnd unvollständig, so entstehen Polyplastiden.

1 A. Schizogenesis monoplastidis.

Monogene Entwickelung einer einfachen Plastide, mit einfachem Wachstum. Fortpflanzung durch vollständige Spaltung. Der monogene Zeugungskreis bildet ein Bion erster Ordnung (eine einfache Plastide).

Die monoplastide Schizogenese ist die einfachste und ursprünglichste von allen verschiedenen Arten der Fortpflanzung und Entwickelung. Sie findet sich bloß bei den jetzt noch lebenden Organismen niederster Stufe vor, bei den Moneren (*Schizophyten*: Chromaceen und Bakterien), bei vielen einzelligen Rhizopoden und Flagellaten, den einzelligen Diatomeen und einigen großen Siphoneen (*Caulerpa*). Die Fortpflanzung ist hier möglichst einförmig, indem sie stets beschränkt bleibt auf die einfache Selbstteilung oder Knospenbildung der Individuen. Ebenso beschränkt sich die Entwickelung der durch Teilung entstandenen neuen Individuen auf einfaches Wachstum bis zu dem Maße, welches die Spezies vor der Teilung als erwachsenes Individuum besaß. Diese einfachste Art der Zeugung und Entwickelung ist für uns insofern von besonderem Interesse, als sie höchst wahrscheinlich die ursprüngliche Fortpflanzungsweise der archigonen Moneren darstellt, aus denen sich zuerst alle organischen Phylen entwickelt haben. Eigentlich kann hier von Entwickelung kaum die Rede sein, da die einzige Veränderung des werdenden Organismus eine Größenveränderung ist, die Form der Spezies aber in allen Stadien dieselbe bleibt. Mehr als alle anderen Organismen schließen sich diese einfachsten Moneren den anorganischen Kristallen an, so auch darin, daß ihre Entwickelung bloß Wachstum ist. Das physiologische Individuum (*Bion*) ist hier jederzeit nur ein einfachstes morphologisches Individuum erster Ordnung, eine kernlose Cytode.

1 B. Schizogenesis polyplastidis.

Monogene Entwickelung einer Plastidenkolonie, mit zusammengesetztem Wachstum und unvollständiger Spaltung. Fortpflanzung durch vollständige Spaltung. Der monogene Zeugungskreis bildet ein Bion zweiter oder höherer Ordnung.

Diese Form der Ontogenesis schließt sich zunächst an die vorige an und unterscheidet sich nur dadurch, daß die Teilung der einfachen Bionten nicht stets vollständig, sondern auch unvollständig ist, so daß dieselben zu einer Plastidenkolonie (*Coenobium*) vereinigt bleiben. Der einfachste derartige Fall findet sich bei den sozialen Moneren, bei jenen Schizophyten, welche durch Gliederung Ketten von vollkommen homogenen und strukturlosen Cytoden herstellen. Durch diese Artikulation entstehen hier Individuen zweiter Ordnung, Plastidenkolonien, welche sich dadurch fortpflanzen, daß sich die einzelnen Glieder ablösen und selbständig durch Artikulation zu neuen Ketten entwickeln. (Oscillatorien, Nostocaceen, Kettenbakterien). Die Entwickelung besteht also auch hier wesentlich, wie bei der Schizogenese, in dem Wachstum der homogenen Organismen und in der Kettenbildung durch unvollständige Teilung. Indessen kommt hier zu der einfachen Größenveränderung doch schon die Formveränderung der Spezies, welche durch die Kettenbildung der einfachen Individuen selbst bewirkt wird. An die einfachste Form der Gemeindebildung bei den Moneren schließt sich auch die Familienbildung derjenigen Diatomeen an (*Bacillaria, Fragillaria* etc.), bei denen ebenfalls die durch unvollständige Teilung entstandenen Individuen vereinigt bleiben. Diese Coenobien oder Plastidengemeinden pflanzen sich einfach dadurch fort, daß die einzelnen Zellenindividuen sich ablösen und durch abermalige unvollständige Teilung gleich wieder zu neuen Gemeinden entwickeln.

I, 2. Sporogenesis.

Entwickelung des Spaltungsproduktes mit Sporenbildung.

Monogene Entwickelung mit Sporenbildung, mit einfachem oder zusammengesetztem Wachstum und mit Differenzierung. Der monogene Zeugungskreis bildet ein einziges Bion erster oder höherer Ordnung.

Der Organismus, welcher entweder einer einzigen oder einem Komplex von mehreren Plastiden entspricht, erzeugt Keimkörner (Sporen), welche sich von ihm ablösen und sich durch Wachstum und Differenzierung zu der elterlichen Form entwickeln. Die Spore ist meistens eine Monospore (eine einfache Plastide), seltener eine Polyspore (ein Plastidenkomplex).

2 A. Sporogenesis monoplastidis.

Monogene Entwickelung einer einfachen Plastide, mit einfachem Wachstum und Differenzierung. Fortpflanzung durch Sporenbildung. Der monogene Zeugungskreis bildet ein Bion erster Ordnung (eine einfache Plastide).

Die monoplastide Sporogenese scheint unter den einfachsten Organismenarten erster morphologischer Ordnung weit verbreitet zu sein. Sie besteht darin, daß Spezies, welche nicht den Rang der einfachen Plastide überschreiten, in ihrem Inneren Keimkörner (Sporen) erzeugen, welche aus der elterlichen Plastide heraustreten und sich außerhalb derselben zu ihresgleichen entwickeln. Da in diesem Falle die Keimkörner oder Sporen stets nicht allein an Größe, sondern auch an Form von der elterlichen Plastide sich unterscheiden, so besteht hier die Entwickelung des Bionten nicht allein mehr in einer Veränderung der Größe, sondern auch der Form. Mithin beschränkt sich die Ontogenese nicht auf ein einfaches Wachstum, sondern ist mit einer Formveränderung verbunden, welche bereits den Namen der Differenzierung verdient. Wir finden diese einfache Sporogenese unter verschiedenen Stämmen des Protistenreiches, besonders bei den Rhizopoden und Flagellaten, bei „einzelligen Algen" (z. B. *Codiolum, Hydrocytium*) u. a.

2 B. Sporogenesis polyplastidis.

Monogene Entwickelung einer Plastidenkolonie, mit zusammengesetztem Wachstum, Differenzierung und unvollständiger Spaltung. Fortpflanzung durch Sporenbildung. Der monogene Zeugungskreis bildet ein Bion zweiter oder höherer Ordnung.

Die polyplastide Sporogenese ist unter den einfacheren Organismen des Protisten- und Pflanzenreiches weit verbreitet. Sie besteht darin, daß Spezies, welche den Rang einer einfachen Plastide überschreiten und durch unvollständige Teilung Plastidenkolonien oder selbst differenzierte Plastidenaggregate (Formindividuen zweiter und höherer Ordnung) darstellen, in ihrem Inneren Keimkörper (Sporen) erzeugen, welche sich außerhalb des elterlichen Plastidenstockes durch fortgesetzte unvollständige Teilung und Differenzierung wieder zu gleichen Plastidenstöcken entwickeln. Dies ist der Fall bei vielen mehrzelligen oder stockbildenden Protisten, bei den sozialen Rhizopoden und Flagellaten, Myxomyceten, Polycyttarien u. a. Unter den niederen

Pflanzen ist dieser Fortpflanzungsmodus ebenfalls sehr verbreitet, namentlich bei den niederen Algen (Desmidiaceen, Chlorophyceen etc.) Bei den letzteren werden zum Teil selbst von einer Plastidenspezies verschiedene Sporenarten gebildet. Die Entwickelung der aus der Spore austretenden Plastide besteht hier in Wachstum, unvollständiger Teilung und Differenzierung der Teilprodukte. Die Differenzierung erreicht jedoch auch bei dieser vollkommensten Form der Monogenesis niemals dieselbe Höhe, wie bei der Amphigenesis.

II. Amphigenesis.

Entwickelung mit Amphigonie.

(Ontogenesis der Eiprodukte.)

Der Zeugungskreis ist ein amphigener Generationszyklus. Entweder ein Teil der Bionten, oder alle Bionten, welche die Spezies repräsentieren, entstehen durch geschlechtliche Fortpflanzung.

Alle Bionten oder ein Teil der Bionten, welche die Spezies zusammensetzen, entwickeln weibliche und männliche Geschlechtsorgane und pflanzen sich durch befruchtete Eier fort. Das Eiprodukt oder der Eikreis, die Formenreihe, welche die Spezies innerhalb ihres geschlechtlichen Fortpflanzungszyklus (vom Ei bis wieder zum Ei) durchläuft, wird entweder durch ein einziges oder durch mehrere physiologische Individuen (Bionten) repräsentiert. Die Entwickelung ist niemals bloß einfaches Wachstum, sondern stets mit Differenzierung und häufig mit Metamorphose verbunden. Je nachdem das Eiprodukt von einem einzigen oder von mehreren Bionten repräsentiert wird, unterscheiden wir die Entwickelung der Eiprodukte in Hypogenesis und Metagenesis. Beide können mit und ohne Metamorphose verlaufen.

II, 1. Metagenesis.

Entwickelung des Eiproduktes mit Generationswechsel.

Amphigene Entwickelung mit monogener Entwickelung von Bionten innerhalb jedes Zeugungskreises abwechselnd. Der amphigene Zeugungskreis ist aus zwei oder mehreren Bionten zusammengesetzt, von denen mindestens eines stets geschlechtlich, das andere nicht geschlechtlich differenziert ist.

Der echte Generationswechsel oder die *Metagenesis* besteht in allen Fällen aus einer Verbindung von geschlechtlicher und ungeschlechtlicher Zeugung, in der Weise, daß die periodisch wiederkehrende Formenkette des regelmäßigen Zeugungskreises mindestens aus zwei Bionten besteht, einem ungeschlechtlich und einem geschlechtlich erzeugten physiologischen Individuum. Bei allen Organismen mit echtem Generationswechsel entspringt aus dem befruchteten Ei ein Individuum, welches zunächst bloß auf ungeschlechtlichem Wege, durch Teilung, Knospung oder Keimbildung sich fortpflanzt, und die so erzeugten Individuen werden entweder alle oder teilweise wieder geschlechtsreif, oder sie erzeugen selbst wieder auf ungeschlechtlichem Wege eine oder mehrere folgende Generationen, deren letzte endlich wieder Geschlechtsprodukte erzeugt. Hiermit ist der regelmäßige Zyklus von Generationen geschlossen. Das geschlechtlich erzeugte Individuum kann zwar in manchen Fällen auch selbst wieder geschlechtsreif werden, aber doch erst, nachdem es ein oder mehrere neue Bionten auf ungeschlechtlichem Wege erzeugt hat. Die unmittelbar aus dem befruchteten Ei entspringende Generationsform, welche auf irgend einem ungeschlechtlichen Wege die nächste Generation erzeugt, wird allgemein als Amme (Altrix) bezeichnet. Die Amme als Zwischenform, welche bei dem Generationswechsel in den kontinuierlichen Entwickelungslauf des Eiproduktes eingeschaltet ist, unterscheidet sich von der Larve, welche als Zwischenform bei der Metamorphose sowohl in die Hypogenese als in die Metagenese eingeschaltet werden kann, dadurch, daß die Amme wirklich selbstständige neue Keime von Bionten, die Larve dagegen nur provisorische Organe entwickelt. Die geschlechtslose Amme geht beim Generationswechsel zugrunde, ohne in das physiologische Individuum, welches geschlechtsreif wird, überzugehen, während die geschlechtslose Larve bei der Metamorphose unmittelbar in die letztere übergeht.

Um die äußerst verwickelten und mannigfaltigen Vorgänge des Generationswechsels in ihrem eigentlichen Wesen richtig zu erfassen, ist es notwendig, die oben aufgestellte Charakteristik desselben stets im Sinne zu behalten. Der echte Generationswechsel oder die Metagenesis, wie wir sie hier scharf bestimmen, ist wesentlich dadurch charakterisiert und von allen anderen Entwickelungsarten unterschieden, daß der Zeugungskreis nicht aus einem einzigen physiologischen Individuum oder Bion besteht, sondern aus zwei oder mehreren Bionten zusammengesetzt wird. Sowohl bei allen Formen der Monogenesis wie bei der Hypogenesis ist es ein und dasselbe physiologische Individuum, an welchem der ganze Generationszyklus von Anfang bis zu Ende abläuft. Bei der Metagenesis dagegen finden wir stets mindestens zwei, gewöhnlich aber mehrere physiologische Individuen, zu einem einzigen Zeugungskreis verbunden. Dieser metagenetische Zeugungskreis hat das Eigentümliche, daß er aus einem monogenen und einem amphigenen zusammengesetzt ist. Der eine Teil der Bionten wird ungeschlechtlich, der andere geschlechtlich erzeugt.

Durch diese scharfe Charakteristik der Metagenese trennen wir dieselbe bestimmt von ähnlichen, aus ungeschlechtlichen und geschlechtlichen Zeugungsakten zusammengesetzten Entwickelungsprozessen, auf welche man neuerdings ebenfalls den Begriff des Generationswechsels ausgedehnt hat, welche sich aber wesentlich dadurch unterscheiden, daß der ganze Zeugungskreis, vom Ei bis wieder zum Ei, an einem und demselben physiologischen Individuum abläuft. Dies ist z. B. bei dem sogenannten Generationswechsel der Phanerogamen der Fall, welcher nach unserer Ansicht als *Hypogenesis* aufgefaßt werden muß. Wir werden dies im nächsten Abschnitte zu begründen suchen, wo wir allgemein die dem Generationswechsel ähnlichen Entwickelungsvorgänge, welche sich aus geschlechtlichen und ungeschlechtlichen Zeugungsakten zusammensetzen, aber an einem einzigen Bion ablaufen, als Generationsfolge oder Strophogenesis von der echten Metagenesis unterscheiden werden, mit welcher wir uns hier allein beschäftigen.

Obgleich noch nicht ein halbes Jahrhundert verflossen ist, seitdem der Dichter Adalbert Chamisso 1819 den Generationswechsel der Salpen entdeckte, und noch nicht ein Vierteljahrhundert, seitdem J. Steenstrup 1842 diese Entdeckung mit den inzwischen aufgefundenen ähnlichen Fortpflanzungsvorgängen bei den Hydromedusen, Trematoden etc. verglich und sie unter dem Namen des Generationswechsels zusammenfaßte, ist dennoch seit dieser kurzen Zeit die Tatsache der Metagenesis als eine weit im Tier- und Pflanzenreiche verbreitete festgestellt worden. Doch hat man neuerdings sein Gebiet allzusehr ausgedehnt, indem man auch alle verschiedenen Formen der eben erwähnten Strophogenesis damit vereinigte.

Die echte Metagenesis, bei welcher der amphigene Zeugungskreis aus zwei oder mehreren, teils geschlechtlich, teils ungeschlechtlich erzeugten Bionten zusammengesetzt ist, findet sich vor: 1. im Tierreiche: unter den Arthropoden bei den Blattläusen, Cecidomyien, Rotatorien, Phyllopoden, Daphniden etc.; unter den Anneliden bei Protula, Syllis, Sabella, Nais etc.; ferner bei Nematoden (Ascaris nigrovenosa), Platyelminthen (Trematoden, Cestoden); Tunicaten (Salpa); unter den Coelenteraten vorzüglich bei den Hydromedusen in der mannigfaltigsten Form; bei manchen Schwämmen, bei denen die ungeschlechtliche Biontenbildung durch Gemmulae mit der geschlechtlichen durch befruchtete Eier (fälschlich sogenannte „Schwärmsporen") alterniert; 2. im Pflanzenreiche bei vielen Kryptogamen, insbesondere sehr allgemein bei den Gefäßkryptogamen (Farnen, Lycopodiaceen, Equisetaceen) und Moosen. Dagegen fehlt die echte Metagenesis bei den meisten Phanerogamen (mit Ausnahme derjenigen, welche durch Brutknospen [Zwiebeln und Bulbillen] neue Bionten auf monogenem Wege erzeugen). Ebenso fehlt sie allen Wirbeltieren und allen Mollusken sowie der großen Mehrzahl der Arthropoden. [1])

Nicht allein eine sehr ausgedehnte Verbreitung, sondern auch eine unerwartete Mannigfaltigkeit in der speziellen Ausführung des metagenetischen Entwickelungsmodus haben uns die fleißigen Untersuchungen der letzten Dezennien eröffnet; so zwar, daß in dieser Beziehung die Entwickelung mit Generationswechsel unendlich viel mannigfaltiger erscheint, als alle anderen Entwickelungsformen zusammengenommen. Es ist hier nicht der Ort, auf diese zahlreichen und in vieler Hinsicht verschiedenen Modifikationen der Metagenese näher einzugehen, und es ist auch die Masse der bis jetzt bekannten verschiedenartigen Tatsachen noch keineswegs in der Weise geordnet, daß ein zusammenhängender Überblick möglich wäre. Wir wollen daher hier nur einige derjenigen Seiten des Generationswechsels betrachten, welche sich auf die Individualitätsfrage beziehen, und nur diejenigen Modifikationen hervorheben, welche uns auf einer wesentlich verschiedenen kausalen Entstehung zu beruhen scheinen, und die deshalb von ganz verschiedenem morphologischen Werte sind.

Ein sehr wichtiges, bisher nicht hervorgehobenes Moment, welches sich auf die Entstehung, auf die paläontologische Entwickelung des Generationswechsels bezieht, läßt nach unserer Auffassung alle verschiedenen Formen der Metagenese in zwei entgegengesetzte Reihen vereinigen, welche den entgegengesetzten Formen der Sporogonie entsprechen und welche wir demgemäß als progressive und regressive Reihe unterscheiden können. Der fortschreitende Generationswechsel (Metagenesis progressiva) findet sich bei denjenigen

---

[1]) (1906). Neuerdings ist echte Metagenesis auch bei vielen einzelligen Protisten nachgewiesen, bei Sporozoen, Rhizopoden, Infusorien und Algarien.

Organismen, welche gewissermaßen noch auf dem Übergangsstadium von der Monogonie zur Amphigonie sich befinden, deren frühere Stammeltern also niemals ausschließlich auf geschlechtlichem Wege sich fortpflanzten. Dies ist wahrscheinlich bei der großen Mehrzahl der bekannten Formen von Metagenesis der Fall, z. B. bei den Trematoden, Hydromedusen etc. Hier haben immer, seitdem die geschlechtliche Zeugung aus der ungeschlechtlichen sich hervorbildete, ungeschlechtliche und geschlechtliche Generationen neben einander bestanden und miteinander abgewechselt. Niemals ist die Spezies in der Lage gewesen, sich ausschließlich durch Amphigonie fortzupflanzen.

Das Gegenteil zeigt uns der rückschreitende Generationswechsel (Metagenesis regressiva), welchen wir als einen Rückschlag der Amphigonie in die Monogonie auffassen. Diese merkwürdige Entwickelungsweise glauben wir bei denjenigen höheren Organismen mit Generationswechsel zu finden, deren nächste Verwandte sich allgemein auf rein hypogenem Wege, durch ausschließliche Amphigonie fortpflanzen, und bei welchen außerdem die ungeschlechtlich erzeugten Keime (Monosporen, „Sommereier") in besonderen Keimstöcken oder Sporocarpien entstehen, welche offenbar rückgebildete Eierstöcke sind. Dies ist der Fall bei den meisten Insekten mit Generationswechsel (Aphiden, Cocciden), wahrscheinlich auch bei den Rotatorien, Daphniden, Phyllopoden etc. Die unverkennbare Homologie, welche die Sporen („Sommereier") dieser Tiere mit den echten Eiern („Wintereiern") der geschlechtlich entwickelten Generation, die keimbildenden *Sporocarpien* (Keimstöcke) mit den echten *Ovarien* (Eierstöcken) der letzteren zeigen, scheint uns diese Formen des Generationswechsels, welche also in einem regelmäßigen Wechsel von Amphigonie und Parthenogonie bestehen, nicht anders erklären zu lassen, als durch die Annahme, daß die früheren Stammeltern der betreffenden Organismen ausschließlich auf geschlechtlichem Wege sich fortpflanzten und erst später in den ungeschlechtlichen Propagationsmodus noch früherer Zeit zurückfielen, aus welchem sich die sexuelle Zeugung erst differenziert hatte. Offenbar ist die biologische Bedeutung dieser beiden Metagenesisarten eine gänzlich entgegengesetzte, und wie wahrscheinlich ihre paläontologische Entstehung grundverschieden war, so läßt sich vermuten, daß auch ihre Zukunft es sein wird. Die progressive Metagenese der Hydromedusen, Trematoden etc. wird sich allmählich zu reiner Hypogenese erheben können, wie es bei nahe verwandten Formen

(z. B. Pelagia, Polystomeen) bereits der Fall ist. Die regressive Monogenese der Insekten, Crustaceen etc. wird dagegen umgekehrt zu reiner Monogenese zurücksinken können, wie es bei den Psychiden tatsächlich stattgefunden hat.[1])

II, 2. Hypogenesis.

Entwickelung des Eiproduktes ohne Generationswechsel.

Amphigene Entwickelung ausschließlich die Zeugungskreise bildend. Der amphigene Zeugungskreis besteht stets nur aus einem einzigen Bion, welches geschlechtlich erzeugt ist und selbst geschlechtsreif wird.

Das Eiprodukt oder der Eikreis wird durch ein einziges physiologisches Individuum (Bion) repräsentiert. Aus jedem befruchteten Ei entsteht eine einfache Formenkette, welche kontinuierlich bis zur Geschlechtsreife durchgeführt wird. Jeder individuelle Formzustand ist ein Glied dieser Kette und das unmittelbare Resultat einer am vorhergegangenen Zustande oder Gliede stattgefundenen Differenzierung. Es ist also niemals die geschlechtliche mit der ungeschlechtlichen Fortpflanzung innerhalb des Formenkreises der Spezies kombiniert.

Die einfache geschlechtliche Fortpflanzung oder die ausschließliche Entwickelung der Bionten aus befruchteten Eiern, welche wir hier mit dem Namen der Hypogenese belegen, findet sich vorzugsweise bei den höheren und vollkommeneren Klassen des Tier- und Pflanzenreiches, und bei den höchsten Abteilungen der niederen Klassen. Insbesondere ist sie die ausschließliche Entwickelungsform bei allen noch jetzt lebenden Gliedern des Vertebratenstammes, bei der großen Mehrzahl aller Arthropoden, bei allen Mollusken und Echinodermen, und bei vielen höheren Würmern, sowie bei der großen Mehrzahl der Phanerogamen. Dagegen kommt sie bei den Hydromedusen und Kryptogamen nur selten, bei den Protisten vielleicht niemals vor. In allen Fällen durchläuft bei dieser einfach kontinuierlichen Entwickelung das physiologische Individuum, welches aus dem befruchteten Eie entspringt, eine einzige ununterbrochene Formenreihe, welche mit der Produktion von Geschlechtsorganen ihr Ziel erreicht. Jeder Zustand der Spezies ist das unmittelbare Differenzierungsprodukt des nächst vorhergegangenen Zustandes. Niemals

[1]) (1906). Neuerdings wird die Form des Generationswechsels, die wir hier (1866) regressive Metagenesis genannt haben, meistens ganz davon getrennt und als Heterogonie bezeichnet.

wird diese zusammenhängende Kette von epigenetisch auseinander hervorgehenden Zuständen durch einen ungeschlechtlichen Zeugungsakt unterbrochen, welcher ein zweites selbständiges Bion produziert. Man hat freilich auch viele Wachstums- und Differenzierungsakte, welche im Bion während der hypogenetischen Entwickelung vor sich gehen, als ungeschlechtliche Zeugungsakte (Knospung, Teilung etc.) bezeichnet, und es ist dies vollkommen richtig. Allein alle diese ungeschlechtlichen Zeugungsakte produzieren nicht neue physiologische, sondern nur morphologische Individuen; und diese letzteren sind niemals von dem Range, welchen die Spezies in ihrer geschlechtsreifen vollendeten Form erreicht, sondern stets morphologische Individuen niederen Ranges. So ist z. B. bei der Epigenese der Wirbeltiere schon die Furchung des Eies ein Akt der Teilung von Plastiden, die Entstehung der Urwirbel ein Akt der terminalen Knospenbildung von Metameren, das Hervorsprossen der Extremitäten ein Akt der lateralen Knospung von Organen, das Hervorsprossen der Zehen ein Akt der Diradiation, und das Wachstum sowie das Entstehen jedes neuen Organes ist mit Teilungsakten von Plastiden verknüpft. Allein alle diese ungeschlechtlichen Zeugungakte führen zusammen nur zur Entwickelung eines einzigen Bion, welches als morphologisches Individuum fünfter Ordnung die reife und vollendete Speziesform repräsentiert, und diese Person pflanzt sich nur auf geschlechtlichem Wege fort. Das Eiprodukt ist demnach in allen Fällen echter Hypogenesis ein einziges physiologisches Individuum.

Man pflegt gewöhnlich die einfache Entwickelung aus befruchteten Eiern, welche wir Hypogenesis nennen, einzuteilen in eine Entwickelung mit und ohne Verwandlung, und wir werden, dieser Einteilung folgend, *Hypogenesis metamorpha*, mit Metamorphose, und *Hypogenesis epimorpha*, ohne Metamorphose, unterscheiden. Wir halten dabei den Begriff der *Metamorphose*, wie wir ihn oben definiert haben, fest, als die Entwickelung außerhalb der Eihüllen mit Produktion provisorischer Organe, welche durch den Verwandlungsprozeß verloren gehen.

II, 2 A. Hypogenesis metamorpha.

Amphigene Entwickelung ohne Generationswechsel, mit postembryonaler Metamorphose.

Das physiologische Individuum, welches aus dem befruchteten Ei hervorgeht, entwickelt sich außerhalb der Eihüllen zur Geschlechtsreife, nachdem es provisorische Teile abgeworfen hat.

Der wesentliche Charakter der postembryonalen Verwandlung, welche man gewöhnlich schlechtweg als Metamorphose bezeichnet, liegt, wie wir oben zeigten, darin, daß das Bion nach dem Verlassen der Eihüllen provisorische Organe besitzt oder erhält, welche es verliert, ehe es sich zur Geschlechtsreife entwickelt. So lange das den Eihüllen entschlüpfte Individuum solche provisorische Organe besitzt, wird dasselbe als Larve (*Larva*, *Nympha*) bezeichnet. Der Verlust dieser Organe ist der eigentliche Akt der Verwandlung, durch welchen die Larve entweder zum jungen Bion (*Juvenis*) oder, wenn dabei die Geschlechtsorgane sich entwickeln, zum reifen und vollendeten Bion (*Adultum*) wird. Das Verhältnis der Larven zu den jungen und reifen Bionten ist bei den verschiedenen Organismen außerordentlich verschieden, je nach der Größe, Ausdehnung und Form der provisorischen Organe. Es ließe sich hiernach eine Menge von verschiedenen Formen bei der Metamorphose ebenso wie beim Generationswechsel unterscheiden. Indessen ist die Masse der in dieser Beziehung bekannten Tatsachen ebenso ungenügend geordnet, als umfangreich, so daß es vorläufig noch nicht möglich ist, in übersichtlicher Zusammenstellung das Verhältnis der einzelnen Metamorphosenarten zueinander zu erörtern. Eine zukünftige kritische und denkende Vergleichung derselben wird hier ebenso wie beim Generationswechsel eine sehr reiche Fülle leichterer und tieferer Modifikationen zu unterscheiden haben. Für uns genügt hier die Anführung einiger weniger Beispiele. Als den extremsten Grad der Metamorphose müßten wir vor allen die Ontogenese der Echinodermen bezeichnen; ferner diejenige der Nemertinen und Musciden. Bei letzteren geht sie so weit, daß fast die ganze embryonale Entwickelung des physiologischen Individuums wieder von vorn anfängt, und daß nicht nur einzelne Organn, sondern ganze Organsysteme als provisorische Formen aufgefaßt werden müssen. So sehr nun auch diese extremste Form der Umbildung bei den Fliegen von der Metamorphose sich zu entfernen scheint, so ist sie dennoch in der Tat durch eine lange und allmähliche Kette von Übergangsformen, mit dem geringeren und zuletzt dem ganz geringen Grade der Metamorphose verbunden, und zwar von Übergangsformen, welche alle in derselben Insektenklasse vorkommen. Während noch bei den Schmetterlingen, den Käfern und den meisten anderen Insekten mit sogenannter vollkommener Verwandlung gewöhnlich drei scharf getrennte Abschnitte der postembryonalen Umbildung sich unterscheiden lassen (Larve, Puppe und Imago), finden wir dagegen bei den Insekten mit sogenannter unvollkommener oder halber Verwandlung den Prozeß der Metamorphose auf verschiedene Häutungen und auf die Entwickelung der Flügel etc. beschränkt. Die Formunterschiede der verschiedenen Häutungszustände sind bald so bedeutend, daß die Häutung noch als unvollkommene Metamorphose bezeichnet werden kann, bald so gering, daß sie unmittelbar in die epimorphe Hypogenese übergeht. Auch bei den übrigen Articulaten und überhaupt bei der großen Mehrzahl aller Wirbellosen sehen wir die Hypogenese mit Metamorphose verbunden, so bei den meisten Crustaceen, Würmern, Mollusken, Echinodermen, Coelenteraten; sehr häufig treten hier zugleich sehr verwickelte Formfolgen dadurch auf, daß sich die Metamorphose mit der Metagenese verbindet. Unter den Wirbeltieren ist die postembryonale Metamorphose auf den Amphioxus, die Cyclostomen und Amphibien beschränkt.

II, 2 B. Hypogenesis epimorpha.

Amphigene Entwickelung ohne Generationswechsel und ohne postembryonale Metamorphose.

Das physiologische Individuum, welches aus dem befruchteten Ei hervorgeht, entwickelt sich außerhalb der Eihüllen zur Geschlechtsreife, ohne provisorische Teile abzuwerfen.

Die epimorphe Hypogenese, die postembryonale Entwickelung ohne Verwandlung, ist diejenige Entwickelungsform, welche vorzugsweise für die Ontogenie der größten und höchst entwickelten Organismen, sowohl im Pflanzenreich als im Tierreich, geeignet erscheint, vielleicht schon deshalb, weil hier alle provisorischen Formzustände innerhalb der Eihüllen durchlaufen und alle provisorischen Organe während des embryonalen Lebens rückgebildet werden und verloren gehen. Der Embryo durchbricht hier also die Eihüllen schon in der ausgebildeten wesentlichen Form des reifen Tieres und alle postembryonalen Veränderungen beschränken sich auf die Entwickelung der Geschlechtsorgane und auf das bloße Wachstum; dieses vermag allerdings dadurch, daß es in verschiedenen Körperteilen verschieden rasch fortschreitet und verschieden lange dauert, immerhin ziemlich beträchtliche Proportionsunterschiede in der Größe und dadurch auch in der Form des vollendeten und des werdenden Individuums hervorzurufen. Wir finden diese Hypogenese ohne Metamorphose bei den allermeisten Wirbeltieren (mit Ausnahme der Amphibien, Cyclostomen und Leptocardier), also bei allen Säugern, Vögeln, Reptilien und echten

Fischen. Unter den Mollusken besitzen sie fast nur die Cephalopoden, welche sich auch in anderen Entwickelungsverhältnissen wesentlich von den übrigen Mollusken unterscheiden. Unter den Articulaten ist die epimorphe Hypogenese im ganzen selten, ebenso unter allen übrigen Wirbellosen. Obgleich man diesen Entwickelungsmodus gewöhnlich für einen sehr einfachen zu halten pflegt, ist er doch, entsprechend schon der hohen Organisationsstufe, welche die betreffenden Tiere erreichen, umgekehrt für einen der kompliziertesten zu erachten, und vom phylogenetischen Standpunkte aus für eine Art der Ontogenese, welche erst durch lange dauernde „Abkürzung der Entwickelung" entstanden ist.

Im Pflanzenreiche finden wir die epimorphe Hypogenese ebenso wie im Tierreiche als die fast ausschließliche Entwickelungsform aller höheren und größeren Organismen wieder (mit Ausnahme der höheren Kryptogamen). Wir finden dieselbe vor bei den höheren Algen (Fucaceen), ferner fast allgemein bei den Phanerogamen; nur diejenigen ausgenommen, welche durch frei sich ablösende Brutknospen (Bulbi und Bulbilli) auf monogenem Wege neue Bionten erzeugen (echte Metagenesis). Warum wir den Zeugungskreis der Phanerogamen nicht als echte Metagenesis anerkennen können, werden wir sogleich bei Betrachtung der Strophogenese näher begründen. Die ganze Formenfolge vom Ei bis zum Ei bildet hier eine einzige geschlossene Entwickelungskette und erscheint als ununterbrochene Differenzierungsreihe von sukzessiven Formzuständen eines einzigen Bion, ganz wie bei den höheren Tieren. Es könnte demnach nur die Frage entstehen, ob wir die Ontogenese der Phanerogamen als *metamorphe* oder als *epimorphe* auffassen sollen, d. h. ob mit ihrer postembryonalen Entwickelung eine Metamorphose verbunden ist oder nicht. Daß die sogenannte „Metamorphose der Pflanzen", und der Phanerogamen insbesondere, wesentlich eine Differenzierungserscheinung ist, und keine Verwandlung in dem Sinne, in welchem der Begriff der Metamorphose von den Zoologen fast allgemein und täglich gebraucht wird, haben wir bereits oben gezeigt. Es könnte sich also nur fragen, ob sich außerdem noch bei den hypogenen Pflanzen eine echte Metamorphose in dem vorher festgestellten Sinne findet, d. h. eine postembryonale Entwickelung mit Verlust provisorischer Teile. Als solche „provisorische Teile" könnte man bei den Phanerogamen die Cotyledonen oder Keimblätter auffassen; und wenn man diese Auffassung gelten läßt, so würde die Hypogenesis der Phanerogamen nicht als *epimorphe*, sondern als *metamorphe* Entwickelung zu betrachten sein, und der Verlust der Keimblätter als Akt der Verwandlung. Die Keimpflanze, d. h. die dem Samen entkeimte, aus den Eihüllen hervorgebrochene junge Pflanze, wäre dann als „Larve" zu betrachten, so lange sie noch die Cotyledonen („Larvenorgane") besitzt.

Man pflegt den Entwickelungsmodus der epimorphen Hypogenese, wie er den meisten höheren Tieren und Pflanzen zukommt, gewöhnlich als einen „sehr einfachen" zu bezeichnen, gegenüber der metamorphen Hypogenese und der Metagenese. Indessen übersieht man dabei, daß die Entwickelungsvorgänge, welche hier innerhalb des Eies verborgen verlaufen, viel komplizierter und aus größeren Reihen differenter Zeugungsakte zusammengesetzt sind, als bei denjenigen anscheinend äußerlich mehr zusammengesetzten Entwickelungsreihen, welche beim Generationswechsel etc. auftreten. Wahrscheinlich sind auch die scheinbar einfachsten Formen der epimorphen Hypogenese durch paläontologische „Abkürzung der Entwickelung" sekundär aus viel verwickelteren Generationsreihen von metagenetischer Form hervorgegangen, in ähnlicher Weise, wie es die sogleich zu besprechende Strophogenese ahnen läßt.

IX. Metagenesis und Strophogenesis.

(Generationswechsel und Generationsfolge.)

Die Charakteristik des echten Generationswechsels oder der Metagenesis, welche wir oben festzustellen versuchten, hob als das wesentlichste Moment dieses Entwickelungsmodus die Zusammensetzung des Zeugungskreises aus zwei oder mehreren sukzessiven Bionten hervor, welche teils auf geschlechtlichem, teils auf ungeschlechtlichem Wege entstehen. Es wird also hier die Spezies durch zwei oder mehr verschiedene, teils sexuelle, teils esexuelle Bionten oder physiologische Individuen vertreten, von denen die ersteren die unmittelbaren Erzeugnisse der letzteren sind.

Wie schon dort hervorgehoben wurde, hat man neuerdings den Begriff des Generationswechsels viel weiter ausgedehnt, indem man auch ähnliche Entwickelungsreihen von höheren Organismen und insbesondere von den Phanerogamen hereinzog. Allerdings ist der Zeugungskreis, welchen die Stöcke der Phanerogamen durchlaufen, in mancher Hinsicht der echten Metagenesis sehr ähnlich, aber dennoch unserer Ansicht nach in anderer Beziehung wesentlich verschieden, und gerade derjenige Charakter, den wir oben als den entscheidenden hingestellt haben, fehlt denselben. Bei allen Phanerogamenstöcken entspringt aus der geschlechtlichen Zeugung ein Sproß (Blastus), also ein Form-Individuum fünfter Ordnung, welches durch wiederholte ungeschlechtliche Zeugungsakte, nämlich durch unvollständige äußere Knospenbildung, zahlreiche andere Sprosse erzeugt, die zu einem Stocke oder Cormus vereinigt bleiben. Dieser Cormus ist aber ein einziges Formindividuum sechster und höchster Ordnung, und als solches zugleich das physiologische Individuum (Bion), welches als konkrete Lebenseinheit die Art repräsentiert oder das Speziesglied bildet. Da nun dieser Stock selbst wieder geschlechtsreif wird, oder da, genauer ausgedrückt, unmittelbar aus den integrierenden Bestandteilen dieses Stocks, nämlich aus den geschlechtlich differenzierten Personen (Blütensprossen), der Same amphigen erzeugt wird, welcher dem Stocke selbst den Ursprung gibt, so haben wir den ganzen Zeugungskreis als einen einfachen hypogenen Generationszyklus aufzufassen. In der Tat haben wir vom Ei bis zum Ei die vollkommen geschlossene Formenkette des einen physiologischen Individuums, welches als Stock aus einem Ei entsteht und selbst wieder Eier zeugt. Der gewöhnliche Zeugungskreis der Phanerogamen ist also ebensogut ein einfacher hypogener, wie derjenige der Wirbeltiere.

Die Ansicht, das der Entwickelungskreis der Phanerogamenstöcke auf einem echten Generationswechsel beruhe, würde dann richtig sein, wenn der Sproß (Blastus) das physiologische Individuum derselben wäre. Dies ist aber nicht der Fall, wie wir im dritten Buche gezeigt haben. Vielmehr ist der Sproß, welcher als Formindividuum fünfter Ordnung bei den Wirbeltieren in der Tat das physiologische Individuum bildet, bei den Phanerogamen nur ein untergeordneter Bestandteil des Stockes oder Cormus, welcher hier als Formindividuum sechster Ordnung die physiologische Individualität repräsentiert. Und da der letztere sich allerdings durch ungeschlechtliche Zeugungsakte entwickelt, aber lediglich durch geschlechtliche Zeugungsakte fortpflanzt, so ist unzweifelhaft der gewöhnliche Generationszyklus der Phanerogamen keine Metagenesis, sondern einfache Hypogenesis, wie bei den Wirbeltieren. Der Unterschied zwischen beiden besteht nur darin, daß die physiologische Individualität hier durch ein morphologisches Individuum fünfter, dort aber sechster Ordnung repräsentiert wird. Als echten Generationswechsel, als wirkliche Metagenesis können wir bei den Phanerogamen nur jene Fälle auffassen, in denen sich Brutknospen (Bulbi, Bulbilli etc.) selbsttätig vom Stocke ablösen und also wirklich monogen erzeugte neue Bionten bilden (z. B. *Lilium bulbiferum, Dentaria bulbifera* etc.).

Die Vergleichung des scheinbaren Generationswechsels der Phanerogamen mit dem echten Generationswechsel der Kryptogamen und der höheren Tiere führt uns unmittelbar zu einer Betrachtung, welche sowohl für das Verständnis des zusammengesetzten Baues der höheren Organismen überhaupt, als auch besonders ihrer Entwickelungsverhältnisse von der größten Bedeutung ist. Bei den Phanerogamen, wie sie uns besonders Alexander Brauns klare Betrachtungsweise tektologisch erläutert hat, ist es nämlich ganz richtig, daß der Stock (Cormus), also das morphologische Individuum sechster Ordnung, als einfaches Bion durch eine Reihe von ungeschlechtlichen Zeugungsprozessen untergeordneter morphologischer Individualitäten entsteht, welche endlich mit der Erzeugung geschlechtlicher Keime in den Blütensprossen abschließen. Verfolgen wir den gewöhnlichen Phanerogamencormus auf seinem Lebenswege von der Teilung des Eies (Keimbläschen) an, so können wir eine Reihe von ungeschlechtlichen Zeugungsakten verschiedener Ordnungen unterscheiden, welche endlich mit der Eibildung den amphigenen Zeugungskreis vollendet. Ganz dasselbe finden wir aber auch, wenn wir die einzelnen Entwickelungsakte der höheren Tiere, z. B. der Wirbeltiere, vergleichen, deren Ontogenesis doch allgemein und ohne Widerspruch als einfache Hypogenesis, als Amphigenesis ohne Generationswechsel, aufgefaßt wird. Auch hier stoßen wir von der Teilung (Furchung) des Eies an auf eine ganze Reihe von ungeschlechtlichen Zeugungsakten, welche endlich mit der Geschlechtsreife den amphigenen Zeugungskreis abschließt. Bei den Wirbeltieren ebenso wie bei den Phanerogamen durchläuft das Bion während seiner ontogenetischen Entwickelung die ganze Reihe von untergeordneten morphologischen Individualitäten, welche derjenigen vorausgehen, in der es schließlich als reifes Bion die Spezies repräsentiert. Jede höhere Individualitätsordnung wird durch einen besonderen ungeschlechtlichen Zeugungsakt von der vorhergehenden nächst niederen erzeugt, und auch innerhalb des Entwickelungslaufes jeder einzelnen Individualitätsordnung finden wir noch massenhaft wiederholte monogene Zeugungsakte der Plastiden, welche die Organe etc. konstituieren. Dennoch wird es niemand einfallen, diese Entwickelungsreihe, die aus einer ganzen Kette von verschiedenen, monogen auseinander hervorgehenden, untergeordneten Generationen besteht, als echte Metagenesis betrachten zu wollen. Denn die ganze Zeugungskette verläuft Schritt für Schritt im ununterbrochenen Zusammenhange an einem und demselben physiologischen Individuum oder Bion. Der einzige Unterschied zwischen der Hypogenese der höchsten Pflanzen und Tiere ist der, daß die letzteren (Vertebraten, Arthropoden) nicht die letzte und höchste, die sechste Stufe der morphologischen Individualität erreichen, sondern vorher auf der fünften stehen bleiben. Der Cormus ist aber ebenso die spezifische Form des reifen Bion bei den Phanerogamen, wie die Person bei den Vertebraten und Arthropoden.

Ganz ähnliche Reihen von eng verketteten ungeschlechtlichen Zeugungsakten begleiten die Ontogenesis bei allen Organismen, die nicht als Bionten auf der ersten Stufe der Plastide stehen bleiben. Bei den Mollusken z. B. können wir ganz eben solche Zeugungsreihen unterscheiden, ohne daß wir auch hier von einer echten Metagenese sprechen können.

Wir glauben daher nicht zu irren, wenn wir alle diese ungeschlechtlichen Zeugungsketten, die an einem einzigen, geschlechtlich erzeugten und selbst geschlechtsreif werdenden Bion verlaufen, von dem echten Generationswechsel, der stets an zwei oder mehreren Bionten abläuft, unterscheiden, und schlagen vor, dieselben allgemein mit dem der Generationsfolge oder Strophogenesis zu bezeichnen. Es kann demnach der scheinbare Generationswechsel der Phanerogamen als Strophogenesis von Cormen, die individuelle Entwickelung der Vertebraten und Arthropoden als Strophogenesis von Personen bezeichnet werden. Will man diese Auffassung bis zu ihren letzten Konsequenzen verfolgen, so muß eigentlich alle Amphigenesis von polyplastiden Organismen als Strophogenesis aufgefaßt werden, da alles „zusammengesetzte Wachstum" derselben mit Zeugungsakten von Plastiden verbunden ist.

Die objektive Betrachtung der Strophogenesis und ihr Vergleich mit der Metagenesis ist äußerst wichtig und lehrreich, besonders auch für das Verständnis der Parallele zwischen der Ontogenese und Phylogenese. Es ist leicht möglich, daß viele Prozesse, die wir jetzt zur Strophogenese rechnen müssen, in früheren Zeiten der Erdgeschichte wirkliche Metagenese waren und erst nachträglich durch „Abkürzung der Entwickelung" zusammengezogen wurden.

Achtzehntes Kapitel.

Entwickelungsgeschichte der morphologischen Individuen.

„Betrachten wir alle Gestalten, besonders die organischen, so finden wir, daß nirgend ein Bestehendes, nirgend ein Ruhendes, ein Abgeschlossenes vorkommt, sondern daß vielmehr Alles in einer steten Bewegung schwankt. Das Gebilde wird sogleich wieder umgebildet, und wir haben uns, wenn wir einigermaßen zum lebendigen Anschauen der Natur gelangen wollen, selbst so beweglich und bildsam zu erhalten, nach dem Beispiele, mit dem sie uns vorgeht."

Goethe.

I. Ontogenie der Plastiden.
II. Ontogenie der Organe.
III. Ontogenie der Antimeren.
IV. Ontogenie der Metameren.
V. Ontogenie der Personen.
VI. Ontogenie der Stöcke.

Das achtzehnte Kapitel fällt fort, da ich dessen brauchbaren Inhalt später wesentlich verbessert und teils in die Anthropogenie (1874, V. Aufl. 1903), teils in die „Systematische Phylogenie" (1894—1896) aufgenommen habe. (Vergl. auch meine Abhandlung über: „Die Individualität des Tierkörpers" in der Jenaischen Zeitschrift für Naturwissenschaft, 1878, Bd. XII, S. 1.)

Neunzehntes Kapitel.

Die Deszendenztheorie und die Selektionstheorie.

„Dies also hätten wir gewonnen, ungescheut behaupten zu dürfen, daß alle vollkommneren organischen Naturen, worunter wir Fische, Amphibien, Vögel, Säugetiere und an der Spitze der letzteren den Menschen sehen, alle nach einem Urbilde geformt seien, das nur in seinen sehr beständigen Teilen mehr oder weniger hin- und herweicht, und sich noch täglich durch Fortpflanzung aus- und umbildet."

Goethe.

I. Inhalt und Bedeutung der Deszendenztheorie.

Alle Organismen, welche heutzutage die Erde bewohnen und welche sie zu irgendeiner Zeit bewohnt haben, sind im Laufe sehr langer Zeiträume durch allmähliche Umgestaltung und langsame Vervollkommnung aus einer geringen Anzahl von gemeinsamen Stammformen (vielleicht selbst aus einer einzigen) hervorgegangen, welche als höchst einfache Urorganismen vom Werte einer einfachsten Plastide (Moneren) durch Autogonie aus unbelebter Materie entstanden sind.

II. Entwickelungsgeschichte der Deszendenztheorie.

(Vergl. meine „Natürliche Schöpfungsgeschichte", 1868, II.—VI. Vortrag. X. Auflage 1902.)

III. Die Selektionstheorie. (Der Darwinismus.)

Die Lehre von der natürlichen Züchtung („Natural Selection") der Organismen oder von der „Erhaltung der vervollkommneten Rassen im Kampfe um das Dasein", welche wir im folgenden immer kurz als die Zuchtwahllehre oder Selektionstheorie bezeichnen werden, ist von Charles Darwin zuerst aufgestellt und in so vollkommener Weise als die eigentlich kausale oder mechanische Basis der gesamten Transmutationstheorie nachgewiesen worden, daß die letztere erst durch die erstere als eine vollberechtigte und vollkommen sichergestellte Theorie ersten Ranges ihren unvergänglichen Platz an der Spitze der biologischen Wissenschaften erhalten hat. Diese Selektionstheorie ist es, welche man mit vollem Rechte, ihrem alleinigen Urheber zu Ehren, als Darwinismus bezeichnen kann, während es nicht richtig ist, mit diesem Namen, wie es neuerdings häufig geschieht, die gesamte Deszendenztheorie zu belegen, die bereits von Lamarck als eine wissenschaftlich formulierte Theorie in die Biologie eingeführt worden ist, und die man daher entsprechend als Lamarckismus bezeichnen könnte. Die Deszendenztheorie faßt die gesamten allgemeinen (morphologischen und physiologischen) Erscheinungsreihen der organischen Natur in ein einziges großes harmonisches Bild zusammen und zeigt, wie sich uns alle Züge desselben aus einem einzigen physiologischen Naturprozesse, aus der Transmutation der Spezies, harmonisch und vollständig erklären. Die Selektionstheorie zeigt uns dagegen, wie dieser Prozeß der Spezies-Transmutation vor sich geht und warum derselbe notwendig gerade so vor sich gehen muß, wie es tatsächlich geschieht; sie erklärt diesen physiologischen Prozeß selbst, indem sie uns seine mechanischen Ursachen, die Causae efficientes, kennen lehrt. Wenn daher Lamarck immer das Verdienst bleiben wird, die Abstammungslehre zuerst in die Wissenschaft als selbständige Theorie eingeführt zu haben, so wird dagegen Darwin das nicht geringere Verdienst behalten, dieselbe nicht allein, entsprechend dem wissenschaftlichen Fortschritt eines halben Jahrhunderts, vielseitiger und umfassender ausgebildet, sondern das größere und ebenso unsterbliche Verdienst, ihr durch die Aufstellung der Zuchtwahllehre erst die unerschütterliche mechanische Basis gegeben zu haben.

Der Grundgedanke von Darwins Selektionstheorie liegt in der Wechselwirkung zweier physiologischer Funktionen, welche allen Organismen eigentümlich sind, und welche wir, ebenso wie die Ernährung und Fortpflanzung, mit denen sie unmittelbar zusammenhängen, als allgemeine organische Funktionen bezeichnen können. Es sind dies die beiden äußert wichtigen Leistungen der Vererbung und der Anpassung, welche nach unserer Ansicht wesentlich den beiden formbildenden Elementen entsprechen, die wir oben im zweiten Buche als inneren und äußeren Bildungstrieb einander gegenübergestellt haben. Die Erblichkeit oder der innere Bildungstrieb (die innere Gestaltungskraft) äußert sich darin, daß jeder Organismus bei der Fortpflanzung seinesgleichen erzeugt, oder, genauer ausgedrückt, einen ihm (nicht gleichen, sondern) ähnlichen Organismus. Die Anpassungsfähigkeit oder der äußere Bildungstrieb dagegen (die äußere Gestaltungskraft) äußert sich darin, daß jeder Organismus durch Wechselwirkung mit seiner Umgebung einen Teil seiner ererbten Eigenschaften aufgibt und dafür neue Eigenschaften annimmt, so daß er mithin dem Organismus, der ihn erzeugte, niemals absolut gleich, sondern nur ähnlich ist. Aus der allgemein stattfindenden Wechselwirkung dieser beiden gestaltenden Prinzipien geht die ganze Mannigfaltigkeit der Organismenwelt hervor. Wäre die Erblichkeit eine absolute, so würden alle Organismen eines jeden Stammes einander gleich sein; wäre umgekehrt die Anpassung eine absolute, so würden alle Organismen völlig verschieden sein. Der faktisch vorhandene Grad der Wechselwirkung zwischen beiden Bildungskräften bedingt den faktisch vorhandenen Grad der Ähnlichkeit und Verschiedenheit zwischen allen Lebewesen. Alle Charaktere der Organismen (und zwar sowohl chemische, als morphologische, als physiologische Eigenschaften) sind entweder durch Vererbung oder durch Anpassung erworben; ein drittes formbildendes Element neben diesen beiden existiert nicht.

Die nächste Folge der Wechselwirkung zwischen der Vererbung und der Anpassung, und insbesondere der Vererbung der durch Anpassung erworbenen Abänderungen, ist die dadurch bewirkte Divergenz ihres Charakters oder die Differenzierung. Indem die Organismen auf ihre Nachkommen durch Vererbung nicht allein die von ihnen ererbten, sondern auch die von ihnen durch Anpassung erst erworbenen Eigenschaften (Abänderungen) übertragen, gehen ihre Nachkommen auseinander, divergieren, und indem diese Divergenz wegen der unbegrenzten Abänderungsfähigkeit oder Variabilität in einem gewissen Sinne keine Schranken hat, indem vielmehr der Organismus stets anpassungsfähig, also variabel bleibt, so können im Laufe zahlreicher Generationen aus einer und derselben ursprünglichen Stammform gänzlich verschiedene Nachkommen hervorgehen. Aus einer und derselben Art entstehen durch Anpassung an sehr verschiedene Lebensbedingungen im Laufe von Generationen sehr verschiedene Arten. Je mehr die Erblichkeit in der Generationsfolge überwiegt, desto konstanter ist die Art und desto längere Zeit erhält sie sich; je mehr die Anpassung überwiegt, desto variabler ist die Art und desto rascher entstehen aus ihr neue Arten.

Die ganze unendliche Mannigfaltigkeit der organischen Formen wird also in letzter Instanz lediglich durch die Wechselwirkung dieser beiden physiologischen Funktionen, der Anpassung und der Vererbung, hervorgebracht. Sehr wichtig sind aber weiter die besonderen Verhältnisse, unter denen diese Wechselwirkung überall stattfindet und von denen sie in hohem Maße begünstigt wird. Die Summe dieser Verhältnisse nennt Darwin mit einem metaphorischen Ausdruck den „Kampf ums Dasein“. Indem nämlich jeder Organismus den auf ihn einwirkenden äußeren Umständen entgegenwirkt, kämpft er mit denselben. Da nun alle Individuen einer Organismenart nicht absolut gleich, sondern bloß ähnlich sind, so verhalten sie sich den gleichen äußeren Einflüssen gegenüber verschieden. Außer diesem Kampfe mit den Anpassungsbedingungen findet aber ferner auch überall ein Wettkampf zwischen den zusammenlebenden Organismen statt. Da nämlich alle Organismen eine weit zahlreichere Nachkommenschaft produzieren, als sich zu erhalten imstande ist, so werden von derselben diejenigen sich am leichtesten und besten erhalten, welche sich am leichtesten und besten den umgebenden Existenzbedingungen, dem äußeren Bildungstriebe anpassen. Es sterben daher die am wenigsten angepaßten Individuen frühzeitig aus, ohne sich fortpflanzen zu können, während die am besten angepaßten Individuen erhalten bleiben und sich fortpflanzen. Die ersteren werden von den letzteren in dem unvermeidlichen Wettkampfe um die Erlangung der unentbehrlichen, aber nicht für alle ausreichenden Existenzbedingungen besiegt. Es kommt hier die oben erwähnte Populationstheorie von Malthus zur Anwendung. Diesen Sieg der befähigteren und besser angepaßten Organismen im Kampfe um das Dasein nennt Darwin „Natural-selection“ oder natürliche Zuchtwahl (natürliche Züchtung oder Auslese), weil der Kampf um das Dasein hier dieselbe auslesende, auswählende (züchtende) Wirkung auf viele ungleiche Individuen einer und derselben Art ausübt, welche bei der „künstlichen Züchtung“ die absichtliche, zweckmäßige Auswahl des Menschen übt.

Die natürliche Selektion wählt also im Kampfe um das Dasein diejenigen Individuen zur Fortpflanzung aus, welche sich am besten den Existenzbedingungen anpassen können, und da in den meisten Fällen diese Individuen die besseren, die vollkommneren sind, so ist im allgemeinen (einzelne besondere Fälle ausgenommen!) damit zugleich eine zwar langsame, aber beständig wirkende Vervollkommnung, ein Fortschritt in der Organisation notwendig verbunden.

Da ferner der Kampf um das Dasein zwischen den zusammenlebenden Individuen einer und derselben Art um so heftiger (also auch um so gefährlicher) sein muß, je mehr sie sich gleichen, um so weniger heftig, je mehr sie voneinander abweichen, so werden die am stärksten divergierenden oder voneinander abweichenden Individuen am meisten Aussicht haben, nebeneinander fortzuexistieren und sich fortzupflanzen, und dadurch besonders wird allgemein die oben hervorgehobene Divergenz des Charakters begünstigt, welche uns die allgemeine Neigung der Organismen erklärt, immer mehr abzuändern, und immer mehr neue und mannigfaltige Arten zu bilden. Aus der unendlich verwickelten Wechselwirkung dieser inneren und äußeren formbildenden Verhältnisse, und aus den notwendigen Folgerungen, welche sich unmittelbar daraus ableiten lassen, erklärt sich die ganze Mannigfaltigkeit der organischen Natur, welche uns umgibt. Um dieses äußerst wichtige Verhältnis zu würdigen, müssen wir zunächst die beiden Funktionen der Vererbung und der Anpassung einer eingehenderen physiologischen Betrachtung unterwerfen, als es bisher geschehen ist.

IV. Erblichkeit und Vererbung.

(Atavismus, Hereditas.)

IV, A. Tatsache und Ursache der Vererbung.

Die Erblichkeit (Atavismus) als virtuelle Kraft, und die Vererbung (Hereditas) als aktuelle Leistung der organischen Individuen, sind allgemeine physiologische Funktionen der Organismen, welche mit der fundamentalen Funktion der Fortpflanzung unmittelbar zusammenhängen und eigentlich nur eine Teilerscheinung der letzteren darstellen. Sie äußern sich in der Tatsache, daß jeder Organismus, wenn er sich fortpflanzt, Nachkommen erzeugt, welche entweder ihm selbst ähnlich sind oder deren Nachkommen doch wenigstens (nach Dazwischentreten einer oder mehrerer Generationen) ihm ähnlich werden. Diese Erscheinung ist eine so allgemeine und alltäglich zu beobachtende, daß sie, eben wegen dieser Allgemeinheit, als etwas Selbstverständliches gilt. Die wichtigen biologischen Schlüsse aber, welche aus dieser Tatsache hervorgehen, werden von der gewöhnlichen oberflächlichen Naturbetrachtung entweder übersehen oder doch nicht in ihrer vollen Bedeutung für die Charakterbildung der Organismen erkannt. Gewöhnlich werden nur auffallende Abweichungen von der Erblichkeit besonders hervorgehoben. Denn man findet es allgemein ganz „natürlich“, daß das Kind Eigenschaften seiner Eltern teilt („erbt“), und daß der Baum dem elterlichen Stamme ähnlich ist, von dem er als Same oder als Knospe entnommen wurde. „Der Apfel fällt nicht weit vom Stamm.“ Der allgemeinste Ausdruck für das Grundgesetz der Erblichkeit dürfte in den Worten liegen: „Ähnliches erzeugt Ähnliches“, oder genauer: „Jedes organische Individuum erzeugt bei der Fortpflanzung direkt oder indirekt ein ihm ähnliches Individuum.“

Die Ursachen der Erblichkeit sind ebenso wie die Gesetze ihrer viefachen Modifikationen bisher noch äußerst wenig untersucht worden. Sie hängen aber offenbar direkt mit den Gesetzen der Fortpflanzung des Organismus zusammen und bestehen wesentlich in einer unmittelbaren Übertragung von materiellen Teilen des elterlichen Organismus auf den kindlichen Organismus, die mit jeder Fortpflanzung notwendig verbunden ist. Alle, auch die verschiedenartigsten und scheinbar von den Fortpflanzungserscheinungen unabhängigsten Vererbungserscheinungen sind physiologische Funktionen, welche sich in letzter Instanz auf die Fortpflanzungstätigkeit des Organismus zurückführen lassen. Die Erblichkeit ist also keineswegs eine besondere organische Funktion. Vielmehr ist in allen Modifikationen derselben das wesentliche kausale Fundament die materielle Kontinuität vom elterlichen und kindlichen Organismus. „Das Kind ist Fleisch und Bein der Eltern.“ Lediglich die partielle Identität der spezifisch-konstituierten Materie im elterlichen und im kindlichen Organismus, die Teilung dieser Materie bei der Fortpflanzung, ist die Ursache der Erblichkeit.

Wir haben im dritten Abschnitt des fünften Kapitels gezeigt, daß die individuelle Form jedes Naturkörpers das Produkt aus der Wechselwirkung von zwei entgegengesetzten Faktoren, einem äußeren und einem inneren Bildungstriebe ist. Bei allen organischen Individuen, welche nicht durch spontane, sondern durch parentale Generation entstehen, ist der innere Bildungstrieb oder die innere Gestaltungskraft (*Vis plastica interna*) identisch mit der Erblichkeit.

IV, B. Vererbung und Fortpflanzung.

Die Fortpflanzung (Propagatio) ist eine physiologische Funktion der Organismen, welche unmittelbar mit den allgemeinen organischen Funktionen der Ernährung und des Wachstums zusammenhängt, wie bereits im fünften und im siebzehnten Kapitel ausgeführt wurde. Wir konnten dies allgemein mit den Worten ausdrücken: die Fortpflanzung ist ein Wachstum des Organismus über das individuelle Maß hinaus. Die Wachstumserscheinungen der Organismen und die Eigentümlichkeiten, welche dasselbe von dem Wachstum der Anorgane unterscheiden, haben wir dort bereits in Betracht gezogen.

IV, C. Grad der Vererbung.

Da die materielle Kontinuität des elterlichen und des kindlichen Organismus bei den verschiedenen angeführten Arten der Fortpflanzung einen verschiedenen Grad der Ausdehnung und der Dauer zeigt, so läßt sich von vornherein schon erwarten, daß auch der Grad der Erblichkeit bei denselben verschieden sein werde, und auch dies sehen wir überall durch die Erfahrung bestätigt. Je größer im Verhältnis zum ganzen zeugenden Individuum der Teil desselben ist, der sich als überschüssiges Wachstumsprodukt von ersterem isoliert, desto größer ist die Gemeinschaftlichkeit der materiellen Grundlage, desto größer ist der Grad der Erblichkeit, d. h. die Übereinstimmung in Form und Funktion des zeugenden und des erzeugten Organismus. Daher ist die letztere viel bedeutender bei der Teilung und Knospenbildung, wo ein verhältnismäßig großer Teil sich von dem zeugenden Individuum ablöst, als bei der Keimzellenbildung und geschlechtlichen Zeugung, wo nur ein verhältnismäßig kleiner Teil aus dem elterlichen Organismus sich abscheidet. Ebenso ist die längere Dauer des Zusammenhanges beider Organismen hierbei von Einfluß. Je länger der materielle Zusammenhang beider dauert, je später sich das kindliche Individuum von dem elterlichen trennt, desto gleichartiger werden sich beide, als Teile eines und desselben materiellen Ganzen, ausbilden und desto größer wird der Grad der Erblichkeit, der biologischen Übereinstimmung zwischen beiden sein. Dieser Umstand wirkt meist mit dem vorigen zusammen. Da auch diese Dauer des Zusammenhanges bei der Teilung und Knospenbildung größer ist als bei der Keimbildung und sexuellen Fortpflanzung, so wird auch aus diesem Grunde der Grad der hereditären Ähnlichkeit bei letzteren geringer als bei ersteren sein. Die Beispiele hierfür sind bei denjenigen Organismen zahlreich, welche sich gleichzeitig auf geschlechtlichem und ungeschlechtlichem Wege fortpflanzen. Unsere veredelten Obstsorten z. B. können wir nur durch ungeschlechtliche Vermehrung (Ablösung von Knospen, Ablegern, Senkern etc.) fortpflanzen, wodurch die feinen individuellen Vorzüge des veredelten Baumes sich genau auf seine Nachkommen übertragen, während dieselben bei der geschlechtlichen Fortpflanzung (durch Samen) Nachkommen liefern, die sich weit von ihren Eltern entfernen und Rückschläge in die nicht veredelte wilde Stammform zeigen. Ebenso können sogenannte Spielpflanzen mit sehr ausgeprägten und namentlich mit plötzlich aufgetretenen individuellen Charakteren (z. B. die Blutbuche, die Roßkastanien mit gefüllten Blüten, viele Trauerbäume oder Bäume mit hängenden Zweigen) nur auf ungeschlechtlichem, nicht auf geschlechtlichem Wege fortgepflanzt werden. Dagegen entstehen solche auszeichnende individuelle Bildungen, Monstrositäten etc., weit häufiger bei solchen Individuen, die sexuell, als bei solchen, die esexuell erzeugt sind. Allgemein läßt sich das Erblichkeitsgesetz, welches diesen Erscheinungen zugrunde liegt, folgendermaßen formulieren: „Jede Vererbungserscheinung der Organismen ist durch die materielle Kontinuität zwischen elterlichem und kindlichem Organismus bedingt und der Grad der Vererbung (d. h. der Grad der morphologischen und physiologischen Ähnlichkeit zwischen elterlichem und kindlichem Organismus) steht in geradem Verhältnisse zu der Zeitdauer des kontinuierlichen Zusammenhanges zwischen zeugendem und erzeugtem Individuum, und in umgekehrtem Verhältnis zu dem Größenunterschiede zwischen beiden."

IV, D. Konservative und progressive Vererbung.

(Vererbung ererbter und erworbener Charaktere.)

Die außerordentliche Wichtigkeit der Erblichkeitserscheinungen für die Erklärung der organischen Formbildung konnte erst erkannt werden, seit man den Grundgedanken der Deszendenztheorie erfaßt hatte, und es hat sich daher auch die allgemeine Aufmerksamkeit den ersteren erst dann mehr zugewendet, als Darwin die letztere durch seine Selektionstheorie kausal begründet hatte. Wir werden uns daher nicht wundern, daß vorher noch keine ernstlichen Versuche gemacht worden waren, die Masse der hierher gehörigen verschiedenartigen Erscheinungen zu ordnen und als „Erblichkeitsgesetze" zu formulieren. Auch in den wenigen seitdem verflossenen Jahren sind hierzu keine umfassenderen Schritte getan worden; und es ist dies erklärlich bei den großen Schwierigkeiten, welche jeder geordneten Betrachtung des ungeheuren Chaos von ontogenetischen Tatsachen sich entgegenstellen. Die sehr zahlreichen und verschiedenartigen Beobachtungen über Vererbung, welche wir aus älterer und neuerer Zeit besitzen, sind größtenteils nicht von streng naturwissenschaftlich gebildeten Beobachtern, sondern von Landwirten, Gärtnern, Tierzüchtern u. dergl. mehr gesammelt worden, deren Angaben zum großen Teil sehr ungenau und unzuverlässig sind. Auch war für diese bei Wiedergabe ihrer Beobachtungen meist nicht der theoretisch-wissenschaftliche, sondern vielmehr der praktisch-zweckdienliche Standpunkt maßgebend, und es ist daher sehr schwer, diese Angaben mit Sicherheit zu verwerten. Die Zoologen und Botaniker aber, für welche die wissenschaftliche Erkenntnis der Vererbungserscheinungen schon längst die dringendste Pflicht hätte sein sollen, waren meist viel zu sehr mit der Speziesfabrikation und der anatomischen Darstellung der vollendeten Formen in ihren toten Museen und Herbarien beschäftigt, als daß sie Zeit und Lust gehabt hätten, die Erblichkeits-Erscheinungen an den lebendigen Organismen zu studieren, und in der Erkenntnis des Werdens der Formen das Verständnis der vollendeten zu gewinnen. Es gilt also von den Vererbungsgesetzen dasselbe, wie von den Anpassungsgesetzen, daß ihre wissenschaftliche Begründung der Zukunft angehört. Vor allem wird diese das äußerst wertvolle Material zu verwerten haben, welches die Ärzte über die Vererbungen pathologischer Zustände gesammelt haben, und welches ebenfalls noch ganz ungeordnet ist. Wenn wir trotzdem hier den Versuch machen, die wichtigsten Gesetze der Vererbung und der Anpassung vorläufig zu formulieren, so wollen wir damit nur eine neue Anregung zur Gesetzeserforschung, keineswegs aber eine vollständige Reihe von feststehenden Gesetzen geben. Wir müssen deshalb für diesen Versuch besondere Nachsicht beanspruchen.

Bevor wir die verschiedenen Gesetze der Erblichkeit, welche sich mit einiger Sicherheit schon jetzt als besonders wichtig hervorheben lassen, einzeln formulieren, erscheint es notwendig, den wesentlichen Unterschied zwischen zwei verschiedenen Hauptformen der Heredität hervorzuheben, nämlich zwischen der Vererbung ererbter und derjenigen erworbener Charaktere. Alle verschiedenen Erblichkeitserscheinungen lassen sich entweder der einen oder der anderen Kategorie unterordnen. Beide sind aber bisher in sehr ungleichem Maße berücksichtigt worden. Die meisten Zoologen oder Botaniker haben immer das größte Gewicht auf Vererbung bereits ererbter Charaktere oder auf die konservative Vererbung gelegt und dagegen die

Vererbung erworbener Charaktere oder die *progressive Vererbung* entweder gar nicht berücksichtigt oder doch nicht in ihrem außerordentlichen morphologischen Werte erkannt. Hieraus vorzüglich erklärt sich die Zähigkeit, mit welcher das falsche Dogma von der Konstanz der Spezies selbst noch von Einsichtigeren festgehalten wird. Denn aus der einseitigen Berücksichtigung bloß der konservativen Vererbung entspringt die irrige Vorstellung, daß alle Glieder einer Spezies durch eine bestimmte Summe von unveränderlichen Charakteren als ein natürliches Ganzes zusammengehalten werden, und daß ihre unbestreitbare Variation oder Abänderung bestimmte enge Grenzen nicht überschreitet. Erst durch die gerechte Würdigung der entgegengesetzten progressiven Vererbung wird die unbegrenzte Veränderlichkeit der organischen Formen und die freie Transmutation der Spezies erkannt, aus welcher sich alle Tatsachen der organischen Morphologie erklären.

Das Gesetz der konservativen oder beharrlichen Heredität oder der Vererbung ererbter Charaktere sagt aus, daß alle Deszendenten ihren Eltern ebenso wie allen vorhergehenden Generationen gleichen. *Jeder Organismus vererbt dieselben morphologischen und physiologischen Eigenschaften auf seine Nachkommen, welche er selbst von seinen Eltern und Vorfahren ererbt hat.* In der einseitigen Auffassung, in welcher dasselbe gewöhnlich die dogmatischen Vorstellungen der Systematiker beherrscht, würde dasselbe lauten: *Alle* Eigenschaften, welche der Organismus von seinen Eltern ererbt hat, und *nur diese*, vererbt derselbe auch ebenso vollständig auf seine Nachkommen. Daher sind alle Generationen einer und derselben Spezies wesentlich gleich und die Abänderungen durch Anpassung überschreiten niemals bestimmte enge Grenzen. Die Spezies muß hiernach wirklich konstant sein; denn „Gleiches erzeugt Gleiches“. Wenn diese falsche Vorstellung in ihrer ganzen Einseitigkeit konsequent festgehalten wird, so bleibt die erste Entstehung der erblichen Eigenschaften, welche durch die Fortpflanzung unverändert übertragen werden, vollständig unerklärt, und man muß notwendig zu der absurden dualistischen Vorstellung einer „Schöpfung der einzelnen Spezies“ flüchten. Jede organische Art entsteht dann plötzlich zu irgendeiner Zeit der Erdgeschichte lediglich durch den „Willen des Schöpfers“, d. h. ohne Ursachen! Sie überträgt alle ihre „spezifischen, wesentlichen Charaktere“ unverändert auf ihre Nachkommen mittels der Fortpflanzung (also durch wirkende Ursachen!), und nachdem sie eine bestimmte Reihe von Generationen hindurch sich in dieser Konstanz erhalten hat, geht sie ganz unmotiviert wieder unter, ohne Ursachen!

Daß diese Vorstellung von der einseitigen und ausschließlichen Gültigkeit der konservativen Heredität grundfalsch ist, liegt auf der Hand. Zwar beherrscht dieselbe noch heute die ganze zoologische und botanische Systematik, weil die nicht monistisch gebildete Mehrheit der Morphologen daraus das Dogma von der Spezieskonstanz ableitet, welches sie für unentbehrlich hält. Allein es bedarf nur eines einfachen Hinweises auf die alltäglichen Züchtungserfahrungen der Gärtner und Landwirte, um sie zu widerlegen. Die ganze künstliche Züchtung (und ebenso die natürliche) beruht darauf, daß die konservative Heredität nicht ausschließlich wirkt, sondern vielmehr beständig und überall neben und mit der progressiven Vererbung tätig ist.

Das Gesetz der progressiven oder fortschreitenden Heredität oder der Vererbung erworbener Charaktere sagt aus, daß alle Deszendenten von ihren Eltern nicht bloß die alten, von diesen ererbten, sondern auch die neuen, von diesen erst während ihrer Lebenszeit erworbenen Charaktere, wenigstens teilweis erben. Jeder Organismus vererbt auf seine Nachkommen nicht bloß die morphologischen und physiologischen Eigenschaften, welche er selbst von seinen Eltern ererbt, sondern auch einen Teil derjenigen, welche er selbst während seiner individuellen Existenz durch Anpassung erworben hat. Dieses äußerst wichtige Gesetz läuft dem vorigen in gewisser Beziehung beschränkend zuwider, und wenn man dasselbe in gleicher Weise wie jenes berücksichtigt hätte, so würde man längst das Dogma von der Spezieskonstanz und damit die hinderlichste Schranke der monistischen Morphologie beseitigt haben. Obwohl die Tatsachen, auf welchen dieses fundamentale Gesetz unumstößlich fußt, alltäglich zu beobachten und allbekannt sind, haben sich dennoch die meisten Morphologen seiner Anerkennung auf das beharrlichste verschlossen. Freilich führen die notwendigen Konsequenzen desselben den vollständigen Ruin des unheilvollen Speziesdogma und des darauf begründeten teleologischen Dualismus unaufhaltsam herbei. Denn es ist klar, daß daraus zunächst die unbegrenzte Veränderlichkeit der Spezies folgt. Daß die einzelnen Individuen während ihrer beschränkten Lebenszeit, infolge der unendlich mannigfaltigen Abänderung ihrer Ernährung, den mannigfaltigsten und tiefgreifendsten Abänderungen unterliegen können, und daß eine bestimmte Schranke dieser individuellen Abänderung nicht existiert, ist allgemein anerkannt; wenn nun zugleich das Gesetz von der progressiven Heredität als wahr anerkannt wird — und es ist dies bei aufrichtiger Betrachtung mit offenen Augen nicht zu vermeiden —, so folgt daraus unmittelbar, daß auch eine Schranke der Spezies-Transmutation nicht existiert, daß die Veränderlichkeit der Art unbegrenzt ist, weil jede neue, durch Anpassung erworbene Eigenschaft unter günstigen Umständen vom elterlichen Organismus auf den kindlichen vererbt werden kann. Und so ist es in der Tat.

Die ganze Formenmannigfaltigkeit der Tier- und Pflanzenwelt, wie sie uns gegenwärtig umgibt, und wie sie sich während deren paläontologischer Entwickelung allmählich umgestaltet hat, liefert uns für diese Wechselwirkung von progressiver und konservativer Vererbung den deutlichsten Beleg. Denn das beständige Schwanken zwischen Erhaltung und Abänderung, zwischen Konstanz und Transmutation, welches uns alle Tier- und Pflanzenspezies zeigen, erklärt sich uns einfach aus der Tatsache, daß die Vererbung der Charaktere niemals ausschließlich eine konservative, sondern stets zugleich eine progressive ist. Wenn die konservative Vererbung der ererbten Charaktere allein herrschte, so würde die gesamte Organismenwelt durchaus konstant, zu allen Zeiten der Erdgeschichte dieselbe sein, und es würden nur soviel Spezies existieren, als ursprünglich „geschaffen" wurden (d. h. durch Archigonie entstanden). Dies wird durch die Paläontologie widerlegt. Wenn umgekehrt die progressive Vererbung allein wirksam wäre, so würde die gesamte Organismenwelt durchaus inkonstant sein, und es würden sich gar keine verschiedenen Spezies unterscheiden lassen. Es würden eben so viele Spezies als Individuen existieren. Auch dies wird durch die Paläontologie widerlegt. Alle paläontologischen, anatomischen und systematischen Tatsachen erklären sich nur aus der Annahme eines fortwährenden Ineinandergreifens, einer beständigen Wechselwirkung der konservativen und progressiven Heredität.

Eine eingehende physiologische Betrachtung der Ernährungs- und Fortpflanzungsverhältnisse der Organismen zeigt uns, daß dies gar nicht anders sein kann. Wir sahen, daß die Vererbung durch die Fortpflanzung vermittelt wird und in einer materiellen Kontinuität, einer partiellen Identität des elterlichen und kindlichen

Organismus besteht. Andererseits werden wir bei der Betrachtung der Anpassung sehen, daß jede Anpassung auf einer Ernährungsveränderung beruht. Da nun die Ernährungsverhältnisse, d. h. überhaupt die gesamten Existenzbedingungen im weitesten Sinne, überall und zu jeder Zeit verschieden sind, da jeder individuelle Organismus sich seinen speziellen Ernährungsbedingungen bis zu einem gewissen Grade anpassen muß und dadurch bestimmte Veränderungen erleidet, da endlich jede Veränderung nicht einen einzelnen Körperteil ausschließlich betrifft, sondern auf alle anderen Teile mit zurückwirkt, so muß auch bei der Fortpflanzung des Individuums stets ein, wenn auch noch so kleiner, Teil der erworbenen Veränderung mittels der elterlichen Materie auf die kindliche übertragen werden und in dieser wirksam bleiben.

Das Resultat dieser Untersuchung ist also die notwendige Wechselwirkung von konservativer und progressiver Vererbung. Der Grad der Konstanz jeder organischen Spezies wird durch den Anteil der konservativen Vererbung, der Grad der Abänderung jeder organischen Spezies durch den Anteil der progressiven Vererbung bedingt.

IV, E. Gesetze der Vererbung.

Ea. Gesetze der konservativen Vererbung.

1. Gesetz der ununterbrochenen oder kontinuierlichen Vererbung.

(Lex hereditatis continuae.)

Bei den meisten Organismen sind alle unmittelbar aufeinander folgenden Generationen einander in allen morphologischen und physiologischen Charakteren entweder nahezu gleich oder doch sehr ähnlich.

Die ununterbrochene Konservation der spezifischen Charaktere in allen aufeinander unmittelbar folgenden Generationen einer und derselben Spezies ist die allgemeine Regel bei allen höheren Tieren und Pflanzen. Wenn wir die Kette der sukzessiven Generationen mit den Buchstaben des Alphabets bezeichnen, so ist bei den meisten höheren Organismen A = B = C = D = E = F usw. Die Gültigkeit dieses Gesetzes ist aber nicht allein allgemein anerkannt, sondern auch übertrieben worden, indem man die kontinuierliche Vererbung als das allgemeine Grundgesetz der Vererbung für alle Organismen ansah. Erst als man die weite Verbreitung des Generationswechsels kennen lernte, und als dasjenige, was man zuerst „als Ausnahme ansah, sich im Gange der Natur als die Regel" herausstellte, nämlich das Alternieren der Generationen bei den niederen Organismen entsprechend dem nächsfolgenden zweiten Gesetze, mußte das Gesetz der kontinuierlichen Vererbung als das nicht ausschließlich herrschende erkannt werden. Auf jener früheren allzuweit gehenden Verallgemeinerung desselben beruht auch die weit verbreitete, aber unbegründete Definition der Spezies als des „Inbegriffes aller Individuen von gleicher Abkunft, und derjenigen, welche ihnen eben so ähnlich, als diese unter sich sind“.

2. Gesetz der unterbrochenen oder verborgenen oder abwechselnden Vererbung.
(Lex hereditatis interruptae s. latentis s. alternantis.)

Bei vielen Organismen sind nicht die unmittelbar aufeinander folgenden Generationen einander in allen morphologischen und physiologischen Charakteren entweder nahezu gleich oder doch sehr ähnlich; sondern nur diejenigen, welche durch eine oder mehrere davon verschiedene Generationen voneinander getrennt sind.

Die Vererbungserscheinungen, welche dieses wichtige Gesetz begründen, sind allbekannt. Die Kette der aufeinander folgenden Generationen ist hier aus zwei oder mehreren verschiedenen Gliedern zusammengesetzt, die alternieren. Nur die mittelbaren Deszendenten jedes Individuums sind demselben nahezu gleich oder nur sehr wenig verschieden, während die unmittelbaren Deszendenten einen geringeren oder höheren Grad bemerkbarer Abweichung zeigen. In sehr vielen menschlichen Familien z. B. besitzen die Kinder sowohl in psychischer als in somatischer Beziehung eine weit auffallendere Ähnlichkeit mit ihren Großeltern, als mit ihren Eltern. Dasselbe ist an den Haustieren sehr oft zu beobachten. Es bleibt also hier ein Teil der am meisten auffallenden und das Individuum auszeichnenden (individuellen) Charaktere eine oder mehrere Generationen hindurch latent, ohne sichtbare Übertragung durch die unmittelbare Fortpflanzung, um erst nach Verlauf derselben plötzlich wieder in einer entfernteren Generation zutage zu treten.

Dieses Gesetz ist äußerst wichtig für die Erklärung des Generationswechsels, da offenbar ein sehr großer (vielleicht der größte) Teil der verschiedenen Metagenesis-Formen unmittelbar durch eine lange Zeit hindurch fortgesetzte und dadurch befestigte „latente Vererbung“ entstanden ist. So läßt sich z. B. der Generationswechsel der Salpen sicher auf diese Weise erklären, indem sich allmählich die unmittelbar aufeinander folgenden Generationen (Eltern und Kinder) mehr und mehr differenzierten, während die dritte Generation (Enkel) immer wieder in die erste Generation zurückschlug, so daß Enkel und Großeltern einander konstant gleich wurden. Wenn wir verschiedene Formen des Generationswechsels in dieser Beziehung vergleichen, so können wir mehrere verschiedene Modifikationen der latenten Erblichkeit unterscheiden, zunächst je nachdem eine oder zwei oder mehrere Generationen überschlagen werden, ehe der ursprüngliche Charakter der Stammeltern sich wieder geltend macht. Bezeichnen wir die unmittelbar aufeinander folgende Kette der Generationen mit den laufenden Buchstaben des Alphabets, so ist I, im ersten Falle, bei Überschlagung einer Generation (z. B. beim Generationswechsel der Salpen), A = C = E = G und ebenso B = D = F = H etc.; II, im zweiten Falle, bei Überschlagung zweier Generationen (z. B. beim Generationswechsel vieler Trematoden etc., einiger Arten von *Doliolum*) A = D = G und ebenso B = E = H, ferner C = F = J usw. In denjenigen weiteren Fällen, wo mehr als zwei Generationen überschlagen werden, komplizieren sich die Verhältnisse oft außerordentlich. Wir wollen jedoch auf dieselben hier um so weniger eingehen, als fast noch nichts geschehen ist, um den Generationswechsel vom Gesichtspunkt der Vererbungsgesetze aus zu erklären.

Wenn ein individueller Charakter eine längere Reihe von Generationen hindurch latent bleibt und erst nach Einschaltung einer größeren Anzahl verschieden gebildeter Zwischengenerationen wieder zur Geltung kommt, so bezeichnet man diese Modifikation der latenten Erblichkeit als Rückschlag. Bekanntlich spielt derselbe bei der Züchtung unserer Haustiere und Kulturpflanzen eine außerordentlich große und wichtige Rolle, und es ist erstaunlich, welche außerordentlich lange Reihe von Generationen verstreichen kann, ehe gewisse auszeichnende Charaktere einer alten Stammform wieder zur Geltung kommen. Dies gilt z. B. von den bisweilen auftretenden Streifen an unseren einfarbigen Pferden, welche als Rückschlag in ihre uralte gestreifte Stammform erklärt werden müssen. Dasselbe beobachtet man sehr häufig bei der „Verwilderung" domestizierter Formen, z. B. der Obstsorten, des Kohls etc. Regelmäßig tritt dieselbe Erscheinung in vielen Formen des Generationswechsels (z. B. bei den Blattläusen, vielen Phanerogamen) auf, wo die geschlechtlich entwickelten Generationen nur periodisch auftreten, nachdem eine längere oder kürzere Reihe von Zwischengenerationen eingeschaltet worden ist.

3. Gesetz der geschlechtlichen Vererbung.

(Lex hereditatis sexualis.)

Bei allen Organismen mit getrennten Geschlechtern vererben sich die primären und sekundären Sexualcharaktere einseitig fort; d. h. es gleichen die männlichen Deszendenten in der wesentlichen Summe der sekundären Sexual-Charaktere mehr dem Vater, die weiblichen mehr der Mutter.

Dieses Gesetz ist von großer Bedeutung für Konservation, Befestigung und weitere Differenzierung der Geschlechtsunterschiede, und besonders der sekundären Sexualcharaktere, bei den amphigonen Organismen. Wir verstehen darunter diejenigen Unterschiede der beiden Geschlechter, welche dieselben, auch abgesehen von der Differenz der primären Sexualcharaktere (der unmittelbar die Fortpflanzung bewirkenden Geschlechtsorgane), unterscheiden. Solche sekundäre Geschlechtseigentümlichkeiten sind sowohl unter den niederen als unter den höheren Tieren mit getrennten Geschlechtern sehr allgemein verbreitet: es gehören dahin z. B. die ausgezeichneten Unterschiede der gesamten Körperform und Größe, welche die getrennten Geschlechter vieler Hydroidpolypen, vieler Insekten, Crustacen etc. zeigen, ferner die auffallenden Differenzen in Größe, in Färbung des Federkleides, in der Bildung gewisser Zierrate (z. B. Hahnenkamm) der Vögel, ferner die meist bloß dem männlichen Geschlechte eigenen Geweihe, Hörner, Haarbüschel etc. der Wiederkäuer. Beim Menschen gehört dahin der Bart und die entwickeltere Muskelkraft, Willenstätigkeit und Denktätigkeit des Mannes, die zartere Beschaffenheit und geringere Behaarung der Haut, die entwickeltere Empfindungstätigkeit des Weibes. Alle diese nur einem der beiden Geschlechter zukommenden Eigentümlichkeiten werden von demselben nach dem obigen „Gesetz der sexuellen Vererbung" in der Regel nur auf das eine der beiden Geschlechter und zwar auf das entsprechende weiter vererbt. So bleiben im Laufe langer Generations-Reihen die männlichen Individuen den männlichen Vorfahren, die weiblichen Individuen den weiblichen Vorfahren gleich oder doch in allen wesentlichen Charakterzügen sehr ähnlich.

4. Gesetz der gemischten oder beiderseitigen Vererbung.

(Lex hereditatis mixtae s. amphigonae.)

Bei allen Organismen mit getrennten Geschlechtern vererben sich die nichtsexuellen Charaktere gemischt fort,

d. h. es gleichen die männlichen Deszendenten zwar in den meisten und wichtigsten Charakteren mehr dem Vater, aber in einigen auch mehr der Mutter, und ebenso gleichen die weiblichen Deszendenten zwar in den meisten und wichtigsten Charakteren mehr der Mutter, aber in einigen auch mehr dem Vater.

Dieses Gesetz scheint dem vorigen, dem der sexuellen Vererbung, in gewisser Beziehung zu widersprechen und es ist in der Tat eine Modifikation desselben. Es verhält sich zu jenem ähnlich, wie das Gesetz der latenten zu dem der kontinuierlichen Vererbung. Wahrscheinlich ist es sehr allgemein herrschend, allein gewöhnlich schwer zu konstatieren, weil die betreffenden „gekreuzten" Charaktere, welche vom Vater auf die Tochter, von der Mutter auf den Sohn übergehen, meist untergeordneter Natur oder doch für unsere groben Beobachtungsmittel schwer oder gar nicht wahrzunehmen sind. Von der größten Bedeutung ist das Gesetz der gemischten Vererbung für die Erscheinungen der Bastardzeugung und Kreuzung. Die Hybridismusgesetze, welche gegenwärtig sich noch nicht scharf formulieren lassen, werden großenteils auf dieses Gesetz zurückzuführen sein. Am deutlichsten gewahren wir die Wirkungen der gemischten Vererbung bei Betrachtung der Erblichkeits-Erscheinungen am Menschen selbst, welcher überhaupt für das Studium der gesamten Erblichkeitsgesetze weit interessantere und lehrreichere Beispiele liefert, als die meisten anderen Tiere. Es hängt dies teils ab von der größeren individuellen Differenzierung des Menschen, teils von unserer größeren Fähigkeit, die feineren Differenzen in Form und Funktion hier zu erkennen. Nun ist es allbekannt, wie allgemein in den menschlichen Familien die gemischte oder gekreuzte Vererbung herrschend ist, wie der eine Junge oder das eine Mädchen in dieser oder jener Beziehung bald mehr dem Vater, bald mehr der Mutter gleicht. Gerade durch diese Mischung der Charaktere von beiden Geschlechtern in den Nachkommen wird die unendliche Mannigfaltigkeit der individuellen Charaktere in erster Linie bedingt. Bekannt ist, was Goethe in dieser Beziehung von sich aussagt:

„Vom Vater hab ich die Statur,
Des Lebens ernstes Führen;
Vom Mütterchen die Frohnatur
Und Lust zu fabulieren."

5. Gesetz der abgekürzten oder vereinfachten Vererbung.

(Lex hereditatis abbreviatae s. simplicatae.)

Die Kette von ererbten Charakteren, welche in einer bestimmten Reihenfolge sukzessiv während der individuellen Entwickelung vererbt werden und nacheinander auftreten, wird im Laufe der Zeit abgekürzt, indem einzelne Glieder derselben ausfallen.

Obgleich im ganzen die individuelle Entwickelungsgeschichte jedes organischen Individuums eine kurze Wiederholung der langen paläontologischen Entwickelung seiner Vorfahren, die Ontogenie eine kurze Rekapitulation der Phylogenie ist, so müssen wir dennoch als eine sehr wichtige Ergänzung dieses fundamentalen Satzes hinzufügen, daß diese Wiederholung niemals eine ganz vollständige ist. Es finden bei jeder individuellen Entwickelungsgeschichte zahlreiche Abkürzungen und Vereinfachungen statt, indem nach und nach die vollständige Kette aller derjenigen Veränderungen, welche die Vorfahren des Individuums durchliefen, durch Ausfall einzelner Glieder immer kürzer zusammengezogen und dadurch immer unvollständiger wird. Wie Fritz Müller in seiner ausgezeichneten und höchst nachahmungswürdigen Schrift über die Morphogenie der Crustaceen schlagend gezeigt hat, „wird die in der individuellen Entwickelungsgeschichte erhaltene geschichtliche Urkunde allmählich verwischt, indem die Entwickelung einen immer geraderen Weg vom Ei zum fertigen Tiere einschlägt, und sie wird häufig gefälscht durch den Kampf ums Dasein, den die frei lebenden Larven zu bestehen haben. Die Urgeschichte der Art (Phylogenie) wird in ihrer Entwickelungsgeschichte (Ontogenie) um so vollständiger erhalten sein, je länger die Reihe der Jugendzustände ist, die sie gleichmäßigen Schritts durchläuft, und um so treuer, je weniger sich die Lebensweise der Jungen von der der Alten entfernt, und je weniger die Eigentümlichkeiten der einzelnen Jugendzustände als aus späteren in frühere Lebensabschnitte zurückverlegt oder als selbständig erworben sich auffassen lassen." Je verschiedenartiger die Existenzbedingungen sind, unter denen das Individuum in den verschiedenen Zeitabschnitten seiner Entwickelung lebt, desto mehr wird dasselbe sich diesen anpassen müssen und dadurch von der Entwickelung seiner Vorfahren entfernen. Je heftiger der Kampf um das Dasein ist, den die jungen Individuen und die Larven zu bestehen haben, desto mehr ist es für sie von Vorteil, wenn sie möglichst rasch den vollendeteren späteren Zuständen sich nähern, und indem also die schneller sich entwickelnden, bei denen die Ontogenesis zufällig abgekürzt wird, oder bei denen einzelne Abschnitte derselben ausfallen, dadurch einen Vorteil im Kampf um das Dasein erlangen, werden sie die langsamer sich entwickelnden überleben, und so ihre individuelle schnellere Entwickelungsweise als eine nützliche „Abkürzung oder Vereinfachung der Entwickelung" auf ihre Nachkommen vererben. Wenn diese Vereinfachung weit geht, so kann sie selbst bei nächst verwandten Arten eine sehr verschiedene Ontogenese bedingen. So ist z. B. nach Fritz Müllers schöner Entdeckung die gemeinsame ursprüngliche Larvenform der Podophthalmen und vieler niederer Crustaceen, der *Nauplius*, bei den allermeisten stieläugigen Krebsen, wo derselbe späterhin in die *Zoea*-Form übergeht, durch Vereinfachung der Entwickelung verschwunden, und nur bei einigen Garneelen (*Peneus*) übrig geblieben. Bei den letzteren ist also nicht dieselbe Abkürzung der Vererbung (durch Ausfall des *Nauplius*-Stadiums) eingetreten, wie bei den meisten anderen Podophthalmen, wo die *Zoea* unmittelbar aus dem Ei kommt.

Eb. Gesetze der progressiven Vererbung.

6. Gesetz der angepaßten und erworbenen Vererbung.

(Lex hereditatis adaptatae s. accommodatae.)

Alle Charaktere, welche der Organismus während seiner individuellen Existenz durch Anpassung erwirbt und welche seine Vorfahren nicht besaßen, kann derselbe unter günstigen Umständen auf seine Nachkommen vererben.

Gleichwie alle von den Voreltern ererbten, so können auch alle neu erworbenen Eigenschaften der Materie durch die Vererbung fortgepflanzt werden. Es gibt keine morphologischen und physiologischen Eigentümlichkeiten, welche das organische Individuum durch die Wechselwirkung mit der umgebenden Außenwelt erwirbt, mit einem Worte keine „Anpassungen", welche nicht durch Vererbung auf die Nachkommenschaft übertragen werden könnten. Dieses große Gesetz ist von der höchsten Wichtigkeit, weil darauf unmittelbar die Veränderlichkeit der Arten, die Möglichkeit, daß verschiedene neue Spezies aus einer vorhandenen hervorgehen, beruht. Wir kennen in der Tat keine einzige in die Mischung, Form oder Funktion des Organismus eingreifende Veränderung, welche nicht unter bestimmten (uns gewöhnlich ganz unbekannten) Verhältnissen, auf wenige oder auf viele

Generationen hinaus vererbt werden könnte. Am leichtesten geschieht dies, wenn die Veränderung sehr langsam und allmählich erfolgt (wie z. B. bei Erwerbung chronischer Krankheiten).

7. Gesetz der befestigten Vererbung.
(Lex hereditatis constitutae.)

Alle Charaktere, welche der Organismus während seiner individuellen Existenz durch Anpassung erwirbt und welche seine Vorfahren nicht besaßen, werden um so sicherer und vollständiger auf alle folgenden Generationen vererbt, je anhaltender die kausalen Anpassungsbedingungen einwirkten, und je länger sie noch auf die nächstfolgenden Generationen einwirken.

Die große Bedeutung dieses Gesetzes ist wegen seiner ungemeinen praktischen Wichtigkeit für die künstliche Züchtung allgemein anerkannt. Jeder Gärtner und Landwirt weiß, daß neu erschienene Abänderungen von Tieren und Pflanzen auf die Nachkommenschaft nur dann dauernd übertragen und befestigt werden können, wenn die Ursache, welche die Veränderung bedingte, entweder wiederholt, oder längere Zeit hindurch, am sichersten, wenn sie dauernd durch eine Reihe von vielen Generationen einwirkte. Ist dies nicht der Fall, so schlägt die veränderte Form in ihrer Nachkommenschaft sehr leicht wieder in die Stammform zurück. Die Befestigung aber ist um so tiefer, je länger die Ursache einwirkte. Jeder Organismus besitzt in dieser Beziehung einen gewissen Elastizitätsgrad. Wenn die Biegung der elastischen Form längere Zeit durch einen biegenden äußeren Einfluß erhalten wird, so bleibt sie nach dem Aufhören dieses Einflusses von selbst bestehen, während sie in den früheren, nicht gebogenen Zustand zurückschnellt, wenn der biegende Einfluß sie nur kurze Zeit zur Biegung zwang. Wie in einem künstlich gebogenen elastischen Metallstabe sich die Moleküle des Metalls bei längerer Dauer der Biegung so anordnen, daß sie auch nach Aufhören derselben diese Anordnung beibehalten, dagegen in ihre frühere Anordnung zurückkehren, wenn die biegende Kraft nur kurze Zeit einwirkte, so verhalten sich auch die Moleküle des Eiweißes in einem Organismus, welcher durch die Anpassung „gebogen" wird. Die allgemeine Gültigkeit des Gesetzes von der „Befestigung der Vererbung" ist so bekannt, daß wir kaum Beispiele anzuführen brauchen. Jeder Landwirt kann eine neue Abänderung einer Tierform, jeder Gärtner eine neue Anpassung einer Pflanzenform nur dadurch „erhalten“ und dauerhaft erhalten, d. h. befestigen, wenn er sorgfältig darauf achtet, daß die neue Form erst einige Generationen hindurch unter denselben Bedingungen erhalten und „rein“ fortgepflanzt wird. Wenn hierbei nicht die nötige Vorsicht angewendet wird, so schlägt die veränderte Form schon in den ersten Generationen wieder in die ursprüngliche Stammform zurück. Es steht also der Grad der Befestigung einer Veränderung (eines erworbenen Charakters) in geradem Verhältnisse zur Zeitdauer des verändernden Einflusses und zur Zahl der Generationen, durch welche er sich bereits vererbt hat.

8. Gesetz der gleichörtlichen Vererbung.

(Lex hereditatis homotopae.)

Alle Organismen können die bestimmten Veränderungen irgend eines Körperteils, welche sie während ihrer individuellen Existenz durch Anpassung erworben haben und welche ihre Vorfahren nicht besaßen, genau in derselben Form auf denselben Körperteil ihrer Nachkommen vererben.

Auch dieses Gesetz der gleichörtlichen oder homotopen Vererbung hat im ganzen Tier- und Pflanzenreiche so allgemeine Geltung, daß man sich niemals über diese alltägliche Erscheinung wundert. Und doch ist dieselbe von der größten Bedeutung; denn es kann kaum etwas Wunderbareres und schwerer zu Erklärendes geben, als die allbekannte Tatsache, daß der Organismus einen lokalen Charakter, den er während seiner individuellen Existenz erworben hat, auch genau auf denselben Körperteil seiner Nachkommen überträgt. In der Tat ist der unvermeidliche und notwendige Gedanke äußerst schwierig zu verfolgen, daß das Zoosperm des Vaters und die Eizelle der Mutter, diese minimale Quantität einer formlosen Eiweißverbindung, eine äußerst geringfügige und unbedeutende Abänderung, welche irgendein Körperteil der Eltern zu irgendeiner Lebenszeit erfahren hat, genau auf denselben Körperteil des Embryo oder selbst erst des erwachsenen Organismus überträgt, der sich aus jenem, vom Zoosperm befruchteten Ei epigenetisch entwickelt und erst allmählich zur spezifischen Form differenziert hat. Und doch sehen wir diese Tatsache alltäglich verwirklicht vor Augen. Sie gibt uns einen Begriff von der unendlichen Feinheit der organischen Materie und der unbegreiflichen Komplikation der in derselben stattfindenden Molekularbewegungen, zu deren richtiger Würdigung gegenwärtig weder das

Beobachtungsvermögen unserer Sinne, noch das Denkvermögen unseres Verstandes ausreicht.

In der auffallendsten Weise offenbart sich das Gesetz der homotopen oder gleichörtlichen Vererbung in den häufigen Fällen, in denen ein menschliches Individuum eine ihm eigentümliche, von seinen Voreltern nicht besessene, und äußerlich leicht wahrnehmbare Veränderung in der Größe, Form, Farbe etc. eines bestimmten Organs zeigt, die sich gleicherweise an dem gleichen Organe seiner Nachkommen wiederholt. Sehr deutlich ist dies wahrzunehmen an den sogenannten „Muttermalen“ oder „Leberflecken“, lokalen Pigmentanhäufungen an den verschiedensten Stellen der Haut, die sehr häufig bei allen oder doch bei einigen Nachkommen dieses Individuums Generationen hindurch an genau derselben Stelle der Haut wieder erscheinen. Dasselbe zeigen sehr auffallend die gefleckten Spielarten unserer Haustiere und Kulturpflanzen, bei denen unter gewissen Bedingungen dieser oder jener auffallende Pigmentfleck, der unvermittelt in einer Generation zum ersten Male aufgetreten ist, nun in ganz gleicher Form, Größe und Farbe an derselben Stelle des Körpers der Nachkommen wieder auftritt. Ferner ist dasselbe bekanntlich in ausgezeichneter Weise an vielen pathologischen Erscheinungen wahrzunehmen. Eine krankhafte Veränderung eines inneren oder äußeren Organs (z. B. eine Hypertrophie, Atrophie, chronische Entzündung), welche von einer einzelnen Person während ihres Lebens erworben ist, kehrt sehr oft in genau derselben Form an demselben Organe der Nachkommenschaft wieder. Wenn wir aber vom weiteren Standpunkte aus das Gesetz der homotopen oder gleichörtlichen Vererbung betrachten, so erkennen wir darin, wie in dem folgenden Gesetze der homochronen oder gleichzeitlichen Vererbung, eines der ersten und wichtigsten Grundgesetze der gesamten Embryologie und der Ontogenie überhaupt.

9. Gesetz der gleichzeitlichen Vererbung.

(Lex hereditatis homochronae.)

Alle Organismen können die bestimmten Veränderungen, welche sie zu irgend einer Zeit ihrer individuellen Existenz durch Anpassung erworben haben, und welche ihre Vorfahren nicht besaßen, genau in derselben Lebenszeit auf ihre Nachkommen vererben.

Dieses Gesetz ist gleich dem vorigen von der äußersten Wichtigkeit für die Erklärung der allgemeinen Erscheinungen der Embryologie und der Ontogenie überhaupt. Darwin, der zuerst hierauf hingewiesen hat, nennt dasselbe das „Gesetz der Vererbung in korrespondierendem Lebensalter“. Bequemer ist der kürzere Ausdruck: Gesetz der gleichzeitlichen (oder homochronen) Vererbung. Auch die Wirkungen dieses Gesetzes sind, wie die des vorigen, so alltäglich zu beobachtende, und so allgemeine, daß sie eben deshalb noch niemals besondere Bewunderung erregt und zu eingehender Untersuchung Veranlassung gegeben haben. Und doch sind auch sie von der größten biologischen Bedeutung und gehören zu den wunderbarsten und am schwersten zu erklärenden Erscheinungen, welche überhaupt in der Natur vorkommen. Denn ist nicht wirklich die allbekannte Tatsache wunderbar, daß eine bestimmte Veränderung, welche der Körper eines Organismus zu irgendeiner Zeit seines Lebens erlitten hat, genau zu derselben Zeit auch an seinen Nachkommen wiederkehrt? Auch hier können wir kaum begreifen, wie die feinen Molekularbewegungen des Plasma, welche solchen Veränderungen zugrunde liegen, beim Zeugungsakt in der Weise mittels des Sperma oder des Eies auf den gezeugten kindlichen Organismus von den Eltern übertragen werden, daß sie eine ganz bestimmte Zeit hindurch an dem Kinde nicht zur Erscheinung kommen (also latent existieren) und erst dann bemerkbar werden, wenn der kindliche Organismus in dieselbe Lebensperiode eingetreten ist, in welcher der elterliche jene Veränderung erworben hat.

Die Beispiele auch für diesen höchst wunderbaren Vorgang sind in der Tat zahllose, da die gesamte individuelle Entwickelungsgeschichte der Organismen als Illustration dieses Gesetzes angesehen werden muß. Besonders auffallende Beispiele liefert aber auch hier wieder der so fein differenzierte und so mannigfaltig abändernde menschliche Organismus. Namentlich sind hier häufig und allbekannt viele merkwürdige Tatsachen aus der Pathologie, wie z. B. die gleichzeitliche Vererbung von Krankheiten der Ernährungsorgane, des Darmes, der Leber, der Lungen etc. Alle diese Erkrankungen wiederholen sich gewöhnlich in den Familien, wo sie erblich werden, an den Nachkommen genau zu derselben Zeit, zu welcher die Eltern sie zum ersten Male erworben haben. Ferner sehen wir dasselbe Gesetz bestätigt an unseren Haustieren und Kulturpflanzen, wo ebenfalls sehr häufig auffallende äußere Veränderungen (z. B. in Form und Größe einzelner Organe), die in späterer Lebenszeit erst von einem einzelnen Individuum erworben wurden, sich auf die Nachkommen desselben vererben, anfänglich aber latent sind, und erst dann sichtbar werden, wenn das entsprechende spätere Lebensalter erreicht ist. Wenn dagegen eine tiefe Veränderung der Organisation, wie es sehr häufig der Fall ist, bereits in sehr früher Lebenszeit des Individuums, während seiner embryonalen Entwickelung eintritt, so erscheint dieselbe auch an seinen Nachkommen zur selbigen frühen Zeit wieder und es werden die letzteren, gleich dem ersteren, bereits mit dieser Veränderung geboren.

Auch dieses äußerst wichtige, von den Erscheinungen der embryonalen Entwickelung (Ontogenese) induktiv abgeleitete Gesetz der homochronen Vererbung erlaubt gleich demjenigen der homotopen Vererbung die weiteste deduktive Anwendung auf das Gebiet der parallelen paläontologischen Entwickelung (Phylogenie), und es ergibt sich hieraus z. B., warum die Kälber hörnerlos geboren werden und ihre Hörner erst später erhalten, warum die Kaulquappen zuerst in fischähnlicher Form existieren und erst später die ausgebildete schwanzlose Froschform annehmen usw.

V. Veränderlichkeit und Anpassung.

(Variabilitas. Adaptatio.)

V, A. Tatsache und Ursache der Anpassung.

Die Anpassungsfähigkeit (*Adaptabilitas*) oder Veränderlichkeit (*Variabilitas*) als virtuelle Kraft, und die Anpassung (*Adaptatio*) oder Abänderung (*Variatio*) als aktuelle Leistung der organischen Individuen, sind allgemeine physiologische Funktionen der Organismen, welche mit der fundamentalen Funktion der Ernährung unmittelbar zusammenhängen und eigentlich nur eine Teilerscheinung der letzteren darstellen. Sie äußern sich in der Tatsache, daß jeder Organismus sich während seiner individuellen Existenz in einer von den Erblichkeitsgesetzen unabhängigen Weise, lediglich durch den Einfluß der ihn umgebenden Existenzbedingungen, verändern, sich den letzteren anpassen und also Eigenschaften erwerben kann, welche seine Voreltern nicht besaßen. Diese Erscheinung ist, wie die Erblichkeit, eine so allgemeine und alltäglich zu beobachtende, daß sie, eben wegen dieser Allgemeinheit, von der gewöhnlichen oberflächlichen Naturbetrachtung entweder gar nicht in Betracht gezogen oder doch in ihrer fundamentalen Bedeutung für die Charakterbildung des ganzen Organismus bei weitem unterschätzt wird. Am bekanntesten, weil von unmittelbarer praktischer Bedeutung, sind diejenigen Erscheinungen der Veränderlichkeit und Anpassung, welche als Angewöhnung, Erziehung, Dressur, Erkrankung etc. so vielfältig in das Kulturleben des Menschen eingreifen. Alle diese Erscheinungen beruhen auf Veränderungen der Organismen, die durch ihre Anpassungsfähigkeit bedingt sind.

Die Ursachen der Veränderlichkeit und die Gesetze ihrer vielfachen Modifikationen sind, ebenso wie diejenigen der Erblichkeit, bisher noch äußerst wenig untersucht. Sie hängen aber offenbar direkt zusammen mit den Gesetzen der Selbsterhaltung und speziell mit den Gesetzen der Ernährung des Organismus, und bestehen wesentlich in einer materiellen Wechselwirkung zwischen Teilen des Organismus und der ihn umgebenden Außenwelt. Alle, auch die verschiedenartigsten und scheinbar von der Ernährungsfunktion unabhängigsten Anpassungserscheinungen sind physiologische Funktionen, welche sich in letzter Instanz als Ernährungsveränderungen des Organismus nachweisen lassen. Wenn wir sagen, daß diese oder jene Veränderung des Körpers „durch Übung, durch Gewohnheit, durch Wechselbeziehungen der Entwickelung“ usw. entstehe, so erscheint es zunächst, daß diese Ursachen der Anpassung ganz selbständige organische Funktionen seien. Sobald wir aber denselben näher nachgehen und auf den Grund derselben zu kommen suchen, so gelangen wir zu dem Resultate, daß alle diese Funktionen ohne Ausnahme zuletzt wieder von der Ernährungsfunktion abhängig sind. Die Veränderlichkeit oder Anpassungsfähigkeit ist also keineswegs eine besondere organische Funktion, wie dies sehr häufig angenommen wird. Vielmehr ist es sehr wichtig, festzuhalten, daß alle Anpassungs-Erscheinungen in letzter Instanz auf Ernährungs-Vorgängen beruhen, und daß die materiellen, physikalisch-chemischen Prozesse des Stoffwechsels ebenso die mechanischen Causae efficientes der Anpassung und der Abänderung sind, wie die materiellen physiologischen Prozesse der Fortpflanzung die bewirkenden Ursachen der Vererbung sind.

V, B. Anpassung und Ernährung.

Die Ernährung (*Nutritio*), welche auf dem organischen Stoffwechsel beruht, haben wir im fünften Kapitel des zweiten Buches als die allgemeinste und fundamentalste physiologische Funktion aller Organismen nachgewiesen, als diejenige, welche zum Bestehen aller Organismen ohne Ausnahme notwendig ist, und als diejenige, aus welcher alle übrigen Funktionen, auch die Fortpflanzung, unmittelbar oder mittelbar sich ableiten lassen. Die Ernährung ist zugleich diejenige physikalisch-chemische Leistung der Organismen, welche dieselben am durchgreifendsten von den Anorganen unterscheidet. Die Selbsterhaltung der organischen Individuen ist nur durch den mit der Ernährung unzertrennlich verbundenen Stoffwechsel möglich, während die Selbsterhaltung der anorganischen Individuen (Kristalle etc.) gerade umgekehrt nur durch den Ausschluß jedes Stoffwechsels, durch das Beharren in der durch das Wachstum erlangten Form möglich ist. Die Existenz der anorganischen Individuen ist also an die Konstanz der gegenseitigen Lagerung und Verbindung der Moleküle ihres Körpers, die Existenz der organischen Individuen gerade umgekehrt an den Wechsel der gegenseitigen Lagerung und Verbindung der Moleküle ihres Körpers geknüpft, und an den Ersatz der durch die Lebenstätigkeit verbrauchten Stoffteilchen durch neue Stoffteilchen, welche von außen aufgenommen werden. Dieser Stoffwechsel, welcher allen Ernährungserscheinungen zugrunde liegt, ist nun zugleich die Ursache und die Grundbedingung aller der Veränderungen, welche der Organismus durch Anpassung eingeht.

Wenn wir die letzten Ursachen des Stoffwechsels aufsuchen, so gelangen wir wiederum zu den eigentümlichen, im fünften Kapitel ausführlich erörterten chemischen und physikalischen Eigenschaften der „organischen" Materien, und vor allen der wichtigsten und kompliziertesten dieser Kohlenstoffverbindungen, der Eiweißkörper oder Albuminate. Die außerordentliche Imbibitionsfähigkeit dieser Materien, ihr starkes Vermögen, durch Quellung bedeutende Flüssigkeitsmengen zwischen die Moleküle aufzunehmen, bedingt die Möglichkeit, beständig die durch die Lebenstätigkeit verbrauchten Stoffe nach außen abzuführen und dagegen neue, brauchbare Stoffe von außen einzuführen, zu assimilieren. Die komplizierte und lockere Verbindung der Atome in diesen Albuminaten zu höchst zusammengesetzten und leicht zersetzbaren Atomgruppen bedingt ihre außerordentliche Fähigkeit der Umsetzung, ihr ausgezeichnetes Vermögen, sich selbst zu verändern und verändernd, metabolisch auf die benachbarten Stoffe einzuwirken. Dadurch ist aber zugleich den umgebenden Materien der Außenwelt Gelegenheit gegeben, vielfach ändernd auf diese Eiweißverbindungen einzuwirken, und in dieser

Wechselwirkung zwischen beiden beruhen die Vorgänge der Ernährung und die unmittelbar damit zusammenhängenden Vorgänge der Veränderung der organischen Formen, der Anpassung.

V, C. Grad der Anpassung.

Wenn wir die vorhergehenden, im fünften Kapitel näher begründeten Erwägungen stets im Sinne behalten, so finden wir, daß alle die unendlich mannigfaltigen und scheinbar so äußerst zweckmäßigen Anpassungen der Formen und Funktionen der Organismen in letzter Instanz nichts anderes sind, als notwendige Folgen des unendlich mannigfaltigen Stoffwechsels, der unendlich mannigfaltigen Wechselwirkung zwischen den konstituierenden Plastiden der Organismen und der sie umgebenden Außenwelt, den unendlich mannigfaltigen Existenzbedingungen. Es waltet also auch hier, wie überall in der Natur, das allgemeine Kausalgesetz. Jede Veränderung, jede Anpassung eines Organismus ist die notwendige Folge aus dem Zusammenwirken von mehreren Ursachen, und zwar aus der Wechselwirkung der materiellen Teile des Organismus selbst und der materiellen Teile seiner Umgebung. Es muß demnach auch der Grad der Abänderung oder Anpassung dem Grade der Veränderung in den äußeren Existenzbedingungen entsprechen, welche mit dem Organismus in Wechselwirkung stehen. Je größer die Verschiedenheit in den Existenzbedingungen ist, unter welchen der Organismus und unter welchen seine Eltern leben, desto intensiver wird die Einwirkung der ersteren sein, und desto größer die Abänderung, d. h. die Differenz in der Beschaffenheit des kindlichen (angepaßten) und des elterlichen Organismus. Ebenso wird diese Differenz (die Anpassung) um so stärker sein, je längere Zeit hindurch die umbildenden neuen Existenzbedingungen auf den kindlichen Organismus einwirken. Der Grad der Anpassung ist also mit Notwendigkeit kausal bedingt durch den Grad und die Zeitdauer der Einwirkung veränderter Lebensbedingungen auf den Organismus. Der Grad der Wirkung steht in bestimmtem Verhältnisse zum Grade der Ursache. So einfach und selbstverständlich dieses Gesetz ist, so wird es dennoch vielleicht nirgends häufiger übersehen und ignoriert, als in der Lehre von den Abänderungen und Anpassungen der Organismen. Dem gegenüber heben wir hier als oberstes Grundgesetz der Anpassung ausdrücklich folgenden Satz hervor: „Jede Anpassungserscheinung (Abänderung) der Organismen ist durch die materielle Wechselwirkung zwischen der Materie des Organismus und der Materie, welche denselben als Außenwelt umgibt, bedingt, und der Grad der Abänderung (d. h. der Grad der morphologischen und physiologischen Ungleicheit zwischen dem abgeänderten Organismus und seinen Eltern) steht in geradem Verhältnisse zu der Zeitdauer und zu der Intensität der materiellen Wechselwirkung zwischen dem Organismus und den veränderten Existenzbedingungen der Außenwelt."

V, D. Indirekte und direkte Anpassung.

Bevor wir den Versuch machen, diejenigen Erscheinungen der Anpassung, welche als mehr oder minder bedeutende allgemeine Gesetze der Variabilität sich schon gegenwärtig formulieren lassen, zu unterscheiden, ist es notwendig, den Unterschied hervorzuheben, welcher zwischen zwei wesentlich verschiedenen Hauptformen der Anpassung, der direkten und der indirekten Adaptation besteht. Zwar ist dieser Unterschied bisher noch kaum urgiert worden; doch erscheint er uns von solcher Bedeutung, daß wir glauben, alle verschiedenen Variabilitätsphänomene entweder als Wirkungen der direkten oder der indirekten Anpassung betrachten zu können.

Direkte Anpassungen nennen wir solche, welche durch eine unmittelbare Ernährungsveränderung des Organismus zu irgendeiner Zeit seiner individuellen Existenz veranlaßt werden und noch während derselben durch bestimmte Veränderungen der Mischung, Funktion und Form in die Erscheinung treten. Indirekte Anpassungen dagegen nennen wir diejenigen Ernährungsveränderungen des Organismus, welche erst in den von ihm erzeugten Nachkommen, also mittelbar, ihre Wirkung äußern, und bestimmte Veränderungen in der Mischung, Form und Funktion des kindlichen Organismus zur Erscheinung bringen, welche an dem unmittelbar betroffenen elterlichen Organismus nicht sichtbar wurden.

Um diesen wichtigen Unterschied richtig zu würdigen, müssen wir zuerst die Grenzen und den Begriff der individuellen Existenz, und namentlich deren Beginn scharf zu bestimmen suchen. So einfach und leicht diese Aufgabe zunächst erscheint, so zeigt doch eine eingehende Vergleichung bald, daß ihre Lösung oft äußerst schwierig und in vielen Fällen ganz unmöglich ist. Eigentlich müßten wir jedes durch Fortpflanzung erzeugte organische Individuum von dem

Momente an für selbständig erklären, in welchem es als selbständiges Wachstumszentrum den übrigen Teilen des elterlichen Organismus gegenübertritt. Doch ist dieses Moment niemals scharf zu bezeichnen. Andererseits könnte man bei der ungeschlechtlichen Fortpflanzung den Beginn der individuellen Existenz in das Moment setzen, in welchem das kindliche Individuum sich von dem elterlichen räumlich vollständig trennt; bei der Teilung, Knospenbildung, Keimbildung also in das Moment, in welchem aus einem Körper zwei oder mehrere räumlich getrennt werden entweder durch eine vollständige Spaltungsebene oder durch Bildung einer realen Scheidewand. Allein in zahlreichen, nahe mit dieser vollständigen Trennung verbundenen Fällen erfolgt die räumliche Loslösung oder die Bildung eines vollständigen realen Septum tatsächlich nicht, so z. B. bei der unvollständigen Teilung und Knospenbildung; und es ist dann oft ganz ebenso unmöglich, zeitlich wie räumlich, die Grenze des selbständigen und unselbständigen individuellen Lebens zu fixieren.

Bei der geschlechtlichen Fortpflanzung werden wir den Beginn der individuellen selbständigen Existenz allgemein in das Moment der Befruchtung setzen können. In diesem Moment hört das Ei auf, ein reiner Bestandteil des mütterlichen Organismus zu sein und verschmilzt durch wahre materielle Vermischung mit dem väterlichen Sperma zu einem neuen Individuum, welches weder Ei noch Sperma allein, sondern eine wirkliche Verbindung von beiden, ein neuer, dritter Körper ist. Die weitere Entwickelung dieses befruchteten Eies zum selbständigen kindlichen Individuum kann zwar äußerlich noch längere Zeit vom mütterlichen Organismus abhängig erscheinen (wie bei den lebendig gebärenden Tieren, den Phanerogamen etc., wo sich der Embryo innerhalb des mütterlichen Organismus bis zu einem gewissen Grade entwickelt). Allein durch das Moment der Befruchtung ist der Beginn der individuellen Entwickelungsbewegung, des selbständigen Wachstums und überhaupt der physiologischen Selbständigkeit des neu erzeugten Organismus bestimmt bezeichnet, und der mütterliche Organismus, mag er mit dem kindlichen noch so eng (wie bei den Säugetieren) verbunden erscheinen, ist ebensogut, wie der väterliche für den kindlichen doch nur Außenwelt, äußere Existenzbedingung. Wenn daher der kindliche Organismus hier schon, noch während seiner embryonalen Entwickelung, Veränderungen erfährt (z. B. monströse Ausbildung einzelner Teile durch mechanische, experimentell herbeigeführte Störung der Entwickelung), so sind diese Veränderungen wirkliche direkte Anpassungen. Wir haben sie als solche ebensogut zu bezeichnen, wie in denjenigen Fällen, in welchen der Beginn der individuellen selbständigen Existenz mit einer vollständigen räumlichen Trennung des elterlichen und kindlichen Organismus verbunden ist (z. B. bei der vollständigen Teilung einzelliger Protisten, der Diatomeen etc., und der Zellen innerhalb mehrzelliger Organismen).

Anders aber steht es in den eben berührten Fällen, in denen eine solche natürliche Begrenzung des Beginnes der individuellen Existenz nicht möglich ist. Hier können wir nicht so scharf zwischen der direkten und indirekten Anpassung unterscheiden, weil die Ernährung der beiden Organismen, des elterlichen und kindlichen, gemeinsam bleibt und wegen der fortdauernden Kontinuität beider (z. B. bei der Stockbildung durch unvollständige Knospenbildung) eine beständige nutritive Wechselwirkung zwischen beiden fortdauert. Der theoretische Unterschied zwischen der direkten und indirekten Anpassung ist freilich auch hier klar. Im ersten Falle beruht die morphologische und physiologische Abänderung stets in einer Veränderung der Ernährung des angepaßten Individuums selbst; im letzteren Falle dagegen auf einer Ernährungsveränderung, welche sowohl allein vom kindlichen, als allein vom elterlichen Organismus, als endlich auch gemischt von beiden zusammen ausgehen kann. Im konkreten einzelnen Falle wird es aber ganz unmöglich sein, die Grenze zwischen diesen drei abstrakten Möglichkeiten scharf zu bestimmen, ebenso unmöglich, als die Grenze der nutritiven Selbständigkeit zwischen dem kontinuierlich materiell zusammenhängenden elterlichen und kindlichen Organismus scharf festzustellen ist.

Obwohl es also in vielen Fällen nicht möglich ist, die Grenze der nutritiven Selbständigkeit des kindlichen Individuums scharf zu bestimmen, wird dadurch doch der Unterschied zwischen der indirekten und der direkten Anpassung keineswegs aufgehoben. Denn es ist klar, daß der Begriff der individuellen Anpassung eigentlich streng genommen nur auf diejenigen Fälle der Abänderung angewendet werden kann, in denen die Abänderung tatsächlich durch Wechselwirkung zwischen den selbständigen Individuen und der Außenwelt erfolgt. Nur in diesen Fällen ist es lediglich eine Veränderung in der Ernährung dieses einzelnen Individuums, welche der Anpassung zugrunde liegt. In den zahlreichen Fällen dagegen, wo dieselbe ein nicht vollkommen selbständiges Individuum betrifft, ist es unmöglich, zu sagen, wieviel von der erworbenen Veränderung auf Kosten einer Ernährungsveränderung des Individuums selbst kommt, wieviel auf Kosten einer Ernährungsveränderung des elterlichen Organismus, welcher mit dem kindlichen noch in bleibender Wechselwirkung, in unmittelbarer materieller Kontinuität und beständigem Stoffaustausch verharrt.

Diese Erwägung ist, wie Darwin zuerst gezeigt hat, von äußerster Wichtigkeit. Denn tatsächlich lehrt die Erfahrung, daß Ernährungsveränderungen, welche den elterlichen Organismus betreffen, und welche an diesem selbst nur eine geringe, oft in Form und Funktion nicht wahrnehmbare Mischungsveränderung hervorbringen, in ihrer Wirkung auf den kindlichen, von jenem erzeugten Organismus sehr bedeutende, in Form und Funktion oft äußerst auffallende Abänderungen hervorbringen. Obwohl also hier die wirkende Ursache bloß den elterlichen Organismus trifft, kommt sie doch nicht an diesem, sondern erst an dem kindlichen Organismus zur Erscheinung. Dieses wichtige Gesetz zeigt sich äußerst auffallend bei unseren Haustieren und Kulturpflanzen, bei denen wir nicht selten imstande sind, durch ganz bestimmte Beeinflussung ihrer Ernährung ganz bestimmte Veränderungen in Form und Funktion zu erzielen, welche aber nicht an ihnen selbst, sondern erst an ihren Nachkommen in die Erscheinung treten. Dies gilt aber nicht nur für alle oben erwähnten Fälle von unvollständiger Trennung des elterlichen und kindlichen Organismus, sondern es gilt auch für alle Fälle von vollständiger Trennung und namentlich auch für alle Fälle von geschlechtlicher Fortpflanzung. Es zeigt sich hier die höchst merkwürdige und wichtige Tatsache, daß selbst leichte Ernährungsveränderungen, welche in den meisten Organen und Funktionen des elterlichen Organismus keine bemerkbare oder nur eine ganz unbedeutende Abänderung bewirken, auf die Geschlechtsorgane desselben (nach dem Gesetz von der Wechselbeziehung der Organe) eine verhältnismäßig kolossale Wirkung ausüben, und namentlich auf die noch nicht vereinigten Geschlechtsprodukte (Sperma und Eier) so bedeutend einwirken, daß diese Einwirkung nach erfolgter Vereinigung derselben (Befruchtung) in Abänderungen der Form und Funktion des kindlichen Organismus äußerst auffallend hervortritt. Allerdings sind uns im einzelnen diese höchst wichtigen nutritiven Wechselbeziehungen zwischen den Fortpflanzungsorganen und den übrigen Teilen des Organismus noch fast ganz unbekannt, und zum größten Teil sehr rätselhaft. Allgemeine und sehr merkwürdige Beweise für deren Existenz besitzen wir aber sehr viele, wie z. B. die bekannten Veränderungen im Stimmorgan, in der Fettbildung und in den psychischen Tätigkeiten bei kastrierten männlichen Tieren; ferner die wichtige Tatsache, daß schon leichte Ernährungsstörungen, und bei vielen wilden Tieren sogar schon der Verlust ihrer natürlichen Freiheit und das Leben in Gefangenschaft ausreichen, um sie vollständig unfruchtbar zu machen. So pflanzen sich z. B. die Affen und die bärenartigen Raubtiere, der Elephant, die Raubvögel, und viele andere Tiere, ebenso auch viele Pflanzenarten, in der Gefangenschaft und im Kulturzustande niemals oder nur sehr selten fort, während andere dies regelmäßig tun. Oft genügt schon übermäßig reichliche Nahrung, um Sterilität (und zugleich vielfache Variationen) hervorzurufen. Ebenso wie die Sterilität wird aber auch die Produktion einer sehr abweichenden und selbst monströsen Nachkommenschaft sehr oft lediglich durch derartige Ernährungsstörungen des elterlichen Organismus bedingt, ohne daß er selbst bereits die auffallenden Charaktere seiner Kinder ausgebildet zeigt.

Diese äußerst wichtige Erscheinung, welche wir bei allen Arten der Fortpflanzung beobachten, und welche uns wiederum den innigen Zusammenhang zwischen der Fortpflanzung und Ernährung vor Augen führt, läßt sich, streng genommen, nicht als individuelle Anpassung bezeichnen, insofern es nicht das selbständige Individuum ist, welches die Abänderung durch Wechselwirkung mit der Außenwelt erfährt. Vielmehr wird der Grund der Abänderung vermittelst der materiellen Grundlage des elterlichen Organismus in diejenige des kindlichen Individuums gelegt, schon bevor dasselbe sich überhaupt vom elterlichen Organismus irgendwie isoliert hat. Eine individuelle Ernährungsmodifikation des letzteren ist die eigentliche erste Ursache. Es wird also die Anlage zur Abänderung bereits im elterlichen Organismus (durch die Ernährung) bewirkt und von diesem auf den kindlichen Organismus (durch die Fortpflanzung) übertragen. In letzterer Hinsicht könnte man versucht sein, den Vorgang eher eine Erscheinung der Vererbung als der Anpassung zu nennen. Allein der wesentliche Unterschied von der Vererbung liegt darin, daß bei dieser letzteren die (chemischen, physiologischen, morphologischen) Eigenschaften, welche der elterliche Organismus auf den kindlichen überträgt, bei dem elterlichen bereits wirklich entwickelt in die Erscheinung getreten waren und also nicht bloß *potentia*, sondern auch *actu* in ihm verhanden waren. Im ersteren Falle dagegen sind jene Eigenschaften in dem elterlichen Organismus bloß *potentia*, nicht *actu* vorhanden, und zwar latent in dem Keime des kindlichen Organismus, bei dessen Entwickelung erst sie in die Erscheinung treten. Wir können daher diesen Vorgang seinem Wesen nach nicht als eine Erblichkeitserscheinung, sondern müssen ihn als eine Anpassungs-Erscheinung auffassen, wenngleich wir hervorheben müssen, daß er eine unmittelbare Übergangsstufe zwischen den entgegengesetzten und entgegenwirkenden Erscheinungen der Vererbung (die mit der Fortpflanzung) und der eigentlichen individuellen Anpassung (die mit der Ernährung zusammenhängt), darstellt. Um ihn von der letzteren, der aktuellen oder direkten Anpassung zu unterscheiden, wollen wir ihn ein für allemal als indirekte oder potentielle Anpassung bezeichnen. Alle Anpassungen, welche bei den Organismen vorkommen, gehören einer von diesen beiden Kategorien an.

Das Gesetz der indirekten oder potentiellen Anpassung oder der Abänderung des Organismus durch Ernährungsmodifikationen seines elterlichen Organismus läßt sich demnach folgendermaßen formulieren: „Jeder Organismus kann durch Wechselwirkung mit der umgebenden Außenwelt nutritive Veränderungen erleiden, welche nicht in seiner eigenen Formbildung, sondern erst mittelbar in der Formbildung seiner Nachkommenschaft, als indirekte Anpassung, in die Erscheinung treten."

Das Gesetz der direkten oder aktuellen Anpassung oder der Abänderung des Organismus durch eigene, ihn selbst betreffende Ernährungsmodifikationen würde dagegen lauten: „Jeder Organismus kann durch Wechselwirkung mit der umgebenden Außenwelt nutritive Veränderungen erleiden, welche unmittelbar in seiner eigenen Formbildung, als direkte Anpassung, in die Erscheinung treten." Hierher gehören die meisten Fälle individueller Abänderungen, welche man gewöhnlich als Anpassung (im engeren Sinne) bezeichnet.

Wenn wir nunmehr an die Betrachtung der verschiedenen Gesetze der indirekten und der direkten Anpassung herantreten, welche wir gegenwärtig unterscheiden zu können glauben, so müssen wir zunächst leider dieselbe Bemerkung vorausschicken, welche wir soeben bei Besprechung der Erblichkeitsgesetze gemacht haben, daß wir uns nämlich auf einem ebenso ausgedehnten als wichtigen Gebiete der

Biologie befinden, auf welchem fast noch nichts geschehen ist, um die wertvollen daselbst verborgen liegenden Schätze zu heben. Zwar sind den Zoologen und Botanikern, seitdem Linné das systematische Studium der äußeren Morphologie begründete, zahllose Varietäten, Rassen, Spielarten und andere Abänderungsformen der sogenannten „guten Arten" bekannt geworden, und der größte Teil der zoologischen und botanischen Literatur ist mit Beschreibung dieser zahllosen Abänderungsformen gefüllt und mit den unnützesten und hirnlosesten Streitigkeiten über die Frage, ob diese oder jene Form als „gute Art" oder bloß als Unterart, als Gattung oder als Varietät, als Rasse oder nur als individuelle Abänderung zu deuten sei. Da indessen die meisten hierauf bezüglichen Untersuchungen nur mit einem höchst beschränkten Materiale und mit einem noch mehr beschränkten Verstande angestellt sind, so haben dieselben keinen oder nur sehr geringen wissenschaftlichen Wert. Die meisten Botaniker und Zoologen, die ihr Leben mit solchen unnützen Spielereien zugebracht haben, sind ohne alle philosophische Basis zu Werke gegangen und haben sich weder die Mühe gegeben, über die eigentliche Bedeutung der Begriffe „Art, Unterart, Rasse, Abart, Varietät, Spielart etc." nachzudenken, noch über die Ursachen, durch welche die tatsächlichen Verschiedenheiten dieser subordinierten Kategorien entstanden sind. An eine wissenschaftliche Untersuchung der Abänderungsgesetze hat aber vor Darwin fast noch niemand gedacht, und auch Darwin hat mehr Verdienst um die klare Hervorhebung der kausalen Verhältnisse der Abänderungen, als um die ordnungsgemäße Unterscheidung ihrer verschiedenen Modifikationen, die in diesem Chaos von ungeordneten Tatsachen allerdings ebenso schwierig als wichtig ist. Unter diesen Umständen können wir eine vollständige Erkenntnis der mannigfaltigen Verhältnisse erst von der intelligenten Morphologie der Zukunft hoffen, welche bemüht sein wird, gerade die feinen individuellen Unterschiede und die geringen Differenzen der Varietäten, Rassen etc. sorgfältig zu wägen und daraus zusammenhängende Entwickelungsreihen herzustellen, während die bisherige künstliche Systematik gerade das Gegenteil erstrebte und nur bemüht war, die Arten scharf zu trennen, indem sie die vorhandenen Zwischenformen beiseite schob und ignorierte. Der folgende Versuch, die verschiedenen Abänderungserscheinungen als geordnete Gesetze aufzuführen, kann unter diesen Umständen nur ein ganz provisorischer sein.

V, E. Gesetze der Anpassung.

E a. Gesetze der indirekten oder potentiellen Anpassung.

1. Gesetz der individuellen Abänderung.

(Lex variationis individualis.)

Alle organischen Individuen sind von Beginn ihrer individuellen Existenz an ungleich, wenn auch oft höchst ähnlich.

Dieses wichtige Gesetz der individuellen Abänderung, welches wir auch das der angeborenen Ungleichheit nennen könnten, ist das allgemeinste, welches sich auf die Abänderungsverhältnisse bezieht und steht unmittelbar gegenüber dem allgemeinsten Vererbungsgesetze, wonach die unmittelbaren Deszendenten der Organismen ihren Eltern entweder nahezu gleich oder doch sehr ähnlich sind. Beide Gesetze widersprechen sich nicht. Denn wenn auch alle Individuen einer und derselben „Art" oder „Abart" noch so sehr ähnlich sein mögen, und wenn wir auch mit unseren besten Hülfsmitteln keine Unterschiede zwischen denselben wahrnehmen können, so haben wir doch Gründe genug zu der Annahme, daß nur höchst selten und zufällig eine absolute Gleichheit zweier ähnlicher Individuen stattfindet. Wir begründen dieses Gesetz induktiv auf die allgemein bekannte Ungleichheit der menschlichen Individuen von der Zeit ihrer Geburt an. Niemand wird behaupten, daß es jemals zwei Menschen gegeben habe, welche absolut gleich gewesen seien, welche absolut dieselbe Größe, Form und Farbe, dasselbe Gesicht, dieselbe Zahl von Epidermiszellen, Blutzellen etc., dieselben Seelenbewegungen (Wille, Empfindung, Denken in absolut gleicher Form) besessen haben. Schon bei der Geburt sind allgemein individuelle Ungleichheiten vorhanden, wenn sie auch oft schwer zu erkennen sind und erst später deutlicher hervortreten. Was vom Menschen, das gilt auch von den übrigen Säugetieren, und es ist allen Menschen, die sich eingehend mit einer größeren Anzahl von Individuen einer Art beschäftigt und dieselben genau und lange Zeit beobachtet haben (z. B. den Hirten von Viehherden, den Förstern, Ausstopfern) wohl bekannt, daß alle einzelnen Individuen einer und derselben Spezies, trotz der größten Ähnlichkeit, dennoch individuelle Unterschiede zeigen. Dasselbe wissen alle systematischen Botaniker, welche Massen von Individuen einer und derselben Spezies eingehend verglichen haben. Dasselbe weiß jedermann von allen Bäumen eines Waldes. Niemand wird

z. B. behaupten, daß es jemals zwei Bäume von einer und derselben Art, z. B. zwei Apfelbäume oder zwei Roßkastanien gegeben habe, welche in allen Beziehungen, in der Zahl der Blätter und Blüten, der Bildung der Rinde, der Verzweigung des Stammes, in der Zahl und Form aller konstituierenden Zellen absolut gleich gewesen seien. Schon eine Betrachtung einer Baumschule lehrt hiervon das gerade Gegenteil, und eine sorgfältige Vergleichung der jüngsten Samenpflanzen zeigt, daß sie schon von erster Jugend an individuelle Unterschiede zeigen. Nun könnte man zwar behaupten, daß diese absolute Ungleichheit aller organischen Individuen durch die universelle direkte Anpassung erworben sei, und zum großen Teile ist dies gewiss der Fall, da niemals zwei Individuen ihr ganzes Leben unter absolut denselben Existenzbedingungen zubringen. Allein Darwin hat gezeigt, daß wir hinreichende Gründe haben, die allgemeine individuelle Ungleichheit der Organismen auch teilweis als Folge einer indirekten Abänderung derselben anzusehen, hervorgebracht durch primitive Verschiedenheiten in der chemischen Zusammensetzung der von den Eltern erzeugten Keime.

2. Gesetz der monströsen oder sprungweisen Abänderung.

(Lex variationis monstrosae sive generativae.)

Alle Organismen sind unter bestimmten, sehr abweichenden und ungewöhnlichen Ernährungsbedingungen fähig, eine Nachkommenschaft zu erzeugen, welche nicht in dem gewöhnlichen geringen Grade der individuellen Veränderlichkeit, sondern in einem so außerordentlichen und ungewöhnlichen Grade von den Charakteren des elterlichen Organismus abweicht, daß man dieselben als Monstra oder Mißbildungen bezeichnet.*)

Dieses noch wenig bekannte, und auch hinsichtlich der zugrunde liegenden Tatsachen noch wenig untersuchte Gesetz ist, soviel wir bis jetzt wissen, nur von geringer, bisweilen vielleicht aber auch von sehr bedeutender Wichtigkeit für die Entstehung von neuen Arten. Es gehören hierher wahrscheinlich alle diejenigen Fälle, welche man als sprungweise Abänderung, plötzliche Aus-

*) Anm. (1906). Neuerdings hat der Botaniker Hugo de Vries (1901) die sprungweise plötzliche Variation unter dem Namen „Mutation“ als die wichtigste Quelle der Speziesbildung zu erweisen versucht. Vergl. über diese Mutationstheorie meine „Lebenswunder“ (1904, S. 429).

artung, monströse Entwickelung etc. bezeichnet. Bei den Menschen sowohl als bei den andern im Kulturzustande lebenden Tieren, ebenso bei den Kulturpflanzen sind solche monströse Abänderungen verhältnismäßig häufig und oft so bedeutend, daß sie nicht allein über den Charakter der Art und Gattung, sondern auch sehr oft über denjenigen der Familie und Ordnung weit hinausgreifen. Es gehören hierher z. B. die bekannten Fälle von Menschen mit sechs Fingern an jeder Hand und jedem Fuß, ferner die berühmten Stachelschweinmenschen mit schuppenartiger Epidermis, die kavikornien Wiederkäuermonstra ohne Hörner (von einer sonst gehörnten Art) oder mit 4—6—8 (statt der normalen zwei) Hörnern, dann der allgemeine Pigmentmangel der Haut (Leucosis) bei den Albinos der verschiedensten Tierarten, die ungewöhnlichen Größenproportionen einzelner Körperteile untereinander und zum Ganzen, ferner die zahlreichen, höchst auffallenden und plötzlich entstehenden „monströsen“ Abänderungen in Größe, Farbe, Blätterzahl etc. bei den Blüten und Früchten unserer Kulturpflanzen, viele „gefüllte Blüten“ etc. Aber nicht allein solche auffallende äußerliche, leicht erkennbare Mißbildungen treten oft ganz plötzlich in einer Generation auf, sondern auch die wichtigsten Abweichungen von der Lage, Größe und Gestalt innerer Organe, so z. B. die Umkehrung von Rechts und Links bei dipleuren Tieren (Perversio viscerum des Menschen, links gewundene Individuen von regelmäßig rechts gewundenen Schnecken etc.).

Die kausale Entstehung der meisten dieser plötzlich auftretenden Monstrositäten ist uns mit Sicherheit nicht bekannt. In vielen Fällen sind es mechanische oder nutritive Störungen in der Entwickelung des Embryo, welche die „Mißbildung“ verursachen (dann also direkte Anpassungen!), in sehr vielen anderen Fällen dagegen sind es sicher Nutritionsstörungen des elterlichen Organismus, welche auf das Genitalsystem desselben zurückwirken und die auffallende Abänderung des kindlichen Organismus schon im ersten Keime, im noch nicht befruchteten Ei oder im Sperma bedingen. Hierbei tritt der ungeheure Einfluß, den die veränderte Ernährung des Organismus auf seine Fortpflanzungsorgane hat, besonders auffallend hervor. Wie bereits Darwin hervorgehoben hat, sind solche monströse Abweichungen, welche er als „generative“ bezeichnet, fast durchgängig zuerst sehr unbeständig und zeigen dies besonders darin, daß, wenn sie sich mehrere Generationen hindurch vererben, der Grad der monströsen Ausbildung in verschiedenen Generationen und Individuen ein sehr verschiedener ist. Auch verschwinden sie oft ebenso plötzlich wieder in einer Generation, wie sie in einer vorhergehenden entstanden sind. Indes gelingt es der künstlichen Züchtung doch oft, dieselben zu erhalten und durch generationenlange Pflege zu befestigen, wie es z. B. bei den vierhörnigen und sechshörnigen Schafen der Fall gewesen ist, bei dem berühmten hörnerlosen Bullen von Paraguay, von dem man eine ganze Rinderrasse erzog, bei dem krummbeinigen Schafbock von Seth Wright in Massachusetts, der ebenfalls der Stammvater einer ganzen krummbeinigen Schafrasse (der Otterschafe) wurde etc. Ebensogut ist es nun denkbar und vielleicht in der Tat sehr oft geschehen, daß eine plötzliche und starke Veränderung in der Ernährung einer Spezies im Naturzustande (z. B. dadurch, daß sich plötzlich das Klima einer Gegend ändert) auf die Generationsorgane zurückwirkt und zur massenhaften sprungweisen Erzeugung neuer monströser Formen führt, welche sich durch Inzucht fortpflanzen und eine neue „Art“ bilden. So gut wir diesen Prozeß bei wilden Pflanzen und Tieren in umgekehrter Reihenfolge als plötzlichen „Rückschlag“ verfolgen können, so gut ist es auch denkbar, daß dieselbe sprungweise Umbildung nach vorwärts eintritt und zur Bildung neuer Arten führt. So finden wir z. B. bei Lippenblüten (und besonders häufig bei der bekannten *Linaria vulgaris*) nicht selten die auffallende „Monstrosität“, welche mit dem Namen *Peloria* belegt wird und welche offenbar als einfacher Rückschlag in die weit zurückliegende pentaktinote (regulärstrahlige fünfzählige) Stammform der pentamphipleuren Lippenblüte zu deuten ist. Wie wir hier plötzlich (oft an einzelnen Blüten eines sonst Lippenblüten tragenden Stockes) den weiten Sprung in die alte regulär-radiale Stammform zurück eintreten sehen, welche man als *„Monstrum“* bezeichnet, so kann auch umgekehrt ursprünglich die alte pentamphipleure Lippenblüte, die wir jetzt als die „normale“ ansehen, durch einen plötzlichen Sprung aus der ersteren als „Monstrum“ entstanden sein. Besonders weit dürfte der Spielraum für die sprungweise Entstehung solcher monströser „Abarten“ oder „Ausartungen“, die sich dann unter günstigen Umständen zu „guten Arten“ befestigten, bei den meisten Organismen hinsichtlich der Zahl der Antimeren und Metameren gewesen sein, wovon uns noch heute die große Variabilität der homotypischen und homodynamen Grundzahlen bei vielen Tier- und Pflanzenarten berichtet. Auch in Gruppen, in deren meisten Arten sich diese Grundzahlen fixiert haben, kommen einzelne Arten vor, bei denen dieselbe noch schwankt, so unter den fünfzähligen Echinodermen einzelne mit mehr als fünf (und dann mit einer schwankenden Anzahl!) Antimeren versehene Asteriden. Offenbar findet hier die Bestimmung der Grundzahl für jedes Individuum schon im ersten Anfang seiner Entwickelung statt.

3. Gesetz der geschlechtlichen Abänderung.

(Lex variationis sexualis.)

Bei allen Organismen mit geschlechtlicher Fortpflanzung vermag sowohl eine Ernährungsveränderung, welche auf die männlichen, als eine solche, welche auf die weiblichen Geschlechtsorgane einwirkt, eine entsprechende Abänderung der geschlechtlich erzeugten Nachkommenschaft zu veranlassen, und es äußert sich dann entweder ausschließlich oder doch vorwiegend die Ernährungsveränderung der männlichen Genitalien in der Abänderung der männlichen, diejenige der weiblichen Genitalien in der Abänderung der weiblichen Nachkommen.

Dieses Gesetz der sexuellen Abänderung hängt sehr eng mit demjenigen der sexuellen Vererbung zusammen. Bei der letzteren fanden wir, daß die Gesamtcharaktere jedes der beiden Geschlechter, und zwar sowohl die primären als die sekundären Sexualcharaktere, sich meistens einseitig, also entweder vorwiegend oder fast ausschließlich nur auf das entsprechende Geschlecht vererben, so daß Generationen hindurch sich einerseits die männlichen, andererseits die weiblichen Deszendenten mehr gleichen, als beide Reihen unter sich. Bei der sexuellen Abänderung finden wir dementsprechend, daß jede Ernährungsveränderung, welche eines der beiderlei Geschlechtsorgane betrifft und das andere nicht berührt, entweder vorwiegend oder selbst ganz ausschließlich eine Veränderung bloß in demjenigen Geschlechte der Nachkommen hervorruft, welches dem veränderten Sexualsystem der Eltern entspricht; während das andere Geschlecht nicht abändert. Wenn also z. B. bei den Hühnervögeln eine eingreifende Veränderung in der Ernährungsweise bloß den Hahn betrifft und auf dessen Hoden zurückwirkt, während die Henne und also auch ihr Eierstock nicht von derselben betroffen wird, so wird eine entsprechende, vielleicht monströse, Abänderung in der Bildung der von beiden geschlechtlich erzeugten Nachkommen nur an den Hähnen, nicht an den Hennen sichtbar werden. Im ganzen ist diese Erscheinung noch dunkel. wenig beachtet, und meist auch sehr schwierig in ihrem ursächlichen Zusammenhang zu verfolgen, vielleicht aber von großer Wichtigkeit für die Erklärung der Entstehung der sekundären Sexualcharaktere.

E b. Gesetze der direkten oder aktuellen Anpassung.

4. Gesetz der allgemeinen Anpassung.

(Lex adaptationis universalis.)

Alle organischen Individuen werden während ihrer individuellen Existenz durch Anpassung an verschiedene Lebensbedingungen ungleich, wenn sie auch oft höchst ähnlich bleiben.

Dieses Gesetz bewirkt, im Verein mit demjenigen der individuellen Anpassung, die allgemeine Ungleichheit aller organischen Individuen. Durch die universelle Anpassung wird die erworbene, durch die individuelle Anpassung dagegen die angeborene Ungleichheit aller Einzelwesen bedingt. Die erstere läßt sich viel leichter nachweisen als die letztere, denn während wir über die angeborene Verschiedenheit aller organischen Individuen noch so sehr im unklaren sind, daß wir die allgemeine Gültigkeit des Gesetzes der individuellen Abänderung nur mit sehr geringer Sicherheit und nur auf allgemeine Gründe gestützt, behaupten können, so ist das Gegenteil bei der erworbenen Ungleichheit der Fall, welche sich mit mathematischer Sicherheit aus dem allgemeinen Kausalgesetze folgern läßt. Indem die äußeren Existenzbedingungen, wie allgemein anerkannt wird, umbildend auf den Organismus einwirken, indem ferner diese Existenzbedingungen für alle Individuen ungleich (niemals absolut dieselben) sind, so müssen, selbst den unwahrscheinlichen Fall angeborener Gleichheit der Individuen angenommen, infolge der allgemeinen Ungleichheit der einwirkenden Ursachen im Laufe der individuellen Existenz stets mehr oder minder bedeutende Unterschiede in der Bildung der Individuen eintreten. So läßt sich, selbst ohne die bestätigenden Beweise der unmittelbaren Beobachtung, eine allgemeine Ungleichheit sämtlicher organischer Individuen mit Sicherheit behaupten. Hinsichtlich der empirischen Bestätigung berufen wir uns auch wieder zunächst auf den Menschen selbst, von welchem es allgemein anerkannt ist, daß die verschiedene Lebensweise und Beschäftigung, der verschiedenartige Umgang mit anderen Menschen, kurz die für jedes Individuum allgemein verschiedenen Verhältnisse der Ernährung sowohl als der Beziehung zur Außenwelt, individuelle Verschiedenheiten in der Bildung, dem Charakter, den somatischen und psychischen Eigenschaften veranlassen, welche um so größer werden, je älter der Mensch wird, d. h. je länger jene verschiedenen Ursachen einwirken. Dasselbe gilt ebenso von den Individuen aller anderen Tiere und Pflanzen. Bei den Pflanzen tritt gewöhnlich die individuelle Ungleichheit viel auffallender als bei den Tieren hervor, weil die Organe dort äußerlich, hier innerlich entfaltet werden. Wie wir aber oben bereits sagten, ist es außerordentlich schwierig, zu sagen, wieviel Anteil an der tatsächlich existierenden Verschiedenheit der erwachsenen Individuen auf Rechnung der angeborenen Ungleichheit, wieviel auf Rechnung der erworbenen Ungleichheit zu setzen ist. Darwin scheint im ganzen größeres Gewicht der ersteren (dem Gesetz der individuellen Abänderung) zuzuschreiben, während wir glauben möchten, daß die letzere (das Gesetz der universellen Anpassung) eine allgemeinere und eingreifendere Wirksamkeit entfalte.

5. Gesetz der gehäuften Anpassung.

(Lex adaptationis cumulativae.)

(Gesetz der Gewohnheit, der Übung, der Akklimatisation, der Reaktion etc.)

Alle Organismen erleiden bedeutende und bleibende (chemische, morphologische und physiologische) Abänderungen, wenn eine an sich unbedeutende Veränderung in den Existenzbedingungen lange Zeit hindurch oder zu vielen Malen wiederholt auf sie einwirkt.

In dem „Gesetze der gehäuften Anpassung“ glauben wir mehrere, scheinbar sehr weit voneinander entfernte Anpassungsgesetze vereinigen zu müssen, welche gewöhnlich als ganz verschiedene betrachtet werden, die wir aber nicht scharf zu trennen imstande sind. Die Abänderungen nämlich, welche wir als gehäufte oder kumulative zusammenfassen, sind solche, welche von Darwin und vielen anderen mehrfach unterschieden und wenigstens in zwei ganz verschiedene Kategorien gebracht werden, nämlich: I. Unmittelbare Folgen der Einwirkung der äußeren Existenzbedingungen: Nahrung, Klima, Bodenbeschaffenheit, Umgebung etc. II. Folgen der Gewohnheit oder Angewöhnung (Übung, Gebrauch oder Nichtgebrauch der Organe, Akklimatisation etc.). Wir gestehen, daß wir unfähig sind, diese Kategorien scharf zu scheiden und vielmehr glauben, daß die eigentliche ursächliche Grundlage bei allen diesen Anpassungserscheinungen dieselbe ist, nämlich eine langsame aber andauernde

Veränderung in der Ernährung des Organismus oder einzelner Teile, welche zwar zuerst und in jedem einzelnen Falle nur eine sehr unbedeutende Einwirkung auf die physiologische und morphologische Beschaffenheit der Organe ausübt, allein durch lang andauernde und oft wiederholte kleine Einwirkungen schließlich sehr bedeutende Umbildungsresultate zu erzielen vermag. Wir wollen, um diese Anschauung zu stützen und womöglich zu beweisen, jede der beiden Kategorien, die man unnützerweise noch in verschiedene kleinere gespalten hat, gesondert für sich betrachten. Wir können die beiden verschiedenen Gruppen von Existenzbedingungen, welche durch kumulative Einwirkung gehäufte Anpassungen verursachen, als äußere und innere Existenzbedingungen unterscheiden.[1])

I. Gehäufte Anpassungen durch die Wirkungen äußerer Existenzbedingungen. (Anpassungen an die Nahrung, das Klima, die Umgebung etc.)

Die Abänderungen der Organismen durch die sogenannte „unmittelbare Wirkung der äußeren Existenzbedingungen“ oder den „unmittelbaren Einfluß der Außenwelt“ sind die bekanntesten von allen, und sehr viele Naturforscher sind von jeher geneigt gewesen, denselben überhaupt alle Veränderungen zuzuschreiben, die wir an den Organismen wahrnehmen. Jedermann weiß, daß die verschiedene Qualität der Nahrungsmittel, des Lichts, der Wärme, der Feuchtigkeit einen bestimmten Einfluß auf die Größe, Farbe, Form und innere Beschaffenheit der Organismen, auf ihre morphologische Ausbildung und ihre physiologische Funktion ausübt. Wir brauchen statt aller Beispiele hier bloß an die Tatsache zu erinnern, wie äußerst empfindlich der menschliche Organismus gegen diesen Einfluß der „Medien“ ist, wie jede Veränderung des Klimas, der Nahrung (Diät), der Umgebung etc. unmittelbar eine bestimmte Veränderung des Organismus hervorruft, welche sich in seinen Funktionen noch deutlicher als in seinen Formen äußert, und welche wir entweder als heilsame, oder als gleichgültige, oder als schädliche betrachten. Dasselbe nun, was wir alle vom Menschen anerkennen, gilt ebenso auch von allen anderen Tieren und von allen Organismen überhaupt. Jeder ohne Ausnahme ist empfänglich für den Einfluß der verschiedenen Qualität und Quantität der unmittelbar eingeführten Nahrungsstoffe, des Klimas

[1]) Anm. (1906). Das wichtige Gesetz der „kumulativen Anpassung“, das ich hier (1866) begründet und durch „Ernährungsabänderungen“ physiologisch erklärt habe, ist identisch mit dem Gesetze der funktionellen Anpassung, das Wilhelm Roux 15 Jahre später (1881) zu großem Ansehen gebracht hat.

(den verschiedenen Grad von Licht, Wärme, Feuchtigkeit etc.) Zunächst ist die Einwirkung derselben gewöhnlich nur an einer Abänderung der Funktion bemerkbar und erst später an einer Abänderung der Form des Organs, welche sich natürlich der Funktion entsprechend verändern muß. Man kann diese abändernden Einflüsse allgemein als die chemischen und physikalischen Agentien oder besser als die anorganischen Agentien zusammenfassen, im Gegensatz zu den organischen Agentien, welche bei der folgenden Art der Anpassung tätig sind. So wichtig diese Agentien sind, so ist dennoch gewiß ihr Einfluß gewöhnlich insofern sehr überschätzt worden, als man sie meist viel zu ausschließlich als die einzigen oder doch die vorzüglichsten Anpassungsbedingungen betrachtet hat, und insofern hat Darwin vollkommen recht, wenn er denselben eine viel geringere Bedeutung beimißt. Indessen möchten wir ihren Einfluß doch nicht so gering wie letzterer schätzen, wenn wir daran denken, welche enormen Veränderungen z. B. allein unser Zentralnervensystem (die Vorstellungen des Wollens, Empfindens und Denkens) durch die Einwirkung des Klimas (Licht, Wärme, Feuchtigkeit), der verschiedenen Nahrungsmittel (alkoholische Getränke, Kaffee und Thee, Fleisch, Amylaceen etc. zu erleiden hat; wie der Charakter ganzer Nationen durch das Klima und die Art der Nahrung bestimmt wird, wie wir bei unseren Haustieren und Kulturpflanzen durch geringe Veränderungen der Nahrung und des Klimas bedeutende Abänderungen in Form und Funktion hervorrufen können.

Nach unserer Ansicht liegt die falsche Auffassung, welche man diesem Einflusse gewöhnlich hat angedeihen lassen, vorzüglich darin, daß man den Organismus dabei als ein ganz oder doch vorwiegend passives Wesen aufgefaßt hat, während doch in der Tat derselbe sich allen Einflüssen gegenüber zugleich aktiv verhält. Jede Aktion eines äußeren Agens, gleichviel ob dasselbe Licht oder Wärme oder Wasser oder irgendein anderes Nahrungsmittel, ein Medikament oder ein Gift ist; jede Aktion eines solchen unmittelbar auf die Ernährung des Organismus einwirkenden Agens ruft eo ipso zugleich eine Reaktion des Organismus hervor, die sich eben in der Modifikation der Ernährungstätigkeit und in dem aktiven (abwehrenden, indifferenten oder aufnehmenden) Verhalten der Ernährungsorgane gegenüber den Medien und der Nahrung äußert, sowie in der Rückwirkung auf die Ernährung des Ganzen. Man faßt gewöhnlich, dieses Verhältnis ignorierend, den unmittelbaren Einfluß der äußeren

Existenzbedingungen als einen einseitigen, bloß äußerlichen auf und berücksichtigt nicht die aktive Gegenwirkung des Organismus, durch welche allein die allmähliche Anpassung möglich ist. Diese vermögen wir aber nicht von der „Gewöhnung“ zu unterscheiden, welche man gewöhnlich als eine ganz verschiedene Art der Anpassung anzusehen pflegt.

II. Gehäufte Anpassungen durch die Wirkungen innerer Existenzbedingungen.

(Anpassungen durch Gewohnheit, Gebrauch und Nichtgebrauch der Organe etc.)

Die Abänderungen der Organismen durch die sogenannte „Gewöhnung und Übung, den Gebrauch und Nichtgebrauch der Organe“ etc. scheinen auf den ersten Blick von den vorher betrachteten hinsichtlich der bewirkenden Ursachen sehr verschieden zu sein und werden auch von Darwin und anderen in dieser Weise aufgefaßt. Es scheinen dort äußere, hier dadegen innere, im Organismus selbst liegende Impulse zu sein, welche die Abänderung veranlassen, und man könnte die bewirkenden Ursachen insofern als innere Existenzbedingungen jenen äußeren gegenüberstellen. Wie man aber dort die äußeren Einflüsse allein hervorhob und die innere Gegenwirkung des Organismus ignorierte, so hebt man hier umgekehrt die innere Gegenwirkung allein hervor und ignoriert die äußeren Einflüsse, durch welche die erstere überhaupt erst hervorgerufen wurde. Man vergißt ganz, daß die scheinbar spontan von innen heraus geschehenden Wirkungen des Organismus, welche man als „Angewöhnung, Übung, Gebrauch der Organe“ etc. bezeichnet, nichts weniger als spontane sind, sondern erst hervorgerufen durch die Einwirkung (den „Reiz“) der äußeren Existenz-Bedingungen, also erst eine Reaktion, eine Gegenwirkung des Organismus, welche jenem äußeren Einflusse adäquat ist und solange fortdauert, als jener anhält.

Untersuchen wir näher den Ursprung der falschen Vorstellungen, welche man sich vom Wesen der Gewöhnungsverhältnisse gemacht hat, so glauben wir als den Grundirrtum, welcher diese lange Kette unrichtiger Vorstellungen hervorgerufen hat, das falsche Dogma von der Freiheit des Willens bezeichnen zu müssen. Man ging bei Untersuchung jener Verhältnisse aus von der Beobachtung des Menschen und anderer Tiere und fand bald, daß die kumulativen Anpassungstätigkeiten, welche wir als Gewöhnung, Übung etc. bezeichnen, ihren scheinbar letzten Grund in dem „freien Willen“ der Tiere haben, welcher die Bewegungen bestimmt und durch Veranlassung bestimmter, oft wiederholter und anhaltender Bewegungen auch die Ursache der Funktionsmodifikation und Formveränderung der Organe wird. Nun ist diese Ansicht von der kumulativen Wirkung der Willensbewegungen auf die Anpassung vollkommen richtig. Falsch ist nur das eine Glied der Schlußkette, daß der Wille „frei“ ist, und daß er der letzte Grund der Gewöhnungserscheinuugen ist. Jede eingehende und objektive Prüfung der „freien“ Willenshandlungen an uns selbst und an anderen Tieren zeigt uns, daß der Wille niemals frei ist, vielmehr jede, und auch die scheinbar freieste Willenshandlung, die notwendige Folge ist von einer langen und höchst verwickelten Kette von bewirkenden Ursachen, von Empfindungen, Denkbewegungen und anderen Ursachen, die alle selbst wiederum niemals frei, sondern in letzter Instanz kausal bedingt sind: entweder durch die vorher besprochenen äußeren Existenzbedingungen (Licht, Wärme, Klima etc.) oder durch die der individuellen organischen Materie inhärenten (durch Vererbung erhaltenen) Kräfte.

Daß diese Ansicht richtig ist, ergibt sich mit Notwendigkeit, wenn wir einzelne, aus scheinbar freiem Willen entsprungene und durch oftmalige Wiederholung (Kumulation) zur Gewohnheit gewordene Willenshandlungen (freiwillige Bewegungen) und die kumulativen Anpassungen, welche der Organismus in Abänderung der Form und Funktion der „geübten“ Teile dabei erlitten hat, scharf untersuchen und bis auf ihre letzten Gründe zu verfolgen streben. Es zeigt sich dann allemal, daß sie ganz ebenso wie die vorhin aufgeführten „Wirkungen der äußeren Existenzbedingungen“ nicht einseitige Wirkungen von (hier äußeren, dort inneren) Einflüssen sind, sondern vielmehr ausnahmslos „Wechselwirkungen zwischen dem Organismus und der Außenwelt“. Auch die scheinbar freie Willenshandlung, welche durch anhaltende oder oftmalige Wiederholung zur „Gewohnheit“ wird, ist in der Tat nichts als eine notwendige Reaktion, eine innere Gegenwirkung gegen den äusseren Einfluss der physikalisch und chemisch einwirkenden Existenzbedingungen. In letzter Instanz sind es auch hier, wie dort, Ernährungsabänderungen, welche durch die letzteren bewirkt werden, und welche erst indirekt die Abänderung auf das Zentralnervensystem, den Willen, etc. übertragen. Hier wie dort erblicken wir eine verwickelte Kette von kausal bedingten und kausal wirkenden Molekularbewegungen, bei welchen dadurch, daß die Moleküle oftmals wiederholt oder lange Zeit hindurch in einer neuen, aber immer in einer und derselben Richtung bewegt oder geordnet werden, endlich diese neue Anordnung oder Bewegungsrichtung der Moleküle zur bleibenden wird, d. h. eine feste Abänderung hervorruft.*)

Daß diese theoretische Anschauung in der Tat die richtige ist, zeigt sich auch darin, daß wir bei der praktischen Beurteilung der gehäuften Anpassungen sehr oft nicht imstande sind, zu sagen, ob dieselben „durch unmittelbare Einwirkung der äußeren Existenzbedingungen“ oder durch „Übung und Gewohnheit“ bedingt sind. Dies ist z. B. bei den bekannten und wichtigen Vorgängen der Akklimatisation der Tiere und Pflanzen der Fall. Eine genaue Analyse dieser Erscheinung beweist, daß die sogenannte „unmittelbare“ Einwirkung auch hier allerdings immer die erste Ursache, aber niemals die unmittelbare Ursache der bewirkten Abänderung ist, daß diese vielmehr immer erst eine Folge der Gegenwirkung, der Reaktion des Organismus ist. Auch dadurch wird diese Auffassung bestätigt, daß man bei der kumulativen Anpassung der Pflanzen fast immer ganz ausschließlich oder doch vorwiegend die „unmittelbare Wirkung der äusseren Existenzbedingungen“, bei der gehäuften Anpassung der Tiere dagegen ebenso ausschließlich oder vorwiegend die „Uebung und Gewohnheit“ als die wirkende Ursache betrachtet, wobei man wiederum durch die falsche Vorstellung geleitet wird, daß sich die Tiere durch einen freien Willen vor den Pflanzen auszeichnen, was wir bereits im siebenten Kapitel widerlegt haben.

In Wahrheit ist es hier wie dort, sowohl wenn die kumulative Anpassung durch die scheinbar „unmittelbare“ Wirkung der äußeren Bedingungen (des Lichts, der Wärme etc.), als wenn sie durch die scheinbar „freie“ Wirkung der inneren Bedingungen (der Gewohnheit, Übung etc.) hervorgerufen wird, die Gegenwirkung (Reaktion) des Organismus gegen die Einwirkung der Außenwelt, welche umbildend, abändernd auf den Organismus einwirkt. Der Organismus verhält sich weder dort rein passiv, noch hier rein aktiv. Vielmehr verhält er sich in beiden Fällen reaktiv, und diese Reaktion ist

*) (1906). Die physiologische Beziehung der Ernährungsveränderungen der Gewebe zur kumulativen (= funktionellen) Anpassung hat Wilhelm Roux später (1881) als „trophischen Reiz“ bezeichnet.

in letzter Instanz stets eine von der Ernährung abhängige Funktion. Das wesentlich wirksame Moment, welches wir aber noch dabei besonders hervorheben müssen, ist die Häufung oder Kumulation der Einwirkungen und Gegenwirkungen, da sie allein bleibende Abänderungen hervorzurufen imstande ist. Eine abändernde Ursache, welche nur einmal oder wenige Male, oder nur kurze Zeit hindurch auf den Organismus einwirkt, z. B. ein neues, wesentlich von den gewohnten verschiedenes Nahrungsmittel, ein Gift, eine Verwundung etc. vermag entweder gar keine bleibende Veränderung des Organismus hervorzurufen, oder nur dadurch, daß sie neue Molekularbewegungen in demselben veranlaßt, welche (als Reaktion) lange Zeit in demselben anhalten (z. B. bei einer traumatischen Affektion). Auch in diesen scheinbar nicht kumulativen Anpassungen ist es also dennoch im Grunde eine Kumulation von zahlreichen, oft wiederholten oder lange andauernden Molekularbewegungen, welche die bleibende Abänderung veranlaßt. Für unsere Betrachtung sind aber diese Fälle einmaliger Einwirkung um so weniger wichtig, als die durch sie hervorgerufene Abänderung, auch wenn sie im Individuum bleibt, sich doch im ganzen nur selten vererbt.

Um so wichtiger dagegen ist die Wirkung der Häufung oder Kumulation der Reaktion, d. h. die Erscheinung, daß sehr geringe und unscheinbare Einwirkungen der Außenwelt durch sehr oft wiederholte oder andauernde Einwirkung endlich die bedeutendsten und scheinbar in keinem Verhältnis stehenden Abänderungen, zunächst in der Ernährung des Organismus oder einzelner Organe, weiterhin in der Funktion derselben, und endlich auch, dieser entsprechend, in der Form der verändert ernährten Organe hervorrufen. Dies ist der Grundzug der kumulativen Anpassung, welche wir Übung, Gewöhnung etc. nennen, und hierin gleicht das Gesetz der gehäuften Anpassung dem oben erläuterten Gesetze der befestigten Vererbung.

Wie mächtig dieses Gesetz der Angewöhnung wirkt, ist so allbekannt, daß wir keine weiteren Beispiele anzuführen und bloß an das bekannte Sprichwort zu erinnern brauchen: Consuetudo altera natura. Wir wollen nur noch ausdrücklich hervorheben, daß der Nichtgebrauch der Organe, welcher rückbildend auf dieselben wirkt, nicht minder wichtig ist, als der Gebrauch der Organe, welcher ausbildend auf sie wirkt. Durch die Gewohnheit des Nichtgebrauchs entstehen z. B. die meisten rudimentären Organe, welche für die Dysteleologie so bedeutsam sind.

6. Gesetz der wechselbezüglichen Anpassung.

(*Lex adaptationis correlativae.*)

(Gesetz von den Wechselbeziehungen der Bildung, von der Kompensation der Entwickelung, von der Korrelation der Teile etc.)

Alle Abänderungen, welche in einzelnen Teilen des Organismus durch kumulative oder sonstige Anpassung entstehen, wirken dadurch auf den ganzen Organismus und oft besonders noch auf einzelne bestimmte Teile desselben zurück, und bewirken hier Abänderungen, welche nicht unmittelbar durch jene Anpassung bedingt sind.

Dieses Anpassungsgesetz ist eines der wichtigsten und ist in seinen Wirkungen schon längst anerkannt. Die vergleichende Anatomie mußte auf dieses allgemein gültige Gesetz schon sehr frühzeitig aufmerksam werden, und so finden wir es denn von fast allen bedeutenden „vergleichenden Anatomen" hervorgehoben, oft unter sehr verschiedenen Namen, als das Gesetz von der Wechselbeziehung der Entwickelung, von der Korrelation der Organe, von der Kompensation der verschiedenen Körperteile etc. Besonders die Naturphilosophen, und vor allen Goethe, haben auf die ausnehmende Wichtigkeit dieses Gesetzes beständig hingewiesen. Indessen haben die meisten Morphologen doch nur die fertige Wirkung dieses Gesetzes vor Augen gehabt, ohne sich dessen bewirkender Ursachen bewußt zu werden. Diese können nur in dem Zusammenhange der Ernährungserscheinungen des Organismus gefunden werden, und zwar in einer nutritiven Wechselwirkung zwischen allen Teilen des Organismus. Eine durch äußere Einflüsse, und namentlich durch die kumulative Anpassung bewirkte Veränderung in der Ernährung eines Organs wirkt stets verändernd zurück auf den gesamten Organismus, welcher ja eine geschlossene physiologische Ernährungseinheit darstellt. Gewöhnlich aber sind es einzelne Teile, welche vorzugsweise durch jene rückwirkende Veränderung betroffen werden und demgemäß zunächst in ihrer Ernährung, weiterhin in ihrer bestimmten Funktion und Form, entsprechende Abänderungen erleiden. Vorzugsweise sind homologe und analoge Teile, wie z. B. die verschiedenen Teile des Hautsystems oder die verschiedenen Teile des Zentralnervensystems, von dieser wechselbezüglichen Anpassung abhängig, wie z. B. bei den Cavicornien (Rindern, Schafen, Ziegen etc.) jede eintretende Veränderung in der Haarbildung gewöhnlich zugleich eine entsprechende Veränderung in der Ausbildung der Hörner, der

Hufe etc. veranlaßt. Ferner bewirkt eine Veränderung eines Sinnesorgans in der Regel eine kompensatorische in den übrigen Sinnesorganen. Aber auch Teile, die scheinbar in sehr geringem morphologischen und physiologischen Zusammenhange stehen, z. B. Hautsystem und Muskelsystem, stehen in kompensatorischer Wechselbeziehung, wie denn bekanntlich bei den Cavicornien bestimmte Veränderungen in der Haarbildung (z. B. der Schafwolle) auf die Qualität des Fleisches zurückwirken. Oft sind diese Wechselbeziehungen der merkwürdigsten Art; so z. B. sind Katzen mit blauen Augen allezeit taub; Vögel mit langen Beinen haben meist auch lange Hälse und Schnäbel; blonde Menschen mit hellen Haaren und heller Hautfarbe sind für gewisse innere Krankheiten, z. B. klimatische Fieber, Leberentzündungen etc. weit empfänglicher, als brünette mit dunklen Haaren und dunkler Hautfarbe. Besonders merkwürdig ist die innige Wechselbeziehung zwischen den Geschlechtsorganen und dem Zentralnervensystem, welche sich bekanntlich in einer Fülle der auffallendsten Wechselbeziehungen äußert. Wie sehr gerade das Genitalsystem auf die übrigen Organsysteme zurückwirkt, zeigt vielleicht kein Beispiel auffallender, als dasjenige der Kastraten, bei welchen die künstliche Verhinderung der sexuellen Entwickelung eine entsprechende Hemmungsbildung des Kehlkopfes und eine kompensatorische Entwickelung des Panniculus adiposus der Haut hervorruft. Ebenso befördert man bei den Pflanzen die Blattentwickelung durch Unterdrückung der Blütenentwickelung. Dieser allgemeine Gegensatz zwischen den generativen und nutritiven Teilen gehört zu den wichtigsten Erscheinungen, welche unter das Gesetz von der Korrelation der Teile fallen. Lediglich eine Folge dieser Gegenwirkung, eine Folge der äußerst empfindlichen Reaktion des Genitalsystems gegen die Ernährungsveränderungen des übrigen Körpers ist das äußerst wichtige Gesetz der potentiellen Anpassung oder indirekten Abänderung, welches wir in den vorhergehenden Abschnitten erläutert haben.

7. Gesetz der abweichenden Anpassung.

(*Lex adaptationis divergentis.*)

(Gesetz von der ungleichartigen Abänderung gleichartiger Teile.)

Gleiche Teile (gleiche Individuen einer und derselben Individualitätsordnung), welche in Mehrzahl in dem Organismus verbunden sind, erleiden ungleiche Abänderungen, indem dieselben in verschiedenem Grade der kumulativen Anpassung unterliegen.

Auch dieses Anpassungsgesetz ist von der größten Wichtigkeit. Denn dieses ist es vorzüglich, welches in Wechselwirkung mit den Vererbungsgesetzen die großen Erscheinungen der organischen Differenzirung, der divergenten Entwickelung gleichartiger Teile bewirkt. und dadurch in erster Linie bei der Erzeugung der unendlichen Mannigfaltigkeit organischer Formen mitwirkt. Hier haben wir die divergente Adaptation natürlich nicht in der großartigen Wirksamkeit zu betrachten, welche sie, in Verbindung mit der Erblichkeit. im Laufe von Generationen entfaltet. sondern nur insofern sie innerhalb des Laufes der individuellen Existenz wirksam ist. Da aber auf dieser beschränkten ontogenetischen Wirksamkeit des Divergenzgesetzes seine umfassendere Wirksamkeit als phylogenetisches Differenzierungsgesetz beruht, so müssen wir dasselbe hier gebührend hervorheben, um so mehr, als es in dieser Beziehung meist nicht gehörig gewürdigt wird.

Das Gesetz der divergierenden oder abweichenden Anpassung behauptet, daß allgemein in den Organismen, welche eine Wiederholung von gleichartigen Teilen enthalten, diese das Bestreben haben, sich nach ganz verschiedenen Richtungen hin zu entwickeln, indem sie in verschiedenem Grade der kumulativen oder korrelativen Anpassung unterliegen. Dieses Gesetz gilt von den Individuen aller Ordnungen, von der Plastide bis zur Person hinauf, und ist die Basis des berühmten Gesetzes der Arbeitsteilung. Wir sehen also, daß in einem Organe oder Organismus, welcher anfangs aus vielen gleichen Plastiden besteht, im Laufe seiner individuellen Existenz eine Differenzierung derselben eintritt, indem die einen Cytoden oder Zellen in dieser, die andern in jener Weise abändern. So differenzieren sich in allen Organen die anfangs gleichen Zellen später durch divergierende Anpassung in verschiedene Gewebe, indem z. B. an einer aus lauter gleichen Zellen zusammengesetzten embryonalen Extremität die einen zu Muskeln, die andern zu Nerven, die dritten zu Gefässen etc. sich gestalten. Ebenso entstehen durch Differenzierung von mehreren ursprünglich gleichartigen Organen (z. B. den fünf Zehen des Wirbeltierfußes) später durch divergente Ausbildung ungleichartige Organe. Ferner differenzieren sich in derselben Weise die ursprünglich gleichen Metameren des Gliedertierkörpers; während sie bei den niedersten Anneliden alle gleich bleiben, sehen wir bei den höheren Ringelwürmern und den Arthropoden eine divergente Entwickelung eintreten und zwar ebenso im Laufe der Ontogenese, wie der Phylogenese. Ebenso differenzieren sich die gleichartigen Personen, welche zu Stöcken zusammengefügt sind, durch divergente Anpassung (Arbeitsteilung) zu verschiedenen Formen (Siphonophoren).

Dieses allgemeine Differenzierungsgesetz oder Divergenzgesetz ist in den vollendeten Folgen seiner ungeheuern und äußerst mannigfaltigen Wirkung von allen Naturforschern anerkannt. Viele haben auch seine kausale Bedeutung und aktive Wirksamkeit während des Laufes der embryologischen, wenige während des parallelen Laufes der paläontologischen Entwickelung erkannt. Die wenigsten aber sind von der äußerst wichtigen Tatsache durchdrungen, daß alle Differenzierungen oder Divergenzerscheinungen, welche wir während jener laufenden Entwickelungsreihe beobachten, nur die gehäuften Folgen und Wiederholungen von zahllosen verschiedenen divergenten Anpassungen sind, welche die einzelnen Organismen während des Laufes ihrer individuellen Existenz allmählich erfahren haben. Die Ursachen der divergenten Anpassung liegen ganz einfach in dem Nutzen, den die Arbeitsteilung oder Differenzierung, die ungleichartige Ausbildung von ursprünglich gleichartigen Teilen, einem jeden Organismus gewährt.

8. Gesetz der unbeschränkten Anpassung.

(Lex adaptationis infinitae.)

Alle Organismen können zeitlebens, zu jeder Zeit ihrer Entwickelung und an jedem Teile ihres Körpers, neue Anpassungen erleiden; und diese Abänderungsfähigkeit ist unbeschränkt, entsprechend der unbeschränkten Mannigfaltigkeit und beständigen Veränderung der auf den Organismus einwirkenden Existenzbedingungen.

Auch dieses Gesetz ist für die Umbildung der organischen Formen von größter Wichtigkeit. Während die Aufstellung desselben von allen Physiologen und von denjenigen Morphologen, welche einen weiteren Überblick über die gesamten Erscheinungen der organischen Natur besitzen, vielleicht für überflüssig, weil selbstverständlich, erachtet werden wird, muß dasselbe dagegen von denjenigen Morphologen, welche auf Grund ihrer beschränkten Naturanschauung die Spezieskonstanz verteidigen, mit aller Macht bekämpft werden. Denn aus diesem großen Grundgesetz allein schon, auch ohne Rücksicht auf die übrigen, muß die Unhaltbarkeit des Dogma von der Spezieskonstanz folgen. Alle Speziesdogmatiker, auch die vernünftigeren, welche einen großen Spielraum der Variabilität für jede Spezies zulassen, behaupten, daß dieser Spielraum innerhalb ganz bestimmter Grenzen beschränkt sei, und daß eine „Art", möge sie noch so sehr durch Anpassung an verschiedene Lebensbedingungen abändern, sich immer innerhalb eines bestimmten, von dem Schöpfer uranfänglich in dem systematischen Kataloge seiner Baupläne festgestellten Formenkreises bewege. Indem der Schöpfer jede „Spezies" als geschlossene Einheit nach einem vorher von ihm ausgedachten Modelle, einem architektonischen Entwurfe schuf, gab er ihr zugleich die Fähigkeit mit, sich an bestimmte Lebensbedingungen bis zu einem gewissen Grade anzupassen, bestimmte er ihr einen geschlossenen Variabilitätskreis, erlaubte ihr aber nicht, diese Grenze zu überschreiten.

In der Tat finden wir aber in der gesamten organischen Natur nicht eine einzige Erscheinung, welche der Annahme widerspricht, daß alle Organismen zu jeder Zeit ihres Lebens und an jedem Teile ihres Körpers eine neue Abänderung erleiden können, sobald sie neuen Existenzbedingungen unterworfen werden. Daß immer neue Existenzbedingungen entstehen, daß die vorhandenen einer beständigen Veränderung unterworfen sind, daß die ganze Welt nicht still steht, sondern sich in einer beständigen Veränderung, und zwar in einer fortschreitenden Entwickelungsbewegung befindet, wird niemand leugnen, der einen allgemeinen Überblick der uns umgebenden Erscheinungswelt besitzt. Aus dieser beständigen, unaufhörlichen, wenn auch langsam und allmählich stattfindenden Umänderung der Außenwelt, welche dem Organismus seine Existenzbedingungen vorschreibt, folgt nun schon unmittelbar eine entsprechende Umänderung der Organismen selbst; denn wo die Ursachen sich ändern, da kann auch die Wirkung nicht dieselbe bleiben. Entsprechend der überall und jederzeit stattfindenden Veränderung der Außenwelt, mit welcher die Organismen in Wechselwirkung leben, muß auch überall und jederzeit eine Anpassung der letzteren an die erstere, also eine unbeschränkte Umgestaltung stattfinden. Diese kann zu jeder Zeit des Lebens und an jedem Teil des Organismus eintreten, da die umgestaltenden Kräfte, d. h. die Veränderungen der Existenzbedingungen zu jeder Zeit stattfinden und auf jeden Teil des Körpers mittelbar oder unmittelbar einwirken können.

Selbstverständlich ist eine bestimmte Schranke der Anpassungsfähigkeit allgemein durch die ihr entgegenwirkende Erblichkeit gesetzt, durch den „Typus" des Stammes; allein innerhalb dieses Typus, innerhalb der unveräußerlichen Charaktere des Phylon, ist eine Schranke nicht vorhanden, und die parasitischen Crustaceen z. B. scheinen auch jene Grenze der Typuscharaktere zu überschreiten.

Mit der gleichen Notwendigkeit, mit welcher sich dieses Gesetz als eine unmittelbare Folgerung aus der großen Erscheinung der beständigen Umänderung der Gesamtnatur (und speziell der anorganischen Natur) ableiten läßt, mit derselben Notwendigkeit drängt sich uns unmittelbar seine allgemeine Geltung auf, wenn wir die gesamten Erscheinungsreihen der organischen Natur von dem höheren allgemeinen Gesichtspunkte aus vergleichend betrachten. Die gesamte Phylogenie, die gesamte Physiologie der Organismen liefert eine übereinstimmende Kette von Beweisen für dasselbe. Die Phylogenie zeigt uns, wie ein und derselbe Stamm von organischen Formen, z. B. der der Wirbeltiere, aus einfacher Basis entspringend, sich nach allen Seiten reich verzweigt, wie die Mannigfaltigkeit seiner divergenten Äste mehr und mehr im Laufe der Erdgeschichte zunimmt und wie dieselben noch in der Gegenwart eine unbegrenzte Fähigkeit zur Abänderung zeigen. Freilich ist diese Fähigkeit sehr verschieden. Die einen Spezies sind äußerst variabel, die anderen sehr konstant, eine dritte Gruppe nur in mäßigem Grade abänderungsfähig. Diese Tatsache entspricht aber vollkommen der ungleichen physiologischen Konstitution und Lebensweise der verschiedenen Arten. Solche Arten, die nur unter ganz beschränkten Bedingungen existieren können, die sich bereits einer großen Summe spezieller Existenzverhältnisse angepaßt haben (wie z. B. viele Parasiten), die also auch nur einen beschränkten Verbreitungsbezirk haben werden, können sich nur in geringem Grade und nur nach bestimmten eng begrenzten Richtungen hin verändern und neu anpassen. Solche Arten dagegen, die unter sehr verschiedenen Bedingungen existieren können, die sich nur einer kleinen Summe spezieller Existenzverhältnisse angepasst haben (wie z. B. die Mäuse), die also auch einen weiteren Verbreitungsbezirk haben werden, können sich noch in hohem Grade und nach vielen verschiedenen Richtungen hin verändern und neu anpassen. Wir können die letzteren Arten mit Snell als ideale, die ersteren dagegen als praktische Typen bezeichnen.

Dieser Unterschied zwischen den praktischen oder einseitigen und den idealen oder vielseitigen Organisationstypen gilt nicht allein von den einzelnen Arten, sondern auch von den Gattungen, Klassen und überhaupt von allen Zweigen des systematischen Stammbaumes. Wir können alle Kategorien desselben allgemein in die beiden (natürlich nie scharf zu trennenden, sich aber doch im Ganzen gegenüberstehenden) Gruppen der idealen oder in weitem Umfang anpassungsfähigen Gestalten und der praktischen oder in engem Umfang adaptalen Gestalten scheiden. Ideale oder polytrope Typen sind z. B. unter den Artikulaten die Anneliden, unter den Phanerogamen die Cupuliferen. Praktische oder monotrope Typen dagegen sind unter den Artikulaten die Insekten, unter den Phaneroganen die Palmen und Orchideen. Ferner sind ideale oder vielseitige Gruppen unter den Wirbeltieren z. B. die Selachier, die Eidechsen, die Halbaffen; praktische oder einseitige Gruppen dagegen sind die Teleostier, die Schildkröten, die Fledermäuse. Die idealen oder vielseitigen Gruppen passen sich weniger speziell bestimmten Bedingungen an und bleiben dadurch in höherem Grade entwickelungsfähig. Die praktischen oder einseitigen Gruppen passen sich dagegen ganz speziell bestimmten Bedingungen an, leisten auf diesem beschränkten Gebiete Größeres, büßen dadurch aber die weitere Entwickelungsfähigkeit ein. Dieser höchst wichtige Unterschied ist auch unter den Individuen der menschlichen Gesellschaft überall und also auch in der Wissenschaft zu verfolgen. Die idealen und vielseitigen, philosophisch gebildeten Köpfe, welche die Erscheinungen synthetisch vergleichen und denkend ordnen, sind es, welche die Menschheit im ganzen weiterbringen, weil sie sie anpassungsfähig erhalten. Die praktischen und einseitigen Gelehrten dagegen, welche die Erscheinungen nur analytisch zergliedern, und welche sich nicht höheren Ideen anpassungsfähig erhalten, können jenen bloß das Material liefern, das sie zum Besten des Ganzen verwerten.

Wie der Mensch, als das am genauesten und am längsten untersuchte Tier, für alle allgemeinen biologischen Erscheinungen (und namentlich für die von uns hier untersuchten Gesetze der Vererbung und der Abänderung) die besten und schlagendsten Beweise liefert, so gibt er uns auch den sichersten Beweis für das große Gesetz der unbeschränkten Anpassung. In diesem Gesetze liegt die ganze unbegrenzte Entwickelungsfähigkeit des Menschengeschlechts eingeschlossen, und für uns speziell die tröstliche Aussicht, daß der vielgerühmte Kulturzustand des neunzehnten Jahrhunderts sicher nach Verlauf weniger Jahrhunderte, und vielleicht schon vor Beginn des zweiten Jahrtausends n. Chr. als der Zeitpunkt des Erwachens aus den scholastischen, halb barbarischen Vorurteilen des Mittelalters und seiner Fortsetzung bis zur Gegenwart bezeichnet werden wird. Es hieße an dem Werte der Menschheit und dem ungeheuren Fortschritt, den sie bereits seit ihrer Divergenz von den übrigen Affen gemacht hat, verzweifeln, wenn man nicht die gleiche Fähigkeit der dauernden Anpassung und Vervollkommnung auch für alle kommenden Zeiten behaupten wollte. Wie aber im Gehirne des Menschen sich die unbegrenzte Anpassungsfähigkeit des Organismus auf das schlagendste bekundet, so gilt dieselbe auch als allgemeines Gesetz für alle übrigen Organismen.

VI. Vererbung und Anpassung.

(Heredität und Variabilität.)

Vererbung und Anpassung sind die beiden einzigen physiologischen Funktionen, welche in ihrer beständigen Wechselwirkung die unendlich mannigfaltigen Unterschiede aller Organismen bedingen, und zwar nicht bloß die morphologischen, sondern auch die davon nicht trennbaren physiologischen Unterschiede. Alle Eigenschaften, welche wir an den einzelnen Organismen wahrnehmen, und durch welche wir sie von den andern unterscheiden, und zwar ebenso alle Eigenschaften der Form, wie des Stoffes und der Funktion, sind lediglich die notwendigen Produkte der Wechselwirkung jener beiden formenden Kräfte. Im allgemeinen ist jeder ausgebildete Charakter, jedes entwickelte Merkmal, jede wesentliche Eigenschaft des Organismus ein Produkt beider Faktoren, der auf der Fortpflanzung beruhenden Vererbung und der auf der Ernährung beruhenden Anpassung. Im besonderen jedoch können wir von jedem einzelnen Merkmal sagen, daß es in seinem gegenwärtigen Zustande entweder vorwiegend durch Vererbung oder vorwiegend durch Anpassung erworben sei; und ursprünglich sind alle Charaktere entweder vererbte oder erworbene. Wir können also, und es ist dies von der größten Wichtigkeit für die Systematik, alle Eigenschaften, alle Charaktere der Organismen in zwei gegenüberstehende Gruppen bringen: Ererbte Eigenschaften (*Characteres hereditarii*) und durch Abänderung der vererbten erworbene, angepaßte Eigenschaften (*Characteres adaptivi*).

Während diese Vereinigung von ererbten und durch Anpassung erworbenen Charakteren sich bei allen Organismen findet, welche durch Fortpflanzung von elterlichen Organismen entstehen, existiert ein etwas anderes Verhältnis bei denjenigen Organismen, welche elternlos durch Selbstzeugung oder Autogonie entstanden, bei den strukturlosen Moneren. Bei diesen fällt natürlich das Moment der Ererbung weg und an dessen Stelle tritt die unmittelbare physikalische und chemische Beschaffenheit der Materie, aus welcher das autogone Moner besteht. Diese ist es, welche hier der Anpassung entgegenwirkt, und welche zum erblichen Charakter wird, wenn das Moner sich fortpflanzt. Im Grunde ist aber dieser Unterschied nur sehr unwesentlich, da ja auch das Wesen der erblichen Eigenschaften in der unmittelbaren physikalischen und chemischen Beschaffenheit der Materie liegt, aus welcher der Organismus besteht. Wir kommen hier im wesentlichen zurück auf den Unterschied der beiden in Wechselwirkung stehenden gestaltenden Kräfte, welche wir im fünften Kapitel untersucht haben, auf den inneren und äußeren Bildungstrieb. Wir sprachen dort aus, daß jeder Organismus ein Produkt der Wechselwirkung dieser beiden Faktoren ist, des inneren Bildungstriebes, d. h. der physikalischen und chemischen Kräfte, welche der den Organismus konstituierenden Materie inhärieren, und des äußeren Bildungstriebes, d. h. der physikalischen und chemischen Kräfte, welche der den Organismus umgebenden Materie der Außenwelt innewohnen und auf erstere einwirken. Offenbar ist jener nun bei allen Organismen, die durch Fortpflanzung entstanden sind, der in der Vererbung wirkende, dieser dagegen in allen Fällen der in der Anpassung und Abänderung wirkende Gestaltungstrieb. Wir können also das wichtige Gesetz, welches die gesamte Mannigfaltigkeit der Organismenwelt auf die Wechselwirkung von nur zwei gestaltenden Kräften zurückführt, in folgende Worte zusammenfassen:

Alle Eigenschaften oder Charaktere der Organismen sind das Produkt der Wechselwirkung von zwei gestaltenden physiologischen Funktionen, dem inneren, auf der materiellen Zusammensetzung des Organismus beruhenden und durch die Fortpflanzung vermittelten Bildungstriebe der Vererbung, und dem äußeren, auf der Gegenwirkung des Organismus gegen die Außenwelt beruhenden und durch die Ernährung vermittelten Bildungstriebe der Anpassung. In jeder Eigenschaft des Organismus kann aber der eine der beiden Bildungstriebe als die vorzugsweise bewirkende Ursache erkannt werden, und in dieser Beziehung sind alle Charaktere des Organismus in erster Instanz entweder ererbt oder durch Anpassung erworben.

Aus Gründen, welche wir im sechsten Buche erörtern werden, bezeichnen wir die ererbten oder Vererbungscharaktere als homologe, die angepaßten oder Anpassungscharaktere als analoge. Eine Hauptaufgabe der gesamten Morphologie der Organismen beruht in der Erkenntnis dieses Unterschiedes, und wenn die Systematik und die vergleichende Anatomie immer in erster Linie bestrebt gewesen wäre, diesen Unterschied zu entdecken, so würde sie ihrer Aufgabe, der Erkenntnis der natürlichen Verwandtschaften der Organismen, schon unendlich näher sein. Denn es liegt auf der Hand, daß nur die homologen oder ererbten Charaktere uns auf die Erkenntnis der natürlichen Blutsverwandtschaft hinleiten können, während die analogen oder angepaßten Charaktere nur geeignet sind, dieselbe uns zu verhüllen. Die ganze Kunst der vergleichenden Morphologie beruht also darauf, zu erkennen, ob die Ähnlichkeit, welche zwei „verwandte“ Organismen verbindet, eine *Homologie* oder eine *Analogie* ist. Je mehr zwei verwandte Organismen gemeinsame Homologien besitzen, desto enger sind sie verwandt; je mehr ihre Ähnlichkeit bloß auf Analogie oder Konvergenz beruht, d. h. auf der Anpassung an gleiche oder ähnliche Lebensbedingungen, desto weniger sind sie verwandt. So stehen die Walfische durch Analogie den Fischen, durch Homologie den Menschen näher. Ebenso stehen die Insekten durch Analogie den Vögeln, durch Homologie den Würmern näher.

Die beiden allmächtigen bewegenden Kräfte der Vererbung und der Anpassung, welche wir oben auf die physiologischen Funktionen der Fortpflanzung und Ernährung zurückgeführt haben, sind in ihrer allgemeinen Wechselwirkung die beiden einzigen Faktoren, welche die gesamte organische Welt gebildet haben und noch immerfort bilden. Sie haben an die Stelle der inneren Idee, des Schöpfers, des zweckmäßigen Bauplanes zu treten, und wie alle die irrtümlichen Vorstellungen weiter heißen mögen, welchen die Teleologie und der Dualismus überhaupt die „Schöpfung“ der Organismen zuschreibt.

So einfach nun dieses große Gesetz ist, so fest wir überzeugt sind, daß diese beiden Faktoren allein die organische Welt geschaffen haben, so außerordentlich schwierig ist es, im einzelnen den Prozeß ihrer Wechselwirkung zu verfolgen und von jeder einzelnen Funktion, von jeder einzelnen Formeigenschaft des Organismus zu sagen, wieviel davon Wirkung der Vererbung, wieviel Wirkung der Anpassung sei. Denn alle die verschiedenen Modifikationen der Heredität und Adaptation, welche wir in den oben begründeten Gesetzen aufgeführt haben, treten im Organismus in eine so äußerst komplizierte Wechselwirkung, daß es, wenigstens bei unseren jetzigen, noch höchst unvollständigen Kenntnissen, äußerst schwierig ist, den Prozeß der organischen Umbildung selbst zu verfolgen.

Hier nun gelangen wir zur Betrachtung der ungemein wichtigen Gesetze, welche sich bis jetzt aus der Wechselwirkung der Vererbung und Anpassung haben ableiten lassen und deren Aufstellung das besondere und höchst bewunderungswürdige Verdienst von Charles Darwin ist. Zunächst haben wir die wichtigen Vorgänge der natürlichen und künstlichen Züchtung oder Auslese (Selektion) zu betrachten, welche den wertvollen Kern seiner Selektionstheorie bilden, und demnächst die weitgreifenden Gesetze der Divergenz oder Differenzierung, und des Fortschritts oder der Vervollkommnung, welche sich als Konsequenzen aus dem Selektionsgesetz ergeben.

VII. Züchtung oder Selektion.

(Zuchtwahl, Auslese.)

Das erste und oberste Gesetz, welches die Entstehung neuer organischer Formen durch die Wechselwirkung von Vererbung und Anpassung regelt, ist das Gesetz der Züchtung oder Selektion. Das Wesen des Züchtungsvorganges liegt darin, daß von zahlreichen nebeneinander lebenden ähnlichen, aber ungleichen Individuen von einerlei Art nur eine bestimmte Anzahl zur Fortpflanzung gelangt, und also seine individuellen Eigenschaften auf die Nachkommenschaft vererbt und dadurch erhält, während die anderen, nicht zur Fortpflanzung gelangenden Individuen derselben Art aussterben, ohne ihre individuellen Eigenschaften vererben und so in den Nachkommen erhalten zu können. Es findet also bei der Fortpflanzung aller Organismen von einerlei Art eine Auswahl oder Auslese, Selektion, statt, welche die einen Individuen bevorzugt, indem sie ihnen gestattet, ihre individuellen Charaktere auf die Nachkommenschaft zu vererben, während sie die anderen Individuen benachteiligt, indem sie ihnen dies nicht gestattet. Durch diese Auslese oder Zuchtwahl wird eine allmähliche Abänderung der ganzen Organismenart bedingt, indem die individuellen Charaktere des sich fortpflanzenden Bruchteils der Art Gelegenheit erhalten, sich durch Vererbung zu befestigen und so immer stärker hervorzutreten,

Der Vorgang der Züchtung oder Auslese ist von dem Menschen künstlich betrieben worden seit jener weit zurückliegenden Zeit, in welcher er, selbst erst dem niedersten Zustande tierischer Rohheit entwachsen, zum ersten Male anfing, Tiere und Pflanzen zu seinem Nutzen bei sich zu halten und fortzupflanzen. Dieser Prozeß war von Anfang an mit einer, zunächst allerdings unbewußten Auslese oder Zuchtwahl (Selektion) verbunden, indem der Mensch nur einen Bruchteil der zu seinem Nutzen gezogenen Tiere und Pflanzen zur Fortpflanzung der Art benutzte, die übrigen dagegen in verschiedener Weise zu seinem Nutzen verwandte. Nun wird der Mensch, sobald er den großen Nutzen einsah, der ihm durch die Kultur der Tiere und Pflanzen erwächst, schon frühzeitig auf den Gedanken gekommen sein, nicht allein dieselben durch Fortpflanzung bloß zu erhalten, sondern auch, bei der offenbaren Ungleichheit der Individuen, die für seinen Vorteil tauglicheren Individuen allein zu erhalten, die übrigen, weniger tauglichen dagegen zu vernachlässigen. Er wird also bloß die ersteren, nicht die letzteren zur Fortpflanzung (Nachzucht) benutzt haben, und hiermit war bereits die Kunst der individuellen Auswahl, der Auslese zur Nachzucht erfunden, welche das Wesen der künstlichen Züchtung bildet. Indem nämlich der Mensch bei dieser Auswahl der tauglichsten Individuen zur Nachzucht Generationen hindurch diejenigen Individuen aussuchte, die einen bestimmten (für ihn vorteilhaften) Charakter oder eine neu erworbene Abänderung besonders deutlich zeigten, die anderen dagegen, die denselben weniger ausgesprochen oder gar nicht zeigten, ausschied, wurde nicht allein dieser erwünschte Charakter oder die neue Abänderung erhalten, sondern er wurde auch nach den Vererbungsgesetzen durch Häufung gesteigert und befestigt. Lediglich durch diese, Generationen hindurch fortgesetzte Auswahl bestimmter Individuen zur Fortpflanzung (Nachzucht), lediglich durch diese andauernde künstliche Auslese oder Zuchtwahl, war der Mensch imstande, die Wechselwirkung zwischen Vererbung und Abänderung so zu benutzen, daß er schließlich die zahllosen Kulturformen der Haustiere und Nutzpflanzen erzeugte, die zum Teil von ihren natürlichen Vorfahren viel weiter verschieden sind, als es verschiedene sogenannte „gute Arten“ und selbst verschiedene Gattungen im Naturzustande sind.

Es ist nun Darwins unschätzbares und besonderes Verdienst, nachgewiesen zu haben, daß einem ganz analogen Züchtungsvorgange auch die unendliche Mannigfaltigkeit der Tiere und Pflanzen im wilden Zustande ihre Entstehung verdankt, und daß überall und jederzeit in der vom Menschen unabhängigen Natur eine „natürliche Zuchtwahl“ wirksam ist, welche der künstlichen vom Menschen betriebenen Auslese durchaus analog ist. Dasjenige auslesende Prinzip, welches in der Natur die auswählende willkürliche Tätigkeit des Menschen ersetzt, ist das von Darwin zuerst entdeckte, äußerst wichtige und komplizierte Wechselverhältnis der Organismen zueinander, welches er mit dem Namen des „Kampfes um das Dasein“ (Struggle for life) belegt. Die „natürliche Züchtung“ (Natural selection), welche dieses beständig tätige Prinzip ausübt, wirkt durchaus analog der vom menschlichen Willen ausgeübten „künstlichen Züchtung“ und erzielt durchaus ähnliche Resultate. Allein während die neuen Formen, welche die künstliche Züchtung hervorbringt, der menschlichen Auslese entsprechend dem Nutzen des Menschen dienen, sind dagegen die neuen Formen, welche die natürliche Züchtung hervorbringt, dem Nutzen des abgeänderten Organismus selbst dienstbar. Auch wirkt aus gleich zu erörternden Gründen die letztere zwar langsamer, aber ungleich mächtiger, stetiger und allgemeiner, als die erstere. Um den äußerst wichtigen Prozeß der natürlichen Züchtung, welcher das Skelet der ganzen Selektionstheorie bildet, richtig zu verstehen, wollen wir zuvor den besser bekannten, aber ganz analogen Vorgang der künstlichen Züchtung noch etwas näher ins Auge fassen. Doch können wir schon jetzt den wesentlichen Unterschied zwischen beiden analogen Erscheinungen in folgenden Worten zusammenfassen:

Die künstliche Züchtung besteht darin, daß der planmäßig wirkende Wille des Menschen die Fortpflanzung derjenigen Individuen begünstigt, welche durch eine für den Vorteil des Menschen nützliche individuelle Eigentümlichkeit sich auszeichnen. Die natürliche Züchtung besteht darin, daß der planlos wirkende Kampf ums Dasein die Fortpflanzung derjenigen Individuen begünstigt, welche durch eine für ihren eigenen Vorteil nützliche individuelle Eigentümlichkeit sich auszeichnen.

VII, A. Die künstliche Züchtung (*Selectio artificialis*).

(Zuchtwahl oder Auslese durch den Willen des Menschen.)

Alle Gesetze der Vererbung und alle Gesetze der Anpassung, welche wir oben erörtert haben, kommen bei der künstlichen Züchtung zur Anwendung, und die große und schwere Kunst des tüchtigen Züchters besteht darin, diese Gesetze richtig zu erkennen und zu handhaben, ihre Wirksamkeit passend zu regeln und die äußerst genaue Kenntnis der Züchtungsobjekte sich zu erwerben, welche hierfür unentbehrlich ist. Für einen guten Züchter ist daher eine scharfe und sorgfältige Naturbeobachtung sowohl, als eine tiefe und auf langen intimen Verkehr gegründete Bekanntschaft mit der Physiologie der Ernährung und Fortpflanzung, und vor allem mit der unendlichen Biegsamkeit des Organismus unentbehrlich. Er muß die kleinsten und unscheinbarsten individuellen Abweichungen einzelner Tiere und Pflanzen, welche seinem Vorteil entsprechen, erkennen, benutzen und durch sorgfältige Vererbung häufen, befestigen und steigern. Der Schlüssel für die Züchtungserscheinungen, sagt Darwin, liegt in des Menschen „akkumulativen Wahlvermögen, d. h. in seinem Vermögen, durch jedesmalige Auswahl derjenigen Individuen zur Nachzucht, welche die ihm erwünschten Eigenschaften im höchsten Grade besitzen, diese Eigenschaften bei jeder Generation um einen wenn auch noch so unscheinbaren Betrag zu steigern. Die Natur liefert allmählich mancherlei Abänderungen; der Mensch befördert sie in gewissen ihm nützlichen Richtungen. In diesem Sinne kann man von ihm sagen, er schaffe sich nützliche Rassen." Es kommt also alles darauf an, unter zahlreichen kultivierten Individuen von einer und derselben Art diejenigen heraus zu erkennen und zur Nachzucht auszulesen, welche irgend eine ganz unbedeutende Abänderung, z. B. eine neue Färbung, zeigen, die dem Wunsche des Züchters entspricht. Indem nun diese Individuen sorgfältig fortgepflanzt werden, und indem unter ihren Nachkommen immer diejenigen zur weiteren Fortpflanzung ausgewählt werden, welche jene Abänderung am meisten ausgesprochen zeigen, wird dieser Charakter, welcher anfänglich höchst unbedeutend und dem ungeübten Auge gar nicht erkennbar war, durch Vererbung befestigt, durch fortdauernde Anpassung gehäuft, und dadurch endlich so stark entwickelt, daß er zuletzt eine neue Rasse charakterisiert.

Das wichtigste allgemeine Resultat, zu welchem uns die bewunderungswürdigen Erfolge der planmäßig betriebenen künstlichen

Züchtung hinführen, läßt sich in folgende Worte zusammenfassen: Die Unterschiede in physiologischen und morphologischen Charakteren der Tiere und Pflanzen, welche der Mensch durch künstliche Züchtung bei verschiedenen Nachkommen eines und desselben Organismus hervorzubringen vermag, sind oft viel bedeutender, als die Unterschiede in physiologischen und morphologischen Charakteren, welche die Botaniker und Zoologen bei den Pflanzen und Tieren im Naturzustande für ausreichend erachten, um darauf verschiedene Spezies oder selbst verschiedene Genera zu begründen.

VII. B. Die natürliche Züchtung (*Selectio naturalis*).

(Zuchtwahl oder Auslese durch den Kampf ums Dasein.)

Die Zuchtwahl, die auslesende Tätigkeit, auf welcher die Züchtung beruht, und welche bei der künstlichen Züchtung durch den „Willen des Menschen" geübt wird, dieselbe wird bei der natürlichen Züchtung durch das gegenseitige Wechselverhältnis der Organismen geübt, welches Darwin als „Kampf ums Dasein" bezeichnet. Auf eine richtige Erfassung dieses Satzes und auf seine beständige Geltendmachung kommt alles an, wenn man Darwins Entdeckung der „natürlichen Züchtung im Kampfe ums Dasein" richtig verstehen und in ihrer ungeheuren kausalen Bedeutung würdigen will. Wir müssen daher deren wesentlichen Inhalt kurz erörtern, um so mehr, als auffallenderweise derselbe den gröbsten Mißverständnissen und den albernsten Entstellungen ausgesetzt worden ist.

Der Kampf um das Dasein oder das Ringen um die Existenz oder die Mitbewerbung um das Leben (*Struggle for life*, am passendsten vielleicht als „Wettkampf um die Lebensbedürfnisse" zu bezeichnen) ist eines der größten und mächtigsten Naturgesetze, welches die gesamte Organismenwelt, die Menschenwelt nicht ausgeschlossen, regiert, und welches allenthalben und zu jeder Zeit bei der unaufhörlichen Lebensbewegung der Organismen tätig ist. Da dasselbe überall unter unseren Augen wirksam ist, könnte es höchst auffallend erscheinen, daß vor Darwin niemand dasselbe hervorgehoben und wissenschaftlich formuliert hat, wenn es nicht eine bekannte Tatsache wäre, daß die Menschen auf die nächstliegenden Betrachtungen immer zuletzt kommen und das Einfachste und Natürlichste am wenigsten begreifen wollen; eine Tatsache, für welche die Geschichte der organischen Morphologie und vor allem ihrer wissenschaftlichen Grundlage, der Deszendenztheorie, auf jeder Seite schlagende Beweise liefert.

Die wesentliche Grundidee des Gesetzes vom Kampfe ums Dasein bildet die Erwägung, daß alle Organismen ohne Ausnahme durch Fortpflanzung eine unendlich viel größere Anzahl von Individuen erzeugen, als unter den allgemein beschränkten Lebensverhältnissen der Organismen, innerhalb der bestimmten Grenzen ihrer notwendigen Existenzbedingungen, nebeneinander fortexistieren können. Die bei weitem überwiegende Mehrzahl aller organischen Individuen muß notwendig in früherer oder späterer Zeit (die meisten in der frühesten Zeit) ihrer individuellen Existenz zugrunde gehen, ohne zur Fortpflanzung gelangt zu sein. Die allermeisten Individuen unterliegen mannigfaltigen Hindernissen der Entwickelung, und gehen frühzeitig unter in dem „Wettkampfe“, den sie mit ihresgleichen um die Erlangung der unentbehrlichen Existenzbedingungen zu kämpfen haben. Nur verhältnismäßig wenige von den zahlreichen Nachkommen jedes organischen Individuums sind vor den übrigen in diesem Ringen um die Existenz bevorzugt, überleben dieselben und gelangen zur Reife und zur Fortpflanzung. Diese wenigen werden aber offenbar, da alle Individuen ungleich sind, diejenigen sein, welche sich den für alle nicht ausreichenden Existenzbedingungen am besten anpassen konnten und vor den übrigen eine ihnen vorteilhafte individuelle Eigentümlichkeit voraus hatten. Wenn sich nun dieser Vorgang, diese „Auslese der Besten“, d. h. die Auswahl der am meisten Begünstigten zur Nachzucht, Generationen hindurch wiederholt, so wird sich die individuelle Eigentümlichkeit, der vorteilhafte Charakter, die nützliche Abänderung, welche den am meisten begünstigten Individuen jenen Vorteil im Wettkampfe verlieh, nicht allein erhalten, sondern auch befestigen und häufen. So entstehen aus einer individuellen Abänderung nach den Gesetzen der Vererbung und Anpassung im Verlaufe von Generationen neue Varietäten oder Rassen, welche sich allmählich zu neuen Spezies divergent entwickeln und immer weiter divergierenden Nachkommen den Ursprung geben können. So bringt der Kampf ums Dasein durch natürliche Züchtung zunächst neue Varietäten, weiterhin aber auch neue Arten, Gattungen etc. hervor.

Bei der außerordentlichen Wichtigkeit dieses Verhältnisses wollen wir auf einige Seiten desselben noch spezieller eingehen. Was erstens die Zahlenverhältnisse der Vermehrung aller Organismen betrifft, so ist es eine bekannte Tatsache, daß die Zahl der möglichen Individuen, d. h. derjenigen, welche als Keime produziert werden, ohne sich zu entwickeln, in gar keinem Verhältnisse steht zu der Zahl der verschwindend geringen Zahl der wirklichen Individuen, welche tatsächlich aus einzelnen Keimen zur Entwickelung gelangen. „Es gibt," sagt Darwin, „keine Ausnahme von der Regel, daß jedes organische Wesen sich auf natürliche Weise in dem Grade vermehre, daß, wenn es nicht durch Zerstörung litte, die Erde bald von der Nachkommenschaft eines einzigen Paares bedeckt sein würde." Die allermeisten organischen Individuen erzeugen während ihres Lebens Hunderte und Tausende, sehr viele aber Hunderttausende und Millionen von Keimen, welche neuen Individuen den Ursprung geben könnten. Und doch gelangen nur verhältnismäßig äußerst wenige von diesen Keimen, oft nur ein oder zwei, sehr häufig nur ein paar Dutzend, zur Entwickelung, und von diesen sich entwickelnden ist es wiederum nur ein ganz geringer Bruchteil, welcher zur vollständigen Reife und zur Fortpflanzung gelangt. Diese unbezweifelbare und höchst wichtige Tatsache zeigt sich am schlagendsten darin, daß die absolute Anzahl der organischen Individuen, welche unsere Erde bevölkern, im großen und ganzen durchschnittlich dieselbe bleibt, und daß nur die relativen Zahlenverhältnisse der einzelnen Arten zueinander beständig sich ändern.

Die Tatsache, daß zwischen allen Organismen, welche an einem und demselben Orte der Erde beisammen leben, äußerst zusammengesetzte Wechselbeziehungen herrschen, kann nicht geleugnet werden, ebensowenig die Tatsache, daß von den zahlreichen individuellen Keimen aller Organismen nur eine ganz geringe Anzahl zur Entwickelung und Fortpflanzung gelangt. Bringen wir nun diese unleugbaren Tatsachen mit den oben festgestellten Gesetzen der Vererbung und Abänderung in Zusammenhang, so folgt aus dieser Kombination mit absoluter Notwendigkeit die Existenz und Wirksamkeit der natürlichen Züchtung. Denn da alle Individuen ungleich und abänderungsfähig sind, da nur eine beschränkte Anzahl der im Keime existierenden Individuen sich entwickeln kann, so muß notwendig ein Kampf um das Dasein, d. h. ein Wettkampf zwischen den Organismen um die Erlangung der Existenzbedingungen stattfinden, in welchem die ungleichen Individuen ungleiche Stellungen und ungleiche Aussichten haben. Diejenigen Individuen, welche durch irgend eine individuelle Eigentümlichkeit, irgend eine neu erworbene Abänderung, einen Vorzug vor den übrigen ihrer Art voraus haben, werden ihnen überlegen sein und sie besiegen. Sie allein werden zur Fortpflanzung gelangen und ihre Abänderung auf die Nachkommenschaft übertragen. Diese individuelle Eigenschaft wird sich auf die Nachkommen in ungleichem Maße vererben, und da von diesen wiederum diejenigen, welche dieselben am weitesten entwickelt zeigen, die im Kampfe bevorzugten sind, so werden sie abermals zur Fortpflanzung gelangen und ihren Vorzug weiter vererben. Indem sich dieser Prozeß Generationen hindurch wiederholt, muß er notwendig zunächst zur Erhaltung, dann aber weiter zur Befestigung, Häufung und immer stärkeren Entwickelung jenes ursprünglich erworbenen Charakters führen. Da nun offenbar die Mitbewerbung der ähnlichen Individuen, der Kampf zwischen den verschiedenen Repräsentanten einer und derselben Art um so heftiger und gefährlicher sein muß, je weniger sie verschieden sind, dagegen um so milder und schwächer, je verschiedener ihre Eigenschaften und Bedürfnisse sind, so werden die am meisten voneinander abweichenden Formen einer und derselben Art sich am wenigsten bekämpfen, am leichtesten nebeneinander fortbestehen können, und hieraus folgt die wichtige Konsequenz der natürlichen Züchtung, welche wir als Divergenzgesetz oder Differenzierungsgesetz sogleich noch näher betrachten werden.

Wie wir hieraus sehen, ist es eigentlich vor allem die Mitbewerbung, der Wettkampf zwischen den zusammenlebenden Individuen derselben Art und der nächstverwandten Arten, welcher durch „natürliche Züchtung“ umbildend wirkt. Ähnliche oder nahezu gleiche Individuen, welche dieselben Bedürfnisse haben, denselben Existenzbedingungen unterworfen sind, machen sich die Erlangung derselben streitig und suchen sich gegenseitig in diesem Kampfe zu überflügeln. Es findet also in dieser Hinsicht ein wahrer Wettkampf statt und dieser Wettkampf muß natürlich um so heftiger sein, je gleichartiger die Natur der miteinander ringenden Individuen und die Natur ihrer Lebensbedürfnisse ist. Daher werden zwar immer alle Organismen überhaupt, die an irgend einem Orte der Erde zusammenleben, sich vermöge ihrer notwendigen Berührungen und Wechselbeziehungen miteinander im Kampfe befinden; der Kampf wird aber zwischen den verschiedenen Arten von sehr verschiedener Heftigkeit, am heftigsten und wirksamsten immer zwischen Individuen einer und derselben Art sein, welche nahezu die gleiche Form und die gleichen Lebensbedürfnisse haben.

Da jeder tiefere Blick in die organische Natur uns die äußerst verwickelten Wechselbeziehungen der Organismen offenbart, welche den Kampf ums Dasein und die natürliche Züchtung bedingen, so könnte es überflüssig erscheinen, besondere einzelne Fälle ihrer Wirksamkeit hier anzuführen. Doch wollen wir als besonders schlagende Beispiele wenigstens zwei besondere Wirkungsweisen der natürlichen Auslese hervorheben, welche Darwin als sexuelle Zuchtwahl und als sympathische Färbung der Tiere anführt.

Die sympathische Färbung der Tiere, welche vielleicht besser die sympathische Farbenwahl oder die gleichfarbige Zuchtwahl (*Selectio concolor*) genannt würde, äußert sich in der weit verbreiteten und sehr auffallenden Erscheinung, daß die äußere Färbung sehr zahlreicher Tiere in merkwürdiger Weise übereinstimmt mit der vorherrschenden Farbe ihrer gewöhnlichen Umgebung. So sind die Blattläuse und zahlreiche andere, auf grünen Blättern lebende Insekten grün gefärbt; die meisten Bewohner der gelben oder graubraunen Sandwüste (z. B. die Antilopen, Springmäuse, Löwen etc.) gelb oder graubraun; die Colibris und Tagfalter, welche nur um die bunten glänzenden Blüten schweben, bunt und glänzend, wie diese; die meisten Bewohner der Polargegenden sind weiß, wie der Schnee und das Eis, von dem sie umgeben sind (Eisbär, Eisfuchs, Schneehuhn etc.). Von den letzteren sind sogar Viele (z. B. Polarfuchs und Schneehuhn) bloß im Winter, so lange der reine weiße Schnee die Landschaft bedeckt, weiß, dagegen im Sommer, wo derselbe teilweise abgeschmolzen ist, graubraun, gleich der entblößten Erde. Nun erklärt sich diese scheinbar so auffallende Erscheinung ganz einfach durch die Wirksamkeit der natürlichen Züchtung. Nehmen wir an, daß jede Tierart ein veränderliches Farbenkleid besessen habe (wie es ja in der Tat der Fall ist) und daß verschiedene Individuen derselben Art in alle möglichen Farbenuancen hinein variiert haben, so haben offenbar diejenigen einen großen Vorteil im Kampfe ums Dasein gehabt, deren Färbung sich möglichst enge an diejenige ihrer Umgebung anschloß. Denn sie wurden von ihren Feinden, die ihnen nachstellten, weniger leicht bemerkt und aufgespürt, und konnten umgekehrt, wenn sie selbst Raubtiere waren, sich ihrer Beute leichter und unbemerkter nähern, als die übrigen Individuen der gleichen Art, welche eine abweichende Färbung besaßen. Die letzteren, weniger begünstigten, mußten allmählich aussterben, und den ersteren, mehr begünstigten das Feld räumen.

Aus diesem Kausalverhältnisse der sympathischen Farbenwahl ist, wie wir glauben, auch eine der merkwürdigsten, bisher aber noch wenig gewürdigten, zoologischen Erscheinungen zu erklären, nämlich die Wasserähnlichkeit der pelagischen Fauna. Von allen den wundervollen und neuen Erscheinungen, welche den im Binnenlande erzogenen Zoologen bei seinem ersten Besuche der Meeresküste und beim ersten Anblick der unendlich mannigfaltigen Meeresfauna überraschen, erscheint vielleicht keine einzige so wunderbar, so auffallend, so unerklärlich, als die Tatsache, daß zahlreiche Seetiere aus den verschiedensten Klassen und Ordnungen, ganz abweichend von den allermeisten Tieren der süßen Gewässer und des Binnenlandes, sich auszeichnen durch vollständigen Mangel der Farbe oder durch eine nur schwach bläuliche, violette oder grünliche Färbung, gleich der des Meerwassers, und daß diese farblosen Tiere dabei so vollkommen wasserhell und durchsichtig, wie Glas sind, oder wie das Meerwasser, in welchem sie leben; bei den meisten erlaubt die vollständige glasartige Durchsichtigkeit des kristallhellen Körpers ohne weiteres den vollständigsten Einblick in alle gröberen und feineren Verhältnisse der inneren Organisation. Zu dieser pelagischen Fauna der Glastiere, wie man kollektiv alle diese ausschließlich im Seewasser schwimmend sich bewegenden (nicht auf dem Grunde oder an der Küste lebenden) wasserklaren Seetiere nennen kann, gehören: von den Fischen die Gruppe der Helmichthyiden (*Leptocephalus, Helmichthys, Tilurus* etc.); von den Mollusken sehr zahlreiche Repräsentanten verschiedener Klassen (von den Cephalopoden *Loligopsis*, von den Cephalophoren *Phyllirrhoe* und die allermeisten Pteropoden und Heteropoden; von den Tunicaten *Pyrosoma*, *Doliolum* und sämtliche Salpen; von den Crustaceen sehr zahlreiche Repräsentanten fast aller Ordnungen, vorzugsweise aber Copepoden und Amphipoden; von den Würmern die *Alciope* und *Sagitta* und zahlreiche Larven; von den Echinodermen die schwimmenden Larven; von den Coelenteraten endlich fast alle pelagischen Formen, also die ganze Klasse der Ctenophoren und alle pelagischen Hydromedusen (Acraspeden, Craspedoten, Siphonophoren). Gewiß muß es äußerst merkwürdig und seltsam erscheinen, daß so zahlreiche und in ihrer ganzen Organisation so äußerst verschiedenartige Tiere der verschiedensten Klassen, als es die genannten und viele andere pelagische Tiere sind, sämtlich in dem so höchst auffallenden Charakter der glasartigen Durchsichtigkeit des wasserhellen Körpers übereinstimmen und sich dadurch so außerordentlich in ihrem ganzen Habitus von ihren nächsten Verwandten entfernen, welche den Boden oder die Küsten des Meeres, oder das Süßwasser oder das Festland bewohnen. Grade in diesem offenbaren tatsächlichen Zusammenhange zwischen der wasserklaren Durchsichtigkeit der Glastiere und ihrer pelagischen Lebensweise, ihrem beständigen Aufenthalte in dem durchsichtigen Wasser, müssen wir notwendig auch ihre kausale Erklärung suchen. Der letztere ist die bewirkende Ursache der ersteren. Offenbar ist allen diesen Glastieren in dem unaufhörlichen Kampfe, den sie miteinander führen, die glashelle Körperbeschaffenheit vom äußersten Nutzen. Die Verfolger können sich ihrer Beute unbemerkter nähern, die Verfolgten können sich den ersteren leichter entziehen, als wenn Beide gefärbt und undurchsichtig, und also im hellen Wasser leicht sichtbar wären. Nehmen wir nun an, daß von diesen Glastieren ursprünglich zahlreiche verschiedene Varietäten, verschieden hauptsächlich in dem Grade der Durchsichtigkeit und dem Mangel der Farbe, nebeneinander existiert hätten, so würden sicherlich die am meisten durchsichtigen und farblosen Individuen im Kampfe um das Dasein das Übergewicht über die anderen errungen haben, und indem sie Generationen hindurch diese individuelle vorteilhafte Eigentümlichkeit befestigten und verstärkten, schließlich notwendig zur Ausbildung der vollkommen glasartigen Körperbeschaffenheit gelangt sein. Daß letztere in der Tat auf diesem Wege, durch natürliche Züchtung entstanden ist, kann um so weniger zweifelhaft sein, als die nächsten Verwandten der pelagischen Glastiere, welche nicht pelagisch an der Oberfläche des Meeres (oder in tieferen Wasserschichten) leben, sondern den Grund des Meeres oder die Küste bewohnen, die glasartige Körperbeschaffenheit nicht besitzen, sondern vielmehr undurchsichtig und entsprechend den bunten Felsen und Fucoideen gefärbt sind, zwischen und auf welchen sie leben. Zur besonderen Bestätigung dieser Auffassung kann auch noch der Umstand dienen, daß viele Seetiere nur in der Jugend, so lange sie als Larven pelagisch leben, glashell und farblos sind, dagegen später, wenn sie den Meeresgrund oder die Küste bewohnen, undurchsichtig und bunt gefärbt werden, so z. B. die allermeisten Echinodermen, sehr viele Würmer etc.

Die sexuelle Zuchtwahl oder geschlechtliche Auslese (*Selectio sexualis*) wird von Darwin als eine besondere Form der Auslese oder Selektion aufgeführt, „welche nicht von einem Kampfe ums Dasein, sondern von einem Kampfe zwischen den Männchen um den Besitz der Weibchen abhängt". Indessen werden wir diese sexuelle Selektion doch nur als eine Modifikation oder eine speziellere Weise des „Kampfes um das Dasein" aufzufassen haben, sobald wir uns erinnern, daß der letztere überhaupt den „Wettkampf um die Lebensbedürfnisse" bezeichnet. Nun ist aber die Fortpflanzung (die sich bei den höheren Tieren im Triebe der sexuellen „Liebe" äußert) ebenso ein Lebensbedürfnis, eine Existenzbedingung, wie die Ernährung (die sich bei den höheren Tieren im Triebe des „Hungers" äußert). Und daher werden wir auch den Wettkampf der Männchen um die Weibchen, welcher bei den meisten höheren Tieren in ähnlicher Weise, wie beim Menschen stattfindet, als einen Teil des Wettkampfes ums Dasein betrachten können. Dieser sexuelle Wettkampf ist äußert wichtig und interessant; denn auf ihm beruht großenteils die Entstehung der merkwürdigen sekundären Sexualcharaktere, durch welche sich die beiden Geschlechter der höheren Tiere so oft unterscheiden. Die Auswahl oder Selektion, welche bei der künstlichen Züchtung der durch den menschlichen Vorteil geleitete Wille des Menschen, bei der natürlichen Züchtung stets der Vorteil des gezüchteten Organismus selbst ausübt, wird bei der sexuellen Züchtung welche nur ein Teil der letzteren ist, durch den Vorteil des einen Geschlechts geübt. Darwin berücksichtigt hierbei nur das männliche Geschlecht, indem er die sexuelle Auslese allgemein als einen „Wettkampf der Männchen um den Besitz der Weibchen darstellt, dessen Folgen für den Besiegten nicht in Tod und erfolgloser Mitbewerbung, sondern in einer spärlicheren oder ganz ausfallenden Nachkommenschaft bestehen. Im allgemeinen werden die kräftigsten, die ihre Stelle in der Natur am besten ausfüllenden Männchen die meiste Nachkommenschaft hinterlassen". Indessen glauben wir, daß die sexuelle Auslese auf beide Geschlechter wirkt und daß es auch einen „Wettkampf der Weibchen um den Besitz der Männchen" gibt, welcher entschieden ebenso umbildend und züchtend auf die Weibchen wirkt, als der von Darwin dargestellte auf die Männchen; dies lehrt schon das Beispiel des Menschen. Wir können daher allgemein die sexuelle Selektion als einen beide Geschlechter umbildenden Züchtungsprozeß bezeichnen: der Wettkampf der Männchen um den Besitz der Weibchen, bei welchem das auslesende, züchtende Prinzip unmittelbar die Vorzüge der Männchen, mittelbar aber die dadurch bewirkte aktive Auswahl der Weibchen ist, und bei welchem also eigentlich die Weibchen wählend, auslesend wirken, kann die weibliche Zuchtwahl (*Selectio feminina*) heißen; umgekehrt kann der Wettkampf der Weibchen um den Besitz der Männchen, bei welchem das auslesende züchtende Prinzip unmittelbar die Vorzüge der Weibchen, mittelbar die dadurch bewirkte aktive Auswahl der Männchen ist, und bei welchem also eigentlich die Männchen wählend, auslesend wirken, die männliche Zuchtwahl (*Selectio masculina*) genannt werden; hier wählen die Männchen, dort die Weibchen.

Die sexuelle Züchtung ist deshalb eine besonders interessante und wichtige Form der natürlichen Züchtung, weil sie auch im menschlichen Leben, wie bei den übrigen höheren Tieren, eine sehr bedeutend umgestaltende Wirkung auf beide Geschlechter ausübt. Die somatischen und psychischen Vorzüge des Weibes sind Produkte der männlichen Zuchtwahl; die somatischen und psychischen Vorzüge des Mannes sind Produkte der weiblichen Zuchtwahl. Diese auswählende, züchtende, umgestaltende Wechselwirkung beider Geschlechter ist äußerst wichtig, und wir glauben, daß ein sehr großer Teil der vielen Vorzüge, welche den Menschen vor den übrigen Primaten auszeichnen, eine unmittelbare Wirkung der beim Menschen so sehr viel höher entwickelten sexuellen Zuchtwahl ist.

Wie beim Kampfe um das Dasein überhaupt, so sind auch beim Kampfe um die Fortpflanzung die Kämpfe unter den höheren Tieren teils mittelbare Wettkämpfe, teils unmittelbare Vernichtungskämpfe der wetteifernden Nebenbuhler. Unmittelbare Vernichtungskämpfe der um den Besitz der Weibchen streitenden Männchen finden sich häufig bei den Säugetieren; die Mähne des Löwen, die Wamme des Stiers sind offenbar Schutzwaffen — das Geweihe des Hirsches, der Hauer des Ebers, der Sporn des männlichen Schnabeltiers, der Sporn des Hahns, der geweihähnliche Oberkiefer des männlichen Hirschkäfers etc. sind offenbar Angriffswaffen, welche durch Anpassung im unmittelbaren Vernichtungskampfe der um die Weibchen kämpfenden Männchen, durch natürliche Züchtung sich entwickelten. Ebenso wird allgemein die größere Muskelkraft der männlichen Säugetiere von diesem Kampfe abzuleiten sein. Vom Menschen wurden diese Kämpfe besonders im Altertum und Mittelalter ausgeübt, wo zahlreiche Duelle und Turniere von den Rittern ausgeführt wurden, und wo allgemein der Stärkere die Braut heimführte, und durch Vererbung seiner individuellen Körperstärke die Muskelkraft des männlichen Geschlechts häufen und befestigen half.

Mittelbare Wettkämpfe um die Fortpflanzung finden namentlich häufig in sehr ausgezeichneter Weise bei den Vögeln und beim Menschen statt. Die Vorzüge, welche dem begünstigten Mitbewerber den Sieg verleihen, sind hier nicht, wie beim unmittelbaren Vernichtungskampfe, körperliche Stärke und besondere Waffen, sondern vielmehr andere individuelle Eigenschaften, welche die Neigung des anderen Geschlechts erwecken. Besonders kommen hier die Vorzüge körperlicher Schönheit und der Stimme (des Gesanges) und beim Menschen die feineren psychischen Vorzüge in Betracht. Die körperliche Schönheit ist insbesondere bei den Vögeln und Schmetterlingen sehr wirksam, und zwar meistens als weibliche Zuchtwahl, indem gewöhnlich das männliche Geschlecht es ist, welches durch Ausbildung besonderer Zierden, z. B. Federbüsche, Hautlappen, bunte Flecken etc. die besondere Aufmerksamkeit und Neigung der auswählenden Weibchen zu erregen sucht. Auf diese Weise ist wohl größtenteils die ausgezeichnet schöne und mannigfaltige Färbung vieler männlichen Vögel und Schmetterlinge entstanden, deren Weibchen einfarbig oder unansehnlich sind. Ebenso sind zweifelsohne die mannigfaltigen Hautauswüchse und Körperanhänge entstanden, die besonders bei den Hühnervögeln so entwickelt vorkommen, der radbildende Schweif des Pfauen, des Truthahns, der Pfauentaube, die Fleischkämme und bunten Hautlappen oder Federbüsche und Haarbüsche auf dem Kopfe und an der Brust des Haushahns, des Truthahns und vieler anderer Hühnervögel. Beim Menschen kann der männliche Bart als eine auf diesem Wege erworbene Zierde gelten. Gewöhnlich ist es aber beim Menschen nicht die weibliche, sondern die männliche (aktive) Zuchtwahl, welche durch die Entwickelung körperlicher Schönheit geleitet wird, indem hier vorzugsweise das weibliche Geschlecht die körperlichen Zierden entwickelt, durch welche es die Bewerber des andern Geschlechts anzulocken sucht. Es ist bekannt, welcher Aufwand in unseren „hoch zivilisierten“ Gesellschaften von den Weibern entwickelt wird, um durch künstliche Zierrate (Geschmeide, bunte Kleider, Kopfputz etc.) die vorhandenen körperlichen Vorzüge zu erhöhen oder die mangelnden zu ersetzen, und so durch möglichst starke Anziehung der wählenden Männer die übrigen Weiber in der Mitbewerbung zu überwinden.

Außer der durch anziehende Formen und reizende Farben wirkenden körperlichen Schönheit ist es insbesondere die Entwickelung der modulierten Stimme zum Gesange, welche von einem der beiden Geschlechter benutzt wird, um das andere anzulocken, und die vollkommneren Sänger sind es, welche in diesem Falle den Sieg über ihre Mitbewerber gewinnen und vor ihnen zur Fortpflanzung gelangen. Am stärksten ist diese Art der sexuellen Auslese bei den Singvögeln und beim Menschen entwickelt, vielleicht auch bei manchen Insekten, z. B. den Heuschrecken und Cicaden. Bei den Singvögeln ist es bekanntlich gewöhnlich das Männchen, welches durch eine außerordentliche und höchst bewunderungswürdige Modulation der Stimme sich liebenswürdig zu machen und vor seinen Nebenbuhlern bei der Bewerbung um die Weibchen sich auszuzeichnen sucht. In dieser Beziehung kommen manche Singvögel nicht allein den besten menschlichen Sängern gleich, sondern sie übertreffen sie noch bedeutend an Wohlklang, Umfang, Zartheit, Modulationsfähigkeit der Stimme und an Mannigfaltigkeit der Singweisen. Offenbar ist die hohe Differenzierung des Kehlkopfs, welche dieser herrlichen Funktion zugrunde liegt, erst durch den musikalischen Wettkampf der Männchen um die Weibchen entstanden, ebenso bei den Singvögeln, wie beim Menschen. Doch ist es gewöhnlich beim Menschen umgekehrt das weibliche Geschlecht, welches sich durch die vielseitigere und feinere Ausbildung des Stimmorgans auszeichnet, und durch einen schön modulierten Gesang die auswählenden Männer anzuziehen sucht. Diesem Umstande ist gewiß vorzugsweise die allgemeine Übung und hohe Ausbildung des weiblichen Gesangs in unseren hochzivilisierten Gesellschaften zu verdanken.

Die starke und vielseitige Differenzierung der beiden menschlichen Geschlechter, die sich auf fast alle Teile des Körpers und seiner Funktionen erstreckt, und welche gewiß eine Hauptbedingung für die fortschreitende Entwickelung der menschlichen Kultur ist, beruht also sicher zum größten Teile auf sexueller Zuchtwahl, welche von beiden Geschlechtern gegenseitig ausgeübt wird. Wie nun aber der veredelte Mensch sich durch nichts so sehr vor den übrigen Tieren auszeichnet, als durch die außerordentlich weit gehende Differenzierung des Gehirns und der von diesem ausgehenden psychischen Funktionen, so wird auch die sexuelle Zuchtwahl bei den höher stehenden, veredelten Menschenrassen vorzugsweise durch psychische Funktionen vermittelt, und es ist dies um so mehr zu berücksichtigen, als sie offenbar in hohem Grade veredelnd auf das Gehirn selbst zurückwirkt. Dadurch kommt es, daß bei den höchst entwickelten Menschen vorzugsweise die psychischen Vorzüge (und zwar die Vorzüge der höchsten psychischen Funktionen, der Gedanken) des einen Geschlechts bestimmend auf die sexuelle Wahl des anderen einwirken, und indem so bestimmte psychische Vorzüge gleich den somatischen vererbt, durch Generationen hindurch befestigt werden, erlangen die beiderseitigen Vorzüge der beiden sich ergänzenden Geschlechter jenen hohen Grad der Veredelung, welcher in der harmonischen Wechselwirkung der beiden veredelten Geschlechter in der Ehe das höchste Glück des menschlichen Lebens bedingt.

Gleich der sexuellen Zuchtwahl wirken auch die verschiedenen anderen Formen der natürlichen Auslese ebenso auf den Menschen, wie auf alle übrigen Organismen, umbildend, vervollkommnend, veredelnd ein, und bringen als unscheinbare Ursachen die größten Wirkungen hervor.

VII. C. Vergleichung der natürlichen und der künstlichen Züchtung.

Daß die künstliche und natürliche Züchtung durchaus ähnliche physiologische Vorgänge sind, und daß beide Selektionen lediglich auf der Wechselwirkung zweier allgemeiner physiologischer Funktionen, Vererbung und Anpassung, beruhen, haben wir oben bereits gezeigt. Auch die wesentlichen Unterschiede, welche beide Formen der Auslese voneinander trennen, sind dort bereits berührt. Doch scheint es nicht überflüssig, die wichtigsten übereinstimmenden und trennenden Momente beider Ausleseformen nochmals vergleichend hervorzuheben, da die unmittelbar daraus folgende Selektionstheorie die kausale Grundlage der ganzen Deszendenztheorie bildet, und da die meisten Naturforscher, wie aus ihren unverständigen Einwürfen hervorgeht, Darwin entweder gar nicht verstanden oder doch großenteils mißverstanden haben.

I. Natürliche und künstliche Züchtung sind gleichartige physiologische Umbildungsvorgänge der Organismen, welche auf kausalmechanischem Wege, durch die Wechselwirkung der Vererbungs- und der Anpassungsgesetze, neue Formen und Funktionen der Organismen hervorrufen.

II. Die Regulierung und Modifikation der Wechselwirkung zwischen den beiden wirkenden Grundursachen, der Vererbung und der Anpassung, wird bei der natürlichen Züchtung durch den planlos wirkenden „Kampf ums Dasein", bei der künstlichen Züchtung durch den planmäßig wirkenden „Willen des Menschen" ausgeübt.

III. Die Umbildungen der Formen und Funktionen der Organismen, welche die Züchtung hervorruft, fallen bei der natürlichen Züchtung zum Nutzen des gezüchteten Organismus, bei der künstlichen Züchtung zum Nutzen des züchtenden Menschen aus.

IV. Die natürliche Züchtung wirkt sehr langsam und unmerklich umbildend, da das auslesende Prinzip, der Kampf ums Dasein, sich nur sehr langsam und unmerklich ändert, und selten plötzlich ganz neue Existenzbedingungen einwirken läßt. Die künstliche Züchtung dagegen wirkt verhältnismäßig sehr rasch und auffallend umbildend, da das auslesende Prinzip, der Wille des Menschen, sich oft sehr rasch und auffallend ändert, und oft plötzlich ganz neue Existenzbedingungen einwirken läßt.

V. Die Veränderungen der Organismen, welche die natürliche Züchtung hervorbringt, wachsen sehr langsam, weil die abgeänderten Individuen sich leicht mit nicht abgeänderten kreuzen können und daher leicht wieder in die Form der letzteren zurückschlagen. Dagegen wachsen die Veränderungen, welche die künstliche Züchtung hervorbringt, sehr rasch, weil die Kreuzung der abgeänderten und der nicht abgeänderten Individuen, und dadurch der Rückschlag der ersteren in die Form der letzteren sorgfältig vermieden wird.

VI. Die durch die natürliche Züchtung bewirkten Veränderungen der Organismen gehen meist sehr tief und bleiben dauernd, weil sie durch sehr langsame Häufung der Anpassungen allmählich entstehen; die durch die künstliche Züchtung bewirkten Veränderungen dagegen sind meist nur oberflächlich und verschwinden leicht wieder, weil sie durch sehr rasche Häufung der Anpassungen in kurzer Zeit entstehen.

VIII. Die Selektionstheorie und das Divergenzgesetz.

Die Differenzierung (*Divergentia*) oder Arbeitsteilung (*Polymorphismus*) als notwendige Wirkung der Selektion.

Die ganze unendliche Mannigfaltigkeit der organischen Natur und das harmonische Ineinandergreifen ihres höchst komplizierten Räderwerks, welches uns so leicht zu der falschen teleologischen

Vorstellung eines „zweckmäßig wirkenden Schöpfungsplanes" verführt, ist lediglich das notwendige Resultat jener unaufhörlichen, mechanischen Tätigkeit des „Kampfes ums Dasein", welcher durch natürliche Züchtung umbildend wirkt. Um die ganze, ungeheure Wichtigkeit dieses interessantesten Vorgangs richtig zu würdigen, müssen wir nun noch einige unmittelbare Konsequenzen desselben besonders hervorheben, deren richtiges Verständnis für die mechanische Auffassung der organischen Natur von der größten Bedeutung ist. Zu diesen unmittelbaren und notwendigen Wirkungen rechnen wir in erster Linie die bekannten Erscheinungen der organischen Differenzierung und sodann diejenigen der organischen Vervollkommnung.

Die organische Differenzierung (*Divergentia*) oder Arbeitsteilung (*Polymorphismus*) haben wir oben als eine der vier fundamentalen physiologischen Entwickelungsfunktionen aufgefaßt, auf denen die gesamte Morphogenie beruht; und wir haben im achtzehnten Kapitel gezeigt, daß der Differenzierungsprozeß bei der Ontogenese aller morphologischen Individuen die hervorragendste Rolle spielt. Die drei anderen Entwickelungsfunktionen, die Zeugung, das Wachstum und die Degeneration konnten wir unmittelbar auf die rein physiologischen (physikalisch-chemischen) Prozesse der Ernährung, als auf ihre mechanische Ursache zurückführen. Dasselbe gilt auch von dem Vorgange der Verwachsung oder Konkreszenz, falls wir diesen als eine besondere fünfte Entwickelungsfunktion auffassen wollten. Dagegen konnten wir die Entwickelungsfunktion der Differenzierung oder Divergenz nicht unmittelbar als eine einfache Teilerscheinung der Ernährung und des Wachstums auffassen. Die mechanische Erklärung dieser Funktion ist vielmehr nur möglich durch die Selektionstheorie, welche es klar zeigt, daß die Divergenz des Charakters keine besondere rätselhafte organische Erscheinung, sondern vielmehr eine notwendige Folge der natürlichen Züchtung ist.

Die Divergenz des Charakters oder die Differenzierung der Individuen folgt notwendig unmittelbar aus der Wechselwirkung zwischen der Vererbung und der Anpassung, und zwar speziell aus dem vorher erörterten Umstande, daß der Kampf ums Dasein zwischen Organismen, die an einem und demselben Orte miteinander um die Lebensbedürfnisse ringen, um so heftiger ist, je gleichartiger sie selbst, je gleichartiger also auch ihre Bedürfnisse sind. Umgekehrt können an einer und derselben Stelle des Naturhaushalts um so mehr Individuen nebeneinander existieren, je mehr ihre Charaktere und ihre Bedürfnisse verschieden sind, je mehr sie „divergieren". So können z. B. auf einem Baume viel zahlreichere Käfer nebeneinander existieren, wenn die einen bloß von den Früchten, die andern von den Blüten, noch andere bloß von den Blättern leben, als wenn sie alle bloß von den Blättern leben können, und noch viel größer wird jene Zahl, wenn daneben auch noch andere Käfer vom Holze oder von der Rinde oder von der Wurzel leben können. So können in einer und derselben kleinen Stadt sehr gut fünfzig Handwerker nebeneinander existieren, die zehn oder zwanzig verschiedene Professionen treiben, während sie unmöglich nebeneinander existieren könnten, wenn sie alle auf ein und dasselbe Handwerk angewiesen wären. Ferner können alle Konkurrenten, die eine und dieselbe Profession treiben, um so besser nebeneinander bestehen, je mehr sich dieselben auf einzelne verschiedene Zweige ihres gemeinsamen Handwerks beschränken, und je mehr jeder ein einzelnes Spezialfach nach einer bestimmten Richtung hin ausbildet. Mit einem Worte, die Konkurrenz zwischen allen Organismen, welche an einem und demselben Orte nebeneinander sich die unentbehrlichen Lebensbedürfnisse zu erringen suchen, wird um so weniger heftig, um so weniger für jeden einzelnen gefahrdrohend sein, je verschiedenartiger ihre Bedürfnisse und demgemäß ihre Eigenschaften, ihre Tätigkeiten und ihre Charaktere sind. Es wird also durch die natürlichen Verhältnisse des Kampfes um das Dasein überall die Ungleichartigkeit, die Divergenz der Charaktere der verschiedenen Individuen begünstigt, weil sie ihnen selbst vorteilhaft ist, und weil eine Anzahl von Individuen an einer und derselben beschränkten Stelle im Naturhaushalte um so leichter und besser nebeneinander existieren können, je stärker sie divergieren. Hieraus folgt dann unmittelbar weiter die höchst wichtige Tatsache, daß der Kampf um das Dasein das Erlöschen der Mittelformen, den Untergang der verbindenden Zwischenglieder zwischen den Extremen, mit Notwendigkeit zur Folge hat. Denn diese sind immer die am meisten gefährdeten, und wenn eine Art in zahlreiche Varietäten auseinander geht, so werden die am stärksten divergierenden die vorteilhafteste, die verbindenden Zwischenformen dagegen die gefährlichste Position im Kampfe um das Dasein einnehmen.

Jede unbefangene und tiefere Betrachtung der Selektionstheorie zeigt uns, wie der Divergenzprozess der organischen Formen, das fortschreitende Auseinandergehen der divergierenden Extreme und das Erlöschen der verbindenden Mittelglieder und namentlich der gemeinsamen Stammformen der ersteren, unmittelbar und mit kausaler Notwendigkeit aus dem Kampfe um das Dasein und aus der Wechselwirkung zwischen Vererbung und Anpassung folgt. Wenn es wahr ist, daß alle Organismen den Gesetzen der Erblichkeit und Veränderlichkeit unterworfen sind — was niemand leugnen kann — wenn es ferner wahr ist, daß alle Organismen sich überall und beständig im Kampfe um das Dasein befinden, — was eben so wenig geleugnet werden kann — so folgt hieraus von selbst und mit absoluter Notwendigkeit die natürliche Selektion, die Divergenz des Charakters und das Erlöschen der vermittelnden Zwischenformen. Darwin hat diese notwendigen Folgerungen in dem vierten Kapitel seines Werkes so meisterhaft und ausführlich begründet, daß wir bloß darauf zu verweisen brauchen. Wir können aber die bindende Notwendigkeit dieses Kausalnexus zwischen Divergenz und Selektion nicht genug hervorheben, weil sie uns die sicherste Gegenprobe für die Wahrheit der Selektionstheorie liefert. Die unendlich mannigfaltigen Erscheinungen der Divergenz sind allbekannte Tatsachen und werden von niemand geleugnet. Sie erklären sich vollständig aus der Selektionstheorie, und nur allein aus dieser. Ohne letztere sind sie vollkommen unverständlich. Wir können daher mit der vollsten Sicherheit aus den Tatsachen der Differenzierung auf die Richtigkeit der Zuchtwahllehre zurückschließen. Wenn wir nichts von Paläontologie und Geologie, nichts von Embryologie und Dysteleologie wüßten, so würden wir die Abstammungslehre schon allein deshalb für wahr erkennen müssen, weil sie allein uns die mechanisch-kausale Erklärung der großen Tatsache der Divergenz zu liefern vermag.

Das Divergenzgesetz oder Differenzierungsprinzip, in dem Sinne wie Darwin dasselbe als die notwendige Folge der natürlichen Züchtung entwickelt, umfaßt nur diejenigen Differenzierungs-Phänomene, welche zwischen physiologischen Individuen einer und derselben Art stattfinden, und zunächst zur Bildung neuer Varietäten, späterhin zur Bildung neuer Arten, Gattungen etc. führen. Darwin begreift also unter seiner „Divergenz des Charakters“ eigentlich nur die physiologische Differenzierung der Bionten, oder der physiologischen Individuen, welche die Zeugungskreise und dadurch die „Arten“ zusammensetzen. Nach unserer Ansicht ist jedoch diese Divergenz der Spezies nicht verschieden von der sogenannten „Differenzierung der Organe“, d. h. von der Arbeitsteilung der untergeordneten Formindividuen verschiedener Ordnung, welche die Bionten konstituieren. Vielmehr glauben wir, in allen Differenzierungs-Erscheinungen ein und dasselbe Grundphänomen, die durch natürliche Züchtung bedingte physiologische Arbeitsteilung erblicken zu müssen, gleichviel ob dieselbe selbständige physiologische Individuen betrifft, welche an einem und demselben Orte miteinander um das Dasein kämpfen, oder untergeordnete morphologische Individuen verschiedener Ordnungen, welche jene als konstituierende Teile zusammensetzen. Die wesentliche Tatsache des Prozesses ist in allen Fällen eine Hervorbildung ungleichartiger Formen aus gleichartiger Grundlage, und die mechanische Ursache derselben ist die natürliche Zuchtwahl im Kampf um das Dasein.

Den Unterschied zwischen der paläontologischen und der individuellen Divergenz des Charakters müssen wir hier noch besonders betonen, da es von der größten Wichtigkeit ist, sich dessen bewußt zu bleiben. Wie aber in der gesamten Entwickelungsgeschichte fast immer bloß die an sich unverständlichen individuellen, und nur selten die erklärenden paläontologischen Entwickelungsprozesse berücksichtigt worden sind, so gilt dies auch von der Entwickelungsfunktion der Differenzierung oder Arbeitsteilung. Die Tatsachen der individuellen oder ontogenetischen Differenzierung, wie wir sie während des raschen Laufs der individuellen Entwickelung des Organismus Schritt für Schritt unmittelbar verfolgen und direkt beobachten können, sind zunächst nur durch die Gesetze der Vererbung (und vorzüglich durch die Gesetze der abgekürzten, der gleichzeitlichen und gleichörtlichen Vererbung) bedingt; und nichts weiter als zusammengedrängte Wiederholungen der paläontologischen oder phylogenetischen Differenzierung, welche im langsamen Verlaufe der paläontologischen Entwickelung der Vorfahren des betreffenden Organismus allmählich stattgefunden hat, und welche das unmittelbare Produkt der Wechselwirkung von Vererbung und Anpassung, der natürlichen Zuchtwahl im Kampfe um das Dasein ist. Als unmittelbare Resultate der Arbeitsteilung im Laufe der individuellen Entwickelung können nur diejenigen Divergenzerscheinungen angesehen werden, welche an dem betreffenden Individuum zum erstenmal, durch Anpassung an eine neue Existenzbedingung veranlaßt, auftreten, und welche also, wenn sie durch angepaßte Vererbung auf die Nachkommen dieses Individuums übertragen werden, der individuellen Entwickelungskette ein neues Glied einfügen.

Außer der primären paläontologischen (phylogenetischen) und der sekundären individuellen (ontogenetischen) können wir übrigens noch eine dritte Art der Differenzierung unterscheiden, welche wir kurz mit dem Namen der systematischen oder spezifischen Differenzierung bezeichnen wollen. Man pflegt nämlich auch die faktisch bestehenden Unterschiede zwischen koexistenten verwandten Organismen als Differenzierungen zu unterscheiden. So sagt man z. B. in der zoologischen und botanischen Systematik sehr häufig bei Vergleichung verwandter Organismengruppen, daß die eine mehr differenziert oder polymorpher sei, als die andere, z. B. die Säugetiere mehr als die Vögel, die Crustaceen mehr als die Insekten, die Dikotyledonen mehr als die Monokotyledonen. Ebenso sagt man bei Vergleichung verwandter Zustände, z. B. in der menschlichen Gesellschaft, daß der eine stärkere Differenzierung, einen höheren Grad der Arbeitsteilung zeige, als der andere, so z. B. die verschiedenen Kulturzustände, Staatsformen, Lehranstalten der verschiedenen Völker etc. Vorzüglich aber verfolgt die vergleichende Anatomie als ihre Hauptaufgabe die „Differenzierung der Organe", indem sie nachweist, wie ein und dasselbe Organ bei den verschiedenen Tieren ganz verschiedene Grade der Ausbildung, ganz verschiedene Stufen der „Differenzierung" darbietet. Hierauf vorzüglich beruht die Unterscheidung der höheren und niederen, vollkommeneren und unvollkommeneren Organe. Der Begriff der Differenzierung wird in diesen Fällen meistens ziemlich unklar, und oft in sehr verschiedener Bedeutung angewendet. Sehr häufig gebraucht man denselben als gleichbedeutend mit Vollkommenheit oder Fortschritt. Doch ist dies, wie wir im folgenden Abschnitt zeigen werden, nicht richtig. Denn obwohl in sehr zahlreichen Fällen die Erscheinungen der Divergenz und des Fortschritts zusammenfallen, so ist dennoch nicht jede Differenzierung ein Fortschritt, und nicht jeder Fortschritt ist eine Differenzierung. Andere denken dagegen, wenn sie von der Differenzierung koexistenter Formen im obigen „systematischen" Sinne sprechen, weniger an die Vollkommenheit, als an die Mannigfaltigkeit der verglichenen Formen. Doch zeigt sich bei genauerer Betrachtung, daß der Begriff der Mannigfaltigkeit ebenso wie der der

Vollkommenheit, den Begriff der Differenzierung zwar in vielen. aber keineswegs in allen Fällen deckt. Denn die Insektenklasse z. B. ist weit mannigfaltiger und artenreicher als die Krustazeenklasse, und dennoch ist die letztere weit stärker differenziert, als die erstere.

Versuchen wir, den Begriff der systematischen oder spezifischen Differenzierung, wie er bei Vergleichung verwandter und koexistenter (nicht sukzessiver!) Formen so oft gebraucht wird, tiefer zu ergründen, so finden wir, daß derselbe eigentlich in den meisten Fällen wesentlich mit dem Begriff der phylogenetischen Differenzierung zusammenfällt, und daß er ebenso wie der letztere, auf der Vorstellung einer Hervorbildung ungleichartiger Formen aus gleichartiger Grundlage beruht. Während aber die Betrachtung der phylogenetischen Differenzierung den gesammten Entwickelungsprozeß als solchen zu erfassen und alle einzelnen Zweige und Äste der verzweigten Divergenzbewegung von der Wurzel an bis zu ihren letzten Ausläufern zu verfolgen hat, so begnügt sich die Betrachtung der systematischen Differenzierung mit der Vergleichung der verschiedenen Ausläufer oder einzelnen Äste und Zweige; d. h. sie sucht nicht den ganzen paläontologischen Differenzierungsprozeß, sondern nur die fertigen Resultate desselben, wie sie in der gleichzeitigen Koexistenz verschiedener „Arten“ nebeneinander sich zeigen, zu erforschen, und vorzüglich den Divergenzgrad, welcher dieselben trennte, zu messen.

Der gewöhnlichste Fehler, den man bei Untersuchung dieser systematischen Differenzierung begeht, liegt darin, daß man die verschiedenen koexistenten Zweige des Stammbaums als subordinierte Glieder einer einzigen leiterförmigen Reihe betrachtet, während sie in der Tat koordinierte Zweige eines ramifizierten Baumes sind. Hierauf beruht z. B. der Irrtum der älteren Systematiker, welche die sämtlichen Tiere oder Pflanzen in eine einzige Differenzierungsreihe zu ordnen trachteten. Statt also den Divergenzgrad der verschiedenen Formen von der gemeinsamen Stammform zu messen, beschränkt man sich auf Messung des Unterschiedes, den sie voneinander haben.

Obgleich also die systematische oder spezifische Differenzierung, welche die aus gemeinsamer Wurzel stammenden Arten als fertige Produkte voneinander scheidet, eigentlich nicht von der paläontologischen oder phylogenetischen Differenzierung verschieden ist, sondern nur das Resultat der letzteren darstellt, wollen wir sie dennoch als einen besonderen und dritten Divergenzmodus hier hervorheben, dessen Beziehungen zu den beiden anderen und vorzüglich ihre dreifache

Parallele im folgenden Buche noch näher erörtert werden sollen. Wie die paläontologische Differenzierung Objekt der Phylogenie, die embryologische Objekt der Ontogenie, so ist die systematische Differenzierung vorzugsweise Objekt der vergleichenden Anatomie. Der merkwürdige und höchst wichtige Parallelismus dieser drei Divergenzreihen erklärt sich vollkommen aus der Selektionstheorie.

Alle die unendlich mannigfaltigen und wichtigen Naturerscheinungen, welche wir vom morphologischen Standpunkte aus als Phänomene der Differenzierung oder Divergenz des Charakters, vom physiologischen Standpunkte aus als Phänomene des Polymorphismus oder der Arbeitsteilung ansehen, sind in letzter Instanz also weiter nichts, als die unmittelbaren und notwendigen Folgen der Züchtung; entweder (bei den Organismen im Kulturzustande) Folgen der künstlichen Züchtung durch den Willen des Menschen, oder (bei den Organismen im Naturzustande) Folgen der natürlichen Züchtung durch den Kampf um das Dasein. Alle diese Divergenzerscheinungen sind durch die Gesetze der Anpassung (Ernährung) und Vererbung (Fortpflanzung) bedingt; und wenn uns die individuelle Entwickelungsgeschichte die ontogenetische Charakterdivergenz der morphologischen Individuen in schneller Reihenfolge vor Augen führt, so haben wir darin lediglich die Vererbung der phylogenetischen Differenzierung zu erblicken, welche die Vorfahren des betreffenden Organismus während ihrer langsamen paläontologischen Entwickelung erlitten haben, und deren reife Früchte in der Gegenwart uns die vergleichende Anatomie als „systematische Differenzierung" nachweist. Die Entwickelungsfunktion der Differenzierung oder des Polymorphismus wird also durch die Selektionstheorie auf die physiologischen Ursachen der Vererbung und Anpassung zurückgeführt, d. h. sie wird mechanisch erklärt. Ohne die Selektionstheorie dagegen bleibt sie uns in ihrem eigentlichen Wesen unverständlich.

IX. Die Selektionstheorie und das Fortschrittsgesetz.

Der Fortschritt (*Progressus*) oder die Vervollkommnung (*Teleosis*) als notwendige Wirkung der Selektion.

Ebenso wie die Differenzierung oder Arbeitsteilung der Organismen, müssen wir auch die nicht minder wichtige und auffallende Vervollkommnung oder den Fortschritt der Organismen, wie er sich in der gesamten individuellen und paläontologischen Entwickelungsgeschichte und in der vergleichenden Anatomie offenbart, als die unmittelbare und notwendige Folge der natürlichen Züchtung im Kampfe um das Dasein betrachten. Ebenso wie die Erscheinung der Differenzierung, wird auch die Erscheinung der Vervollkommnung unmittelbar durch die Selektionstheorie — und nur durch diese! — mechanisch erklärt, und da wir überall die Tatsachen der Progression ebenso wie diejenigen der Divergenz vor Augen sehen, so können wir aus den ersteren, ebenso wie aus den letzteren, wiederum auf die Wahrheit der Selektionstheorie zurückschließen.

Die Tatsachen der fortschreitenden Entwickelung oder der allmählichen Vervollkommnung der Organismen sind so allbekannt, daß wir dieselben hier nicht mit Beispielen zu belegen brauchen. Die gesamte Paläontologie, die gesamte Embryologie, die gesamte Systematik der Tiere, Protisten und Pflanzen liefert uns hierfür eine fortlaufende Beweiskette. Alle gedankenvollen Arbeiter auf diesen Wissenschaftsgebieten haben jenes Gesetz der fortschreitenden Entwickelung (*Progressus*) oder der Vervollkommnung (*Teleosis*) als eines der obersten organischen Grundgesetze anerkannt. Am ausführlichsten hat dasselbe in neuerer Zeit der treffliche Bronn behandelt, welcher sowohl für die paläontologische als für die systematische Entwickelung das „Gesetz der progressiven Entwickelung“ oder das Gesetz der Vervollkommnung durch eine sehr sorgfältige Zusammenstellung der beweiskräftigsten Tatsachen empirisch unumstößlich begründet hat.

Obwohl nun in den letzten Jahrzehnten die Geltung des Gesetzes der fortschreitenden Entwickelung als einer empirisch festgestellten Tatsache von den verschiedensten Seiten anerkannt worden ist, so blieb dieselbe doch für die meisten ein rätselhaftes und unbegreifliches „organisches Naturgesetz“, dessen Erklärung nur durch die dualistische Annahme eines teleologischen Schöpfungsplans, den der Schöpfer bei Fabrikation der Organismen befolgte, möglich schien. Eine naturwissenschaftliche, d. h. eine monistische, mechanisch-kausale Erklärung des empirischen Gesetzes wurde erst durch die Deszendenztheorie, und in letzter Instanz erst durch ihre kausale Grundidee, die Selektionstheorie, möglich. Diese aber erklärt uns die Tatsachen des Fortschritts, ebenso wie diejenigen der Differenzierung, in der einfachsten Weise, als die notwendige Wirkung der natürlichen Züchtung im Kampfe um das Dasein.

Wir müssen hier zunächst bemerken, daß das Fortschrittsgesetz keineswegs mit dem Divergenzgesetz identisch ist, wie es von vielen

Autoren irrtümlich angenommen wird. Sehr häufig werden diese beiden verschiedenen Begriffe vermischt. Der Grund hiervon liegt darin, daß allerdings die allermeisten Differenzierungsprozesse progressive Entwickelungsvorgänge oder Vervollkommnungen sind. Daneben gibt es jedoch auch viele Divergenzvorgänge, welche weder als Fortschritt noch als Rückschritt, und andere, welche entschieden als Rückschritt angesehen werden müssen. Ebenso wenig ist auf der anderen Seite jeder Fortschritt eine Differenzierung; vielmehr gibt es andere progressive Entwickelungsvorgänge (namentlich Wachstumsprozesse), welche keineswegs eine Divergenz, aber dennoch einen Fortschritt bewirken. Bronn, welcher am genauesten diese verschiedenen Vorgänge untersucht hat, unterscheidet demgemäß sechs verschiedene Gesetze progressiver Entwickelung. Diese Gesetze sind: 1. Differenzierung der Funktionen und Organe; 2. Reduktion der Zahlen gleichnamiger Organe; 3. Konzentrierung der Funktionen und ihrer Organe auf bestimmte Teile des Körpers; 4. Zentralisierung eines jeden ganzen oder teilweisen Organsystems, so daß seine ganze Tätigkeit von einem Zentralorgane abhängig wird; 5. Internierung insbesondere der edelsten Organe, so weit sie nicht eben notwendig an der Oberfläche hervortreten müssen, um die Beziehungen des Organismus mit der Außenwelt zu unterhalten; 6. größere räumliche Ausdehnung im einzelnen und ganzen. Obwohl es gewiß ein großes Verdienst Bronns ist, hierdurch gezeigt zu haben, daß nicht alle Progreß-Phaenomene einfache Differenzierungen sind, so müssen wir doch gegen die allgemeine Gültigkeit der sechs von ihm unterschiedenen Fortschrittsgesetze vielfache Bedenken erheben. Nicht bloß die vier letzten, welche nur sehr beschränkte und spezielle Gültigkeit haben, sondern auch das zweite Gesetz (das Gesetz der Zahlenreduktion gleichartiger Teile), welches nächst dem Differenzierungsgesetze offenbar das wichtigste ist, müssen noch sehr bedeutende Modifikationen erleiden und in anderer Form präzisiert werden. Da jedoch dieser Gegenstand, wie überhaupt die ganze Frage von der fortschreitenden Vervollkommnung der Organismen und von den Kriterien der organischen Vollkommenheit äußerst schwierig und verwickelt ist, und da noch keine weiteren ernstlichen Versuche gemacht sind, in das Chaos des unendlichen Materials, welches für diese wichtige Frage vorliegt, klares Licht zu bringen, so können wir nicht näher darauf eingehen.

Da die allermeisten Fortschrittserscheinungen unmittelbar mit Differenzierungsprozessen verknüpft, oder selbst mit diesen identisch sind, so bedarf es für diese, in Hinblick auf den vorhergehenden Abschnitt, keines Beweises, daß sie unmittelbare und notwendige Wirkungen der natürlichen Züchtung im Kampfe um das Dasein sind. Aber auch für die anderen Erscheinungen der Vervollkommnung, welche wir vorher angeführt haben, und welche nicht unmittelbar als Divergenzphänomene angesehen werden können, unterliegt es keinem Zweifel, daß dieselben vollständig durch die Selektionstheorie erklärt werden. Die Zentralisation der Organsysteme, die Konzentration und Internierung der Organe, die Größenzunahme und die Zahlenreduktion der gleichartigen Teile sind immer, und ganz besonders in den Fällen, wo sie einen entschiedenen Organisationsfortschritt bekunden, entweder unmittelbare Anpassungen, oder aber durch die Wechselwirkung von Anpassung und Vererbung bedingt. Da diese progressiven Entwickelungsprozesse in allen Fällen den betreffenden Organismen im Kampfe um das Dasein nützlich sind, und ihnen entschiedene Vorteile über die nächstverwandten, nicht progressiv abgeänderten Formen gewähren, so werden sie einfach durch die natürliche Züchtung erhalten und befestigt. Alle diese Erscheinungen der Vervollkommnung lassen sich mithin als notwendige Folgen der Wechselwirkung von Vererbung und Anpassung nachweisen, und sind keineswegs die Folgen eines unbekannten und unerklärten, auf rätselhaften Ursachen beruhenden „Gesetzes der fortschreitenden Entwickelung".

Einige Autoren haben das Fortschrittsgesetz oder das Gesetz der fortschreitenden Entwickelung als ein absolutes, allgemein gültiges und ausnahmsloses betrachtet, und behauptet, daß dasselbe allerorten und allerzeit die gesamten Organisationsverhältnisse vorwärts treibe und ohne Unterbrechung zur beständigen Vervollkommnung ansporne. So richtig diese Behauptung im großen und ganzen ist, so muß sie dennoch durch zahlreiche Ausnahmen modifiziert werden. Es ist natürlich und notwendig, daß die immer zunehmende Differenzierung aller irdischen Verhältnisse und aller Existenzbedingungen für die Organismen auch eine entsprechende Differenzierung der Organismen selbst zur unmittelbaren Folge hat, und in den allermeisten Fällen ist diese Differenzierung selbst ein entschiedener Fortschritt, eine unzweifelhafte Vervollkommnung. Andrerseits ist aber nicht zu vergessen, daß jede Arbeitsteilung neben den ganz überwiegenden Vorteilen und Fortschritten auch ihre großen Nachteile und Rückschritte notwendig im unmittelbaren Gefolge hat. Wir sehen dies überall in dem Polymorphismus der menschlichen Gesellschaft, welche uns in ihrer staatlichen und sozialen, besonders aber in ihrer wissenschaftlichen Entwickelung die kompliziertesten und am meisten zusammengesetzten von allen Differenzierungs-Phänomenen zeigt. Wir brauchen bloß auf die Morphologie der Organismen in ihrem gegenwärtigen traurigen Zustande einen Blick zu werfen, um diese erheblichen Schattenseiten der weit vorgeschrittenen Arbeitsteilung klar vor Augen zu sehen. Wäre dies nicht der Fall, so müßte die Selektionstheorie bereits die gesamte Biologie beherrschen. Die größten Nachteile für die Wissenschaft entstehen dadurch, daß sich die meisten Arbeiter ganz auf ein einzelnes kleines Arbeitsfeld beschränken und den engsten Spezialanschauungen anpassen, während sie sich um das große Ganze nicht mehr bekümmern. Dadurch verlieren sie aber nicht nur den freien Überblick für das umfassende Allgemeine, sondern auch die Fähigkeit, in dem auserwählten Spezialgebiete weitergreifende Fortschritte herbeizuführen. Dieser große Nachteil der einseitigen Spezialisierung wird von den meisten übersehen, gegenüber den bedeutenden Vorteilen, welche jene einseitige, spezielle „Fachbildung" dem Detailarbeiter gewährt; und gerade dieser praktische Nutzen ist es, welcher die rückschreitende allgemeine Bildung der Spezialisten begünstigt.

Was uns so die menschlichen Verhältnisse, und besonders die wissenschaftlichen, in den verwickeltsten Differenzierungsprozessen zeigen, das gilt ebenso für die gesamte organische Natur. Überall wird die Entwickelung der praktischen Typen auf Kosten der idealen durch die natürliche Züchtung begünstigt. Zugleich entstehen immer neben den höchsten Plätzen und den einseitig vervollkommneten Stellen im Naturhaushalte zahlreiche unvollkommene Plätze und sehr beschränkte Stellen; und die Organismen, die diesen sich anpassen, erleiden dadurch gewöhnlich eine sehr bedeutende Rückbildung. Rückschritt ist also hier neben und mit dem Fortschritt eine unmittelbare Folge der Differenzierung durch die Züchtung. Die schwächeren und unvollkommneren Individuen, welche im Wettkampfe mit den stärkeren und vollkommneren unterliegen, und nicht der von den letzteren erorberten besten Existenzbedingungen teilhaftig werden, können sich nur dadurch erhalten, daß sie auf jenes höhere Ziel verzichten und sich mit einfacheren Verhältnissen begnügen. Indem sie sich diesen aber anpassen, erleiden sie notwendig mehr oder minder bedeutende Rückbildungen, welche bei sehr einfachen Verhältnissen (z. B. Parasitismus) oft erstaunlich weit gehen. Schon aus dieser einfachen Erwägung folgt, daß die natürliche Züchtung keineswegs ausschließlich fortbildend und vervollkommnend, sondern auch rückbildend und erniedrigend wirkt. Die Veränderungen der organischen Natur halten mit denen der anorganischen immer gleichen Schritt. Wir finden, daß in Beiden die fortschreitende Differenzierung im ganzen zwar überwiegt, aber doch im einzelnen zugleich notwendig vielfache Rückschritte bedingt. Während die höheren und besseren Stellen im Naturhaushalte an Zahl und vollkommener Ausstattung beständig zunehmen, und von entsprechend verbesserten und vervollkommneten Organismen besetzt werden, benutzen die weniger begünstigten und von letzteren im Wettkampfe besiegten Organismen die gleichzeitig frei werdenden einfacheren und schlechteren Stellen des Naturhaushalts, um ihre Existenz zu retten. Während die ersteren fortschreiten, gehen die letzteren zurück. Keine Gruppe von organischen Erscheinungen zeigt uns die hohe Bedeutung dieser Tatsache so schlagend, als die mannigfaltigen Phänomene des Parasitismus, vorzüglich in den Abteilungen der Crustaceen, Würmer und Orobancheen. Wie die Ontogenese dieser Organismen unwiderleglich zeigt, beruht ihre Phylogenese auf einer entschiedenen rückschreitenden Differenzierung, die durch die natürliche Züchtung veranlaßt ist.

Wenn wir daher die gesamten Differenzierungsphänomene in der organischen Natur nach ihrem historischen Verlauf vergleichend überblicken, so gelangen wir zu demselben großen und erfreulichen Gesamtresultat, welches uns auch die Geschichte der menschlichen Völker (oder die sogenannte Weltgeschichte) und namentlich die Kulturgeschichte, allein schon deutlich zeigt: Im großen und ganzen ist die Entwickelungsbewegung der gesamten organischen Welt eine stetig und überall fortschreitende, wenngleich die überall wirkenden Differenzierungsprozesse notwendig neben den überwiegenden Fortschrittsvorgängen im kleinen und einzelnen auch zahlreiche, und oft bedeutende Rückschritte in der Organisation bedingen. Indessen treten diese Rückschritte, wie sie in der Völkergeschichte vorzüglich durch die Herrschaft der Priester und Despoten, in der übrigen organischen Natur vorzüglich durch Parasitismus bedingt werden, doch im großen und ganzen vollständig zurück gegenüber der ganz vorherrschenden Vervollkommnung. Der Fortschritt zu höheren Stufen der Vollkommenheit ist in der gesamten organischen Natur ein genereller und universeller, der gleichzeitig stattfindende

Rückschritt zu niederen Stufen ein spezieller und lokaler Prozeß. Sowohl der überwiegende Fortschritt in der Vervollkommnung des Ganzen, als der hemmende Rückschritt in der Organisation des Einzelnen, sind mechanische Naturprozesse, welche mit Notwendigkeit durch die natürliche Züchtung im Kampfe um das Dasein bedingt sind, und durch die Selektionstheorie (und nur durch sie allein!) vollständig erklärt werden.

Dieser letztere Satz muß besonders betont werden, weil gerade an diesem Punkte die teleologische und dualistische Dogmatik besonders tiefe und feste Wurzeln geschlagen hat. Dies zeigt sich nicht allein in den kindlichen und keiner Widerlegung bedürftigen Behauptungen derjenigen Teleologen, welche in dem Gesetze der fortschreitenden Entwickelung einen besonderen Beweis für die Vortrefflichkeit des Schöpfungsplans und für die Weisheit des (natürlich ganz anthropomorph gedachten) Schöpfers erblicken wollen. Auch monistische Naturforscher, welche im ganzen unsere Ansichten teilen, haben sich der Annahme eines besonderen „Vervollkommnungsprinzips" nicht entziehen zu können geglaubt. So hat insbesondere Nägeli neben der „Nützlichkeitstheorie" (wie er Darwins Selektionstheorie nennt), noch eine besondere „Vervollkommnungstheorie" festhalten zu müssen geglaubt, welche die Annahme fordert, „daß die individuellen Abänderungen nicht unbestimmt, nicht nach allen Seiten gleichmäßig, sondern vorzugsweise und mit bestimmter Orientierung nach Oben, nach einer zusammengesetzteren Organisation zielen". Nägeli glaubt zwar, für dieses Vervollkommnungsprinzip „keine übernatürliche Einwirkung nötig zu haben". Indessen ist er den Beweis einer notwendigen Existenz desselben und einer mechanischen Erklärung seiner Wirksamkeit schuldig geblieben, und wir glauben nicht, daß dieser wird geliefert werden können. Durch Nägeli's Annahme, „daß der Organismus in sich die Tendenz habe, in einen komplizierter gebauten sich umzubilden," geraten wir auf die schiefe Ebene der Teleologie, auf der wir rettungslos in den Abgrund dualistischer Widersprüche hinabrutschen und uns von der allein möglichen mechanischen Naturerklärung völlig entfernen. Wir können uns aber um so weniger zur Annahme eines solchen besonderen, bis jetzt ganz unerklärlichen Vervollkommnungsprinzips entschließen, als uns die Selektionstheorie dic vorwiegend fortschreitende Richtung der Differenzierung durch die natürliche Züchtung ganz wohl erklärt, und als daneben die überall vorkommenden Rückbildungen zeigen, daß der Fortschritt keineswegs ein ausschließlicher und unbedingter ist.

Indem wir also den allgemeinen und überwiegenden, jedoch durch viele einzelne Rückschritte unterbrochenen Fortschritt als ein allgemeines mechanisches Naturgesetz festhalten, welches mit Notwendigkeit aus der beständigen Wirksamkeit der natürlichen Züchtung folgt. haben wir schließlich noch einen Blick auf die drei verschiedenen Erscheinungsreihen der fortschreitenden Entwickelung zu werfen. welche den drei Differenzierungsreihen entsprechen, und welche in ihrer auffallenden Parallele uns einen der wichtigsten Beweise für die Wahrheit der Deszendenztheorie liefern. Es sind dies die drei parallelen Fortschrittsketten der paläontologischen, embryologischen und systematischen Vervollkommnung.

Die paläontologische Vervollkommnung oder der phylogenetische Fortschritt ist von diesen drei parallelen fortschreitenden Entwickelungsreihen (wie dies auch ebenso von den drei parallelen Differenzierungsreihen gilt) der ursprünglichste und daher wichtigste. Wenn wir vorher zeigten, daß der Fortschritt eine notwendige Folge der Wechselwirkung von Anpassung und Vererbung sei, so galt dies zunächst nur von der phylogenetischen Vervollkommnung, welche sich in der allmählich fortschreitenden Entwickelung der Arten und Stämme zeigt, darin also, daß die Transmutation der Spezies nicht allein zur Erzeugung neuer, sondern im ganzen auch vollkommnerer Arten führt, und daß mithin auch die Stämme im ganzen sich beständig vervollkommnen. Die gesamte Paläontologie liefert hierfür eine fortlaufende Beweiskette.

Die embryologische Vervollkommnung oder der ontogenetische Fortschritt, welcher sich in der gesamten individuellen Entwickelungsgeschichte der Organismen als die am meisten auffallende Erscheinung offenbart, ist die natürliche Folge des paläontologischen Fortschritts, und durch die Vererbungsgesetze (besonders durch die Gesetze der abgekürzten, der homochronen und homotopen Vererbung) mit Notwendigkeit bedingt. Da die gesamte *Ontogenie* nichts weiter, als eine kurze und schnelle Rekapitulation der *Phylogenie* des betreffenden Organismus ist, so muß natürlich auch die vorzugsweise fortschreitende Bewegung der letzteren in derselben Weise wieder wie in der ersteren zutage treten. Da, wo der überwiegende paläontologische Fortschritt durch Anpassung der vollkommneren Organismen an einfachere Existenzbedingungen lokal modifiziert und beschränkt worden ist, wie namentlich bei den Parasiten, da muß derselbe natürlich auch ebenso in der individuellen Entwickelung eine entsprechende *„regressive Metamorphose“* zur Folge haben (sehr ausgezeichnet bei den parasitischen Crustaceen).

Die systematische Vervollkommnung oder der spezifische Fortschritt endlich, welcher vorzugsweise Objekt der vergleichenden Anatomie ist, folgt ebenso unmittelbar wie der ontogenetische, aus dem paläontologischen Fortschritt. Zunächst ist hier zu erwägen, daß die Vervollkommnung bei den verschiedenen Organismen einen äußerst ungleichen Verlauf hinsichtlich ihrer Ausdehnung und Schnelligkeit nimmt. Während einige Organismen in verhältnismäßig kurzer Zeit einen sehr hohen Grad der Differenzierung und der Vollkommenheit erreichen (z. B. die Säugetiere unter den Wirbeltieren, und besonders die Carnivoren und Primaten) verändern sich andere, verwandte Organismen auch in sehr langen Zeiträumen nur sehr wenig, und zeigen nur einen sehr geringen Grad der Vervollkommnung und Divergenz (z. B. die Fische unter den Wirbeltieren, und besonders die Ganoiden und Selachier). Noch andere, diesen verwandte Organismen verändern sich zwar bedeutend, aber nicht in fortschreitender, sondern in rückschreitender Richtung (z. B. die Parasiten). Daher finden wir, daß sehr viele gleichzeitig existierende Organismen, obgleich sie von einer und derselben gemeinsamen Stammform abstammen, dennoch einen äußerst verschiedenen Grad der Vollkommenheit, ebenso wie der Differenzierung zeigen. Dieser systematische oder spezifische Fortschritt, wie ihn die Systematik und vergleichende Anatomie bei Vergleichung der verwandten und koexistenten Organismen in der Form des Systems so deutlich nachweist, erklärt sich ebenso einfach, wie die beiden anderen Fortschrittsreihen, aus der Selektionstheorie. Er zeigt uns nur die reifen Früchte des fortschreitenden Vervollkommnungs-Prozesses, wie er sich in der Phylogenie divergierend gestaltet, und wie er sich in der Ontogenie kurz wiederholt. Die vollkommene Parallele dieser drei fortschreitenden Entwickelungsreihen, der paläontologischen, der embryologischen und der systematischen Vervollkommnung, ist einer der stärksten Beweise für die Wahrheit der Deszendenztheorie.

X. Dysteleologie oder Unzweckmäßigkeitslehre.

(Wissenschaft von den rudimentären, abortiven, verkümmerten, fehlgeschlagenen, atrophischen oder kataplastischen Individuen.)

X, A. Die Dysteleologie und die Selektionstheorie.

Von allen großen und allgemeinen Erscheinungsreihen der organischen Morphologie, welche uns durch die Deszendenztheorie vollkommen erklärt werden, während sie ohne dieselbe gänzlich unerklärt bleiben, ist nächst der dreifachen Parallele der paläontologischen, embryologischen und systematischen Entwickelung vielleicht keine einzige von so mächtiger und unmittelbar überzeugender Beweiskraft, als der ebenso interessante als wichtige Phänomenenkomplex der sogenannten „rudimentären Organe", welche man häufig auch als abortive, atrophische, verkümmerte oder fehlgeschlagene Organe bezeichnet. Wenn nicht die gesamte generelle Biologie, ebensowohl die Morphologie als die Physiologie, in allen einzelnen Abschnitten und Zweigen eine fortlaufende Kette von harmonischen Beweisen für die Wahrheit der Abstammungslehre wäre, so würde allein schon die Kenntnis jener „Organe ohne Funktion" uns von derselben auf das bestimmteste überzeugen. In gleichem Maße aber, als die Organe, welche man sowohl in der Zoologie, als in der Botanik mit jenen Namen bezeichnet, die höchste morphologische Bedeutung besitzen, in gleichem Maße sind sie bisher fast allgemein vernachlässigt, oder doch bei weitem nicht in dem Grade, wie sie es verdienen, gewürdigt worden. Es war dies auch ganz natürlich, solange man in Ermangelung der Deszendenztheorie nichts mit ihnen anfangen konnte, und auf eine allgemeine mechanisch-kausale Erklärung der morphologischen, und namentlich der ontogenetischen Tatsachen überhaupt verzichten mußte. Erst als Darwin die Abstammungslehre neu belebte und durch die Selektionstheorie fest begründete, kamen auch die rudimentären Organe wieder hoch zu Ehren. Sie werden von jetzt an als eines der schlagendsten und wichtigsten Argumente zugunsten derselben gelten müssen und als solche eine bisher nicht geahnte Bedeutung erlangen.

Wenn die teologische und dadurch dualistische Biologie noch heute allgemein behauptet und bis auf Darwin fast unangefochten behauptet hat, daß die morphologischen Erscheinungen im Thier- und Pflanzenreiche „zweckmäßige Einrichtungen" seien, daß sie nach einem „zweckmäßigen Plane“ angelegt und ausgeführt, durch „zwecktätige Ursachen“ (causae finales) bestimmt seien, so wird diese grundfalsche Ansicht, abgesehen von ihrer sonstigen Unhaltbarkeit, durch nichts schlagender widerlegt, als durch die rudimentären Organe, welche entweder ganz gleichgültig und unnütz, oder sogar entschieden „unzweckmäßig“ sind. Die außerordentliche theoretische Bedeutung, welche dieselben dadurch besitzen, die unerschütterliche Basis, welche sie der von uns vertretenen und allein wahren monistischen, d. h. mechanisch-kausalen Erkenntnis der organischen Natur liefern, ermächtigt uns, die Wissenschaft von den rudimentären Organen zu einer besonderen Disziplin der organischen Morphologie zu erheben, welcher wir die bedeutendste Zukunft versprechen können. Wir glauben diese Lehre mit keiner passenderen, und ihre hohe philosophische Bedeutung richtiger andeutenden Bezeichnung belegen zu können, als mit derjenigen der „Unzweckmäßigkeitslehre oder Dysteleologie“.

Die Organe, oder allgemeiner gesagt, organischen Körperteile, welche das Objekt der Dysteleologie bilden, sind in der Botanik und Zoologie mit mehreren verschiedenen Namen belegt worden: rudimentäre oder verkümmerte, atrophische oder unentwickelte, abortive oder fehlgeschlagene Teile, auch wohl Hemmungsbildungen. Am besten würde man sie wohl, mit Rücksicht auf ihre Entstehung durch regressive oder kataplastische Entwickelung, „kataplastische oder rückgebildete“ Teile nennen, oder, mit Rücksicht auf den physiologischen Degenerationsprozess, der diese bewirkt: „degenerierte oder entbildete Teile“. Im ganzen hat man denselben in der Botanik eine weit allgemeinere Aufmerksamkeit geschenkt, als in der Zoologie, ohne daß jedoch, dort wie hier, die eigentliche Bedeutung derselben gewöhnlich richtig erkannt worden wäre. Allerdings liegen bei den Pflanzen, deren Organdifferenzierung durchschnittlich ja sehr viel einfacher als diejenige der Tiere ist, diese kataplastischen Organe viel offener und augenfälliger zutage, und es läßt sich hier auch oft durch vergleichend anatomische und morphogenetische Untersuchung viel leichter der Nachweis ihrer eigentlichen Entstehung und Bedeutung führen, als bei den Tieren; doch sind dieselben auch bei den letzteren so allgemein vorhanden, daß es bei jeder genaueren vergleichenden Betrachtung gelingt., sie in Menge nachzuweisen.

Die einzige Vorsicht, welche bei der Untersuchung der rudimentären oder abortiven Teile nötig ist, besteht darin, daß man sich vor einer Verwechslung derselben mit werdenden oder neu entstehenden Teilen hütet. Auch diese, in Anaplase begriffenen Teile, können als „Rudimente“, d. h. als unbedeutende und unscheinbare, physiologisch wertlose und morphologisch unentwickelte Teile erscheinen. Meistens wird aber entweder ein Blick auf den Gang der individuellen Entwickelung oder auf die Bildung desselben Organs bei verwandten Organismen, genügen, uns erkennen zu lassen, ob dasselbe in fortschreitender Anaplase oder in rückschreitender Kataplase begriffen ist. Nur im letzteren Falle verdient es den Namen des „abortiven oder atrophischen Organs“.

Am leichtesten werden wir zur Erkenntnis der rudimentären Teile gewöhnlich auf physiologischem Wege geleitet, durch die Feststellung nämlich, daß der betreffende Körperteil, obwohl morphologisch vorhanden, dennoch physiologisch nicht existiert, indem er keine entsprechenden Funktionen ausführt. In dieser Beziehung kann also der betreffende Körperteil entweder für den Organismus vollständig nutzlos, gleichgültig, ein „Organ ohne Funktion“, ein „Werkzeug außer Dienst“ sein, oder aber ihm sogar positiv nachteilig und schädlich. Sehr häufig bedarf es jedoch keiner physiologischen Reflexion, um die rudimentären oder kataplastischen Teile als solche zu erkennen. Ein Blick auf ihre empirisch leicht festzustellende individuelle Entwickelung, oft schon ein vergleichend anatomischer Blick auf ihre Bildung bei verwandten Organismen, genügt, um sie als wirklich rückgebildete, kataplastische Teile nachzuweisen.

X, B. Entwickelungsgeschichte der rudimentären oder kataplastischen Individuen.

Wenn es wirklich solche „unzweckmäßige, unnütze“ oder sogar nachteilige und positiv schädliche Teile (Formindividuen) im Körper der meisten Organismen gibt, wie sie von der Dysteleologie in der ausgedehntesten Verbreitung nachgewiesen werden, so kann die Erklärung dieser höchst merkwürdigen Erscheinungen nur von der Entwickelungsgeschichte geliefert werden. Da die Existenz der rudimentären Teile vollkommen unvereinbar ist mit der herrschenden teleologischen Dogmatik, und speziell mit der dualistischen Annahme, daß der Organismus in allen seinen Teilen zweckmäßig eingerichtet sei, daß alle Teile durch eine *Causa finalis* bestimmt werden, als zwecktätige Organe zum Besten des Ganzen zusammenzuwirken, so können nur blinde mechanische „*Causae efficientes*“ als die Ursachen ihrer Entstehung gedacht werden. Die einzig mögliche Annahme, welche dieselben zu erklären vermag, welche sie aber auch vollständig und in der befriedigendsten Weise erklärt, ist aus der Deszendenztheorie zu entnehmen; diese behauptet, daß die kataplastischen Teile die außer Dienst getretenen, unbrauchbar gewordenen Reste von wohl entwickelten Teilen sind, welche in den Voreltern der betreffenden Organismen zu irgend einer Zeit vollständig entwickelt, funktionsfähig, und tatsächlich wirksam waren; und diese Erklärung der Abstammungslehre wird durch die Tatsachen der phylogenetischen und ontogenetischen Entwickelungsgeschichte vollkommen bestätigt. Daß diese früher gut entwickelten und leistungsfähigen Teile später in der jüngeren Generation der Spezies leistungsunfähig wurden, und verkümmerten, liegt zunächst und unmittelbar an einer Ernährungsveränderung des betreffenden Teils, welche durch besondere Anpassungsbedingungen verursacht ist. Diese Adaptionsverhältnisse können sehr verschiedener Natur sein. Die größte Rolle spielt dabei gewöhnlich der Nichtgebrauch des Organs, die mangelhafte oder ganz ausfallende Funktion. Ebenso wie durch andauernden Gebrauch und Übung eines bestimmten Körperteils dessen Ernährung und damit auch das Wachstum gefördert wird, wie Gebrauch und Übung zur Vergrößerung und Verstärkung (Hypertrophie) eines Körperteils führen, ebenso führt umgekehrt der mangelhafte oder unvollständige Gebrauch zur Schwächung und Abnahme desselben (Atrophie), indem zunächst das Wachstum und die Ernährung herabgesetzt wird. Indem nun diese durch Anpassung an bestimmte Existenzbedingungen bewirkte Modifikation eines Körperteils von dem betreffenden Organismus auf seine Nachkommen vererbt wird, indem durch fortdauernden Nichtgebrauch des abnehmenden Organs sich die Schwächung desselben häuft, führt dieser Generationen hindurch fortgesetzte Mangel an Übung endlich zu einem vollständigen Ausfallen, einem gänzlichen Schwunde des Organs. Es werden also Körperteile, welche Generationen hindurch gar nicht oder nur schwach gebraucht werden, nicht allein beständig schwächer, atrophischer, rudimentärer, sondern ihr Rückbildungsprozeß, ihre Kataplase, führt schließlich zum vollständigen Schwunde, zum vollendeten „Abortus“.

Der Weg, auf dem die rudimentären Teile entstehen, ist also offenbar derselbe, wie derjenige, auf dem neue Teile entstehen. Nur die Richtung der Bildungsbewegung ist in beiden Fällen entgegengesetzt. Ebenso wie bei der Neubildung eines Organs eine Reihe von vielen Generationen hindurch zahlreiche kleine Zunahmen sich häufen, und so endlich zur Entstehung eines ganz neuen Teils führen, so häufen sich bei der Rückbildung eines Organs allmählich zahlreiche kleine Abnahmen, bis dasselbe nach Verlauf einer größeren Generationsreihe endlich ganz verschwindet. Hier wie dort sind es die Anpassung und die Vererbung, welche zusammen wirken und welche, im Kampfe ums Dasein wirksam, die natürliche Zuchtwahl als die bildende Ursache erkennen lassen.

Wir kommen hierbei zurück auf die wichtige Tatsache, daß die natürliche Züchtung keineswegs immer bloß fortbildend, anaplastisch, sondern auch rückbildend, kataplastisch wirkt. Sobald die Existenzbedingungen (z. B. beim Parasitismus) so einfach werden, daß der Organismus, vorher an kompliziertere Bedingungen angepaßt, seine entsprechend komplizierten Organe nicht mehr braucht, so werden diejenigen Individuen, welche sich am meisten und am schnellsten zurückbilden, diesen einfacheren Lebensbedingungen sich am besten und vollständigsten anpassen, und daher einen Vorteil im Kampf ums Dasein vor den vollkommneren Individuen der gleichen Art besitzen. So entstehen also durch natürliche Zuchtwahl nicht nur vollkommnere, sondern auch unvollkommnere Individuen und Organe. Ein und derselbe Prozeß führt in einem Falle zur höheren Ausbildung und Vervollkommnung des Organs und selbst zur Neubildung vorher nicht existierender Teile, im anderen Falle dagegen umgekehrt zur Rückbildung und Verkümmerung desselben, und endlich selbst zum Verschwinden mancher existierenden Teile. Schon hieraus geht hervor, daß, wie wir in den beiden vorhergehenden Abschnitten zeigten, die Differenzierung der Organismen keineswegs immer und notwendig mit einer Vervollkommnung, vielmehr häufig mit entschiedener Rückbildung verbunden ist. Es ist besonders wichtig, hierbei ins Auge zu fassen, daß durch den Besitz hoch differenzierter Teile dem Organismus nicht allein Vorteile, sondern auch Lasten erwachsen, und daß also das Verschwinden solcher Teile, welche immer eine bestimmte Quantität von Nahrung erfordern, für ihn ein positiver Vorteil ist, sobald dieselben nicht mehr in Gebrauch, ihm nicht mehr von Nutzen sind. So wird für eine Vogelart, welche aus irgend einem Grunde sich das Fliegen abgewöhnt und sich zum Laufen ausbildet, die allmähliche Verkümmerung und Reduktion der

Flügel schon allein aus dem Grunde ein großer Vorteil sein, weil der beträchtliche Aufwand von Nahrungsmaterial, den die Flügel erforderten, nunmehr dem übrigen Körper zugute kommt. Die schwächere Ernährung der oberen, nicht mehr gebrauchten Extremitäten, wird hier unmittelbar eine entsprechend stärkere Ernährung der unteren, allein zur Ortsbewegung gebrauchten Extremitäten herbeiführen, und der Aufbildung der letzteren wird die Rückbildung der ersteren parallel gehen. Für ein parasitisches Krustentier, welches in der Jugend frei beweglich und mit Sinnesorganen versehen ist, wird späterhin, wenn es zur parasitischen Lebensweise übergegangen ist und sich festgesetzt hat, der Verlust der Sinnes- und Bewegungsorgane ein entschiedener Vorteil sein. Denn dieselben Ernährungssäfte, dieselben Massen von Materie, welche vorher für die Unterhaltung und Übung jener Organe verwandt wurden, können nunmehr, wo diese nicht mehr in Wirksamkeit sind, zur Bildung von Fortpflanzungstoffen verwandt werden. Es ist also die möglichst ausgedehnte Rückbildung und der eventuelle Schwund der unnützen Teile für den übrigen Körper von entschiedenem Nutzen, wie wir es schon nach dem Gesetz der wechselbezüglichen Anpassung, bei der großen Wichtigkeit der Wechselbeziehungen der verschiedenen Körperteile zueinander, erwarten konnten. Der negative Vorteil, den der Verlust bestimmter überflüssiger oder schädlicher Teile dem Organismus gewährt, wird also im Kampfe um das Dasein ebenso züchtend wirken, wie irgend ein anderer positiver Vorteil. Er wird die Rückbildung (Kataplase) und endlich die vollständige Vernichtung (Abortus) des kataplastischen Teils bewirken.

Die Parallele zwischen der Phylogenie und Ontogenie tritt auch in diesem Falle wiederum auf das schlagendste ans Licht; denn die gesamte individuelle Entwickelungsgeschichte der rudimentären Teile zeichnet uns in kurzer Zeit mit flüchtigen aber charakteristischen Strichen die Grundzüge des langen und langsamen kataplastischen Prozesses, durch welchen die rudimentären Teile im Laufe vieler Generationen durch Anpassung an einfachere Lebensbedingungen, durch Nichtgebrauch, Nichtübung etc. von ihrer früheren Ausbildungshöhe herabsanken. Hier, wenn irgendwo, kann auch der eifrigste Dualist, falls er nicht ganz mit teleologischer Blindheit geschlagen ist, sich monistischen Anschauungen nicht entziehen; ja dieselben sind hier sogar unbewußt schon durch den Sprachgebrauch ausgedrückt, denn die Bezeichnungen der „verkümmerten, fehlgeschlagenen, abortierten, atrophischen“ Teile involvieren selbstverständlich die Annahme einer früher dagewesenen höheren Ausbildung. Bei Betrachtung der parasitischen Crustaceen und ihrer regressiven Metamorphose muß jeder Zweifel verschwinden. Hier hört jeder dualistische Erklärungsversuch auf. Jede Teleologie unterliegt dem Gewichte dieser handgreiflichen Argumente, und der Monismus feiert durch die Deszendenztheorie seinen glänzendsten Sieg.

„Organe“ im engeren Sinne, welche die Bezeichnungen „rudimentärer, atrophischer, abortiver, fehlgeschlagener, verkümmerter, entarteter Organe“ etc. verdienen und welche wir sämtlich als „kataplastische Organe“ zusammenfassen wollen, sind in der gesamten Organismenwelt so außerordentlich weit verbreitet, und so äußerst mannigfaltig gebildet, daß die gesamte vergleichende Anatomie in fast allen Organismengruppen uns eine Fülle von schlagenden Beispielen liefert. Wir wollen nur einige der wichtigsten hervorheben.

Am auffallendsten und bemerkenswertesten sind diejenigen Fälle von kataplastischen Organen, bei denen eine ganz bestimmte, spezielle und besonders ausgebildete Funktion eines sehr zusammengesetzten Organs vollständig aufgehoben ist, trotzdem das Organ selbst vorhanden ist. Kein Organ des tierischen Körpers ist in dieser Beziehung vielleicht so außerordentlich merkwürdig, als das Auge, und die rudimentären Augen der parasitischen und unterirdischen Tiere müssen selbst dem befangensten und blödesten Naturforscherauge die Unmöglichkeit teleologisch-vitalistischer Erklärungen klar machen. Wir finden solche rudimentäre Augen in den verschiedensten Stadien der Kataplase, nicht selten noch mit vollständig erhaltenen lichtbrechenden Medien und dem gesamten optischen Apparate der ausgebildeten und funktionierenden Augen, während sie doch statt der durchsichtigen Cornea vollständig von undurchsichtiger Haut bedeckt sind, so daß kein Lichtstrahl in sie hineinfallen kann. Bei parasitischen und besonders bei Höhlen bewohnenden Tieren der verschiedensten Gruppen können wir sie von diesem ersten Stadium der Kataplase bis zur vollständigen Verkümmerung und endlich zum gänzlichen Schwunde verfolgen. Von den zahlreichen Beispielen erwähnen wir bloß: von den Säugetieren: mehrere Maulwürfe (*Talpa caeca*, *Chrysochloris*) und Blindmäuse (*Spalax typhlus*, *Ctenomys* etc.); von den Reptilien: viele unterirdisch lebende Eidechsen und Schlangen (*Typhline*, *Dibamus*, *Acontias caecus*, *Amphisbaena*, *Typhlops* etc.); unter den Amphibien: *Caecilia, Proteus anguineus* und andere Proteiden; unter den Fischen: die Heteropygier (*Amblyopsis spelaeus* und *Typhlichthys subterraneus*), einige Welse (*Silurus caecutiens*), einige Aale (*Apterichthys caecus*), und die parasitischen Myxinoiden (besonders *Gastrobranchus caecus*). Noch viel zahlreicher, als unter den Wirbeltieren, sind Beispiele von rudimentären Augen unter allen Abteilungen der Wirbellosen zu finden, besonders bei Parasiten, Höhlenbewohnern, und solchen, die auf dem dunkeln Grunde des tiefen Meeres leben: wir erinnern bloß an die zahlreichen blinden Insekten (besonders Hymenopteren und Käfer), Arachniden, Crustaceen, Schnecken, Würmer etc. Alle Stadien der paläontologischen Kataplase sind hier anzutreffen und liefern die unwiderleglichsten Beweise für die Deszendenztheorie.

Nächst den Gesichtsorganen sind es vorzüglich die Flugorgane, welche unter den kataplastischen Organen besonders merkwürdig und wichtig sind. Wir haben bloß zwei Tierklassen mit entwickelten Flugorganen, welche hier in Betracht kommen, die Vögel und die Insekten; denn die unvollkommenen Flügel (Brustflossen) der fliegenden Fische (*Dactylopterus, Exocoetus, Pegasus*), sowie der fliegenden Leguane (*Draco*), Beuteltiere (*Petaurus*), Nagetiere (*Pteromys*) und Dermopteren (*Galeopithecus*), sind erst werdende (anaplastische), nicht verkümmernde Flugorgane, und unter den fliegenden Fledermäusen und Pterodactylen mit vollkommen entwickelten Flugorganen sind uns keine rudimentären oder verkümmerten Fälle bekannt. Unter den Vögeln sind durch die mehr oder weniger weit gehende Reduktion der Flugwerkzeuge vorzüglich diejenigen ausgezeichnet, welche sich das Laufen angewöhnt und dabei das Fliegen verlernt haben: die merkwürdige Ordnung der Cursores: Strauß, Rhea, Kasuar, Apteryx, Didus. Als rudimentäre Flugorgane können auch die Flügel der Pinguine (*Aptenodytes*), betrachtet werden, welche jedoch in gute Schwimmorgane umgewandelt, und daher nicht so ohne Funktion, wie die Flügel der Cursores oder Laufvögel sind. Unter den Insekten sind die Beispiele von rudimentären oder verkümmerten Flügeln in allen Ordnungen, und in sehr vielen Familien, so überaus zahlreich, daß wir in dieser Beziehung einfach auf die Handbücher der Entomologie verweisen können. Es finden sich hier nicht allein viele Arten, bei denen eines der beiden Geschlechter (gewöhnlich das Weibchen) flügellos, das andere (gewöhnlich das Männchen) geflügelt ist, sondern auch viele Gattungen, von denen einzelne Arten mit rudimentären, die andern mit entwickelten Flügeln versehen sind, ferner ganze flügellose Gattungen neben anderen geflügelten Gattungen derselben Familie, flügellose Familien neben geflügelten Familien derselben Ordnung, und endlich eine so große Gruppe von niederen flügellosen Insekten ohne Verwandlung, daß man dieselben sogar als eine besondere Ordnung unter dem Namen der flügellosen Insekten (Aptera) vereinigt hat. Die Flugwerkzeuge finden sich in allen diesen Fällen auf den verschiedensten Stadien der paläontologischen Kataplase, so daß über ihre Verkümmerung durch natürliche Züchtung gar kein Zweifel existieren kann. Es sind aber diese Fälle um so wichtiger, als offenbar alle anatomischen und morphogenetischen Verhältnisse der Insekten bestimmt darauf hinweisen, daß alle Mitglieder der Insektenklasse, in dem Umfange, in welchem wir heutzutage dieselbe kennen (also auch alle jetzt lebenden Insekten aller Ordnungen) von gemeinsamen geflügelten Voreltern abstammen, und daß demnach alle gegenwärtig existierenden Fälle von Insekten mit rudimentären Flügeln (ebenso wie alle Fälle von Vögeln mit rudimentären Flügeln) einer phylogenetischen Kataplase durch natürliche Zuchtwahl ihren Ursprung verdanken.

Wie die Flugwerkzeuge, so liefern uns auch die übrigen Bewegungsorgane der Tiere eine endlose Fülle von schlagenden Beispielen für die Dysteleologie. Es gehören hierher die interessantesten Phänomene aus der vergleichenden Anatomie der aktiven (Muskeln) und passiven Bewegungswerkzeuge (Skeletteile). Wir erinnern bloß an einen der wichtigsten und am besten bekannten Teile der vergleichenden Anatomie, an die komparative Osteologie und Myologie der Wirbeltiere. Wie dieser Teil der Morphologie von den geistreichsten vergleichenden Anatomen aller Zeiten, von Aristoteles an bis auf Goethe, Cuvier, Johannes Müller, Gegenbaur und Huxley, mit Recht als besonderer Lieblingszweig bevorzugt worden ist, und wie er uns auf jeder Seite die schlagendsten Beweise für die Deszendenztheorie in Hülle und Fülle liefert, so bereichert derselbe auch die Dysteleologie mit einer solchen Masse von Material, daß es schwer wird, einzelne Fälle besonders hervorzuheben. Es gibt fast keinen Teil des Wirbeltierskelets und der Wirbeltiermuskulatur, welcher nicht durch alle Stadien der phylogenetischen Kataplase hindurch (in sehr vielen Fällen sogar bis zum vollständigen Schwunde) zu verfolgen wäre. Ganz vorzüglich gilt dies von den Extremitäten. Wir erinnern bloß daran, daß alle uns bekannten Wirbeltiere mit

Ausnahme des *Amphioxus* und der *Cyclostomen*) von gemeinsamen archozoischen Voreltern abstammen, welche zwei Extremitätenpaare, ein Paar Vorderbeine (Brustflossen) und ein Paar Hinterbeine (Bauchflossen) besaßen, und daß diese vier Extremitäten sowohl unter den jetzt noch lebenden Vertebraten, als unter ihren ausgestorbenen Voreltern, durch alle Stadien der historischen Rückbildung oder der phylogenetischen Kataplase hindurch zu verfolgen sind, und zwar sowohl die ganzen Extremitäten, als alle ihre einzelnen Teile, von letzteren namentlich auch die fünf Zehen (welches offenbar die ursprüngliche Zehenzahl für jeden Fuß der gemeinsamen Stammeltern aller höheren Wirbeltiere von den Amphibien aufwärts war). Den Gipfel der paläontologischen Reduktion der vier ursprünglichen Wirbeltierextremitäten finden wir erreicht in ihrem vollständigen Schwunde bei den meisten Schlangen und bei den flossenlosen Fischen (*Apterichthys, Uropterygius, Gymnothorax* und anderen Aalen). Übrigens sind auch bei allen Klassen der Wirbellosen die Beispiele von teilweiser und vollständiger Kataplase der aktiven und passiven Bewegungsorgane, und besonders der Extremitäten, so außerordentlich zahlreich und mannigfaltig, daß wir in der Tat keinen besonderen Fall hervorzuheben brauchen. Die auffallendsten Beispiele liefern die Gliedertiere, vorzüglich die Parasiten in den verschiedenen Ordnungen der Insekten, Crustaceen etc.

Auch unter den Ernährungsorganen finden wir alle möglichen Stadien der phylogenetischen Kataplase durch natürliche Züchtung. Alle einzelnen Teile der Verdauungs- und Zirkulationsorgane, der Respirations- und Sekretionsorgane, sowie diese ganzen Organapparate selbst, können teilweise oder vollständig der historischen Rückbildung im Kampf ums Dasein unterliegen. Eine Menge von besonders einfachen und schlagenden Beispielen liefert das Gebiß der Wirbeltiere und besonders der Säugetiere. Namentlich sind hier die von Darwin angezogenen Beispiele der Wiederkäuer und Cetaceen von Interesse. Die Kälber der Rinder besitzen vor der Geburt im Oberkiefer verborgene Zähne, welche niemals den Kiefer durchbrechen. Ebenso besitzen die Embryonen der zahnlosen Bartenwale in beiden Kiefern Zähne, die niemals in Funktion treten. Bei den meisten Ordnungen der Säugetiere sind einzelne Zähne des kompleten Gebisses rudimentär geworden, welches die gemeinsamen Voreltern der Mammalien besaßen, bei der einen die Schneide-, bei der anderen die Eck-, bei der dritten die Backzähne. Bei den Edentaten geht diese Reduktion noch viel weiter und wird oft ganz vollständig und allgemein. Die Speicheldrüsen werden bei vielen im Wasser lebenden Säugetieren rudimentär, so namentlich bei den Pinnipedien und den karnivoren Cetaceen, bei welchen letzteren sie gänzlich schwinden. Sehr häufig werden auch andere Drüsen und Anhänge des Darmkanals rudimentär, z. B. ein Teil der Kiemen, die Appendices pyloricae und die Schwimmblase bei vielen Fischen.

Beim Menschen ist als ein solcher rudimentärer Darmanhang besonders der *Processus vermiformis* des Blinddarms hervorzuheben. Er verdient deshalb besondere Berücksichtigung, weil er nicht nur ein unnützes, sondern sogar ein entschieden schädliches und gefährliches „rudimentäres Organ" darstellt. Bekanntlich veranlaßt das Steckenbleiben von Fruchtkernen u. dergl. im Wurmanhang sehr häufig Entzündungen desselben und seiner Umgebung (Typhlitis, Perityphlitis), welche meistens letalen Ausgang haben. Dagegen ist die Verödung und Verwachsung desselben infolge einer solchen Entzündung durchaus mit keinem Nachteil für den menschlichen Organismus verbunden. Es ist daher zu erwarten, daß die natürliche Züchtung denselben vollständig zum Verschwinden bringen wird.

Ganz vollständige Verkümmerung des Darmkanals bis zum Schwinden findet sich bei einigen Imagines (namentlich Männchen) von Insekten (deren Larven einen Darm besitzen), ferner bei einigen Crustaceen und vielen Würmern, besonders den Acanthocephalen und Cestoden, deren Voreltern zweifelsohne einen Darm besessen haben. Nicht minder zahlreich und mannigfaltig sind die dysteleologischen Beispiele im Bereiche des Zirkulationssystems. Wir erinnern bloß daran, daß von den mehrfachen (6—7) Aortenbogenpaaren, welche die gemeinsamen Voreltern aller uns bekannten Wirbeltiere besaßen, die meisten Vertebraten nur einen oder einige Bogen entwickelt, den größeren Teil verkümmert zeigen, und daß von den beiden abdominalen Aortenstämmen bei den Vögeln der linke, bei den Säugern der rechte atrophiert. Vollständigen Schwund des Zirkulationssystems, und ebenso auch des Respirationssystems finden wir bei vielen durch Parasitismus rückgebildeten Tieren, besonders Gliedertieren. Durch Schwund einer von beiden Lungen zeichnen sich die meisten Schlangen und viele schlangenähnliche Eidechsen aus. Partieller Schwund der Kiemen (an der Zahlenreduktion der Kiemenblattreihen sehr deutlich nachzuweisen) findet sich bei vielen Fischen. Ebenso erleiden die verschiedenartigen Sekretions- und Exkretionsorgane in den verschiedenen Tierklassen, oft bei nahe verwandten Arten, den verschiedensten Grad der Kataplase.

Auch die Fortpflanzungsorgane liefern uns eine Fülle der trefflichsten dysteleologischen Beweise, die besonders dann von Interesse sind, wenn die Sexualorgane bei beiden Geschlechtern in derselben Form angelegt und ursprünglich in der Weise differenziert sind, daß beim männlichen Geschlecht eine Reihe, beim weiblichen Geschlecht eine andere Reihe von Teilen rudimentär geworden ist, während eine dritte Reihe bei beiden Geschlechtern zur vollständigen Entwickelung gekommen ist. Auch hier wieder sind die Wirbeltiere und namentlich die Säugetiere von besonderer Wichtigkeit. Hier werden beim Manne die Müllerschen Fäden rudimentär und nur die Reste ihres unteren Endes bilden den Uterus masculinus (die Vesicula prostatica), die Reste des oberen Endes die Morgagnische Cyste des Nebenhodenkopfs, während beim Weibe Uterus und Eileiter aus denselben Müllerschen Fäden gebildet werden. Umgekehrt verhalten sich die Wolffschen Gänge oder die Ausführungsgänge der Primordialnieren, welche beim Weibe (als sogenannte „Gartnersche Kanäle“) rudimentär werden, während dieselben beim Manne sich zu den Samenleitern ausbilden. Ebenso schwinden auch beim Weibe die Urnieren selbst (oder die Wolffschen Körper), indem als abortiver Rest derselben bloß die Rosenmüllerschen Organe oder Nebeneierstöcke (Parovaria) übrig bleiben, wogegen aus denselben beim Manne sich der Nebenhoden (Epididymis) entwickelt. Was dagegen die äußeren Genitalien betrifft, die ebenso wie die inneren bei beiden Geschlechtern aus derselben gemeinschaftlichen Grundlage sich entwickeln, so ist die weibliche Clitoris, welche dem männlichen Penis entspricht, nicht als ein rudimentäres kataplastisches, sondern als ein werdendes Organ zu betrachten. Die Milchdrüsen (Mammae) und die dazu gehörigen Milchzitzen (Brustwarzen) der Säugetiere finden sich ebenfalls bei beiden Geschlechtern der Säugetiere, beim männlichen aber bloß rudimentär. Bisweilen können sie auch hier wieder in Funktion treten und sich nochmals anaplastisch entwickeln, wie die bekannten Beispiele von säugenden Männern und Ziegenböcken beweisen, welche durch A. v. Humboldt und andere sichere Gewährsmänner festgestellt sind. Bei den alten gemeinsamen Voreltern der Säugetiere haben demnach wahrscheinlich beide Geschlechter die Jungen gesäugt und erst später ist zwischen Beiden die Arbeitsteilung des Säugegeschäfts eingetreten.

Im Pflanzenreiche haben die rudimentären Organe, hier gewöhnlich als „fehlgeschlagene oder abortierte" bezeichnet, schon seit langer Zeit weit mehr Beachtung als im Tierreiche gefunden, obwohl auch hier die wahre Erklärung der längst bekannten, aber immer falsch gedeuteten Tatsachen erst durch die Deszendenztheorie möglich geworden ist. In allen Abteilungen des Pflanzenreichs sind rudimentäre Organe, und bei den Kormophyten sowohl Blatt- als Stengelorgane, in entschieden kataplastischem Zustand sehr leicht nachzuweisen. Doch müssen wir auch hier ebenso wie im Tierreiche wohl unterscheiden zwischen werdenden (anaplastischen) und rückschreitenden (kataplastischen) Organen, welche letzteren allein den Namen der „rudimentären Organe" in engerem Sinne verdienen. Diese wichtige theoretische Unterscheidung ist oft sehr schwierig, sowohl bei rudimentären Blatt- als Stengelorganen. Als unzweifelhaft kataplastische Ernährungsorgane können wir z. B. die haarförmigen, borstenförmigen und schuppenförmigen Blattrudimente der Kakteen, des *Ruscus*, vieler Schmarotzer (*Orobanche, Lathraea*) etc. ansehen. Äußerst verbreitet sind kataplastische Blätter in den Fortpflanzungsorganen (Blütenteilen) der Phanerogamen, von denen wohl die allermeisten jetzt lebenden Arten dergleichen besitzen. Es ist nämlich aus vielen (besonders promorphologischen) Gründen zu vermuten, daß die homotypische Grundzahl oder die Antimerenzahl (bei den Monocotyledonen ganz vorherrschend drei, bei den Dicotyledonen fünf, seltener vier) ursprünglich in allen Blattkreisen (Metameren) der Blüte dieselbe gewesen ist, und daß erst durch nachträgliche Reduktion (Kataplase) einzelner Antimeren in einzelnen Blattkreisen die betreffenden Geschlechtsorgane rückgebildet worden oder verloren gegangen sind. Am häufigsten trifft diese phylogenetische Kataplase die weiblichen, viel seltener die männlichen Geschlechtsteile, und von den Blütenhüllblättern viel häufiger die Krone, als den Kelch. In sehr zahlreichen Fällen liefert uns noch gegenwärtig die Ontogenie der Blüte den unwiderleglichen Beweis dafür, indem die später verkümmernden Teile in der ursprünglichen Anlage nicht allein vorhanden, sondern auch ebenso gut entwickelt sind, als diejenigen, welche später allein vollständig ausgebildet erscheinen. Doch ist es auch hier oft sehr schwer, zwischen der bloßen Hemmungsbildung (d. h. dem Stehenbleiben einzelner Organe auf früherer, niederer Stufe und der einseitigen Ausbildung anderer koordinierter Organe) und der wirklichen paläontologischen Rückbildung zu unterscheiden. Die letztere scheint jedoch im ganzen sehr viel häufiger als die erstere zu sein. Die besonderen Verhältnisse der natürlichen Züchtung, welche im Kampfe um das Dasein diese äußerst häufige Reduktion einzelner Geschlechtsorgane bedingt haben und noch jetzt beständig begünstigen, sind uns noch ganz unbekannt. Je geringer aber das physiologische, um so höher ist das morphologische Interesse dieser für die Dysteleologie äußerst wichtigen Erscheinungsreihen.

Die gesamte vergleichende Anatomie der Phanerogamenblüten liefert solche Massen von Beispielen für die phylogenetische Kataplase einzelner Geschlechtsorgane, daß wir hier nur ein paar Exempel für beiderlei Genitalien erwähnen wollen. Die weiblichen Genitalien, welche hierin am meisten ausgezeichnet sind, bieten dergleichen fast überall. Von den drei Griffeln der Gräser ist der eine abortiert, ebenso meist die eine von den drei Narben der Cyperaceen. Von den fünf Griffeln der Umbelliferen sind drei verkümmert, von den fünf Griffeln der *Parnassia* nur einer. Die Reduktion eines Teiles der männlichen Genitalien charakterisiert oft große „natürliche Familien" der Phanerogamen. So ist z. B. bei den Labiaten (Didynamia) von den ursprünglichen fünf Staubfäden fast immer einer, bisweilen aber auch drei fehlgeschlagen (z. B. *Lycopus, Rosmarinus, Salvia*). Ebenso sind bei den Kruziferen (Tetradynamia) fast allgemein von den ursprünglichen acht Staubfäden zwei (der dorsale und ventrale des äußeren Kreises) abortiert, bisweilen aber auch sechs (*Lepidium ruderale*). Ebenso geht sehr häufig das eine oder andere Blatt aus den vollzähligen Blattkreisen der Blütenhüllen, des Kelchs und besonders der Krone verloren.

XI. Oekologie und Chorologie.

In den vorhergehenden Abschnitten haben wir wiederholt darauf hingewiesen, daß alle großen und allgemeinen Erscheinungsreihen der organischen Natur ohne die Deszendenztheorie vollkommen unverständliche und unerklärliche Rätsel bleiben, während sie durch dieselbe eine ebenso einfache als harmonische Erklärung erhalten. Dies gilt in ganz vorzüglichem Maße von zwei biologischen Phänomenkomplexen, welche wir schließlich noch mit einigen Worten besonders hervorheben wollen, und welche das Objekt von zwei besonderen, bisher meist in hohem Grade vernachlässigten physiologischen Disziplinen bilden, von der Oekologie und Chorologie der Organismen.

Unter Oekologie verstehen wir die gesamte Wissenschaft von den Beziehungen des Organismus zur umgebenden Außenwelt, wohin wir im weiteren Sinne alle „Existenzbedingungen" rechnen können.*) Diese sind teils organischer, teils anorganischer Natur; sowohl diese als jene sind, wie wir vorher gezeigt haben, von der größten Bedeutung für die Form der Organismen, weil sie dieselbe zwingen, sich ihnen anzupassen. Zu den anorganischen Existenzbedingungen, welchen sich jeder Organismus anpassen muß, gehören zunächst die physikalischen und chemischen Eigenschaften seines Wohnortes, das Klima (Licht, Wärme, Feuchtigkeits- und Elektrizitätsverhältnisse der Atmosphäre), die anorganischen Nahrungsmittel, Beschaffenheit des Wassers und des Bodens etc.

Als organische Existenzbedingungen betrachten wir die sämtlichen Verhältnisse des Organismus zu allen übrigen Organismen, mit denen er in Berührung kommt, und von denen die meisten entweder zu seinem Nutzen oder zu seinem Schaden beitragen. Jeder Organismus hat unter den übrigen Freunde und Feinde, solche, welche seine Existenz begünstigen und solche, welche sie beeinträchtigen. Die Organismen, welche als organische Nahrungsmittel für andere dienen, oder welche als Parasiten auf ihnen leben, gehören ebenfalls in diese Kategorie der organischen Existenzbedingungen. Von welcher ungeheuren Wichtigkeit alle diese Anpassungsverhältnisse für die gesamte Formbildung der Organismen sind, wie insbesondere die organischen Existenzbedingungen im Kampfe um das Dasein noch viel tiefer umbildend auf die Organismen einwirken, als die anorganischen, haben wir in unserer Erörterung der Selektionstheorie gezeigt. Der außerordentlichen Bedeutung dieser Verhältnisse entspricht aber ihre wissenschaftliche Behandlung nicht im mindesten. Die Physiologie, welcher dieselbe gebührt, hat bisher in höchst einseitiger Weise fast bloß die Konservationsleistungen der Organismen untersucht (Erhaltung der Individuen und der Arten, Ernährung und Fortpflanzung), und von den Relationsfunktionen bloß diejenigen, welche die Beziehungen der einzelnen Teile des Organismus zu einander und zum Ganzen herstellen. Dagegen hat sie die Beziehungen desselben zur Außenwelt, die Stellung, welche jeder Organismus im Naturhaushalte, in der Ökonomie des Naturganzen

*) Anm. (1906). Die Bezeichnung Oekologie ist später bald durch Bionomie, bald durch Ethologie ersetzt worden. Vielfach wird sie auch noch Biologie schlechtweg (im engsten Sinne!!) genannt.

einnimmt, in hohem Grade vernachlässigt, und die Sammlung der hierauf bezüglichen Tatsachen der kritiklosen „Naturgeschichte“ überlassen, ohne einen Versuch zu ihrer mechanischen Erklärung zu machen.

Diese große Lücke der Physiologie wird nun von der Selektionstheorie und der daraus unmittelbar folgenden Deszendenztheorie vollständig ausgefüllt. Sie zeigt uns, wie alle die unendlich komplizierten Beziehungen, in denen sich jeder Organismus zur Außenwelt befindet, wie die beständige Wechselwirkung desselben mit allen organischen und anorganischen Existenzbedingungen nicht die vorbedachten Einrichtungen eines planmäßig die Natur bearbeitenden Schöpfers, sondern die notwendigen Wirkungen der existierenden Materie mit ihren unveräußerlichen Eigenschaften, und deren kontinuierlicher Bewegung in Zeit und Raum sind. Die Deszendenztheorie erklärt uns also die Haushaltsverhältnisse der Organismen mechanisch, als die notwendigen Folgen wirkender Ursachen, und bildet somit die monistische Grundlage der Oekologie. Ganz dasselbe gilt nun auch von der Chorologie der Organismen.

Unter Chorologie verstehen wir die gesamte Wissenschaft von der räumlichen Verbreitung der Organismen, von ihrer geographischen und topographischen Ausdehnung über die Erdoberfläche. Diese Disziplin hat nicht bloß die Ausdehnung der Standorte und die Grenzen der Verbreitungsbezirke in horizontaler Richtung zu projizieren sondern auch die Ausdehnung der Organismen oberhalb und unterhalb des Meeresspiegels, ihr Herabsteigen in die Tiefen des Ozeans, ihr Heraufsteigen auf die Höhen der Gebirge in vertikaler Richtung zu verfolgen. Im weitesten Sinne gehört mithin die gesamte „Geographie und Topographie der Tiere und Pflanzen“ hierher, sowie die Statistik der Organismen, welche diese Verbreitungs-Verhältnisse mathematisch darstellt. Nun ist zwar dieser Teil der Biologie in den letzten Jahren mehr als früher Gegenstand der Aufmerksamkeit geworden. Insbesondere hat die „Geographie der Pflanzen“ durch die Bemühungen Alexander von Humboldts und Frederik Schouws lebhaftes und allgemeines Interesse erregt. Auch die Geographie der Tiere ist von Berghaus, Schmarda und anderen als selbständige Disziplin bearbeitet worden. Indessen verfolgten alle bisherigen Versuche in dieser Richtung entweder vorwiegend oder selbst ausschließlich nur das Ziel einer Sammlung und geordneten Darstellung der chorologischen Tatsachen, ohne nach den Ursachen derselben zu forschen. Man suchte zwar die unmittelbare Abhängigkeit der Organismen von den unentbehrlichen Existenzbedingungen vielfach als die nächste Ursache ihrer geographischen und topographischen Verbreitung nachzuweisen, wie sie dies zum Teil auch ist. Allein eine tiefere Erkenntnis der weiteren Ursachen, und des kausalen Zusammenhangs aller chorologischen Erscheinungen war unmöglich, solange das Dogma von der Spezieskonstanz herrschte und eine vernünftige, monistische Beurtheilung der organischen Natur verhinderte. Erst durch die Deszendenztheorie, welche das erstere vernichtete, wurde die letztere möglich, und wurde eine ebenso klare, als durchschlagende Erklärung der chorologischen Phänomene gegeben. Im elften und zwölften Kapitel seines Werkes hat Charles Darwin gezeigt, wie alle die unendlich verwickelten und mannigfaltigen Beziehungen in der geographischen und topographischen Verbreitung der Tiere und Pflanzen sich aus dem leitenden Grundgedanken der Deszendenztheorie in der befriedigendsten Weise erklären, während sie ohne denselben vollständig unerklärt bleiben. Wir verweisen hier ausdrücklich auf jene geistvolle Darstellung, da wir an diesem Orte keine Veranlassung haben, auf den Gegenstand selbst näher einzugehen.

Alle Erscheinungen, welche uns die rein empirische Chorologie als Tatsachen kennen gelehrt hat — die Verbreitung der verschiedenen Organismenarten über die Erde in horizontaler und vertikaler Richtung; die Ungleichartigkeit und veränderliche Begrenzung dieser Verbreitungsbezirke; das Ausstrahlen der Arten von sogenannten „Schöpfungsmittelpunkten“; die zunehmende Variabilität an den Grenzen der Verbreitungsbezirke; die nähere Verwandtschaft der Arten innerhalb eines engeren Bezirkes; das eigentümliche Verhältnis der Süßwasserbewohner zu den Seebewohnern, wie der Inselbewohner zu den benachbarten Festlandsbewohnern; die Differenzen zwischen den Bewohnern der südlichen und nördlichen, wie der östlichen und westlichen Hemisphäre — alle diese wichtigen Erscheinungen erklären sich durch die Deszendenztheorie als die notwendigen Wirkungen der natürlichen Züchtung im Kampfe um das Dasein, als die mechanischen Folgen wirkender Ursachen. Wenn wir von jener Theorie ausgehend uns ein allgemeines theoretisches Bild von den notwendigen allgemeinen Folgen der natürlichen Züchtung für die geographische und topographische Verbreitung der Organismen entwerfen wollten, so würden die Umrisse dieses Bildes vollständig mit den Umrissen des chorologischen Bildes zusammenfallen, welches uns die empirische Beobachtung liefert.

Wir finden also, daß die tatsächlich existierenden Beziehungen der Organismen zur Außenwelt, wie sie sich in der gesamten Summe der oekologischen und chorologischen Verhältnisse aussprechen, durch die Deszendenztheorie als die notwendigen Folgen mechanischer Ursachen erklärt werden, während sie ohne dieselbe vollkommen unerklärt bleiben; wir erblicken daher in dieser Erklärung einen starken Stützpfeiler der Deszendenztheorie selbst.

XII. Die Deszendenztheorie als Fundament der organischen Morphologie.

Die Selektionstheorie und die durch sie kausal begründete Deszendenztheorie sind physiologische Theorien, welche für die Morphologie der Organismen das unentbehrliche Fundament bilden. Die Darstellung der beiden Theorien, welche wir in den vorhergehenden Abschnitten gegeben haben, hielten wir für unerläßlich, weil wir in denselben — und nur in ihnen allein! — den Schlüssel zum monistischen Verständnis der Entwickelungsgeschichte, und dadurch zur gesamten Morphologie der Organismen überhaupt finden. Die unermeßliche Bedeutung jener Theorien liegt nach unserer Ansicht darin, daß sie die gesamten Erscheinungen der Biologie, und ganz besonders der Morphologie der Organismen, monistisch, d. h. mechanisch erklären, indem sie dieselben als die notwendigen Folgen wirkender Ursachen nachweisen. Die beiden physiologischen Funktionen der Anpassung, welche mit der Ernährung, und der Vererbung, welche mit der Fortpflanzung zusammenhängt, genügen, um durch ihre mechanische Wechselwirkung in dem allgemeinen Kampfe um das Dasein die ganze Mannigfaltigkeit der organischen Natur hervorzubringen, welche die entgegengesetzte dualistische Weltansicht nur als das künstliche Produkt eines zweckmäßig tätigen Schöpfers betrachtet, und somit nicht erklärt. Bei den vielfachen Mißverständnissen, welche in dieser Hinsicht über die Bedeutung der Selektionstheorie und der Deszendenztheorie herrschen, und bei der falschen Beurteilung, welche dieselben in so weiten Kreisen gefunden haben, erscheint es passend, das Verhältnis der beiden Theorien zueinander, zur Entwickelungsgeschichte und dadurch zur gesamten Morphologie der Organismen nochmals ausdrücklich hervorzuheben.

Die Selektionstheorie von Darwin ist die kausale Begründung der von Goethe und Lamarck aufgestellten Deszendenztheorie. Die erstere zeigt uns, warum die unendlich mannigfaltigen Organismenarten sich in dieser Weise aus gemeinsamen Stammformen durch Umbildung und Divergenz entwickeln, wie es die Deszendenztheorie behauptet hatte. Wir selbst haben gezeigt, wie die beiden formenden Bildungstriebe, welche Darwin als die beiden Faktoren der Selektion nachwies, Vererbung und Anpassung, keine besonderen, unbekannten und rätselhaften Naturkräfte, sondern einfache und notwendige Eigenschaften der organischen Materie, mechanisch erklärbare physiologische Funktionen sind. Es ist möglich, daß neben der natürlichen Züchtung auch andere ähnliche mechanische Verhältnisse in der organischen Natur werden entdeckt werden, welche bei der Umwandlung der Spezies mit wirksam sind. Indessen erscheint uns die natürliche Züchtung vollkommen ausreichend, um die Entstehung der Spezies auf mechanischem Wege zu erklären.

Die Deszendenztheorie ist die kausale Begründung der Entwickelungsgeschichte, und dadurch der gesamten Morphologie der Organismen. Wie wir zu dieser höchst wichtigen Kenntnis gelangt sind, haben die vorhergehenden Kapitel gezeigt und werden die folgenden noch weiter erläutern. Hier wollen wir nur als besonders wichtig nochmals hervorheben, daß der Grundgedanke der Deszendenztheorie, die gemeinsame Abstammung der „verwandten“ Organismen von einfachsten Stammeltern, der einzige Gedanke ist, welcher überhaupt die Entwickelung der Organismen und dadurch ihre gesamten Formverhältnisse mechanisch erklärt. Es gibt keine andere Theorie, welche uns die gesamten Formverhältnisse der Organismen erklärt. Hierin finden wir einen Unterschied zwischen der Deszendenztheorie und der Selektionstheorie. Die Deszendenztheorie steht nach unserer Ansicht als einzig mögliche unerschütterlich fest und kann durch keine andere ersetzt werden. Es gibt keine andere Erklärung für die morphologischen Erscheinungen, als die wirkliche Blutsverwandtschaft der Organismen. Eine Vervollkommnung der Deszendenztheorie kann daher nur insofern stattfinden, als die Abstammung der einzelnen Organismengruppen von gemeinsamen Stammformen im einzelnen näher bestimmt, und die Zahl und Beschaffenheit der letzteren ermittelt wird. Dagegen kann die Selektionstheorie, wie bemerkt, wohl dadurch noch ergänzt werden, daß neben der natürlichen Züchtung andere mechanische Verhältnisse entdeckt werden, welche in ähnlicher Weise die Umbildung der Arten bewirken oder doch befördern helfen.

Die der Deszendenztheorie entgegengesetzte dualistische Behauptung, daß jede Art oder Spezies unabhängig von den verwandten entstanden sei, und daß die Formenverwandtschaft der ähnlichen Arten keine Blutsverwandtschaft sei, ist ein unwissenschaftliches Dogma, und als solches keiner Widerlegung bedürftig. Es erscheint daher hier keineswegs angemessen, noch weiter auf dieses ganz unhaltbare Dogma einzugehen und die absurden Konsequenzen, zu denen dasselbe notwendig führt, hervorzuheben. Nur das wollen wir hier noch bemerken, daß gerade in dieser Absurdität und vollständigen Grundlosigkeit des Speziesdogma und der damit zusammenhängenden Schöpfungshypothesen seine innere Stärke liegt. Die Kulturgeschichte der Menschheit und ganz besonders die Religionsgeschichte zeigt uns auf jeder Seite, daß willkürlich ersonnene Dogmen um so fester und tiefer wurzeln, um so sicherer und allgemeiner geglaubt werden, je unbegreiflicher sie sind, und je mehr sie sich einer wissenschaftlichen Begründung entziehen. Es fehlt dann der gemeinschaftliche Boden, auf welchem der Kampf zwischen beiden entschieden werden könnte. Zugleich finden alle solche Dogmen eine kräftige Stütze in der Trägheit des Denkvermögens bei den meisten Menschen. Die große Mehrheit scheut sich, anstrengenden Gedanken über den tieferen Kausalnexus der Erscheinungen nachzuhängen und ist froh, wenn ein aus der Luft gegriffenes Dogma sie dieser Anstrengungen überhebt. Dies gilt ganz besonders von den organischen Morphologen, welche von jeher in dieser Beziehung sich vor allen andern Naturforschern ausgezeichnet haben. Natürlich liegt das nicht an den Personen, sondern an der Sache selbst. Die Beschäftigung mit der unendlichen Fülle, Mannigfaltigkeit und Schönheit der organischen Formen, sättigt so sehr den Anschauungstrieb (Naturgenuß) der organischen Morphologen, daß darüber der höhere Erkennungstrieb meistens nicht zur Entwickelung kommt. Man begnügt sich mit der Kenntnis der Formen, statt nach ihrer Erkenntnis zu streben. Der heitere Formengenuß tritt an die Stelle des ernsten Formenverständnisses. Hieraus und aus der mangelhaften philosophischen Bildung der meisten Morphologen erklärt sich genügend ihr Abscheu gegen den wissenschaftlichen Ernst der Deszendenztheorie, und ihre Vorliebe für das sinnlose Speziesdogma. Die Annahme einer selbständigen Erschaffung konstanter Spezies und die damit zusammenhängenden dualistisch-teleologischen Vorstellungen wenden sich an transzendentale, vollkommen unbegreifliche, unerklärliche und unerforschliche Kräfte und Prozesse, und entfernen sich somit gänzlich von dem empirischen Boden der Wissenschaft.

Die Deszendenztheorie und die Selektionstheorie sind keine willkürlichen Hypothesen, sondern vollberechtigte Theorien. Nicht allein die verblendeten und unverständigen Gegner derselben, sondern auch manche treffliche und verständige Anhänger derselben nennen die Deszendenztheorie eine Hypothese. Diese Bezeichnung müssen wir entschieden verwerfen. Die Deszendenztheorie behauptet keine Vorgänge, welche nicht empirisch festgestellt sind, sondern sie verallgemeinert nur die Resultate zahlloser übereinstimmender empirischer Beobachtungen und zieht daraus einen mächtigen Induktionsschluß, welcher so sicher steht, wie jede andere wohl begründete Induktion. Eine solche Induktion ist aber keine bloße Hypothese, sondern eine vollberechtigte Theorie. Sie verbindet die Fülle aller bekannten Erscheinungen in der organischen Formenwelt durch einen einzigen erklärenden Gedanken, welcher keiner einzigen bekannten Tatsache widerspricht. Eine Hypothese, wenngleich eine notwendige, und zugleich eine Hypothese, welche die Schlußkette der gesamten Deszendenztheorie vervollständigt, ist unsere Annahme der Archigonie, welche im sechsten Kapitel des zweiten Buches von uns begründet worden ist. Wir bedürfen dieser Hypothese durchaus, um die einzige Lücke noch auszufüllen, welche die Deszendenztheorie in dem mechanischen Gebäude der monistischen Morphologie gelassen hat. Wir können nicht zweifeln, daß zu irgend einer Zeit des Erdenlebens Moneren durch Autogonie entstanden sind. Indessen bleibt die Archigonie eine reine Hypothese, weil wir darin einen Naturprozeß, den Übergang lebloser Materie in belebten Stoff, annehmen, welcher bis jetzt noch durch keine sichere Beobachtung eine empirische Begründung erhalten hat. Ganz anders verhält es sich mit der Deszendenztheorie und der Selektionstheorie, welche sich in jedem Punkte auf eine Fülle von empirischen Erfahrungen stützen, und für welche die gesamte Morphologie der Organismen, sobald man ihre Tatsachenketten objektiv beurteilt und richtig verknüpft, eine einzige zusammenhängende Beweiskette herstellt. Daher wissen auch die kenntnisreicheren Morphologen, welche Gegner derselben sind, keine Tatsache gegen dieselbe vorzubringen, sondern nur Einwürfe, welche teils Ausflüsse blinden Autoritätenglaubens, teils konsequente Folgen einer falschen dualistisch-teleologischen Gesamtauffassung der organischen Natur sind.

Die Selektionstheorie Darwins bedarf zu ihrer vollen Gültigkeit keine weiteren Beweise. Sie stützt sich auf allgemein anerkannte physiologische Prozesse, die sich gleich allen anderen auf mechanische Ursachen zurückführen lassen. Wer überhaupt eines logischen Schlusses aus anerkannt richtigen Prämissen fähig ist, kann ihr seine Anerkennung nicht vorenthalten. Wie selten aber solche Logik unter den „empirischen" Naturforschern und unter den scholastischen „Gelehrten" sind, beweisen am besten die zahlreichen Verdammungsurteile über Darwins bewunderungswürdiges Werk, die, wie Huxley sehr richtig sagt, „keineswegs das darauf verwendete Papier wert sind."

Die Deszendenztheorie Lamarcks bedarf zu ihrer vollen Gültigkeit keine weiteren Beweise. Wer sich auf Grund aller bisherigen Erfahrungen noch nicht von ihrer Wahrheit überzeugen kann, den wird auch keine einzige mögliche weitere „Entdeckung" davon überzeugen. Abgesehen davon, daß Darwins Selektionstheorie eine vollkommen ausreichende kausal-mechanische Begründung derselben liefert, finden wir die stärksten Beweise für ihre Wahrheit in der gesamten Morphologie und Physiologie der Organismen. Alle uns bekannten Tatsachen dieses Wissenschaftsgebiets, namentlich alle Erscheinungen der paläontologischen, individuellen und systematischen Entwickelung, sowie die äußerst wichtige dreifache Parallele zwischen diesen drei Entwickelungsreihen, die gesamte Dysteleologie, Ökologie und Chorologie — kurz alle allgemeinen Phänomenkomplexe der organischen Natur sind uns nur durch den einen Grundgedanken der Deszendenztheorie verständlich und werden durch ihn vollkommen erklärt. Ohne ihn bleiben sie gänzlich unverständlich und unerklärt. Andererseits existiert in der gesamten organischen Natur keine einzige Tatsache, welche mit demselben in unvereinbarem Widerspruch steht. Wir haben also bloß die Wahl zwischen dem völligen Verzicht auf jede wissenschaftliche Erklärung der organischen Naturerscheinungen einerseits und der unbedingten Annahme der Deszendenztheorie anderseits.

Zwanzigstes Kapitel.

Ontogenetische Thesen.

„Kein Phänomen erklärt sich aus sich selbst: nur viele zusammen überschaut, methodisch geordnet, geben zuletzt etwas, was für Theorie gelten könnte."

Goethe.

I. Thesen von der mechanischen Natur der organischen Entwickelung.

1. Die Entwickelung der Organismen ist ein physiologischer Prozeß, welcher als solcher auf mechanischen „wirkenden Ursachen", d. h. auf physikalisch-chemischen Bewegungen beruht.

2. Die Bewegungserscheinungen der Materie, welche jeden physiologischen Entwickelungsprozeß veranlassen und bewirken, sind in letzter Instanz Anziehungen der Massenatome und Abstoßungen der Ätheratome, aus welchen die organische Materie ebenso wie die anorganische zusammengesetzt ist.

3. Die Entwickelung der Organismen äußert sich in einer kontinuierlichen Kette von Formveränderungen der organischen Materie, welche sämtlich auf derartige physikalisch-chemische Bewegungen, als auf ihre wirkenden Ursachen zurückzuführen sind.

4. Gleich allen wahrnehmbaren Bewegungserscheinungen in der Natur, also auch gleich allen physiologischen Erscheinungen, welche wir überhaupt kennen, erfolgen auch diejenigen der organischen Entwickelung mit absoluter Notwendigkeit und sind bedingt durch die ewig konstanten Eigenschaften der Materie und die beständige Wechselwirkung ihrer wechselnden Verbindungen.

5. Alle organischen Entwickelungsbewegungen gehen unmittelbar und zunächst aus von den labilen und höchst zusammengesetzten Kohlenstoffverbindungen der Eiweißgruppe, welche als „Plasma" der Plastiden das aktive materielle Substrat oder den „Lebensstoff" im Körper aller Organismen bilden.

6. Es existiert weder ein „Ziel“, noch ein „Plan“ der organischen Entwickelung.

II. Thesen von den physiologischen Funktionen der organischen Entwickelung.

7. Die physiologischen Funktionen, auf denen ausschließlich alle organische Entwickelung beruht, lassen sich sämtlich als Teilerscheinungen auf die allgemeine organische Fundamentalfunktion der Selbsterhaltung oder der Ernährung im weiteren Sinne zurückführen.

8. Die physiologischen Entwickelungsfunktionen, auf welche sich alle während der Morphogenese eintretenden Formveränderungen, als auf ihre bewirkenden Ursachen zurückführen lassen, sind die fünf Funktionen der Zeugung, des Wachstums, der Verwachsung, der Differenzierung und der Degeneration.

9. Die erste Entwickelungsfunktion, die Zeugung (*Generatio*) oder die Entstehung des morphologischen Individuums, mit welcher jeder organische Entwickelungsprozeß beginnt, ist entweder Urzeugung (Archigonia, *Generatio spontanea*) oder Elternzeugung (Fortpflanzung, Tocogonia, *Propagatio, Generatio parentalis*); sie ist im letzteren Falle stets mit der Vererbung verknüpft und als Ernährungsprozeß aufzufassen, welcher über das individuelle Maß hinausgeht.

10. Die zweite Entwickelungsfunktion, das Wachstum (*Crescentia*), welches als einfaches oder zusammengesetztes Wachstum jeden organischen Entwickelungsprozeß (mindestens in der ersten Zeit) begleitet, ist eine Ernährungserscheinung, welche mit Volumszunahme des Individuums verbunden ist.

11. Die dritte Entwickelungsfunktion, die Differenzierung (*Divergentia*), welche sich in einer Hervorbildung ungleichartiger Teile aus gleichartiger Grundlage äußert, ist eine Ernährungsveränderung, welche durch die Anpassung an die Außenwelt, d. h. durch die materielle Wechselwirkung der Materie des organischen Individuums mit der umgebenden Materie bedingt ist.

12. Die vierte Entwickelungsfunktion, die Entbildung (*Degeneratio*), welche zuletzt stets das Ende der individuellen Entwickelung herbeiführt, ist eine Ernährungsveränderung, welche mit Abnahme der physiologischen Funktionen verbunden ist.

13. Die fünfte Entwickelungsfunktion, die Verwachsung (*Concrescentia*), welche gleich den vorigen die morphologischen Individuen aller sechs Ordnungen betreffen kann, besteht in einer sekundären Verbindung von mehreren vorher getrennten Individuen einer und derselben morphologischen Ordnung, durch welche ein neues Individuum nächst höherer Ordnung entsteht.

III. Thesen von den organischen Bildungstrieben.

14. Die Formveränderungen, welche die organische Materie während ihrer Entwickelung durchläuft, sind das Resultat der Wechselwirkung zweier entgegengesetzter Bildungstriebe oder Gestaltungskräfte: eines inneren und eines äußeren Bildungstriebes.

15. Der innere Bildungstrieb oder die innere Gestaltungskraft (*Vis plastica interna*) ist die unmittelbare Folge der materiellen Zusammensetzung des Organismus, und daher mit der Erblichkeit (Atavismus) identisch.

16. Der äußere Bildungstrieb oder die äußere Gestaltungskraft (*Vis plastica externa*) ist die unmittelbare Folge der Abhängigkeit, in welcher die materielle Zusammensetzung des Organismus von derjenigen der umgebenden Materie (der Außenwelt) steht, und daher mit der Anpassungsfähigkeit (Variabilitas) identisch.

17. Die beiden fundamentalen Bildungstriebe, welche durch ihre beständige Wechselwirkung die jeden organischen Entwickelungsprozeß begleitenden Formveränderungen bedingen, sind demnach nicht verschieden von den oben angeführten Entwickelungsfunktionen, da die Vererbung unmittelbar durch die Fortpflanzung, die Anpassung dagegen unmittelbar durch die Ernährung des Organismus vermittelt wird.

18. Alle Charaktere der Organismen sind entweder ererbte (durch Heredität erhaltene) oder angepaßte (durch Adaptation erworbene) Eigenschaften.

19. Die ererbten Eigenschaften (*Characteres hereditarii*) erhält der Organismus durch Vererbung von seinen Eltern und Voreltern mittelst der Fortpflanzung.

20. Die angepaßten Eigenschaften (*Characteres adaptati*) erwirbt der Organismus entweder unmittelbar durch seine eigene Anpassung oder mittelbar durch Vererbung der Anpassungen seiner Eltern und Voreltern.

21. Die erblichen Charaktere sind in letzter Instanz Wirkungen der materiellen Zusammensetzung der Eiweißverbindungen, welche das Plasma der konstituierenden Plastiden bilden, und welche in gewisser Beharrlichkeit durch alle Generationen übertragen werden.

22. Die angepaßten Charaktere sind in letzter Instanz die Folgen der Wechselwirkung zwischen den Eiweißverbindungen der Plastiden des Organismus und den damit in Berührung kommenden Materien der Umgebung, welche in allen Generationen eine gewisse Verschiedenheit zeigen.

23. Die erblichen Charaktere zeigen sich vorzugsweise in der Bildung morphologisch wichtiger, physiologisch dagegen unwichtiger Körperteile; sie erscheinen daher nur bei blutsverwandten Organismen ähnlich, als Homologien.

24. Die angepaßten Charaktere zeigen sich vorzugsweise in der Bildung physiologisch wichtiger, morphologisch dagegen unwichtiger Körperteile; sie erscheinen daher auch bei nicht blutsverwandten Organismen ähnlich, als Analogien.

25. Im Laufe der individuellen Entwickelung treten die erblichen Charaktere im ganzen früher als die angepaßten auf, und je früher ein bestimmter Charakter in der Ontogenese auftritt, desto weiter liegt die Zeit zurück, in welcher er von den Vorfahren erworben wurde, und desto bedeutender ist sein morphologischer Wert.

26. Für die Erkenntnis der Stammverwandtschaft verschiedener Organismen haben nur die erblichen oder homologen Charaktere, nicht die angepaßten oder analogen Charaktere Bedeutung.

IV. Thesen von den ontogenetischen Stadien.

27. Die Ontogenesis oder biontische Entwickelung, d. h. die Entwickelung jedes Bionten oder physiologischen Individuums ist ein physiologischer Prozeß von bestimmter Zeitdauer.

28. Die Zeitdauer der individuellen Entwickelung jedes Bionten wird durch die Gesetze der Vererbung und Anpassung bestimmt, und ist lediglich das Resultat der Wechselwirkung dieser beiden physiologischen Faktoren.

29. In dem zeitlichen Verlaufe der individuellen Entwickelung lassen sich allgemein drei verschiedene Abschnitte oder Stadien unterscheiden, welche mehr oder minder deutlich voneinander sich absetzen.

30. Jedes Stadium der individuellen Entwickelung ist durch einen bestimmten physiologischen Entwickelungsprozeß charakterisiert, welcher in demselben zwar nicht ausschließlich, aber doch vorwiegend wirksam ist.

31. Das erste Stadium der biontischen Entwickelung, das Jugendalter oder die Aufbildungszeit, Anaplasis, ist durch das Wachstum des Individuums charakterisiert.

32. Das zweite Stadium der biontischen Entwickelung, das Reifealter oder die Umbildungszeit, Metaplasis, ist durch die Differenzierung des Individuums charakterisiert.

33. Das dritte Stadium der biontischen Entwickelung, das Greisenalter oder die Rückbildungszeit, Kataplasis, ist durch die Degeneration des Individuums charakterisiert.

V. Thesen von den drei genealogischen Individualitäten.

34. Da die Lebensdauer der organischen Individuen eine beschränkte ist, die durch sie repräsentierte bestimmte organische Form (Art) aber sich durch die Fortpflanzung der Individuen erhält, so müssen wir bei Betrachtung der organischen Entwickelung unterscheiden zwischen derjenigen der Bionten und derjenigen der Arten.

35. Die individuelle oder biontische Entwickelung (Ontogenesis) umfaßt die gesamte Reihe der Formveränderungen, welche das physiologische Individuum (*Bion*) und der durch eines oder mehrere verschiedene Bionten repräsentierte Zeugungskreis (*Cyclus generationis*) während der ganzen Zeit seiner individuellen Existenz durchläuft.

36. Die paläontologische oder phyletische Entwickelung (*Phylogenesis*) umfaßt die gesamte Reihe der Formveränderungen, welche die Art (*Species*) und der durch eine oder mehrere verschiedene Arten repräsentierte Stamm (*Phylon*) während der ganzen Zeit seiner individuellen Existenz durchläuft.

37. Der Zeugungskreis (*Cyclus generationis* oder *Tococyclus*) bildet entweder als Spaltungskreis (Cyclus monogenes) oder als Eikreis (Cyclus amphigenes) die genealogische Individualität erster Ordnung.

38. Die Art (*Species*) bildet als die Summe aller gleichen Zeugungskreise die genealogische Individualität zweiter Ordnung.

39. Der Stamm (*Phylum*) bildet als die Summe aller blutsverwandten Arten die genealogische Individualität dritter Ordnung.

VI. Thesen von dem Kausalnexus der biontischen und der phyletischen Entwickelung.

40. Die *Ontogenesis* oder die Entwickelung der organischen Individuen, als die Reihe von Formveränderungen, welche jeder individuelle Organismus während der gesamten Zeit seiner individuellen Existenz durchläuft, ist unmittelbar bedingt durch die *Phylogenesis* oder die Entwickelung des organischen Stammes (Phylon), zu welchem derselbe gehört.

41. Die *Ontogenesis* ist die kurze und schnelle Rekapitulation der *Phylogenesis,* bedingt durch die physiologischen Funktionen der Vererbung (Fortpflanzung) und Anpassung (Ernährung).

42. Das organische Individuum (als morphologisches Individuum erster bis sechster Ordnung) wiederholt während des raschen und kurzen Laufes seiner individuellen Entwickelung die wichtigsten von denjenigen Formveränderungen, welche seine Voreltern während des langsamen und langen Laufes ihrer paläontologischen Entwickelung nach den Gesetzen der Vererbung und Anpassung durchlaufen haben.

43. Die vollständige und getreue Wiederholung der phyletischen durch die biontische Entwickelung wird verwischt und abgekürzt durch sekundäre Zusammenziehung, indem die Ontogenese einen immer geraderen Weg einschlägt; daher ist die Wiederholung um so vollständiger, je länger die Reihe der sukzessiv durchlaufenen Jugendzustände ist.

44. Die vollständige und getreue Wiederholung der phyletischen durch die biontische Entwickelung wird gefälscht und abgeändert durch sekundäre Anpassung, indem sich das Bion während seiner individuellen Entwickelung neuen Verhältnissen anpaßt; daher ist die Wiederholung um so getreuer, je gleichartiger die Existenzbedingungen sind, unter denen sich das Bion und seine Vorfahren entwickelt haben.

SECHSTES BUCH.

ZWEITER TEIL DER ALLGEMEINEN ENTWICKELUNGSGESCHICHTE.

GENERELLE PHYLOGENIE ODER ALLGEMEINE ENTWICKELUNGSGESCHICHTE DER ORGANISCHEN STÄMME.

(GENEALOGIE UND PALÄONTOLOGIE.)

„Die Kenntnis der organischen Naturen überhaupt, die Kenntnis der vollkommneren, welche wir im eigentlichen Sinne Tiere und besonders Säugetiere nennen, der Einblick, wie die allgemeinen Gesetze bei verschieden beschränkten Naturen wirksam sind, die Einsicht zuletzt, wie der Mensch dergestalt gebaut sei, daß er so viele Eigenschaften und Naturen in sich vereinige und dadurch schon physisch als eine kleine Welt, als ein Repräsentant der übrigen Tiergattungen existiere — alles dieses kann nur dann am deutlichsten und schönsten eingesehen werden, wenn wir nicht, wie bisher leider nur zu oft geschehen, unsere Betrachtungen von oben herab anstellen und den Menschen im Tiere suchen, sondern wenn wir von unten herauf anfangen und das einfachere Tier im zusammengesetzten Menschen endlich wieder entdecken.

„Es ist hierin schon unglaublich viel getan; allein es liegt so zerstreut so manche falsche Bemerkungen und Folgerungen verdüstern die wahren und echten, täglich kommt zu diesem Chaos wieder neues Wahre und Falsche hinzu, sodaß weder des Menschen Kräfte, noch sein Leben hinreichen, alles zu sondern und zu ordnen, wenn wir nicht den Weg, den uns die Naturhistoriker nur äußerlich vorgezeichnet, auch bei der Zergliederung verfolgen, und es möglich machen, das Einzelne in übersehbarer Ordnung zu erkennen, um das Ganze nach Gesetzen, die unserem Geiste gemäß sind, zusammen zu bilden.

„Man wendete auch hier, wie in anderen Wissenschaften, nicht genug geläuterte Vorstellungsarten an. Nahm die eine Partei die Gegenstände ganz gemein und hielt sich ohne Nachdenken an den bloßen Augenschein, so eilte die andere, sich durch Annahme von Endursachen aus der Verlegenheit zu helfen; und wenn man auf jene Weise niemals zum Begriff eines lebendigen Wesens gelangen konnte, so entfernte man sich auf diesem Wege von eben dem Begriffe, dem man sich zu nähern glaubte.

„Ebensoviel und auf gleiche Weise hinderte die fromme Vorstellungsart, da man die Erscheinungen der organischen Welt zur Ehre Gottes unmittelbar deuten und anwenden wollte.

„Sollte es denn aber unmöglich sein, da wir einmal anerkennen, daß die schaffende Gewalt nach einem allgemeinen Schema die vollkommneren organischen Naturen erzeugt und entwickelt, dieses Urbild, wo nicht den Sinnen, doch dem Geiste darzustellen? Hat man aber die Idee von diesem Typus gefaßt, so wird man erst recht einsehen, wie unmöglich es sei, eine einzelne Gattung als Kanon aufzustellen. Das Einzelne kann kein Muster vom Ganzen sein, und so dürfen wir das Muster für alle nicht im Einzelnen suchen. Die Klassen, Gattungen, Arten und Individuen verhalten sich wie die Fälle zum Gesetz; sie sind darin enthalten, aber sie enthalten und geben es nicht."

Goethe (1796).

Einundzwanzigstes Kapitel.

Begriff und Aufgabe der Phylogenie.

„Eine innere und ursprüngliche Gemeinschaft liegt aller Organisation zugrunde; die Verschiedenheit der Gestalten dagegen entspringt aus den notwendigen Beziehungsverhältnissen zur Außenwelt, und man darf daher eine ursprüngliche, gleichzeitige Verschiedenheit und eine unaufhaltsam fortschreitende Umbildung mit Recht annehmen, um die ebenso konstanten als abweichenden Erscheinungen begreifen zu können.“ Goethe (1824).

I. Die Phylogenie als Entwickelungsgeschichte der Stämme.

Die Phylogenie oder Entwickelungsgeschichte der organischen Stämme ist die gesamte Wissenschaft von den Formveränderungen, welche die Phylen oder organischen Stämme während der ganzen Zeit ihrer individuellen Existenz durchlaufen, von dem Wechsel also der Arten oder Spezies, welche als sukzessive und koexistente blutsverwandte Glieder jeden Stamm zusammensetzen. Die Aufgabe der Phylogenie ist mithin die Erkenntnis und die Erklärung der spezifischen Formveränderungen, d. h. die Feststellung der bestimmten Naturgesetze, nach welchen alle verschiedenen organischen Arten oder Spezies entstehen, welche als divergente Nachkommen einer einzigen, gemeinsamen, autogonen Urform ein einziges Phylon constituieren.

Wenn wir auch allgemein als die Aufgabe der Phylogenie die Entwickelungsgeschichte der organischen Stämme oder Phylen bezeichnen können, so wird dennoch der reale Inhalt dieser Disziplin eigentlich die konkrete Entwickelungsgeschichte der Arten oder Spezies sein. Denn die sogenannten Arten oder Spezies der Organismen setzen in ähnlicher Weise die höhere Individualität des Stammes zusammen, wie sie selbst aus der niederen Individualität des Zeugungskreises oder Generationszyklus zusammengesetzt sind.

Wie wir oben zeigten, stehen diese drei subordinierten Individualitäten, der *Generationszyklus*, die *Spezies* und das *Phylon*, in einem ähnlichen Verhältnis zueinander, wie die verschiedenen, im neunten Kapitel festgestellten Kategorien der morphologischen Individualität. Jedes Phylon ist eine Vielheit von blutsverwandten Spezies und jede Spezies ist eine Vielheit von gleichen oder vielmehr höchst ähnlichen Zeugungskreisen. Wir konnten daher dieselben als drei verschiedene Ordnungen oder Kategorien der genealogischen Individualität, oder als drei subordinierte Entwickelungseinheiten folgendermaßen über einander stellen: I. Der Zeugungskreis (*Cyclus generationis*) ist die erste und niedrigste Stufe, II. die Art (*Species*) ist die zweite und mittlere Stufe, III. der Stamm (*Phylum*) ist die dritte und höchste Stufe der genealogischen Individualität.

Die Phylogenie, als die Entwickelungsgeschichte der Stämme, verhält sich demnach zur genealogischen Systematik, oder der Entwickelungsgeschichte der Arten ganz analog, wie die Entwickelungsgeschichte der physiologischen Individuen zu derjenigen der morphologischen Individuen. Wie das physiologische Individuum während verschiedener Perioden seiner individuellen Existenz durch eine wechselnde Anzahl von morphologischen Individuen verschiedener Ordnung repräsentiert wird, so wird gleicherweise das Phylon während verschiedener Zeiten seiner individuellen Existenz durch eine wechselnde Anzahl von verschiedenen Spezies dargestellt, welche sich nach dem Grade ihres genealogischen Zusammenhanges in die verschiedenen Ordnungsstufen oder Kategorien des Systems neben und über einander ordnen lassen. Die konkrete Aufgabe der Phylogenie wird also zunächst die Entwickelungsgeschichte der einzelnen blutsverwandten Arten oder Spezies sein, und erst aus deren richtiger Erkenntnis und vergleichenden Synthese ergibt sich dann weiterhin als das höhere und höchste Ziel der genealogische Zusammenhang der verschiedenen Arten im natürlichen System, oder die wirklich zusammenhängende Entwickelungsgeschichte der Stämme.

II. Paläontologie und Genealogie.

Der innige und allgemeine Zusammenhang, welcher zwischen der Phylogenie und der Ontogenie besteht, ist von uns bereits im fünften Buche auf das entschiedenste hervorgehoben worden. Wir erblicken in diesem unlösbaren Zusammenhange, in der gegenseitigen

Erläuterung der Phylogenie und der Ontogenie, in ihrem durch die Deszendenztheorie erklärten Kausalnexus, die wissenschaftliche Grundlage der gesamten Entwickelungsgeschichte, und dadurch zugleich der gesamten Morphologie. Diese äußerst wichtige Wechselbeziehung zwischen der Entwickelungsgeschichte der organischen Individuen und der organischen Stämme bewog uns im achtzehnten Kapitel, am Schlusse jedes Abschnitts unser „*Ceterum censeo*“ folgen zu lassen: „Alle Erscheinungen, welche die individuelle Entwickelung der Organismen begleiten, erklären sich lediglich aus der paläontologischen Entwickelung ihrer Vorfahren. Die gesamte Ontogenie der Organismen ist eine kurze Rekapitulation ihrer Phylogenie.“

Dieses Gesetz (— unser Biogenetisches Grundgesetz —) halten wir für so äußerst wichtig, daß wir dasselbe nicht genug glauben hervorheben zu können; denn ohne die *Phylogenie* bleibt uns die *Ontogenie* ein unverstandenes Rätsel. Wenn wir dagegen das kausale Verständnis der Phylogenie durch die Deszendenztheorie gewonnen haben, so erklärt sich uns daraus die Ontogenie eben so einfach, als harmonisch. Andererseits bedürfen wir der Ontogenie auf das dringendste, um die Phylogenie richtig zu würdigen. Dieses Verhältnis ist vorzüglich in dem Umstande begründet, daß unsere empirischen Kenntnisse in der Entwickelungsgeschichte der Individuen weit umfassender und vollständiger sind, als in derjenigen der Stämme. Fast das einzige unmittelbare empirische Material, welches der letzteren zugrunde liegt, liefert uns die Paläontologie. Dieses Material ist aber nicht im entferntesten zu vergleichen mit demjenigen, welches uns für die Ontogenie zu Gebote steht; vielmehr ist dasselbe im höchsten Grade lückenhaft und unvollständig.

In der individuellen oder biontischen Entwickelungsgeschichte können wir, wenigstens in sehr vielen Fällen, unmittelbar und Schritt für Schritt mit unseren Augen die Formveränderungen verfolgen, welche das physiologische Individuum während der ganzen Zeit seiner Existenz, von seiner Entstehung bis zu seinem Tode durchläuft. Es ist daher nicht zu verwundern, daß selbst sehr gedankenlose Zoologen und Botaniker bisweilen ganz brauchbare biontische Entwickelungsgeschichten von Tieren und Pflanzen schreiben. Es gehört dazu wesentlich nur ein gesundes Auge, ein wenig Geduld und Fleiß, und so viel Verstand, um das unmittelbar Beobachtete getreu wiedergeben zu können.

Unendlich schwieriger gestaltet sich die Aufgabe für die paläontologische oder phyletische Entwickelungsgeschichte. Hier liegt nirgends eine zusammenhängende Kette von Tatsachen vor, welche der glückliche Beobachter einfach aufzunehmen und so darzustellen hat, wie er sie sieht. Niemals ist der kontinuierliche Zusammenhang zwischen den einzelnen aufeinanderfolgenden Entwickelungsstadien so wie in der Embryologie gegeben. Vielmehr findet der Genealoge, welcher es unternimmt, die Entwickelungsgeschichte eines Stammes und der denselben zusammensetzenden Arten darzustellen, in allen Fällen nur höchst unvollständige und vereinzelte Bruchstücke vor, welche es gilt, mit kritischem Blicke — und fast möchten wir sagen: mit richtigem morphologischem Instinkte — zusammenzusetzen und daraus das ungefähre Schattenbild des längst entschwundenen Entwickelungsvorganges zu rekonstruieren. Diese Rekonstruktion erfordert ebenso umfassende biologische und spezielle morphologische Kenntnisse, als allgemeines Verständnis des Zusammenhanges der biologischen Erscheinungen; sie erfordert ebenso die äußerste Vorsicht, als die größte Kühnheit in der hypothetischen Ergänzung der dürftigen Fragmente, welche die Paläontologie uns liefert. Die Hypothese ist hier, wie in der gesamten Genealogie, nicht bloß das erste Recht, sondern auch die dringendste Pflicht.

Die paläontologische Entwickelungsgeschichte, wie sie bisher behandelt, und in neuerer Zeit auch von einigen hervorragenden Paläontologen im Zusammenhange dargestellt worden ist, bleibt ein vollständig lückenhaftes und zerrissenes Flickwerk, wenn sie sich auf die bloßen Tatsachen beschränkt, welche die Paläontologie uns liefert, und wenn sie nicht zu deren Ergänzung den äußerst wichtigen dreifachen Parallelismus benutzt, welcher zwischen der biontischen, der phyletischen und der systematischen Entwickelungsreihe besteht. Diese Ergänzung durch ebenso umfassende und kühne, als vorsichtige und kritische Anwendung der phyletischen Hypothese ist die erste Pflicht der Genealogie oder Stammbaumslehre im weiteren Sinne, wie wir auch die gesamte theoretische Phylogenie oder die phyletische Entwickelungsgeschichte nennen könnten. Wenn wir aber unter Genealogie im engeren Sinne nur den ergänzenden und unentbehrlichen hypothetischen Teil, unter Paläontologie im engeren Sinne dagegen den empirischen, unmittelbar durch die Versteinerungskunde gegebenen Teil der Phylogenie verstehen, so verhält sich die letztere zur ersteren wohl nur selten ungefähr wie Eins zu Tausend, in den allermeisten

Fällen wohl kaum wie Eins zu Hunderttausend oder zur Million. Dennoch ist hier bei Anwendung der notwendigen Kritik außerordentlich viel zu leisten, und vorzüglich auf Grund der Ergänzung der Paläontologie durch die Embryologie und Systematik, eine Reihe der wichtigsten und sichersten Resultate zu erzielen.

Die Phylogenie oder die Entwickelungsgeschichte der organischen Stämme in unserem Sinne ist also eine Wissenschaft, welche sich nur zum allerkleinsten Teile aus dem empirischen Materiale der Paläontologie oder Versteinerungskunde, zum bei weitem größten Teile aus den ergänzenden Hypothesen der kritischen Genealogie oder Stammbaumskunde zusammensetzt. Die letztere muß sich in erster Linie auf das ergänzende Material der vergleichenden Anatomie, Ontogenie und Systematik, und weiterhin auf eine denkende Benutzung aller allgemeinen Organisationsgesetze stützen.

III. Kritik des paläontologischen Materials.

Für das richtige Verständnis der Phylogenie ist eine der ersten und notwendigsten Vorbedingungen die richtige und volle Erkenntnis von dem außerordentlich hohen Grade der Unvollständigkeit und Lückenhaftigkeit, den das gesamte empirische Material der Paläontologie besitzt. Wir haben schon im vorhergehenden hervorgehoben, daß der philosophischen Genealogie, welche auf Grund ontogenetischer und systematischer Induktionen den hypothetischen Bau der zusammenhängenden Phylogenie zu errichten hat, ein weit größerer und umfassenderer Teil der phylogenetischen Aufgabe zufällt, als der empirischen Paläontologie, welche uns nur einzelne isolierte Bruchstücke für den Aufbau derselben zu liefern vermag. Diese Erkenntnis ist so wesentlich, daß wir hier kurz die wichtigsten Ursachen der außerordentlichen Unvollständigkeit des paläontologischen Materials hervorheben müssen. Niemand hat dieselben bisher so richtig gewürdigt, als die beiden großen Engländer Darwin und Lyell, von denen der erstere dieselbe Reformation auf dem Gebiete der Paläontologie, wie der letztere auf dem der Geologie durchgeführt hat. Darwin hat der „Unvollkommenheit der geologischen Überlieferungen" ein besonderes Kapitel seines Werkes (das neunte) gewidmet, auf welches wir hier als besonders wichtig ausdrücklich verweisen.

Wenn wir die sämtlichen Umstände, welche die empirische Paläontologie zu einem so höchst fragmentarischen Stückwerk machen, vergleichend erwägen, so können wir sie in zwei Reihen bringen, von denen die einen ihre Ursache in der Beschaffenheit der Organismen, die anderen in der Beschaffenheit der Umstände haben, unter denen ihre Reste in den neptunischen, aus dem Wasser abgelagerten Erdschichten erhalten werden können. In ersterer Beziehung ist vor allem zu erwägen, daß in der Regel nur harte und feste Teile, vorzüglich also Skelette, der Erhaltung im fossilen Zustande oder der Petrifikation fähig waren. Nur verhältnismäßig selten konnten auch von weichen und zarten Teilen der Organismen Abdrücke erhalten werden. Es fehlen daher fast alle erkennbaren Reste von solchen Organismen, die keine Skelette oder harten Teile besaßen. Dahin gehören alle autogonen Moneren, welche wir als die ursprünglichen Stammformen sämtlicher Phylen zu betrachten haben, sowie eine große Anzahl zunächst von jenen Autogonen abstammender Generationen; sodann sehr viele Protisten, die meisten Wasserpflanzen, sehr viele niedere Tiere (Medusen, Würmer, Nacktschnecken, Wirbeltiere mit bloß knorpeligem Skelett etc.), endlich alle Embryonen aus der ersten und sehr viele auch aus späterer Entwickelungszeit; sowie überhaupt sehr viele zarte jugendliche Formen, auch von solchen Organismen, die späterhin ein hartes Skelett erhalten. Bei allen diesen Organismen fehlten eigentliche innere oder äußere Skelette, und überhaupt geformte harte Teile, welche der Erhaltung fähig gewesen wären. Aber auch bei den übrigen Organismen, welche solche harte konservationsfähige Teile besitzen, machen dieselben in der Regel nur einen sehr unbedeutenden und oft einen morphologisch sehr wertlosen Teil des ganzen Körpers aus. Am wichtigsten sind in dieser Beziehung diejenigen Wirbeltiere, welche ein verknöchertes inneres Skelett besitzen, ferner die hartschaligen Echinodermen und Crustaceen, sowie die mit Kalkgehäusen versehenen Mollusken. Doch kann man insbesondere bei den letzteren aus der Form der äußeren Schale nur sehr unsichere Schlüsse auf die anatomische Beschaffenheit der Weichteile ziehen. Von der Beschaffenheit des Nervensystems und des Gefäßsystems, sowie der meisten übrigen Organsysteme sagen uns aber jene konservierten Hartgebilde unmittelbar gar nichts, und die Andeutungen, welche wir von ihnen in dieser Beziehung erhalten, sind nur sehr unsicher. Die ganze Summe der wirklich erhaltenen tierischen Reste gibt uns also schon aus diesem Grunde nur ein sehr unsicheres Bild von ihrer vormaligen Gesamtorganisation. Nicht besser steht es mit den Pflanzen, von denen gerade die morphologisch wichtigsten Teile, die Blüten, wegen ihrer zarten Struktur nur sehr selten und höchst unvollständig in Abdrücken erhalten werden konnten. Die Schlüsse, welche wir hier aus den Abdrücken ganzer Pflanzen, sowie aus den besser konservierten härteren Teilen (Holzstämmen, Früchten) ziehen können, ersetzen jenen Mangel nur in sehr beschränktem Maße.

Höchst ungleichmäßig sind ferner die *Bedingungen der Konservation* je nach dem verschiedenen Wohnorte der Organismen. Bei weitem die größte Mehrzahl der Petrefakten gehört Meeresbewohnern an; viel seltener sind die Reste von Süßwasserbewohnern und von Landbewohnern, und am seltensten diejenigen der Luftbewohner. Die Gründe, weshalb das Meer die günstigsten, das Süßwasser viel ungünstigere, und das Festland die ungünstigsten Bedingungen zur Fossilisation verstorbener Organismen darbot, liegen so nahe, daß wir dieselben nicht zu erörtern brauchen. Ebenso konnten selbstverständlich von Entozoen und von anderen Parasiten keine Reste konserviert werden. Wenn wir ferner bedenken, wie rasch überall jedes Kadaver seine Liebhaber findet, wie schnell überall Tausende von Organismen beschäftigt sind, sich Fleisch und Blut der Verstorbenen zunutze zu machen, wie die allermeisten organischen Individuen nicht natürlichen Todes sterben, sondern von übermächtigen Feinden vernichtet werden, so werden wir uns mehr darüber wundern, daß noch so viele, als daß so äußerst wenige deutlich erkennbare Reste übrig bleiben konnten.

Die andere Reihe von Ursachen, welche auf die fossile Konservation der organischen Reste höchst nachteilig einwirken, liegt in den Umständen, unter denen die neptunischen Erdschichten aus dem Wasser abgelagert werden. Vor allem ist hier der von *Darwin* mit Recht besonders hervorgehobene Umstand äußerst wichtig, daß *versteinerungsführende Schichten nur während langer Perioden andauernder Senkung des Bodens abgelagert werden konnten.* Wenn dagegen Senkungen mit Hebungen wechselten, oder wenn lange Zeit hindurch Hebungen fortdauerten, so konnten die neuabgelagerten Schichten nicht erhalten bleiben, da sie alsbald wieder in den Bereich der Brandung versetzt und so zerstört wurden. Diesen Umstand gehörig zu würdigen, ist aber um so wichtiger, als gerade während der Hebungszeit (durch Gewinnung neuer Stellen im Naturhaushalte) die Divergenz der organischen Formen und die Entstehung neuer Arten sehr begünstigt wurde, während dagegen in den Senkungszeiten mehr Arten erlöschen und zugrunde gehen mußten. Zwischen den langen Zeiträumen, in welchen je zwei aufeinander folgende Formationen oder Etagen abgelagert wurden, und welche zwei Senkungsperioden entsprechen, liegt demnach ein ungeheuer langer Zeitraum, in welchem die alternierende Hebung des Bodens und die damit parallel gehende Entstehung neuer Arten stattfand, von denen uns aber gar keine Reste erhalten werden konnten. So erklärt sich ganz einfach der zunächst befremdende Umstand, daß Flora und Fauna zweier verschiedener, übereinander liegender Schichten so sehr verschieden sind. In sehr vielen Sedimentsschichten endlich, wie z. B. in vielen grobkörnigen Sandsteinen, ist die Erhaltung organischer Reste schon wegen der Struktur des Gesteins selbst fast ganz unmöglich.

Aber auch die wirklich erhaltenen versteinerungsführenden Schichten sind uns nur im höchsten Grade unvollständig bekannt. Wir kennen von diesen fossiliferen Straten nur einen äußerst geringen Teil; sorgfältiger ist bisher nur ein Teil Europas und Nordamerikas hierauf untersucht. Von den Sediment-Schichten Asiens, Südamerikas, Afrikas und Australiens, sowie überhaupt der ganzen südlichen Hemisphäre kennen wir nur ganz geringe Bruchstücke. Wie unvollständig wir aber selbst die am meisten untersuchten Schichten (z. B. den lithographischen Schiefer des Jura) kennen, geht am besten daraus hervor, daß noch jährlich neue Formen in demselben entdeckt werden. Wir kennen ferner gar nichts von den ungeheuren Massen fossilienhaltiger Schichten, welche gegenwärtig unter dem Meeresspiegel ruhen, von denjenigen, welche jenseits der Polarkreise liegen und von denjenigen, welche sich in metamorphischem Zustande befinden. Und doch sind die letzteren allein aller Wahrscheinlichkeit nach bedeutend mächtiger, als alle nicht metamorphischen Schichtenlagen zusammen.

Alle diese Umstände zusammengenommen beweisen uns, daß die Gesamtheit des paläontologischen Materials oder die sogenannte „geologische Schöpfungsurkunde“ im allerhöchsten Maße unvollständig und lückenhaft ist, und daß sie uns für die zusammenhängende phyletische Entwickelungsgeschichte nur einzelne dürftige Andeutungen, nirgends aber eine vollständige und zusammenhängende Entwickelungsreihe liefert. Von sehr vielen fossilen Organismenarten kennen wir nur ein einziges Exemplar oder einige wenige höchst unvollkommene Bruchstücke, z. B. einen einzelnen Zahn oder ein paar Knochen. Von keiner einzigen fossilen Art können wir uns ein einigermaßen vollständiges Bild ihrer gesamten Verbreitung und Entwickelung in der Vorzeit entwerfen. Alle unsere paläontologischen Sammlungen zusammengenommen sind nur ein winziges Fragment, nur ein Tropfen im Meere, gegenüber der ungeheuren Masse erloschener Organismen, die in früheren Zeiten unsere Erdrinde belebten. Bevor diese Überzeugung nicht durch reifliche Erwägung aller hier einschlagenden Umstände befestigt ist, wird jede Beurteilung des paläontologischen Materials verfehlt bleiben und zu irrigen Schlüssen verführen.

IV. Die Kataklysmentheorie und die Kontinuitätstheorie (Cuvier und Lyell).

Wenn wir die außerordentliche Unvollständigkeit des gesamten phylogenetischen Materials mit der befriedigenden Vollständigkeit mindestens eines großen Teiles des ontogenetischen Materials vergleichen, so begreifen wir, warum die Entwickelungsgeschichte der Arten und Stämme so weit hinter derjenigen der Individuen und Zeugungskreise zurückbleiben konnte. Doch ist diese Differenz in der Ausbildung beider Zweige der Entwickelungsgeschichte nicht allein in jener ganz verschiedenen Beschaffenheit des empirischen Materials, sondern auch zum großen Teil in der eigentümlichen Stellung begründet, welche die Paläontologie von Anfang an zu ihren nächstverbündeten Wissenschaften einnahm. Vorzüglich aber ist in dieser Beziehung die Abhängigkeit derselben von der Geologie sehr einflußreich geworden, sowie der Umstand, daß die meisten sogenannten Zoologen und Botaniker dieselbe wie ein Stiefkind behandelten, oder sich wohl auch gar nicht um die Tiere und Pflanzen der unbekannten „Vorwelt" bekümmerten.

Die empirische Paläontologie, als die Versteinerungskunde oder „Petrefaktologie", verdankt ihre Entwickelung und Kultur größtenteils nicht den Untersuchungen der Zoologen und Botaniker (welche in den Petrefakten meistens nicht die Überbleibsel der ausgestorbenen Vorfahren der jetzt lebenden Organismen zu erkennen vermochten), sondern den Bemühungen der Geologen, welche die Petrefakten nur als „Leitmuscheln", als „Denkmünzen der Schöpfung" schätzen und verwerten, um mit Hülfe derselben das relative Alter der übereinander gelagerten Gebirgsschichten zu bestimmen. Das Interesse der beiderlei Naturforscher an diesen Objekten ist daher nicht weniger verschieden, als etwa das Interesse eines Archäologen und eines Künstlers oder Ästhetikers an einer antiken Statue. Der genealogische Zusammenhang der fossilen und der lebenden Organismen, sowie überhaupt die paläontologische Entwickelungsgeschichte der Organismen mußte den eigentlichen Geologen von jeher als ein untergeordneter Nebenzweck oder auch als eine gleichgültige Sache erscheinen, um so mehr, als die meisten Geologen nicht hinreichend gründliche biologische und namentlich morphologische Bildung besaßen, um das hohe Interesse jenes Zusammenhanges richtig würdigen zu können. Dazu kam, daß die falsche Kataklysmentheorie die gesamte Geologie und die davon in Abhängigkeit erhaltene Paläontologie im vorigen Jahrhundert und in den drei ersten Dezennien des jetzigen vollständig beherrschte. Allgemein nahm man an, daß die aus dem Bau der festen Erdrinde ersichtliche Übereinanderlagerung einer bestimmten Anzahl verschiedener Gebirgsformationen, deren jede ihre eigentümlichen tierischen und pflanzlichen Reste einschließt, einer gleichen Anzahl von aufeinanderfolgenden Erdrevolutionen unbekannten Ursprungs entspreche, deren jede die damals existierende Flora und Fauna vernichtet und in den zusammengeschütteten Trümmern der umgewühlten Erdrinde begraben habe. Am Anfange jeder neuen Periode der Erdgeschichte sollte ebenso unmotiviert plötzlich eine neue Flora und Fauna erschaffen worden sein, wie die vorhergehende durch unmotivierte, ungeheure, allgemeine Überschwemmungen und Umwälzungen der Erdrinde vernichtet worden war.

Diese falsche Theorie wurde vorzüglich dadurch verhängnisvoll, daß sie durch Cuvier zu allgemeiner Anerkennung gelangte, der sich im Anfange unseres Jahrhunderts die größten Verdienste um eine schärfere Bestimmung und Erkenntnis der organischen fossilen Reste erwarb. Seine große Autorität hielt das gesamte Gebiet der Paläontologie ein halbes Jahrhundert hindurch so vollständig beherrscht, und erhielt die Kataklysmentheorie als fundamentales Dogma in derselben so unbedingt aufrecht, daß lange Zeit noch ein großer Teil der Paläontologen sich nicht entschließen konnte, dasselbe aufzugeben. Hier trat nun die Paläontologie, insofern sie noch lange in weiten Kreisen das Dogma von einer Reihenfolge plötzlicher Vernichtungen der schubweise in die Welt gesetzten Schöpfungen aufrecht erhielt, in einen seltsamen Gegensatz zu der früher sie beherrschenden Geologie, in welcher jenes Dogma seit nunmehr 76 Jahren als beseitigt betrachtet werden kann. Jm Jahre 1830 erschien das bewunderungswürdige Werk von Charles Lyell: *„the Principles of Geology“*, durch welches dieser große Engländer dieselbe Reformation auf dem Gebiete der Geologie und in der Entwickelungsgeschichte der anorganischen Erdrinde durchführte, welche sein ebenbürtiger Landsmann, Charles Darwin, fast 30 Jahre später auf dem Gebiete der Paläontologie und in der phyletischen Entwickelungsgeschichte der Organismen vollendete. Lyell wies überzeugend nach, daß wir zur Erklärung der geologischen Tatsachen nicht jene mythischen „Revolutionen und Kataklysmen“ unbekannten Ursprungs, nicht jene plötzlichen und unmotivierten Überschwemmungen und Umwälzungen der gesamten Erdrinde bedürfen, auf denen die frühere Geologie beruht. Er zeigte, wie die gegenwärtig existierenden geoplastischen Ursachen, wie namentlich der Wechsel wiederholter langsamer Hebungen und Senkungen, wie die Tätigkeit des Wassers und der atmosphärischen Agentien, wie die „existing causes“ der Meteorologie und die vulkanische Aktion des Erdinnern vollkommen ausreichen, um in dem Verlaufe sehr langer Zeiträume durch sehr langsame und allmähliche, aber beständige und ununterbrochene Tätigkeit jene gewaltigen Wirkungen hervorzubringen, die wir in dem Gebirgsbau der entwickelten Erdrinde bewundern.

Das große Prinzip des Aktualismus, der Grundsatz, daß die Kräfte der Materie ebenso wie sie selbst, zu allen Zeiten dieselben bleiben, und daß heute noch ebenso wie in der Primordialzeit gleiche Ursachen gleiche Wirkungen hervorbringen, war durch jenes Werk Lyells gewahrt, und dadurch das große Gesetz der kontinuierlichen Entwickelung, der sukzessiven Metamorphose, der ununterbrochenen Umbildung für die organische Natur festgestellt. So groß war aber die Macht des durch Cuviers Autorität gestützten Dogmas von den Kataklysmen und den schubweise in die Welt gesetzten Schöpfungen, daß das letztere dadurch in der Paläontologie gar nicht erschüttert zu sein schien. Nun muß es aber für jeden Denkenden klar sein, daß jenes Dogma in der Paläontologie zum vollständigen Unsinn wurde, nachdem ihm in der Geologie aller Boden entzogen war. Und dennoch lehrten die Zoologen und Botaniker im Verein mit den Paläontologen unbekümmert und ungestört ihr absurdes Dogma weiter und behaupteten, daß jede Art selbständig und unabhängig von der anderen erschaffen, und nach ihrem Untergange durch andere, von ihr unabhängige, verwandte Arten ersetzt worden sei.

Es ist in der Tat erstaunlich, daß noch dreißig Jahre verfließen konnten, ehe die von Lyell in der Geologie durchgeführte Reform auch in der Paläontologie zur Geltung gelangte. Sobald die ununterbrochene und allmähliche Entwickelung der anorganischen Erdrinde durch Lyells Kontinuitätstheorie begründet war, mußte die Deszendenztheorie in der von Darwin gegebenen Vollständigkeit als die notwendige Folge derselben erscheinen, und die gleiche ununterbrochene und allmähliche Entwickelung auch für die organische Bevölkerung der Erdrinde nachweisen. Wir sehen aber hier wiederum einen neuen Beweis von der außerordentlichen Gewalt, welche eingerostete falsche Dogmen auf die Ansichten der Menschen dauernd ausüben, sobald sie durch mächtige Autoritäten gestützt werden. Und wiederum müssen wir an Goethes Wort denken: „Die Autorität verewigt im Einzelnen, was einzeln vorübergehen sollte, lehnt ab und läßt vorübergehen, was festgehalten werden sollte, und ist hauptsächlich Ursache, daß die Menschheit nicht vom Flecke kommt."

V. Die Perioden der Erdgeschichte.

Jede der vielen übereinander gelagerten neptunischen Schichten der Erdrinde bezeichnet einen bestimmten Zeitraum der Erdgeschichte. Die versteinerten Reste und Abdrücke von Tieren und Pflanzen, welche in denselben enthalten sind, geben uns ein rudimentäres und höchst unvollständiges Bild von der Fauna und Flora, welche während jener Zeit die Erdrinde belebten. Dagegen besitzen wir gar keine solchen Reste oder „Denkmünzen der Schöpfungsgeschichte" aus den sehr langen Zeiträumen, welche zwischen der Ablagerung je zweier Schichten oder Formationen verflossen. Diese empfindlichen Lücken sind, wie wir vorher sahen, um so mehr zu bedauern, als gerade in jenen Zwischenzeiten, in welchen Hebungen der Erdrinde stattfanden und deshalb keine versteinerungsführenden Schichten abgelagert wurden, die Umbildung der Organismen und die Entstehung neuer Arten und Artengruppen wegen der Umgestaltung der Existenzbedingungen und wegen der Entstehung neuer Stellen im Naturhaushalte sehr lebhaft sein mußten. Wir müssen daher jene empirisch nie ausfüllbaren Lücken durch Hypothesen überbrücken und den durch jene Intervalle zerrissenen Faden der paläontologischen Entwickelung wieder zusammenknüpfen. Die fünf großen Hauptperioden oder Zeitalter der organischen Erdgeschichte umfassen folgende Perioden:

I. Archozoisches Zeitalter (Primordial-Zeit). 1. Laurentische, 2. Cambrische, 3. Silurische Periode.

II. Paläozoisches Zeitalter (Primär-Zeit). 4. Devonische, 5. Carbonische, 6. Permische Periode.

III. Mesozoisches Zeitalter (Secundär-Zeit). 7. Trias-, 8. Jura-, 9. Kreide-Periode.

IV. Cänozoisches Zeitalter (Tertiär-Zeit). 10. Eocän-, 11. Miocän-, 12. Pliocän-Periode.

V. Anthropozoisches Zeitalter (Quartär-Zeit). 13. Glaciale, 14. Postglaciale, 15. Kultur-Periode.

VI. Epacme, Acme, Paracme.

Aufbildung (*Anaplasis*), Umbildung (*Metaplasis*) und Rückbildung (*Cataplasis*) haben wir im 16. Kapitel drei verschiedene Stadien der Entwickelung genannt, welche wir allgemein in der Genesis der organischen Individuen unterscheiden konnten. Den Charakter dieser drei individuellen Entwickelungsperioden haben wir im 17. Kapitel schärfer zu bestimmen versucht. Wir kommen hier auf jene Bestimmung zurück, weil die vollständige Parallele zwischen der Ontogenie und Phylogenie auch in dieser Beziehung nicht fehlt, und weil auch die organischen Arten und Stämme in gleicher Weise wie die organischen Individuen, die drei Stadien der Aufbildung, der Umbildung und der Rückbildung zu durchlaufen haben.

Wie die gesamte Entwickelungsbewegung der Arten und der Stämme bisher nur selten als kontinuierliche Bewegungserscheinung erkannt, und noch seltener in ihrem hohen Interesse gewürdigt worden ist, so gilt dies auch von den verschiedenen Stadien oder Hauptperioden ihrer Entwickelung. Allerdings mußten schon die ersten Anfänge der paläontologischen Statistik zu der Überzeugung führen, daß die verschiedenen Gruppen des Systems hinsichtlich der Dauer und Ausdehnung ihrer Entwickelung sich zu verschiedenen Zeiten der Erdgeschichte sehr verschieden verhalten haben, und daß das Zahlenverhältnis der Arten und der sie repräsentierenden Individuen in den verschiedenen Gruppen des Tier- und Pflanzenreichs sich zu allen Zeiten sehr verschieden gestaltet hat. Die Zunahme und Abnahme der Artenzahl und der Sippenzahl in den einzelnen Familien, Ordnungen und Klassen ist daher schon seit längerer Zeit Gegenstand der Aufmerksamkeit und der statistischen Bestimmung der Paläontologen gewesen, und man hat namentlich sehr oft die Zeitdauer der einzelnen Gruppen, sowie ihre Zunahme und Abnahme an Zahl der Gattungen und Arten in den verschiedenen Perioden der Erdgeschichte graphisch durch doppelkegelförmige Linien darzustellen versucht. Insbesondere ist Bronn in seiner „Geschichte der Natur" und in seinen trefflichen „Untersuchungen über die Entwickelungsgesetze der organischen Welt" bemüht gewesen, diese historische Zunahme, Dauer und Abnahme der Artenzahl und Sippenzahl in den verschiedenen Abteilungen des Tier- und Pflanzenreichs festzustellen. Indessen mußten diesen Bemühungen so lange ihr bestimmtes Ziel und ihr kausaler Leitstern fehlen, als nicht der leitende Grundgedanke der Deszendenztheorie den genealogischen Zusammenhang der „verwandten" Organismen als die Ursache ihrer paläontologischen Erscheinungsweise nachgewiesen hatte. Nur von diesem Standpunkte aus können wir begreifen, warum die Arten, Gattungen, Klassen etc., kurz alle die verschiedenen Kategorien des Systems, von der Varietät bis zum Stamm hinauf, überall ebenso verschiedene Stadien ihrer Entwickelung unterscheiden lassen, wie die einzelnen Individuen während der Zeit ihrer individuellen Existenz.

Wie wir aber zeigten, daß wir unter Ontogenese die gesamte Reihe von Formveränderungen begreifen müssen, welche der individuelle Organismus während der ganzen Zeit seiner individuellen Existenz durchläuft, so müssen wir hier dasselbe für die Phylogenese wiederholen. Auch die Entwickelung der Arten und der Stämme, und gleicherweise jeder anderen Kategorie des Systems, umfaßt ebenso wie diejenige der physiologischen Individuen die ganze Reihe von Formveränderungen, welche jede dieser genealogischen Kategorien während der gesamten Zeit ihrer Existenz durchläuft. Jede dieser Kategorien hat eine beschränkte Zeitdauer ihrer Existenz, und diese wird durch den Kampf um das Dasein bestimmt.

Die drei Stadien der Aufbildung, Umbildung und Rückbildung sind nun zwar in der Phylogenese ebenso wie in der Ontogenese allgemein zu unterscheiden; indessen ist es dort ebensowenig als hier möglich, dieselben scharf zu charakterisieren und durch scharfe

Grenzlinien voneinander zu scheiden. Vielmehr gehen die Stadien der phylogenetischen ebenso wie die der ontogenetischen Entwickelung allmählich ineinander über, und oft sind selbst ihre ungefähren Grenzen nur sehr undeutlich zu bestimmen. Dennoch ist die Unterscheidung derselben von großem Vorteil und sogar durchaus notwendig, um eine klare Übersicht über das phylogenetische Verhältnis der einzelnen Gruppen zueinander und zum ganzen Stamme zu erhalten.

Um die Verwechselung der phylogenetischen Entwickelungsstadien mit den ontogenetischen zu vermeiden, erscheint es passend, dieselben durch besondere feststehende Ausdrücke zu bezeichnen, welche den letzteren entsprechen. Wir nennen das erste Stadium der Phylogenese, welches der ontogenetischen Anaplase gleichsteht, ihre Aufblühzeit (*Epacme*), das zweite, welches der Metaplase entspricht, die Blütezeit (*Acme*), und das dritte, welches der Kataplase korrespondiert, die Verblühzeit (*Paracme*).

I. Die Aufblühzeit (*Epacme*), das erste Stadium der Phylogenese, umfaßt diejenige Zeit in der Entwickelung der Arten und der Stämme, welche von ihrer Entstehung bis zu ihrer Blütezeit reicht. Sie entspricht also dem Jugendalter (*Juventus, Adolescentia*) oder der Aufbildungszeit (*Anaplasis, Evolutio*), welche wir oben als das erste Stadium der individuellen Entwickelung charakterisiert haben. Als diejenige physiologische Entwickelungsfunktion, welche vorzugsweise für dieses Stadium der Ontogenese charakteristisch und bedeutend ist, haben wir daselbst das Wachstum bezeichnet, und ebenso werden wir das Wachstum auch als den charakteristischen Prozeß der phylogenetischen Epacme betrachten können. Die epacmastische Kreszenz der Arten und Stämme besteht ebenso wie das anaplastische Wachstum der Bionten, in einer Ausdehnung und Größenzunahme. Bei den Arten wächst die Anzahl der Individuen und bei den Stämmen die Anzahl der subordinierten Kategorien (Klassen, Ordnungen etc.), welche dieselben zusammensetzen.

II. Die Blütezeit (*Acme*), das zweite und mittlere Stadium der Phylogenese, begreift diejenige Zeit in der Entwickelung der Arten und Stämme, welche zwischen der Epacme und der Paracme liegt. Sie korrespondiert mithin dem Reifealter (*Maturitas, Adultas*) oder der Umbildungszeit (*Metaplasis, Transvolutio*), welche wir oben als das zweite Stadium der individuellen Entwickelung abgesteckt haben. Diejenige physiologische Entwickelungsfunktion, welche vorzugsweise dieses Stadium der Ontogenese beherrscht, ist die Differenzierung oder Divergenz der Form, und ebenso können wir diesen Prozeß auch als die wesentlichste Funktion der phylogenetischen Acme betrachten. Die acmastische Differenzierung der reiferen Arten und Stämme besteht, ebenso wie die metaplastische Divergenz der Bionten, weniger in einer quantitativen als in einer qualitativen Vervollkommnung, und vorzugsweise in der vielseitigen Anpassung an die verschiedenartigsten Existenzbedingungen. Durch diese Differenzierung der Arten bilden dieselben ein reiches und vielstrahliges Varietätenbüschel, während durch die Divergenz der Stämme eine große Anzahl von neuen Gruppen entstehen.

III. Die Verblühzeit (*Paracme*), das dritte und letzte Stadium der Phylogenese, umfaßt diejenige Zeit in der Entwickelung der Arten und Stämme, welche vom Ende der Blütezeit bis zum Ende ihrer Existenz reicht. Sie entspricht also dem Greisenalter (*Deflorescentia, Senilitas*) oder der Rückbildungszeit (*Cataplasis, Involutio*), welche oben als das dritte und letzte Stadium der individuellen Entwickelung geschildert worden ist. Als diejenige physiologische Entwickelungsfunktion, welche vorzugsweise in diesem Stadium der Ontogenese herrscht, haben wir daselbst die Degeneration nachgewiesen, und dieser Prozeß charakterisiert ebenso auch die phylogenetische Paracme. Die paracmastische Degeneration der Arten und Stämme besteht ebenso wie die ontogenetische Entbildung der Bionten, zunächst in einer Beschränkung und Verminderung ihres physiologischen und infolgedessen auch ihres morphologischen Bestandes und Vermögens. Bei den Arten nimmt die Zahl der Individuen ab, indem sie entweder aussterben oder in andere Arten übergehen. Bei den Stämmen nimmt die Zahl aller Kategorien und der sie vertretenden Stämme ab bis zum vollständigen Aussterben.

Zweiundzwanzigstes Kapitel.

Entwickelungsgeschichte der Arten oder Spezies.

(Naturgeschichte der organischen Arten oder genealogischen Individuen zweiter Ordnung.)

„Die Idee der Metamorphose ist gleich der vis centrifuga und würde sich ins Unendliche verlieren, wäre ihr nicht ein Gegengewicht zugegeben: ich meine den Spezifikationstrieb, das zähe Beharrlichkeitsvermögen dessen, was einmal zur Wirklichkeit gekommen, eine vis centripeta, welcher in ihrem tiefsten Grunde keine Äußerlichkeit etwas anhaben kann." Goethe.

I. Allgemeine Kritik des Speziesbegriffes.

Seitdem Linné im Jahre 1735 in seinem *Systema naturae* zum ersten Male die außerordentlichen Vorteile gezeigt hatte, welche die von ihm eingeführte binäre Nomenklatur für die übersichtliche Registratur der Organismen bietet, und seitdem die Einordnung der verschiedenartigen Formen in das System, und ihre Benennung mit Genus- und Speziesnamen mehr und mehr Hauptbeschäftigung der sogenannten „Systematik" geworden war, hat es nicht an vielfältigen Versuchen gefehlt, das eigentliche Wesen der Art oder Spezies in seinem eigentümlichen Werte zu erkennen und den Begriff derselben zu bestimmen. Die Geschichte dieser größtenteils verfehlten Versuche ist für die Geschichte der gesamten organischen Morphologie von großer Bedeutung. Denn einerseits hat das zur allgemeinen Herrschaft gelangte Dogma von der Konstanz der Spezies die irrtümlichsten allgemeinen Anschauungen in allen einzelnen Zweigen der morphologischen Botanik und Zoologie hervorgerufen. Andererseits aber zeigen sich gerade in der Art und Weise, in welcher man jenes Dogma aufgebaut und zum Fundament aller generellen morphologischen Reflexionen erhoben hat, auf das klarste alle die prinzipiellen Fehler und methodologischen Irrwege, welche bisher in allen Zweigen der organischen Morphologie die Geltung der allein richtigen monistischen Naturanschauung und somit auch die Erkenntnis der allein maßgebenden kausalmechanischen Naturgesetze gehindert haben. Die blinde Dogmatik und der Mangel an Kritik, die einseitige Vertiefung in der isolierenden Analyse und der Mangel an vergleichender Synthese, das unklare Haschen nach teleologischen Scheingründen und die vorurteilsvolle Vernachlässigung der wirklichen mechanischen Gründe — kurz alle die Mängel und Fehler, welche bisher die Morphologie der Organismen gehindert haben, sich auf den objektiven monistischen Standpunkt aller übrigen Naturwissenschaften zu erheben, und welche sie in der Knechtschaft subjektiver dualistischer Vorurteile erhalten haben — alle diese Mängel und Fehler sind auf das engste mit dem fundamentalen Dogma von der absoluten Individualität und Konstanz der Spezies verknüpft und durch dasselbe größtenteils unmittelbar bedingt. Der allgemeine Mangel an natürlicher Logik und überhaupt an gesunder Philosophie, welcher das Grundübel der ganzen organischen Morphologie bildet, zeigt sich daher auch nirgends so auffallend wie in der Speziesfrage.

Obwohl deshalb eine kritische Entwickelungsgeschichte der Speziesdogmatik für die gesamte Morphologie der Organismen von hohem Interesse ist, würde es uns doch hier viel zu weit führen, wollten wir alle verschiedenen Ansichten auch nur der hervorragendsten Morphologen über die Spezies einer allgemeinen Besprechung unterziehen und den verwickelten Knäuel unklarer und widersprechender Vorstellungen darüber entwirren. Dies muß einer zukünftigen Geschichte der Deszendenztheorie vorbehalten bleiben. Wir beschränken uns vielmehr hier darauf, den ganz verschiedenartigen Inhalt und Umfang des Speziesbegriffes hervorzuheben, welchen derselbe, von morphologischem, physiologischem und genealogischem (morphogenetischem) Gesichtspunkte aus bestimmt, besitzt.

Das Wichtigste, was in dieser Beziehung zunächst zu beachten ist, finden wir in dem Umstande, daß der praktische Gebrauch des Speziesbegriffes sich meistens ganz unabhängig von der theoretischen Bestimmung desselben erhielt. Die alte authentische Definition Linnés, welcher den Speziesbegriff nicht allein zuerst theoretisch aufstellte, sondern auch mit dem glänzendsten Erfolge praktisch anwandte, lautete: *„Species tot sunt diversae, quot diversae formae ab initio sunt creatae“*. Diese Definition ist offenbar rein spekulativer Natur, auf das eingewurzelte theoretische Schöpfungsdogma gegründet und ganz unabhängig von der praktischen, auf die Vergleichung konkreter Individuen und ihre Unterscheidung durch konstante Merkmale gestützten Bestimmung der Arten. Mehr in Verbindung mit der letzteren wurde späterhin die theoretische Spezies-Definition durch Cuvier gebracht, welcher nächst Linné den größten und nachhaltigsten Einfluß auf die Systematik ausübte. Nach Cuvier ist die Spezies „*la réunion des individus descendant l'un de l'autre et des parents communs, et de ceux, qui leur ressemblent autant, qu'ils se ressemblent entre eux.*" In dieser Bestimmung, an welche sich die meisten späteren mehr oder minder eng anschließen, wird offenbar zweierlei für die zu einer Spezies gehörigen Individuen verlangt, erstens nämlich ein gewisser Grad von Ähnlichkeit oder annähernder Gleichheit der Charaktere und zweitens ein verwandtschaftlicher Zusammenhang durch das Band gemeinsamer Abstammung. Von den späteren Autoren ist bei den zahlreichen Versuchen, die Definition zu vervollkommnen, bald mehr auf die genealogische Blutsverwandtschaft aller Individuen einer Art, bald mehr auf ihre morphologische Übereinstimmung in allen wesentlichen Charakteren Rücksicht genommen worden. Im allgemeinen kann man aber behaupten, daß bei der praktischen Anwendung des Artbegriffs, bei der Unterscheidung und Benennung der einzelnen Spezies fast immer nur das letztere Moment zur Geltung gelangte, das erstere dagegen ganz vernachlässigt wurde. Späterhin wurde zwar die genealogische Vorstellung von der gemeinsamen Abstammung aller Individuen einer Art noch durch die physiologische Bestimmung ergänzt, daß alle Individuen einer Art miteinander eine fruchtbare Nachkommenschaft erzeugen können, während die sexuelle Vermischung von Individuen verschiedener Arten gar keine oder nur eine unfruchtbare Nachkommenschaft liefert. Indessen war man in der systematischen Praxis allgemein vollkommen zufrieden, wenn man bei einer untersuchten Anzahl höchst ähnlicher Individuen die Übereinstimmung in allen wesentlichen Charakteren festgestellt hatte, und frug nicht weiter danach, ob diese zu einer Art gerechneten Individuen in der Tat gemeinsamen Ursprungs und fähig seien, bei der Begattung miteinander eine fruchtbare Nachkommenschaft zu erzeugen. Vielmehr kam diese physiologische Bestimmung natürlicherweise bei der praktischen Unterscheidung der Tier- und Pflanzenarten ebensowenig in Anwendung, als die vorausgesetzte gemeinsame Abstammung von einem und demselben Elternpaare. Andererseits unterschied man ohne Bedenken zwei nächstverwandte Formen als zwei verschiedene „gute Arten“, sobald man bei einer untersuchten Anzahl von ähnlichen Individuen eine konstante Differenz, wenn auch nur in einem verhältnismäßig untergeordneten Charakter, nachgewiesen hatte. Auch hier kümmerte man sich nicht darum, ob die beiden verschiedenen Reihen wirklich nicht von gemeinsamen Voreltern abstammten, und wirklich miteinander keine oder doch nur unfruchtbare Bastarde zeugen konnten.

Aus diesen einfachen Gründen und besonders aus der Unmöglichkeit, die gemeinsame Abstammung und die Fähigkeit zur Erzeugung fruchtbarer Nachkommen bei allen Individuen derselben Spezies nachzuweisen, wurde dann die offenbare Trennung zwischen der theoretischen und der ganz davon unabhängigen praktischen Unterscheidung der Spezies mehr oder weniger unbewußt den Systematikern zur Gewohnheit. Theoretisch wurde die Art bestimmt als der Inbegriff aller Individuen verschiedenen Geschlechts, die miteinander eine fruchtbare, die Gattung als Inbegriff derer, die keine oder eine unfruchtbare Nachkommenschaft erzeugen. Dabei setzte man gewöhnlich stillschweigend voraus, daß alle Individuen einer Art ursprünglich von gleichen, alle Arten einer Gattung dagegen von verschiedenen Voreltern abstammten. Ebenso wurde die Unveränderlichkeit oder Konstanz der Art in der Zeit vorausgesetzt. Bei der praktischen Speziesunterscheidung dagegen wurde diese Voraussetzung gewöhnlich nicht im mindesten berücksichtigt, und man hielt sich bloß an die Übereinstimmung oder die Differenz der sogenannten „wesentlichen“ Charaktere in den gerade zur Bestimmung vorliegenden und zu vergleichenden Exemplaren. Leichtere und auch oft bedeutende, aber inkonstante Differenzen zwischen denselben wurden nicht als Merkmale von besonderen Arten, sondern nur von Abarten oder Spielarten (Varietäten, Subspezies) angesehen. Die Probe mit der Fortpflanzungsfähigkeit wurde nicht gemacht. Auch wäre es ja in der Tat in den allermeisten Fällen, wie z. B. bei der Feststellung der Spezies von nicht lebend zu beobachtenden, sowie von allen ausgestorbenen Tieren, ganz unmöglich gewesen, die verlangte Probe mit der gleichartigen Fortpflanzung anzustellen und die Abstammung von einem einzigen Elternpaare empirisch nachzuweisen. Daß aber auf diese Weise die erwähnten Voraussetzungen bald nur zu einem leeren Dogma ausarteten, welches bloß in den Handbüchern in Ermangelung einer besseren Definition der Spezies schulgerecht fortgeführt und allgemein wiederholt wurde, liegt auf der Hand. Jede eingehende kritische Untersuchung zeigt, daß in der zoologischen und botanischen Praxis allein die morphologische Rücksicht auf die unterscheidenden sogenannten spezifischen Charaktere zur Geltung kam, nicht aber das genealogische Kriterium, gezogen aus der Voraussetzung gemeinsamer Abstammung und ebensowenig die physiologische Erwägung, daß zwei verschiedene Spezies keine fruchtbare Nachkommenschaft miteinander erzeugen können.

Daß dieser Mangel an Zusammenhang zwischen der theoretisch-physiologischen und der praktisch-morphologischen Bestimmung der Spezies den Wert der ersteren ganz illusorisch machte, wurde seltsamerweise von den meisten zoologischen und botanischen Systematikern gar nicht bemerkt. In dem Eingange zu den Handbüchern wurde immer wieder gewissenhaft die theoretische Definition wiederholt, daß zu einer Art alle Individuen (und nur diese!) gehören, welche von gemeinsamen Voreltern abstammen, und welche bei der sexuellen Vermischung eine fruchtbare Nachkommenschaft erzeugen. In der Tat aber wurde die Richtigkeit dieser Bestimmung niemals wirklich geprüft, vielmehr die Unterscheidung und Benennung der Spezies lediglich durch Ermittelung der Übereinstimmung in allen „wesentlichen“ morphologischen Charakteren bewirkt.

II. Der morphologische Begriff der Spezies.

Die praktische Unterscheidung und Benennung der Arten, wie sie von der botanischen und zoologischen Systematik allgemein geübt wird, gründet sich ganz vorwiegend auf die Erkenntnis morphologischer und nicht physiologischer Differenzen, welche zwischen den verglichenen ähnlichen Formen sich auffinden lassen. Jeder Blick auf die kurz gefaßten Diagnosen oder die ausführlicheren Beschreibungen, durch welche in den systematischen Handbüchern und Monographien die verschiedenen Arten einer Gattung getrennt werden, lehrt uns, daß dasjenige Moment, welches man in der systematischen Praxis durchgängig und fast allein zur Feststellung und Unterscheidung der Spezies benutzt, die Vergleichung und Wägung der morphologischen Charaktere ist. Daß dieses morphologische Prinzip allein, mit völliger Beiseitlassung des gemeinsamen Abstammungsprinzips und ohne Rücksicht auf das physiologische Prinzip der fruchtbaren Fortpflanzungsfähigkeit die Systematiker bei ihrer analytischen Speziesbestimmung leitet, muß allgemein zugegeben werden. Ebenso sicher ist es aber auch, daß die meisten Systematiker nicht imstande sind, anzugeben, welche Rücksichten sie hierbei als maßgebende Richtschnur im Auge haben und worin das Wesen der „spezifischen Formcharaktere“ besteht. Sehr wenige nur haben sich die Mühe genommen, hierüber nachzudenken, und unter diesen ist vor allen Louis Agassiz hervorzuheben.

Von den meisten anderen Naturforschern abweichend, erklärt Agassiz die Spezies für eine ebenso ideale Wesenheit („*ideal entity*“), als die übergeordneten Begriffe der Gattung, Familie, Ordnung, Klasse und Typus. Alle diese idealen Einheiten sind in der Natur realisiert, sind verkörperte Schöpfungsgedanken. Die Charaktere, durch welche sich diese verschiedenen, stufenweise sich erhebenden Kategorien unterscheiden, sind von verschiedener Qualität. Die Unterschiede der Spezies betreffen das Verhältnis der einzelnen Körperteile zueinander, sowie die absolute Größe des ganzen Tieres, ferner die Färbung und allgemeine Verzierung der Körperoberfläche, endlich die Beziehungen der Individuen zueinander und zur umgebenden Welt. Die Spezies wird durch eine gewisse Menge von Individuen repräsentiert, die als solche in engster Beziehung zueinander stehen, niemals aber durch ein einzelnes Individuum. Denn keines der zu einer Spezies gehörigen Individuen bietet alle charakteristischen Merkmale dieser Spezies dar. Durch diese Auffassung nimmt Agassiz dem Speziesbegriffe die absolute Starrheit, die er in den Augen der meisten Systematiker besitzt, und stellt ihn als eine subjektive Kategorie, einen Kollektivbegriff hin, der ebensoviel objektive Begründung in der Natur und nicht mehr besitzt, als die höheren Begriffe der Gattung, Ordnung, Klasse etc. Wenn wir nun aber die morphologischen (oder richtiger anatomischen) Kriterien näher betrachten, welche Agassiz als „spezifische“ Merkmale κατ' ἐξοχήν betrachtet, die absolute Größe und das Verhältnis der einzelnen Körperteile zueinander, die Farbe und die allgemeine Verzierung der Körperoberfläche, so ergibt sich, daß diese zwar in vielen, aber bei weitem nicht in allen Fällen bestimmend sind. Oft sind dieselben Merkmale kaum genügend, zwei anerkannte Varietäten zu unterscheiden, während sie andere Male selbst zur Unterscheidung „guter“ Genera für ausreichend erachtet werden. Andererseits braucht man bloß eine Reihe beliebiger Speziesgruppen aus verschiedenen Hauptabteilungen des Pflanzen- oder Tierreichs miteinander zu vergleichen und auf diesen Punkt zu untersuchen, und man wird sehen, daß Charaktere von der allerverschiedensten Qualität zur Unterscheidung benutzt werden.

Die wenigen von Agassiz und anderen gemachten Versuche, das Wesen und Gewicht der unterscheidenden morphologischen Speziescharaktere schärfer zu bestimmen und dadurch bei der praktischen Unterscheidung der Spezies zu einer sicheren Grundlage zu gelangen, sind auch bei der systematischen Praxis zu keiner allgemeinen Geltung gelangt. Wenden wir uns von diesen mehr oder minder mißglückten Versuchen zu der Betrachtung der zoologischen und botanischen Praxis, wie sie von den Systematikern täglich bei der Unterscheidung, Benennung und Bestimmung der Arten geübt wird, so zeigt sich bald, daß die meisten Systematiker sich dabei wesentlich von einem gewissen praktischen Takte leiten lassen. Höchstens kommt bei den kritischer Verfahrenden hie und da eine bestimmte Maxime von ziemlich vager Natur zur Anwendung. Eine der am weitesten verbreiteten derartigen Maximen oder Bestimmungsregeln ist der Satz: „Zu einer Art gehören alle Individuen, die in allen wesentlichen Merkmalen übereinstimmen." Indessen ist nur bei einer geringen Zahl der niedrigsten Organismen diese Behauptung ohne weiteres richtig. Bei den allermeisten dagegen umfaßt der Speziesbegriff nicht eine einzige Form, sondern eine ganze Entwickelungsreihe verschiedener Formen, nämlich den Zeugungskreis, die Formenkette, die das Individuum vom Momente seiner Entstehung an bis zu seinem Tode durchläuft. Es müssen also die verschiedenen Jugendzustände berücksichtigt werden, die oft sehr abweichend von den Erwachsenen sich verhalten, und bei denjenigen, die einer Metamorphose unterworfen sind, die verschiedenen Larvenzustände, die das Individuum durchläuft. Gleicherweise sind bei den der Metagenesis unterworfenen Arten die verschiedenen Generationen zu berücksichtigen. Wie oft sind aber nicht, lediglich aus Nichtberücksichtigung dieses so einfachen Verhältnisses, abweichend gebildete Jugendformen, Larven und Ammen als eigene Spezies, wie oft als Glieder weit entfernter Familien oder selbst Klassen beschrieben worden! Wer hätte bei der paradoxen Form des *Pluteus* gedacht, daß er die Amme einer Ophiure sei, bei *Pilidium*, daß es zu einem Nemertes gehöre, bei *Phyllosoma*, daß es die Larve von *Palinurus* sei? Wie oft sind selbst bei den höheren Wirbeltieren eigentümlich gefärbte Jugendformen als besondere Arten beschrieben worden! Wie zahlreich sind in der Abteilung der Würmer, der Crustaceen, der Mollusken die Beispiele von zusammengehörigen Larven und reifen Formen, die man früher als ganz verschiedene Spezies beschrieben und erst vor kurzem als himmelweit verschiedene Zustände eines Individuums entdeckt hat.

Nicht minder wesentlich als die Formverschiedenheiten der zusammengehörigen Entwickelungsstadien eines und desselben Individuums sind die Gestaltdifferenzen, welche zwischen den verschiedenen polymorphen Individuen einer und derselben Spezies sich vorfinden. Auch diese sind unendlich oft in der systematischen Praxis nicht berücksichtigt worden und daraus zahllose Irrtümer entsprungen. Wie oft sind nicht allein die beiden zusammengehörigen Geschlechter einer einzigen Spezies als verschiedene Arten beschrieben worden! Freilich sind die Verschiedenheiten der beiden zusammengehörigen Geschlechtsbionten in vielen Fällen von weitgehendem sexuellen Dimorphismus auch der Art, daß dieselben fast in gar keinem „wesentlichen“ Merkmale mehr übereinstimmen. Man denke nur an die parasitenähnlichen Männchen vieler niederer Crustaceen und der Rotatorien.

Schon aus diesen wenigen Erwägungen geht hervor, wie ungenügend die vielfach angewendete Definition ist, daß „die Spezies der Komplex aller Individuen sei, die in allen wesentlichen Merkmalen übereinstimmen“. Um ein naturgemäßes Bild von der Spezies zu erhalten, ist es durchaus notwendig, alle die erwähnten, oft so weit divergierenden Gestalten ihres Formenkreises in Betracht zu ziehen. Auch ist in der Tat diese Notwendigkeit von den besseren Systematikern in ihrer analytischen Praxis mehr oder weniger unbewußt anerkannt und gewürdigt worden, und man hat also außer den anatomischen auch die ontogenetischen Formen zugleich mit berücksichtigt. Sehr oft ist dies aber auch nicht geschehen, und sehr oft konnte es nicht geschehen. Und wieviel Irrtum und Verwirrung ist daraus für die Systematik entsprungen! Wieviel verschiedene Jugendzustände, Larven, Ammen, dimorphe Geschlechtsindividuen und polymorphe differenzierte Gesellschaftsindividuen sind nicht als selbständige Arten beschrieben worden!

Lassen wir indessen diesen oft unvermeidlichen Fehler beiseite, und verfolgen wir weiter den Systematiker in seiner praktischen Arbeit, wie er die Spezies unterscheidet, bestimmt, benennt, ordnet und für das System zurechtmacht. Sehen wir dabei ab von den möglichen Irrungen, die durch die verschiedenen Jugendformen, die Geschlechtsdifferenzen, den oft so weit abweichenden Generationswechsel innerhalb einer und derselben Art vorkommen können, und nehmen wir an, daß geschlechtsreife Individuen beider Geschlechter oder doch wenigstens ausgewachsene und geschlechtsreife Männchen (die gewöhnlich bei Feststellung des Speziescharakters bevorzugt werden) von vielen verschiedenen Arten zur Untersuchung vorliegen. Nach welchen Regeln, aus welchen Gesichtspunkten sucht der Systematiker die unterscheidenden Merkmale aufzufinden und festzustellen? Gibt es überhaupt für diesen Zweck feste leitende Grundsätze? Nicht im mindesten! Das Geschäft wird vielmehr rein empirisch betrieben! Als die entscheidenden und die wichtigsten Speziescharaktere gelten allein die konstantesten, d. h. diejenigen, die am wenigsten bei den am meisten sich ähnlichen Individuen variieren, und die bei diesen allen vorkommen, während sie bei einer Anzahl anderer, ebenfalls ähnlicher Individuen, die aber eine besondere Art bilden sollen, konstant fehlen. Offenbar bewegt man sich hier aber (und es geschieht unendlich oft) in einem vollkommenen Zirkelschluß. Einmal fordert man, daß der Artbegriff alle diejenigen Individuen umfasse, die in allen „wesentlichen" Merkmalen übereinstimmen, und dann wieder hält man nur diejenigen Merkmale für „wesentlich", welche man in allen untersuchten Individuen, die eine sogenannte „gute Art" zusammensetzen sollen, konstant vorfindet. Mit anderen Worten lautet dieser sehr beliebte Zirkelschluß: „Jede Art wird charakterisiert durch die Konstanz der Merkmale; konstante Merkmale aber sind solche, die sich bei allen Individuen einer Art vorfinden". Jeder aufrichtige Naturforscher muß zugeben, daß das „Wesentliche" des Speziescharakters nichts anderes ist als seine Konstanz, und daß man umgekehrt nur eben die konstanten Merkmale als wesentliche ansieht. Dieselben deutlich ausgeprägten Artmerkmale, wie z. B. relative Länge der Extremitäten, Färbung des Haars, Zahl der Zähne, welche in der einen Gattung allgemein zur Unterscheidung ihrer Arten benutzt werden, weil sie hier sehr konstant sind und wenig variieren, können in einem anderen, nahe verwandten Genus nicht zur Diagnose der Spezies dienen, weil sie hier vielfach abändern und nicht konstant sind. Hier sucht man sich dann andere Merkmale heraus, die konstanter sind, die aber in der ersten Gattung nicht gelten konnten, weil sie dort variierten. Die Qualität der unterscheidenden Merkmale ist also niemals das für eine Art Charakteristische, sondern ihre Konstanz: und dieselben Unterschiede, auf welche man in der einen Formengruppe Gattungen oder selbst Familien gründet, reichen in anderen nicht aus, um nur die Arten zu unterscheiden. Die unbedeutendsten, geringfügigsten Merkmale, ein paar bunte Flecke oder ein Haarbüschel oder eine nackte Hautstelle auf dem Fell eines Säugetiers gelten aber als vollkommen genügende „gute" Charaktere, wenn sie zufällig bei allen jetzt zur Untersuchung vorliegenden Individuen übereinstimmend vorkommen, und wenn sie allen Individuen von sonst nächstverwandten Arten, die vielleicht aus einer anderen Gegend stammen, fehlen. Auf dieses letztere Moment, den geographischen Verbreitungsbezirk, wird dabei oft unbewußt großes Gewicht gelegt. Zwei kaum verschiedene Formen gelten oft als zwei gute Arten, wenn sie aus zwei entfernten und nicht zusammenhängenden Gegenden stammen, während jedermann dieselben nur als untergeordnete Varietäten einer und derselben Art betrachten würde, wenn sie in derselben Gegend gemischt vorkämen. Derartige sekundäre Erwägungen sind auch bei Unterscheidung der fossilen Tierformen oft fast allein maßgebend. Sehr oft werden hier zwei kaum zu unterscheidende Formen als zwei gute Arten angenommen, weil sie in zwei weit auseinanderliegenden Formationen gefunden wurden, während sie in den dazwischen liegenden fehlten. Würden beide Arten in einer und derselben Formation vereinigt vorkommen, so würden sie nur für eine einzige Art gelten. In der Paläontologie ist man überhaupt mit Unterscheidung und Benennung der Arten noch weit gedankenloser und unvorsichtiger vorgegangen, als bei der Diagnostik der lebenden Formen, obwohl gerade bei der Unvollständigkeit der fossilen Reste scharfe Kritik doppelt nötig wäre. Vergleicht man wägend ihrem Werte nach die Differentialcharaktere, durch welche fossile Spezies, mit denjenigen, durch welche lebende Spezies unterschieden werden, so wird man sehr oft finden, daß höchst minutiöse Charaktere bei den ersteren schon als vollkommen ausreichend zur spezifischen Unterscheidung zweier Arten angesehen werden, welche bei den letzteren nicht für genügend gelten würden, um nur zwei verschiedene Varietäten einer Art darauf zu basieren.

Untersucht man nun aber näher die sogenannten „guten", d. h. wesentlichen oder konstanten Charaktere der Arten, indem man eine größere Anzahl von Individuen sorgfältig vergleicht, so findet man in der Regel bald, daß auch diese angebliche Konstanz niemals absolut ist, daß vielmehr auch sie einen gewissen, wenn auch nur geringen Spielraum von Abänderung zuläßt; unter einer großen Zahl kaum zu unterscheidender Individuen wird man dann meistens einige wenige treffen, die doch die wesentlichen Artmerkmale weniger deutlich und scharf ausgeprägt zeigen, als die große Mehrzahl der übrigen. Gerade diese aber, die weniger scharf bestimmten Grenzformen, die häufig Mittelstufen und Übergangsbildungen zu nahe verwandten Arten herstellen, sind bisher überwiegend vernachlässigt worden. In dem vorherrschenden Bestreben, die Arten durch möglichst scharfe Charaktere voneinander zu trennen und die einzelnen Speziesdiagnosen klar voneinander abzusetzen, hat man das ganze Gewicht auf die, oft sehr geringfügigen, Unterschiede gelegt und dagegen das Gemeinsame der Erscheinungen in den Hintergrund gedrängt und nicht berücksichtigt. So ist es denn gekommen, daß in unseren Systemen sich überall die einzelnen Arten weit schärfer und klarer voneinander abheben, als es in der Natur der Fall ist. Fast bei allen Gruppen von Organismen haben sich deshalb die besseren und gewissenhafteren Systematiker genötigt gesehen, von denjenigen Arten, die genauer bekannt und in sehr zahlreichen Exemplaren untersucht sind, und namentlich von denjenigen, welche einen sehr großen Verbreitungsbezirk besitzen, die abweichenden Individuen, welche die spezifischen Charaktere mehr oder weniger modifiziert zeigen, oder sich als mehr oder minder entschiedene Übergangsbildungen zu verwandten Arten hinneigen, als besondere Unterarten (Subspecies) oder Spielarten (Varietates) zu beschreiben. Das genauere Studium derselben ist aber bisher überwiegend vernachlässigt worden, weil sie dem Schematismus des Systems Abbruch tun. Und doch sind sie gerade von der höchsten Bedeutung für das Verständnis der natürlichen Verwandtschaft. In vollständiger Verkennung der letzteren hat man immer nur den Hauptnachdruck auf die sogenannten „typischen“ Individuen der Art gelegt, die weniger ausgesprochen charakterisierten Varietäten dagegen beiseite geschoben.

V. Gute und schlechte Spezies.

„Gute und schlechte Arten“ bilden eine der gebräuchlichsten Unterscheidungen in der systematischen Praxis. Gleichwohl haben die meisten Systematiker gar keine klaren oder nur falsche Vorstellungen über den eigentlichen Wert dieser Unterscheidung, weshalb wir hier ein paar Worte beifügen wollen.

„Gute Arten“ werden gewöhnlich entweder solche Spezies genannt, deren meiste Charaktere innerhalb des kurzen Zeitraums, seitdem sie beobachtet sind, sich sehr wenig verändert haben, auch jetzt noch sehr wenig variieren und sich deshalb scharf umschreiben lassen; oder solche Arten, deren verbindende und den Übergang zu anderen Arten vermittelnde Zwischenformen uns unbekannt sind, und deren unterscheidende Charaktere daher scharf hervortreten. Je besser wir eine Spezies kennen, je größer die Anzahl der dazu gehörigen Individuen ist, die wir haben untersuchen können, und je weiter ihr geographischer Verbreitungsbezirk ist, insbesondere aber je verschiedenartiger ihre Existenzbedingungen an den verschiedenen Wohnorten sind, desto umfangreicher und desto mehr divergierend ist gewöhnlich der Varietätenbüschel dieser Art, desto zahlreicher sind die unmittelbaren Übergänge zu verwandten Arten und in desto mehr verschiedene Formengruppen läßt sich diese eine Spezies spalten, Formengruppen, die von den einen Systematikern für Arten, von den andern bloß für Varietäten gehalten werden. Daher sind denn in der Regel die am wenigsten bekannten Spezies die „besten“, und sie werden um so schlechter, je besser wir sie kennen lernen, je weiter wir die Divergenz ihres Varietätenbüschels verfolgen und je deutlicher wir ihren genealogischen Zusammenhang mit verwandten Formen nachweisen können. Wenn jemand behaupten wollte, daß die große Mehrzahl aller bekannten Arten „gute“ seien, so würde sich diese Behauptung, ihre Wahrheit vorausgesetzt, ganz einfach aus unserer außerordentlichen Unkenntnis von der übergroßen Mehrzahl aller Organismenarten erklären. Von unendlich vielen Arten sind nur einzelne wenige oder gar nur ein einziges Exemplar bekannt. Dazu kennt man die meisten nur von wenigen ihrer Wohnorte her und bei weitem nicht aus allen Teilen des Gebiets, über welches sie verbreitet sind. Von sehr vielen Spezies kennen wir nur einzelne Alters- und Entwickelungszustände oder nur das eine der beiden Geschlechter. Und wie oberflächlich und ungenau sind die allermeisten Untersuchungen, auf welche neue Spezies begründet werden! Man begnügt sich mit der Erfassung dieses oder jenes mehr oder weniger in die Augen fallenden oberflächlichen Unterschieds, gewöhnlich in der Form, Färbung oder dem Größenverhältnis eines einzelnen Teiles hervortretend, ohne die geringe Bedeutung dieses spezifischen Charakters, seine Variabilität etc. gehörig zu würdigen. Hierbei kommen wir wieder auf den Grundfehler zurück, der unsere ganze Systematik beherrscht, daß man stets nur bemüht ist, das Unterscheidende jeder organischen Form möglichst scharf hervorzuheben, während man das Gemeinsame, das sie mit den nächstverwandten Formen verbindet, gänzlich vernachlässigt. Zu welchen Irrtümern diese streng analytische Richtung und der Ausschluß der synthetischen Vergleichung führt, haben wir schon oben gezeigt, als wir die notwendige Wechselwirkung von Analyse und Synthese erörterten.

„Schlechte Arten“ im Sinne der Speziesfabrikanten würden alle Spezies ohne Ausnahme sein, wenn wir sie vollständig kennen würden, d. h. wenn wir nicht allein ihren gesamten gegenwärtigen Formenkreis, wie er über die ganze Erde verbreitet ist, kennen würden, sondern auch alle ihre ausgestorbenen Stammverwandten, die zu irgend einer Zeit gelebt haben. Es würden dann überall die verbindenden Zwischenformen und die gemeinsamen Stammformen der einzelnen Arten hervortreten, deren Kenntnis uns jetzt fehlt. Es würde ganz unmöglich sein, die einzelnen Formengruppen als Spezies scharf voneinander abzugrenzen, so unmöglich als es an jedem Baume ist, zu sagen, wo der eine Zweig aufhört und der andere anfängt. Die meisten derjenigen Arten, die wir genauer kennen, werden allerdings im Systeme als „gute“ Arten fortgeführt. Dies ist aber nur dadurch möglich, daß man einesteils nicht ihre historische Entwickelung und ihren genealogischen Zusammenhang mit den verwandten Formen berücksichtigt, andernteils aber die zahlreichen am stärksten divergierenden und am meisten abweichenden Formen ihres Varietätenbüschels, die schon von andern als „gute Arten“ angesehen werden, als „schlechte“ betrachtet und als Varietäten um die „typische“ Hauptform sammelt. Aber auch deshalb erscheinen uns viele unter den genauer bekannten Spezies als „gute“, d. h. scharf zu umschreibende Arten, weil sie bereits im Erlöschen sind und ihrem Untergange entgegengehen, weil ihr Varietätenbüschel sich nicht mehr ausdehnt, und weil sie schon auf einen engen Raum und einförmige Existenzbedingungen zurückgedrängt sind, so daß sie sich nicht mehr an neue Bedingungen anpassen können.

Dreiundzwanzigstes Kapitel.

Entwickelungsgeschichte der Stämme oder Phylen.

(Naturgeschichte der organischen Stämme oder der genealogischen Individuen dritter Ordnung.)

„Die Schwierigkeit, Idee und Erfahrung miteinander zu verbinden, erscheint sehr hinderlich bei aller Naturforschung: die Idee ist unabhängig von Raum und Zeit, die Naturforschung ist in Raum und Zeit beschränkt; daher ist in der Idee Simultanes und Sukzessives innigst verbunden, auf dem Standpunkt der Erfahrung hingegen immer getrennt."

Goethe.

I. Funktionen der phyletischen Entwickelung.

Die Phylogenese oder paläontologische Entwickelung, die Divergenz der blutsverwandten Formen, welche zur Entstehung der Arten, Gattungen, Familien und aller anderen Kategorien des organischen Systems führt, ist ein physiologischer Prozeß, welcher, gleich allen übrigen physiologischen Funktionen der Organismen, mit absoluter Notwendigkeit durch mechanische Ursachen bewirkt wird. Diese Ursachen sind Bewegungen der Atome und Moleküle, welche die organische Materie zusammensetzen, und die unendliche Mannigfaltigkeit, welche sich in den phyletischen Entwickelungsprozessen offenbart, entspricht einer gleich unendlichen Mannigfaltigkeit in der Zusammensetzung der organischen Materie, und zunächst der Eiweißverbindungen, welche das aktive Plasma der konstituierenden Plastiden aller Organismen bilden. Die phyletische oder paläontologische Entwickelung der Stämme und ihrer sämtlichen subordinierten Kategorien ist also weder das vorbedachte zweckmäßige Resultat eines denkenden Schöpfers, noch das Produkt irgendeiner unbekannten mystischen Naturkraft, sondern die einfache und notwendige Wirkung derjenigen bekannten physikalisch-chemischen Prozesse, welche uns die Physiologie als mechanische Entwickelungsfunktionen der organischen Materie nachweist.

Die physiologischen Funktionen, auf welche sich sämtliche phyletische oder paläontologische Entwickelungs-Erscheinungen als auf ihre bewirkenden Ursachen zurückführen lassen, sind die beiden fundamentalen Entwickelungsfunktionen der Vererbung (*Hereditas*) und der Anpassung (*Adaptatio*), von denen die erstere eine Teilerscheinung der Fortpflanzung, die letztere der Ernährung ist. Die beiden ursprünglichen Konservationsfunktionen der Propagation (Erhaltung der Art) und der Nutrition (Erhaltung des Individuums) genügen also vollständig, um durch ihre beständige Wechselwirkung unter dem Einflusse der in der Außenwelt gegebenen Existenzbedingungen die Divergenz der Arten und somit die Entwickelung der Stämme zu bewirken. Diese Grundanschauung halten wir zum richtigen Verständnis der Phylogenese für unentbehrlich. Wie wir vermittelst der Deszendenztheorie zu derselben gelangt sind, ist im neunzehnten Kapitel von uns erörtert worden. Die daselbst von uns erläuterte Entstehung der Arten durch natürliche Züchtung, durch die Wechselwirkung der Vererbung und Anpassung im Kampf um das Dasein, ist in der Tat weiter nichts als die Grundlage der phyletischen Entwickelung selbst. Das ganze neunzehnte Kapitel würde eigentlich hier seine Stelle finden. Wir haben es aber absichtlich dem fünften Buch überwiesen, weil die Ontogenese oder individuelle Entwickelungsgeschichte ohne die Phylogenese oder paläontologische Entwickelungsgeschichte gar nicht zu verstehen ist, und weil die Erläuterung der phyletischen Entwickelungsfunktionen, welche die Selektionstheorie und die durch sie begründete Deszendenztheorie gibt, für das Verständnis der biontischen Entwickelungsfunktionen unerläßlich ist.

II. Stadien der phyletischen Entwickelung.

Die Stämme sowohl wie alle untergeordneten Kategorien derselben, von der Klasse und Ordnung bis zur Gattung und Art herab, zeigen ihren Parallelismus mit der individuellen Entwickelung, wie schon oben gezeigt wurde, auch darin, daß im Laufe ihrer historischen Entwickelung mehrere verschiedene Stadien sich unterscheiden lassen, welche den Stadien der individuellen Entwickelung entsprechen. Den drei Perioden der ontogenetischen *Anaplase*, *Metaplase* und *Cataplase* entsprechend haben wir die drei Abschnitte der phylogenetischen *Epacme*, *Acme* und *Paracme* unterschieden, welche ebensowohl bei den ganzen Stämmen wie bei den ihnen untergeordneten Gruppen sich finden. Wie sich die Arten oder Spezies hierin verhalten, ist bereits oben erörtert. Wir wenden uns daher hier nur zu den Entwickelungsstadien der höheren Stammgruppen, von dem Genus und der Familie an aufwärts, wobei wir ausdrücklich bemerken, daß auch in dieser Beziehung ein scharfer und absoluter Unterschied zwischen den verschiedenen Kategorien des natürlichen Systems ebensowenig existiert, als ein solcher sich in anderer Hinsicht konstatieren läßt. Alle Genera und Familien, Ordnungen und Klassen, sowie auch alle diesen subordinierte Gruppen des Systems, die Subgenera, Subfamilien, Sektionen, Tribus etc. verhalten sich auch hinsichtlich der Entwickelungsstadien ebenso wie die ganzen Stämme, welche sie zusammensetzen, und wie die Arten, aus denen sie selbst zusammengesetzt sind.

I. Die Aufblühzeit oder *Epacme* der Phylen und ihrer subordinierten Kategorien umfaßt das erste Stadium ihrer phyletischen Entwickelung, welches dem Jugendalter oder der Anaplase der Bionten entspricht und von ihrer Entstehung bis zum Beginne der Blütezeit reicht. Die erste Entstehung der Stämme beginnt mit der Archigonie von strukturlosen Moneren (*Chromaceen, Chroococcaceen*), aus denen sich zunächst nur monoplastide, später erst polyplastide Spezies differenzierten. Die Entstehung der subordinierten Kategorien der Stämme dagegen erfolgte durch die Divergenz des Charakters der Spezies, welche aus der Differenzierung der autogonen Moneren hervorgehen, durch das Erlöschen der verbindenden Zwischenformen zwischen den divergierenden Spezies. Derjenige Prozeß, welcher nun bei der weiteren Entwickelung der entstandenen Stämme und ihrer subordinierten Gruppen das Stadium der Epacme vorzugsweise charakterisiert, ist das Wachstum. Die phyletische Kreszenz äußert sich ebenso wie die spezifische zunächst in der progressiven Zunahme der Individuenzahl und in der Ausdehnung des von ihnen eroberten Verbreitungsbezirks. Ebenso wie die Arten, so erringen sich auch die aus ihrer Divergenz entstehenden Gattungen, Familien, Klassen etc. und ebenso der ganze Stamm, welchem alle diese Gruppen angehören, während ihres epakmastischen Wachstums eine Anzahl von Stellen im Naturhaushalte, und verteidigen die so gewonnenen Positionen im Kampf um das Dasein gegenüber den in Mitbewerbung befindlichen Gruppen. Solange jede Gruppe sich immer weiter ausbreitet, solange die Zahl der ihr untergeordneten

Gruppen und damit zugleich der Individuen, in denen sie verkörpert sind, zunimmt, solange ist die Gruppe im Wachstum begriffen, und erst wenn eine weitere quantitative Zunahme und Ausdehnung ihres Verbreitungsbezirkes im großen und ganzen nicht mehr stattfindet, beginnt die zweite Periode der Entwickelung, die Akme.

II. Die Blütezeit oder *Acme* der Phylen und der verschiedenen untergeordneten Systemsgruppen, welche das zweite Stadium der phyletischen Entwickelung bildet und als solches dem Reifealter oder der Metaplase der Bionten korrespondiert, ist gleich dem letzteren vorzüglich durch qualitative Vervollkommnung ausgezeichnet, gegen welche das quantitative Wachstum nunmehr zurücktritt. Das Genus, die Familie, Ordnung und Klasse etc., ebenso der ganze Stamm, welcher sich in der Blütezeit, auf der Höhe seiner Entwickelung befindet, nimmt nicht mehr oder doch nicht wesentlich am Umfang, wohl aber an Vollkommenheit zu. Die phyletische Position, der geographische und topographische Verbreitungsbezirk, welchen die Gruppe im Kampf um das Dasein errungen hat, wird behauptet und befestigt und gegen die Angriffe der mitbewerbenden Gruppen mit Erfolg verteidigt. Dieser Kampf an sich schon vervollkommnet die Gruppe und zwingt sie, sich möglichst gut den verschiedenen Existenzbedingungen innerhalb des errungenen Gebiets anzupassen. Daher finden in großer Ausdehnung Prozesse der akmastischen Differenzierung statt, indem jede Gruppe in einen reichen und vielverzweigten Büschel von subordinierten Gruppen zerfällt. Jedes Genus bildet eine Menge Subgenera, jede Familie eine Anzahl Subfamilien, jede Ordnung eine Gruppe von Unterordnungen etc. Die reichliche Produktion solcher subordinierter Gruppen, welche wesentlich durch Divergenz des Charakters und Ausfall der verbindenden Zwischenformen erfolgt, charakterisiert die Acme jeder Gruppe ebenso wie die Erzeugung neuer Individuen die Metaplase der Bionten. Erst wenn die erzeugten Gruppen so weit divergieren, daß sie die Ranghöhe der parentalen Gruppe erreichen und selbst überschreiten, so daß die letztere hinter ihnen zurücktritt, erst dann ist die Acme der letzteren vorbei, und die Paracme hat begonnen.

III. Die Verblühzeit oder *Paracme* der Phylen und ihrer subordinierten Kategorien begreift das dritte und letzte Stadium ihrer Entwickelung und entspricht als solches dem Greisenalter oder der Kataplase der physiologischen Individuen. Sie umfaßt die ganze

Zeit vom Ende der Acme bis zum Erlöschen der Gruppe und verläuft meist, wie die entsprechende Dekreszenz der Art, langsam und allmählich. Wie bei den Spezies sind es auch bei den übergeordneten Gruppen des Systems, bei den Gattungen, Familien, Klassen etc. vorzugsweise die nächstverwandten und die koordinierten Gruppen einer jeden Kategorie, welche sich auf Kosten der letzteren entwickeln und ihren Untergang herbeiführen. Namentlich sind auch hier wieder am gefährlichsten für ihr Bestehen die eigenen Nachkommen, d. h. die aus der Differenzierung der reifen Gruppe hervorgegangenen neuen Gruppen, welche wieder subordiniert sind, späterhin aber durch fortschreitende Vervollkommnung und Ausfall der verbindenden Zwischenformen sich zur gleichen Stufenordnung erheben und nunmehr über die parentale Stammgruppe das Übergewicht gewinnen. In weiterem Sinne kann auch dieses Zurückbleiben der letzteren hinter den ersteren als parakmastische Degeneration bezeichnet werden, insofern die parentale Gruppe nicht mehr den Anforderungen entspricht, welche die gesteigerten Existenzbedingungen an sie stellen, während sie früher denselben gewachsen war. Doch ist diese Degeneration wohl mehr ein Mangel an der notwendigen Fortbildung, als eine positive Rückbildung, und es erfolgt der Untergang der Gruppen in der Mehrzahl der Fälle weniger durch vollständiges Aussterben, durch Erlöschen aller Zweige derselben, als vielmehr durch einseitige Fortbildung und bevorzugte Ausbildung einzelner Zweige, welche sich auf Kosten ihrer koordinierten und übergeordneten älteren Zweige entwickeln. Je höher der Rang einer systematischen Gruppe ist, desto weniger leicht tritt ihr vollständiges Erlöschen ein, weil desto größer die Möglichkeit und Wahrscheinlichkeit ist, daß auch beim Erlöschen des größten Teils der Gruppe doch noch der eine oder andere Zweig derselben erhalten bleibt und den ursprünglichen Stamm in dieser Richtung fortsetzt. Daher ist die Zahl der ausgestorbenen Gattungen nicht bloß absolut, sondern auch relativ viel größer als die Zahl der ausgestorbenen Familien, diese letztere ebenso viel größer als die Zahl der ausgestorbenen Ordnungen, und diese wiederum viel größer als die Zahl der ausgestorbenen Klassen. Von letzteren kennen wir nur sehr wenige, und von ausgestorbenen ganzen Stämmen mit Sicherheit sogar kein Beispiel, obwohl offenbar einzelne Stämme bereits auf dem Wege der Rückbildung, in der Verblühzeit sind.

III. Resultate der phyletischen Entwickelung.

Die physiologischen Funktionen der phyletischen Entwickelung, deren Wechselwirkung wir im neunzehnten Kapitel ausführlich dargelegt haben, Vererbung und Anpassung, führen unmittelbar und mit absoluter Notwendigkeit die höchst bedeutenden und großartigen Veränderungen der Organismenwelt herbei, welche wir ebendaselbst als das Divergenzgesetz und als das Fortschrittsgesetz erläutert haben. Das allgemeinste Endresultat dieses ungeheuren und unaufhörlich tätigen Entwickelungsprozesses ist in jedem einzelnen Abschnitt der Erdgeschichte einerseits die endlose Mannigfaltigkeit, welche sich in der Form und Struktur der verschiedenen Protisten, Pflanzen und Tiere offenbart, andererseits die allgemeine Familienähnlichkeit oder die „Formenverwandtschaft", welche trotzdem die blutsverwandten Organismen eines jeden Stammes zu einem Systeme von subordinierten Formengruppen verbindet. Diese natürliche Gruppierung der „verwandten" Organismen in zahlreiche über- und nebeneinander geordnete Gruppen oder Kategorien, die Tatsache, daß nur eine sehr geringe Anzahl von obersten, grundverschiedenen Hauptgruppen existiert, unter welchen alle übrigen als „verwandte" Formen sich einordnen lassen, diese Tatsache ist lediglich das einfache und notwendige Resultat des phyletischen Entwickelungsprozesses, und die Selektionstheorie zeigt uns im allgemeinen, warum dieses Resultat gerade so erfolgen mußte, wie es wirklich erfolgt ist.

Wir stehen hier vor einem der größten und bewunderungswürdigsten Phänomene der organischen Natur, vor der Tatsache des natürlichen Systems oder der baumförmig verzweigten Anordnung der verwandten Organismengruppen, einer Tatsache, von der Darwin sehr richtig bemerkt, daß wir das Wunderbare derselben nur infolge unserer vollständigen Gewöhnung daran zu übersehen pflegen. Von frühester Jugend an von einer Fülle ähnlicher und doch verschiedener Gestalten umgeben, gewöhnen wir uns schon, indem wir sprechen lernen, daran, die verwandtesten Formen unter einer engen Kollektivbezeichnung zusammenzufassen und die divergenteren Formen wieder unter einem weiteren Kollektivnamen zu vereinigen. So unterscheiden wir zuerst Tiere und Pflanzen, dann unter den Tieren Vögel und Fische, unter den Vögeln Raubvögel und Schwimmvögel etc. Kurz die Gruppenbildung, die Spezifikation des natürlichen Systems verwächst so frühzeitig mit allen unseren Vorstellungen, daß wir dieselbe nur zu leicht als etwas Selbstverständliches betrachten und das große Rätsel übersehen, welches uns die Verwandtschaft der Formen beständig vorlegt. Am auffallendsten zeigt sich dies bei jenen gedankenlosen Systematikern, welche ihr ganzes Leben mit der Umschreibung und Bezeichnung der Systemgruppen, mit der Registratur und der Nomenklatur der Organismen verbringen, und dennoch niemals oder nur selten sich die naheliegende Frage nach der Ursache dieser merkwürdigen Gruppenbildung vorlegen.

Die Lösung dieses „heiligen Rätsels", dieses „geheimen Gesetzes" von der „Verwandtschaft" der organischen Gestalten ist einzig und allein in der Deszendenztheorie zu finden. Nachdem Goethe schon 1790 auf diese Lösung hingewiesen, nachdem Lamarck dieselbe 1809 wesentlich weiter geführt hatte, wurde sie endlich 1859 durch Darwin vollendet, welcher in dem 13. Kapitel seiner Selektionstheorie das natürliche System für den Stammbaum der Organismen und „gemeinsame Abstammung für das Band erklärte, wonach alle Naturforscher unbewußterweise in ihren Klassifikationen gesucht haben, nicht aber ein unbekannter Schöpfungsplan, oder eine bequeme Form für allgemeine Beschreibung, oder eine angemessene Methode, die Naturgegenstände nach den Graden ihrer Ähnlichkeit oder Unähnlichkeit zu sortieren." Sobald wir den Grundgedanken der Deszendenztheorie richtig erfaßt und uns mit den notwendigen Konsequenzen desselben vertraut gemacht haben, so muß uns die wunderbare Tatsache der Gruppenbildung im natürlichen System als das notwendige Resultat des natürlichen Züchtungsprozesses, d. h. der mechanischen Entwickelung der organischen Stämme erscheinen.

IV. Die dreifache genealogische Parallele.

Schon zu wiederholten Malen haben wir auf den dreifachen Parallelismus der phyletischen (paläontologischen), der biontischen (individuellen) und der systematischen (spezifischen) Entwickelung hingewiesen als auf eine der größten, merkwürdigsten und wichtigsten allgemeinen Erscheinungsreihen der organischen Natur. Bisher ist dieselbe nicht entfernt in dem Maße, in welchem sie es verdient, hervorgehoben und an die Spitze der organischen Morphologie gestellt worden. Sehr vielen sogenannten Zoologen und Botanikern ist dieselbe gänzlich unbekannt; die meisten anderen, denen sie bekannt ist, bewundern sie als ein schnurriges Kuriosum oder als einen Ausfluß der unverständlichen Weisheit eines unverständlichen Schöpfers. Sehr wenige Naturforscher nur haben bisher das ganze kolossale Gewicht dieses großartigen Phänomens begriffen und nach einem wirklichen Verständnis desselben gesucht. Dieses Verständnis ist aber nur durch die Deszendenztheorie zu gewinnen, welche uns die dreifache genealogische Parallele ebenso einfach als vollständig erklärt, wie andererseits die Parallele selbst eine der stärksten Stützen der Deszendenztheorie ist.

Seltsamerweise hat derjenige Naturforscher, welcher bisher den Parallelismus der phyletischen, biontischen und systematischen Entwickelung am meisten hervorgehoben und am längsten besprochen hat, Louis Agassiz, gerade den entgegengesetzten Weg zu seiner Erklärung betreten, und es vorgezogen, dadurch den indirekten Beweis für die Wahrheit der Deszendenztheorie zu führen. Denn nur als solchen können wir die seltsamen teleologisch-theosophischen Spekulationen bezeichnen, welche der geistvolle Agassiz in seinem berühmten dualistischen „Essay on classification“ (1858) zur Erklärung der dreifachen genealogischen Parallele herbeizieht, und durch deren Ausführung er zeigt, daß dieselben in der Tat nichts erklären!

Was nun die mechanisch-monistische Erklärung der dreifachen genealogischen Parallele selbst betrifft, so haben wir bereits im V. Buche und namentlich im 18. und 19. Kapitel darüber so viel gesagt, daß wir hier nur die wichtigsten Punkte nochmals hervorheben wollen. Auszugehen ist dabei immer zunächst von der paläontologischen Entwickelung, an welche die individuelle Entwickelung sich als kurze und schnelle Rekapitulation, die systematische Entwickelung dagegen als das anatomische Resultat unmittelbar anschließt.

I. Der Parallelismus zwischen der phyletischen (paläontologischen) und der biontischen (individuellen) Entwickelung erklärt sich einfach mechanisch aus den Vererbungsgesetzen und insbesondere aus den Gesetzen der gleichzeitlichen, der gleichörtlichen und der abgekürzten Vererbung. Alle Erscheinungen, welche die individuelle Entwickelung begleiten, erklären sich lediglich, soweit sie nicht unmittelbares Resultat der Anpassung an neue Existenzbedingungen sind, aus der paläontologischen Entwickelung der Vorfahren des Individuums. Die gesamte Ontogenie ist eine kurze und schnelle Rekapitulation der langen und langsamen Phylogenie.

II. Der Parallelismus zwischen der phyletischen (paläontologischen) und der systematischen (spezifischen) Entwickelung erklärt sich einfach aus der Deszendenztheorie und speziell aus den Gesetzen der Divergenz und des Fortschritts, insbesondere aber aus dem Umstande, daß die divergente Entwickelung der verschiedenen Zweige und Äste eines und desselben Stammes so äußerst ungleichmäßig in bezug auf Grad und Schnelligkeit der Veränderung verläuft. Einige Äste haben sich seit der silurischen Zeit fast unverändert erhalten, wie z. B. die Krinoiden unter den Echinodermen, die Phyllopoden unter den Crustaceen; andere haben sich zwar bedeutend, aber doch nur langsam verändert, wie z. B. die Ophiuriden unter den Echinodermen, die Makruren unter den Crustaceen; noch andere haben sich endlich sehr bedeutend und sehr rasch verändert, wie z. B. die Echiniden unter den Echinodermen, die Brachyuren unter den Crustaceen. Ebenso haben sich unter den Kormophyten die Farne seit der Steinkohlenzeit nur sehr wenig, die Koniferen mäßig stark, die erst in der Tertiärzeit entstandenen Gamopetalen sehr bedeutend verändert; die ersten haben sich sehr langsam, die zweiten mäßig rasch, die dritten sehr schnell entwickelt; die ersten sind ihren ursprünglichen Stammeltern sehr ähnlich und daher auf einer verhältnismäßig tiefen Stufe stehen geblieben (langsam reife oder sehr zähe Typen); die zweiten haben sich mäßig entwickelt, indem sie zwischen konservativer und progressiver Richtung hin- und herschwankten (mittelreife oder halbzähe Typen); die dritten endlich, schnell und kräftig neuen, günstigen Existenzbedingungen sich anpassend, haben in kurzer Zeit einen hohen Grad der Vollkommenheit erreicht (schnellreife oder nichtzähe Typen). Unter den Wirbeltieren gehören z. B. die Rochen und die Monitoren zu den langsamreifen, die Ganoiden und die Krokodile zu den mittelreifen, die Akanthopteren und Dinosaurier zu den schnellreifen Typen. In vielen Fällen sind die langsamreifen zugleich polytrope oder ideale, die schnellreifen zugleich monotrope oder praktische Typen; in vielen Fällen findet aber auch gerade das Gegenteil statt, so daß jene Kategorien sich keineswegs decken. Jeder Blick auf die paläontologische Übersichtstabelle irgend einer Organismengruppe lehrt uns die äußerst ungleichmäßige, an Schnelligkeit, Qualität und Quantität der Veränderung äußerst divergente Entwickelung ihrer verschiedenen Formenbüschel, und so erklärt sich vollständig die aufsteigende und baumförmig verästelte Gestalt, welche das natürliche System aller gleichzeitig lebenden Glieder der Gruppe als das anatomische Resultat ihrer phyletischen Entwickelung darbietet, und welche der aufsteigenden und baumähnlich verästelten Form entspricht, die ihre gemeinsamen Vorfahren durch ihre paläontologische Entwickelungsreihe bilden.

III. Der Parallelismus zwischen der biontischen (individuellen) und der systematischen (spezifischen) Entwickelung erklärt sich einfach schon aus der Verbindung der beiden vorigen Parallelen. Wenn zwei Linien (systematische und biontische Entwickelungsreihe) einer dritten (der phyletischen Entwickelungsreihe) parallel sind, so sind sie auch untereinander parallel (so ist auch die systematische der biontischen Entwickelungsreihe parallel). Die Parallele der phyletischen und systematischen Entwickelungsreihe zeigt uns z. B. in der aufsteigenden Stufenleiter der Wirbeltierklassen oder in derjenigen der Kormophytengruppen (Pteridophyten, Gymnospermen, Monokotyledonen, Monochlamydeen, Polypetalen, Gamopetalen), daß die verschiedenen Stufen der paläontologischen Entwickelung nicht allein in der Zeit aufeinanderfolgen, sondern auch im Systeme der gegenwärtig lebenden Organismen eine jener sukzessiven Scala parallele, coexistente, aufsteigende Stufenleiter bilden; denn von jeder Stufe haben sich zähe Repräsentanten erhalten und bis zur Gegenwart nur wenig verändert, während ihre Geschwister sich der Veränderung zuneigten und zu schnellreifen Seitenzweigen entwickelten. Andererseits zeigt uns die Parallele der phyletischen und biontischen Entwickelung, daß die letztere nur eine kurze und schnelle Rekapitulation der ersteren ist. Es muß daher mit Notwendigkeit auch die biontische Entwickelung im ganzen der systematischen parallel verlaufen.

Vierundzwanzigstes Kapitel.

Das natürliche System als Stammbaum.

(Prinzipien der Klassifikation.)

„Der Triumph der physiologischen Metamorphose zeigt sich da, wo das Ganze sich in Familien, Familien sich in Geschlechter, Geschlechter in Sippen, und diese wieder in andere Mannigfaltigkeiten bis zur Individualität scheiden, sondern und umbilden. Ganz ins Unendliche geht dieses Geschäft der Natur; sie kann nicht ruhen, noch beharren, aber auch nicht Alles, was sie hervorbrachte, bewahren und erhalten. Haben wir doch von organischen Geschöpfen, die sich in lebendiger Fortpflanzung nicht verewigen konnten, die entschiedensten Reste. Dagegen entwickeln sich aus dem Samen immer abweichende, die Verhältnisse ihrer Teile zueinander verändert bestimmende Pflanzen." Goethe (1819).

I. Begriffsbestimmung der Kategorien des Systems.

Die Ähnlichkeitsbeziehungen, welche zwischen den verschiedenen Formen der Organismen existieren, und welche man gewöhnlich mit dem Ausdruck der Verwandtschaft bezeichnet, sind sowohl hinsichtlich ihrer Qualität als Quantität außerordentlich verschieden. Auf die Erkenntnis dieser Verschiedenheit gründet sich größtenteils die kunstvolle Gliederung der meisten organischen Systeme, ihr Aufbau aus zahlreichen, teils über, teils nebeneinander geordneten Gruppen oder Kategorien, die Unterscheidung der Klassen, Ordnungen, Familien, Gattungen, Arten, Varietäten etc. Alle diese verschiedenen Kategorien des Systems unterscheiden sich vorzugsweise durch den Grad der Ähnlichkeit oder Verschiedenheit in der äußeren Form und in der inneren Struktur, welcher die verwandten Formen teils näher zusammenstellt, teils weiter trennt. Je mehr sich die Systematik entwickelte, desto sorgfältiger fing man an, diese verschiedenen Ähnlichkeitsgrade gegeneinander vergleichend abzuwägen, und desto mehr differenzierte und erweiterte sich die Stufenleiter der darauf gegründeten Kategorien.

Eine klare und bestimmte Unterscheidung der verschiedenen Kategorien des Systems begann jedoch erst am Anfange des achtzehnten Jahrhunderts, als der um die formelle Ausbildung der systematischen Naturgeschichte hochverdiente Linné mittelst der binären Nomenklatur eine logisch geordnete Benennung und strengere systematische Anordnung der bis dahin regellos benannten und zusammengeworfenen Organismen einführte. Linné unterschied fünf übereinander geordnete Stufenreihen oder Kategorien des Systems, deren gegenseitige Beziehungen er in dem folgenden Schema ausdrückte:

Classis (Genus summum)	Ordo (Genus intermedium)	Genus (Genus proximum)	Species (Species)	Varietas (Individuum)
Provinciae	Territoria	Paroecia	Pagi	Domicilium
Legiones	Cohortes	Manipuli	Contubernia	Miles.

Die Nachfolger Linnés waren meistens vor allem bestrebt, die zu beschreibenden Arten in diese Kategorien einzuordnen. Die Tierklassen aber, als die allgemeinsten und umfassendsten dieser Kategorien, wurden von ihnen in eine einzige Reihe von der niedersten bis zur höchsten geordnet, gleich wie auch innerhalb der Klasse die Ordnungen, innerhalb jeder Ordnung die dieselbe konstituierenden Familien, innerhalb der Familie die verschiedenen Genera derselben, und endlich innerhalb jedes Genus seine Spezies in einer einzigen Reihe hintereinander geordnet wurden. Man hielt dafür, daß eine einzige, in eine kontinuierliche Reihe geordnete Stufenleiter vom unvollkommensten bis zum vollkommensten Organismus hierauf führe („la chaine des êtres").

Diese Anschauung wurde erst überwunden und ein wesentlicher Schritt weiter in der Systematik getan, als im Anfange des neunzehnten Jahrhunderts gleichzeitig zwei große Naturforscher die Theorie von den vier grundverschiedenen Typen oder großen Hauptabteilungen des Tierreichs aufstellten, die ganz voneinander unabhängig seien. George Cuvier gelangte zu dieser höchst wichtigen Anschauung auf vergleichend anatomischem, Carl Ernst von Bär dagegen auf vergleichend embryologischem Wege. Cuvier fand den Grund der fundamentalen Verschiedenheit der vier tierischen Typen oder Hauptformen (Embranchements) in vier grundverschiedenen Bauplänen, welche deren anatomischer Struktur zugrunde liegen. Bär fand den wesentlichsten Unterschied derselben in ihrer von Anfang an gänzlich verschieden embryonalen Entwickelungsweise. Nach der übereinstimmenden Ansicht beider Forscher stellten die vier großen Hauptgruppen, die Wirbeltiere, Gliedertiere, Weichtiere und Strahltiere, ebenso viele ganz selbständige Entwickelungsreihen dar, deren jede, unabhängig von den anderen, eine Stufenleiter von niederen zu höheren Formen zeigt.

Durch diese Aufstellung der Typen, als allgemeinster und umfassendster Hauptabteilungen, der obersten Kategorien des Systems, denen sich alle verschiedenen Klassen etc. unterordnen ließen, war eine höchst wesentliche Erweiterung nicht allein der formellen Systematik, sondern auch der gesamten Morphologie geschehen. Eine weitere wesentliche Bereicherung des systematischen künstlichen Fachwerks führte Cuvier dadurch ein, daß er zuerst natürliche Familien unterschied, eine Kategorie des Systems, die er zwischen Ordo und Genus stellte, und die Linné unbekannt war. Außerdem schuf Cuvier in seinem Systeme auch noch eine Anzahl anderer untergeordneter, jedoch über dem Genus stehender Kategorien, die er mit dem Namen der Sektionen, Divisionen und Tribus belegte, so wie er auch die großen Genera in Subgenera spaltete.

Auf dieser von Cuvier gegebenen formalen Grundlage des Systems hat sich nun die neuere Systematik in seinem Sinne weiter entwickelt, ohne daß sie sich in der Regel die geringste Mühe gab, den relativen Wert der verschiedenen übereinander geordneten Kategorien näher zu prüfen und zu bestimmen. Vielmehr verfuhren die allermeisten Systematiker bei der Einreihung neuer Arten und Gattungen in das System lediglich nach einem gewissen praktischen, durch Übung erworbenen Takt, wobei jedoch häufig das subjektive Gutdünken sehr willkürlich obwaltete. Man faßte im allgemeinen immer zuerst die nächstähnlichen konkreten Individuen, welche zur Untersuchung vorlagen, in der abstrakten Einheit der Art oder Spezies zusammen, vereinigte dann die sich am nächsten stehenden, nur durch „spezifische" Merkmale getrennten Spezies zu einem Genus, die nächstähnlichen Genera zu einer Familie etc., wobei man dann je nach Bedürfnis untergeordnete Kategorien (z. B. Subclassis, Subordo, Subfamilia) zwischen die am meisten gebräuchlichen Systemstufen der Klasse, Ordnung, Familie, Gattung etc. einschaltete. Allgemein sind alle diese verschiedenen übereinander geordneten Rangstufen in der systematischen Praxis im Gebrauch, ohne daß sich aber irgend einbestimmter Begriff mit denselben verbindet. Vielmehr muß zugegeben werden, daß meistens lediglich das relative und nur nach subjektivem Gutdünken zu bemessende Verhältnis der graduellen Formähnlichkeit oder morphologischen Differenz es ist, das die Erhebung einer neuen spezifischen Form zu einer besonderen Gattung, Familie, Ordnung etc. rechtfertigt. Je mehr zwei verschiedene Spezies in äußerer Form und innerer Struktur übereinstimmen, je größer die Anzahl der übereinstimmenden Charaktere ist, desto tiefer ist die Stufe der Kategorienskala, auf welcher sie vereinigt sind; je weiter sie sich in allen inneren und äußeren Formbeziehungen voneinander entfernen, je geringer die Summe ihrer gemeinsamen Charaktere ist, auf desto höherer Stufe des Systems erst werden sie zusammengestellt.

Sehr häufig ist es aber auch nicht der wirkliche Grad der morphologischen Differenz, sondern es sind ganz untergeordnete sekundäre und unbedeutende Nebenumstände, welche die Trennung zweier nächstverwandten Formen und ihre Stellung in zwei verschiedene Gattungen, Familien, Ordnungen etc. bestimmen. Insbesondere übt hier der absolute Umfang der einzelnen Abteilungen auf die Vorstellung vieler Systematiker einen entscheidenden Einfluß aus. Viele früher einfachen Gattungen sind allmählich in mehrere Genera zerspalten und zum Range von Familien erhoben worden, lediglich weil die Zahl der in denselben enthaltenen Arten beträchtlich gewachsen ist, obschon deren Differenzgrad nicht gleichzeitig sich erhöhte. Andererseits sind vielfach einzelne sehr ausgezeichnete Formen (sogenannte aberrante Formen) nicht zu dem eigentlich ihnen zukommenden Range einer besonderen Ordnung, Klasse etc. erhoben worden, bloß aus dem Grunde, weil die betreffende Form nur durch eine einzige Spezies oder eine einzige Gattung repräsentiert ist, so z. B. *Amphioxus, Dentalium, Hydra.* Auch andere dergleichen sekundäre Erwägungen sind häufig für die Bestimmung der Kategorienstufe, die einer einzelnen Spezies zukommt, ganz maßgebend gewesen, und an die Stelle einer objektiven vergleichenden Wägung der Charaktere getreten, die allein jene Stufe bestimmen sollte.

Da nun aber ein bestimmtes Gewicht für jene Wägung, ein allgemein gültiger Maßstab für die Messung der Entfernung der einzelnen Speziescharaktere, gleichwie eine anerkannte Wertbestimmung der Systemkategorien selbst vollständig fehlt, so ist der subjektiven Willkür der Systematiker überall Tor und Tür geöffnet. Die Folge davon zeigt sich denn auch deutlich genug in der chaotischen Verwirrung, die auf allen Gebieten der Systematik herrscht. Nicht zwei

Naturforscher sind in allen Fällen über die Rangstufe, auf welche eine bestimmte Form zu erheben ist, einig. Unterschiede, die den einen bestimmen, sie zu einer Gattung zu erheben, läßt ein anderer nur als Speziesdifferenzen gelten, während ein dritter darauf eine neue Familie gründet. Eine Formengruppe, die der erste als Ordnung betrachtet, sieht der zweite nur als untergeordnete Familie an, während der dritte sie zum Wert einer Klasse erhebt. Aber auch ein und derselbe Naturforscher mißt die Arten, Gattungen, Familien etc. in verschiedenen Abteilungen des Pflanzenreichs und des Tierreichs mit verschiedenem Maße. Jeder vergleichende Blick auf eine größere Anzahl von Familien, Gattungen und Arten aus verschiedenen Klassen zeigt, daß dieselben Unterschiede, welche in der einen Klasse kaum für genügend gelten, um zwei verschiedene Formengruppen als Genera zu trennen, in einer anderen Klasse von demselben Naturforscher für vollkommen ausreichend gehalten werden, um zwei Formengruppen als Familien aufzustellen, während sie ihm in einer dritten Klasse vielleicht gar für so wesentlich gelten, daß er daraufhin zwei Formengruppen als besondere Ordnungen unterscheidet.

Alle denkenden und unbefangenen Systematiker müssen uns eingestehen, daß der spezielle Ausbau des systematischen Fachwerks ohne alle allgemein gültigen Regeln in sehr willkürlicher Weise geschieht, daß die verschiedenen Kategorienstufen künstliche Abteilungen, und daß die Differenzen derselben keine absoluten, sondern nur relative sind. Der größere Teil der Naturforscher nahm jedoch bis jetzt gewöhnlich, wenn er auch jene Willkür zugab, den Speziesbegriff davon aus. Die Spezieskategorie allein sollte eine absolut bestimmte, reale, in der Natur selbst begründete und festumschriebene Formensumme umfassen.

II. Bedeutung der Kategorien für die Klassifikation.

Daß alle Gruppenbildungen unserer zoologischen und botanischen Systeme von der Spezies bis zur Klasse hinauf, vollkommen künstliche und willkürliche sind, hat bereits Lamarck, der geistvolle Begründer der Deszendenztheorie, auf das bestimmteste ausgesprochen. An der Spitze seiner klassischen „Philosophie zoologique", im ersten Kapitel des ersten Bandes, handelt er von den künstlichen Betrachtungsweisen der Naturkörper (*„des parties de l'art dans les productions de la nature"*) und weist nach, daß alle unsere systematischen Abteilungen, die Klassen, die Ordnungen, die Familien und die Gattungen, ebenso wie die Nomenklatur, willkürlich geschaffene Kunstprodukte sind; daß die Abteilungen, welche wir in unsern stets künstlichen Systemen scharf trennen und umgrenzen, in der Natur überall durch kontinuierliche Verbindungsstufen unmittelbar zusammenhängen, und daß der relative Wert der einzelnen Gruppen sich durchaus nicht in absoluter Weise bestimmen läßt. Wenn man alle Arten eines organischen Reiches vollständig kennte, so würden alle durch dieselben gebildeten Gruppen verschiedenen Grades (die Gattungen, Ordnungen, Klassen etc.) lediglich kleinere und größere übereinander geordnete Familien von verschiedenem Umfang darstellen, deren Grenzen nur willkürlich zu ziehen wären.

Nach Lamarck haben auch noch manche andere Naturforscher, darunter die kenntnisreichsten und erfahrensten Systematiker, ihre Überzeugung von der künstlichen Abgrenzung der Systemgruppen und dem subjektiven Werte dieser Kategorien (die Spezies ausgenommen!) ausgesprochen. Niemand hat jedoch dieselben richtiger erkannt und erläutert, als Darwin, welcher zuerst klar die Bedeutung des natürlichen Systems als Stammbaums und der Gruppen desselben als Äste und Zweige dieses genealogischen Baumes dargetan hat. Er wies auch besonders auf die sehr wichtige radiale Divergenz der Verwandtschaftslinien hin, welche jene Kategorien ververschiedener Ordnung verbinden. Die trefflichsten Bemerkungen hierüber enthält in Darwins Werke das vierte Kapitel, welches von der Divergenz des Charakters handelt, und das dreizehnte, welches die Gruppenbildungen bei der Klassifikation erläutert; hier ist das Verhältnis der Koordination und der Subordination der verschiedenen Kategorien aus ihrem verschiedenen Abgange und Abstande vom Hauptstamme erklärt.

Der Spezies-Begriff verliert seinen absoluten Wert, sobald wir die Variabilität, welche allen Spezies eigen ist, mit in den Kreis unserer Betrachtung ziehen. Aus dieser ergiebt sich, daß die Varietätenbüschel jeder Spezies sich beständig erweitern und die einzelnen abweichenden Formen durch Divergenz des Charakters immer weiter auseinander gehen müssen. Viele von diesen Varietäten gehen früher oder später als solche unter. Andere gelangen in Verhältnisse, unter denen sie ihre Charaktere lange Zeit hindurch (oft viele hundert Jahrtausende!) verhältnismäßig konstant erhalten können. Diese werden dann als Arten bezeichnet. Die Varietäten sind also beginnende Arten.

III. Gute und schlechte Gruppen des Systems.

„Gute und schlechte Gruppen, gute und schlechte Gattungen, Familien, Ordnungen, Klassen etc.“ werden in der systematischen Praxis ebenso allgemein wie „gute und schlechte Arten“ unterschieden; und wie bei den letzteren, so haben auch hier die meisten Systematiker keine richtige Vorstellung von dem eigentlichen Wert dieser Unterscheidung. Der Grund derselben ist dort wie hier derselbe, und was wir oben von den „guten und schlechten Arten“ bemerkten, gilt ebenso von den übrigen Kategorien des Systems.

„Gute Gruppen“, gute oder natürliche Genera, Familien, Ordnungen, Klassen sind solche, die sich scharf und bestimmt umschreiben lassen und durch keine Übergänge mit den verwandten Formen verbunden sind. Solche Klassen sind z. B. die der Säugetiere, Vögel und Reptilien. Es fehlen hier lebende Übergangsformen, und es fehlt uns die Kenntnis der ausgestorbenen Zwischenformen, welche die gemeinsamen Stammeltern dieser Gruppen waren und dieselben aufs innigste verbanden. Ebenso sind gute Ordnungen diejenigen der Insektenklasse, deren verbindende Zwischenglieder uns größtenteils unbekannt sind. Wenn sich eine Klasse so scharf und bestimmt umschreiben läßt wie die der Vögel, der Insekten, so beruht dies zunächst immer auf unserer höchst unvollständigen historischen Kenntnis derselben, die hauptsächlich durch große und wesentliche Lücken in ihrer paläontologischen Entwickelungsgeschichte bedingt ist.

„Schlechte Gruppen“, schlechte oder unnatürliche Genera, Familien, Ordnungen, Klassen nennen die Systematiker solche, deren Abgrenzung sehr schwierig ist, weil die entferntesten Formen der Gruppe durch eine kontinuierliche Kette von verbindenden Zwischengliedern zusammenhängen. Solche Klassen sind z. B. die der Amphibien und Fische, zwischen denen *Lepidosiren* in der Mitte steht, der seltsame, wenig veränderte Nachkomme von den alten gemeinsamen Stammeltern der Amphibien und Teleostier. Ebenso sind schlechte Gruppen die einzelnen Ordnungen z. B. der Crustaceen, der Gasteropoden etc. Je vollständiger wir die lebenden und ausgestorbenen Glieder irgendeiner Gruppe kennen lernen, desto unmöglicher wird es, die einzelnen Unterabteilungen scharf voneinander zu trennen, und desto schwieriger, den gesamten Charakter der ganzen Gruppe zusammenzufassen. Während wir einerseits die Charaktere der

Insektenklasse scharf definieren und ihre einzelnen Ordnungen glatt abtrennen können, ist es bei der nahe verwandten Klasse der Crustaceen ganz unmöglich, den Gesamtcharakter der Gruppe zusammenzufassen und ihre einzelnen Ordnungen scharf zu unterscheiden. Die drei Ordnungen der Huftiere, Pachydermen, Wiederkäuer und Einhufer waren drei der besten und natürlichsten Ordnungen, solange man ihre fossilen Zwischenformen nicht kannte. Als diese gemeinsamen Stammformen entdeckt waren, wurde es unmöglich, sie noch länger scharf zu trennen. Es waren nun schlechte und unnatürliche Abteilungen geworden. Sehr viele kleinere und größere Abteilungen des Tierreichs erscheinen uns nur deshalb als „natürliche" Gruppen, weil wir bloß die hoch ausgebildeten und differenzierten Epigonen aus einer verhältnismäßig späten Zeit ihrer historischen Entwickelung kennen, so die Wirbeltiere, die Echinodermen. Während die Charakteristik solcher späteren Gruppen sich leicht und präzis zusammenfassen läßt, weil wir nicht genötigt sind, ihre relativ unvollkommenen und einfachen Vorfahren mit darunter zu begreifen, so können wir umgekehrt eine allgemeine und zugleich bestimmte Charakteristik z. B. der Würmer gar nicht aufstellen, weil wir hier neben den hochausgebildeten späteren Epigonen noch die unvollkommensten niedersten Anfänge, der Reihe kennen und von den ersteren nicht trennen können. Hieraus geht hervor, daß wir eine für alle Glieder eines Stammes gültige allgemeine Charakteristik desselben, wenn wir alle Glieder vom ersten bis zum letzten kennten, gar nicht würden geben können, weil die niedersten Anfangsstufen, die Wurzeln, noch zu indifferent, für unsere Definitionen noch viel zu charakterlos sind.

Ganz ebenso wie die Spezies werden also auch die umfassenderen und weiteren Kategorien des Systems, die Genera, Familien, Klassen etc. gut und natürlich genannt, wenn wir ihre gesamten Formensummen und namentlich die ausgestorbenen Stammformen derselben schlecht und unvollständig kennen; dagegen werden dieselben Abteilungen schlecht und unnatürlich genannt, wenn wir ihren gesamten Formenkreis und namentlich die gemeinsamen Stammeltern derselben gut und vollständig in ihrem genealogischen Zusammenhange kennen. Daher wird jede gute und natürliche Gruppe des Systems um so schlechter und unnatürlicher, je vollständiger wir sie durch Auffindung der verbindenden Übergangsformen und namentlich der ausgestorbenen gemeinsamen Stammformen kennen lernen.

IV. Die Baumgestalt des natürlichen Systems.

Wenn wir das gesamte System der Organismen vollständig von Anfang an kennen würden, wenn wir im vollständigen Besitze aller Tier- und Pflanzenarten sein würden, welche jetzt leben und jemals auf der Erde gelebt haben, so würde es, wie Lamarck, Goethe und Darwin bemerkt haben, ganz unmöglich sein, ein System mit scharf abgegrenzten Kategorien aufzustellen. Da die einzige reale Kategorie des Systems der Stamm oder Typus ist, so würden wir nur eine (wahrscheinlich geringe) Zahl von solchen Stämmen nebeneinander vor uns sehen; Stämme, deren jeder sich im Laufe der Zeit aus einer ganz einfachen Wurzel durch fortgesetzte Ramifikation (Divergenz des Charakters) zu einem vielverzweigten Baume mit gewaltiger Krone und äußerst formenreichen Ästen entwickelt hat. Kein anderes Bild vermag uns die wahre Bedeutung, welche die verschiedenen Kategorien innerhalb eines jeden Stammes besitzen, so treffend, klar und anschaulich zu versinnlichen, als das Bild eines weitverzweigten Baumes, dessen Äste und Zweige, nach verschiedenen Richtungen divergierend, sich zu verschiedenen Formen entwickelt haben. Es ist dies in der Tat der genealogische Stammbaum jedes Stammes oder Typus. Die einfache Wurzel des Hauptstammes ist die gemeinsame Urform, aus welcher der gesamte Formenreichtum der Äste, Zweige etc. sich entwickelt hat. Die großen Hauptäste, in welche zunächst der Stamm sich spaltet, sind die Klassen des Stammes, die Äste, die aus deren Teilung hervorgehen, die Ordnungen; jede Ordnung verästelt sich wieder in mehrere Zweige, welche wir Familien nennen, und die Verästelungen dieser Zweige sind die Gattungen; die feineren Ästchen dieser Ramifikationen sind die Spezies, und die feinsten Zweiglein dieser die Varietäten; die Blätter endlich, welche büschelweis an den letzten Zweigspitzen sitzen, sind die Zeugungskreise oder die physiologischen Individuen, welche diese repräsentieren. Die Zweige und Äste mit frisch grünenden Blättern sind die lebenden, die älteren mit den abgestorbenen welken Blättern die ausgestorbenen Formen und Formgruppen des Stammes.

Gleichwie es nun ganz unmöglich ist, an einem solchen Stamme zu sagen, wo die Grenze der einzelnen Astgruppen ist, wo die gröberen Äste als Einheiten aufhören und die feineren aus ihnen hervorgehenden anfangen, oder wie es unmöglich ist, den Anteil des gemeinsamen Stammes scharf zu bestimmen, der jedem Aste zukommt, ganz so unmöglich ist es, an jedem Stamme des Tier- und Pflanzenreichs die Grenze der einzelnen Klassen, Ordnungen, Familien, Gattungen, Arten scharf anzugeben. Wo dies möglich ist, da befindet sich eine Lücke in unserer Kenntnis, welche uns eine Kluft zwischen zwei verwandten Formengruppen vorspiegelt, die in der Natur nicht vorhanden, sondern entweder durch noch lebende oder durch ausgestorbene Zwischenformen überbrückt ist. Alle Äste und Zweige dieses Baumes gehen auf ungleicher Höhe vom Stamme ab, erreichen einen ungleichen Grad der Entwickelung in Länge, Dicke und Verzweigung, und alle Zweige enden auf verschiedener Höhe und tragen eine ungleiche Anzahl von Blättern. Ganz so verhält es sich mit jedem Stamme des Tier- und Pflanzenreichs, und es ergibt sich hieraus, daß die Koordination und Subordination der verschiedenen Kategorien (Verästelungsgrade) durchaus nicht in der Weise schematisch zu bestimmen ist, wie es gewöhnlich geschieht. Der Grad der Koordination und Subordination kann vielmehr bei allen Gruppen eines Stammes ein äußerst verschiedenartiger sein.

Aus dieser und der vorhergehenden Betrachtung erledigt sich nun die vielerörterte Frage, ob es ein natürliches System der Organismen gäbe, und welches dieses einzige System sei, von selbst. Es gibt allerdings ein natürliches System, und zwar nur ein einziges. Dieses einzig natürliche System ist der reale Stammbaum, das Phylema. Jeder einzelne Stamm, jedes Phylum zeigt uns unter der Form eines einzigen, vielfach verästelten Baumes durch radial divergierende Verwandtschaftslinien (Äste und Zweige des Baums) den verschiedenen Grad der Blutsverwandtschaft an, der die verschiedenen untergeordneten Gruppen des Stammes verbindet.

Wenn wir dieses Bild festhalten und uns dabei stets erinnern, daß alle Kategorien des Systems künstlich und nicht absolut zu umgrenzen sind, sondern nur wegen der Lückenhaftigkeit unserer Kenntnisse absolut zu sein scheinen; wenn wir uns ferner erinnern, daß alle diese Kategorien abstrakte Begriffe von relativem Werte sind, und daß jede Kategorie in verschiedenen Stämmen und Stammteilen einen sehr ungleichen Wert haben kann — wenn wir dieser künstlichen Natur des systematischen Fachwerks stets eingedenk bleiben, so werden wir dasselbe mit dem größten Vorteile zur übersichtlichen und vergleichenden Darstellung der komplizierten Verwandtschaftsverhältnisse der einzelnen Stammgruppen anwenden können; ja es wird sich sogar eine wirklich naturentsprechende Anschauung von dem natürlichen Systeme jedes Stammes nur dann gewinnen lassen, wenn wir die einzelnen über- und nebeneinander geordneten Gruppen durch zahlreiche dichtverzweigte und radial divergierende Verwandtschaftslinien verbinden.

V. Anzahl der subordinierten Kategorien.

Da die einzelnen Kategorien oder Gruppen des natürlichen Systems keinen absoluten Inhalt und Umfang besitzen, sondern nur die verschiedenen Divergenzgrade der Äste des Stammbaumes bezeichnen, da ihr ganzer Wert für die Klassifikation mithin in dem relativen Verhältnis der Subordination liegt, so ist es klar, daß die Zahl derselben ganz unbeschränkt ist, und daß der Stammbaum um so übersichtlicher wird, je größer die Zahl der übereinander geordneten Gruppen ist. Wenn Agassiz und viele andere Systematiker diese Zahl auf sechs beschränken und nur die Begriffe der *Spezies*, *Genus*, *Familia*, *Ordo*, *Classis*, *Typus* als wirklich natürliche und reale Kategorien gelten lassen wollen, so ist dies vollkommen willkürlich und wird am besten durch die Tatsache widerlegt, daß Agassiz selbst genötigt war, dennoch die untergeordneten Kategorien der *Subclassis*, *Subordo*, *Subfamilia* etc. nachträglich anzuerkennen und selbst in Gebrauch zu ziehen. Wir werden also die Zahl der Kategorien ganz beliebig je nach Bedürfnis vervielfältigen können, und die einzige praktische Regel, die bei deren Anwendung zu verfolgen sein wird, dürfte diejenige sein, daß wir den relativen Rang der einzelnen Kategorien konstant fixieren und stets in einem und demselben Sinne festhalten, daß wir also z. B. die Ordnung stets als eine weitere, umfassendere Kategorie über die Familie, die Familie über die Tribus stellen und nicht umgekehrt (wie es auch geschehen ist). Wenn wir in diesem Sinne die Stufenleiter der verschiedenen subordinierten Gruppen in der Reihenfolge, wie sie von den meisten Systematikern angenommen und befolgt wird, festsetzen, so ergibt sich die nachstehende Rangordnung, in welcher jede vorausgehende Kategorie einen umfassenderen und weiteren Begriff hat, als jede nachfolgende. Als Beispiel fügen wir die systematische Bezeichnung der verschiedenen Kategorien für ein Säugetier (*Hypudaeus amphibius*) und für eine Dikotyledone (*Hieracium pilosella*) bei.

VI. Stufenleiter der subordinierten Kategorien.*)

Kategorie des Systems.	Deutsche Bezeichnung der Gruppe.	Beispiel aus dem Tierreiche.	Beispiel aus dem Pflanzenreiche.
1. Phylum	Stamm (Typus)	*Vertebrata*	*Cormophyta*
2. Subphylum	Unterstamm	*Craniota*	*Anthophyta*
3. Cladus	Stammast	*Amniota*	*Angiospermae*
4. Subcladus	Unterast		
5. Classis	Klasse	*Mammalia*	*Dicotyledones*
6. Subclassis	Unterklasse	*Monodelphia*	*Dichlamydeae*
7. Legio	Legion	*Trogontia*	
8. Sublegio	Unterlegion	*Neotrogontia*	
9. Ordo	Ordnung	*Rodentia*	*Aggregatae*
10. Subordo	Unterordnung		
11. Sectio	Haufe	*Myomorpha*	
12. Subsectio	Unterhaufe		
13. Familia	Familie	*Murina*	*Compositae* (*Syngenesia*)
14. Subfamilia	Unterfamilie		*Liguliflorae*
15. Tribus	Sippschaft	*Arvicolida*	*Cichoraceae*
16. Subtribus	Untersippschaft	*Hypudaei*	*Crepideae*
17. Genus	Sippe (Gattung)	*Arvicola*	*Hieracium*
18. Subgenus	Untersippe (Untergattung)		
19. Cohors	Rotte	*Paludicola*	*Piloselloidea*
20. Subcohors	Unterrotte		*Monocephala*
21. Species	Art	*Arvicola amphibius*	*Hieracium pilosella*
22. Subspecies	Unterart		*Hieracium pilosissimum*
23. Varietas	Rasse	*Arvicola* (*amphibius*) *terrestris*	
24. Subvarietas	Spielart	*Arvicola (amphibius terrestris) argentoratensis*	*Hieracium (pilosella pilosissimum) peleterianum*

*) Anmerkung (1906). Die Unterscheidung einer größeren Anzahl von Kategorien oder „Gruppenstufen", die hier (— vor 40 Jahren —) zuerst vorgeschlagen wurde, hat zwar bisher wenig Anklang gefunden, ist aber für den weiteren Ausbau des natürlichen Systems und seine logische Begründung von hoher Bedeutung.

VII. Charakterdifferenzen der subordinierten Gruppen.

Nachdem wir unsere Ansicht von der genealogischen Bedeutung der Klassifikation und von dem natürlichen Systeme als dem wirklichen Stammbaum oder Phylema dargelegt haben, wird es vielleicht nicht unpassend erscheinen, noch einen Blick auf den Wert der Charaktere der verschiedenen Kategorien bezüglich ihres relativen Gewichtes zu werfen. Daß eine absolute Bestimmung des Inhalts und Umfangs dieser abstrakten Begriffe nicht möglich sei, wurde schon durch die oben gegebene Analyse klar. Dagegen sahen wir, daß ein relativer Unterschied zwischen denselben insofern existiert, als jede weitere und höhere Kategorie durch allgemeinere und tiefer greifende Charaktere ausgezeichnet ist, als die nächst vorhergehende, engere und niedere Stufe. Je niedriger und enger die Kategorie ist, desto mehr haften ihre Charaktere bloß an der Oberfläche des Organismus und desto beschränkter und weniger tief sind sie. Zunächst erscheint diese Differenz lediglich als eine graduelle; jedoch ist in vielen Fällen auch ein qualitativer Unterschied ihres Wertes insofern nachzuweisen, als die Charaktere der niederen Kategorien vorzugsweise analoge, durch Anpassung erworbene, diejenigen der höheren dagegen vorzugsweise homologe, durch Erbschaft erworbene sind. Je umfassender und allgemeiner eine Kategorie ist, wie z. B. diejenigen der Ordnung, der Klasse, desto ausschließlicher sind ihre auszeichnenden Charaktere in der Gesamtanlage und in der innern Struktur des Körpers ausgesprochen und durch Vererbung von vielen Generationen her erworben; je enger und beschränkter umgekehrt die Kategorie ist, wie z. B. Genus, Spezies, desto exklusiver spricht sich ihr Charakter bloß im einzelnen und im Äußeren der Körperform aus und ist durch Anpassung erst seit kurzer Zeit erworben. Die Charaktere der höheren und allgemeineren Kategorien sind ältere, längere Zeit hindurch vererbte, während diejenigen der niederen und spezielleren Gruppen jüngere und erst durch eine kleinere Reihe von Generationen vererbt sind. Tiefer greifend und mehr den Gesamtcharakter der Form bestimmend sind aber die wesentlichen Charaktere der allgemeineren und älteren Kategorien eben deshalb, weil sie älter sind, und weil nur die tieferen Veränderungen der Struktur sich durch eine lange Reihe von Generationen vererben können, während die oberflächlichen und mehr äußere Einzelheiten der Form betreffenden

Charaktere der spezielleren und jüngeren Kategorien leichter sich wieder verwischen und durch andere Abänderungen verdrängt werden, eben weil sie jünger und nicht durch so langdauernde Vererbungen befestigt sind.

Diese Betrachtung bestätigt vollkommen unsere Auffassung von dem genealogischen Charakter des natürlichen Systems. Es ist hiernach wesentlich das höhere Alter, die längere Reihe der vererbenden Generationen, welche den höheren Grad der Differenz und damit die allgemeinere Bedeutung der Kategorien bestimmt. Im allgemeinen wird daher jede Kategorie des Systems älter sein als die nächstengere, darunter stehende, jünger als die nächstweitere, darüber stehende Stufe des Systems. So ist die Spezies jünger als das zugehörige Genus, älter als die zugehörenden Varietäten; ebenso ist die Ordnung jünger als die zugehörige Klasse, älter als die zugehörenden Familien. Diese Erwägung ist insofern sehr wichtig, als sie uns den Kausalnexus offenbart zwischen dem Alter und dem systematischen Werte der Charaktere. Je älter ein Differentialcharakter ist, je größer die Anzahl der Generationen, durch welche hindurch er sich vererbt und so befestigt hat, desto tiefer greift er in die Gesamtorganisation des Tieres ein, desto schwerer ist er durch weitergehende Veränderung zu verwischen und desto allgemeiner und höher ist die Rangstufe, auf welche er die betreffende Form erhebt.

Auf diesen höchst wichtigen Unterschied in dem systematischen Werte der ererbten und der angepaßten Charaktere muß der Morphologe bei der genealogischen Subordination der verschiedenen Systemgruppen das meiste Gewicht legen. Viel unwichtiger ist der Umstand, ob sich der gemeinsame typische Charakter einer bestimmten Gruppe in Form einer exklusiven Diagnose zusammenfassen läßt oder nicht. Je besser wir die betreffende Gruppe mit allen ihren Übergangsformen zu den nächstverwandten Gruppen kennen, desto weniger wird eine solche scharfe und exklusive Diagnose möglich sein. Bei der genealogischen Rekonstruktion des natürlichen Systems, als des Stammbaums der Organismen, wird es daher nicht darauf ankommen, die einzelnen koordinierten und subordinierten Gruppen durch scharfe und exklusive Charakteristiken zu trennen, sondern vielmehr die vorwiegend erbliche oder angepaßte Natur der Differentialcharaktere, ihr relatives Alter zu erkennen und danach die gegenseitige Stellung der verwandten Gruppen zu bestimmen.

Fünfundzwanzigstes Kapitel.

Die Verwandtschaft der Stämme.

„Der Mensch, wo er bedeutend auftritt, verhält sich gesetzgebend. In der Wissenschaft deuten die unzähligen Versuche, zu systematisieren, zu schematisieren, dahin. Unsere ganze Aufmerksamkeit muß aber dahin gerichtet sein, der Natur ihr Verfahren abzulauschen, damit wir sie durch zwängende Vorschriften nicht widerspenstig machen, aber uns dagegen auch durch ihre Willkür nicht vom Zweck entfernen lassen." Goethe.

Bemerkung (1906). Das 25. Kapitel enthielt auf 15 Seiten (S. 403—417) den ersten Versuch, die wichtige Frage von der Verwandtschaft, dem Ursprung und den Beziehungen der organischen Stämme oder Phylen zu beantworten. Diese Frage wurde ausführlicher, und in stetig verbesserter Anordnung des Stoffes, in den zehn verschiedenen Auflagen der „Natürlichen Schöpfungsgeschichte" (1868—1902) zu beantworten versucht. Die ausführlichste und streng wissenschaftliche Behandlung derselben enthält meine „Systematische Phylogenie, Entwurf eines Natürlichen Systems der Organismen auf Grund ihrer Stammesgeschichte" (I. Band: Protisten und Pflanzen, 1894; II. Band: Wirbellose Tiere, 1896; III. Band: Wirbeltiere, 1895). Da in diesen Werken mein letzter (— für mich persönlich abgeschlossener —) Versuch vorliegt, das „Natürliche System der Organismen" auf phylogenetischer Grundlage aufzubauen, und da die früheren Versuche dazu durch die „Natürliche Schöpfungsgeschichte" eine weite Verbreitung erfahren haben, so erscheint es jetzt angemessen, jenen ältesten Versuch (im 25. Kapitel) und seine Ausführung in der „Systematischen Einleitung" (S. XVII—CLX) hier nicht zu wiederholen.

Sechsundzwanzigstes Kapitel.

Phylogenetische Thesen.

„Der Philosoph wird gar bald entdecken, daß sich die Beobachter selten zu einem Standpunkte erheben, aus welchem sie so viele bedeutend bezügliche Gegenstände übersehen können." Goethe.

I. Thesen von der Kontinuität der Phylogenese.

1. Die *Phylogenesis* oder die phyletische Entwickelung, d. h. die Epigenesis der Arten und der aus ihnen zusammengesetzten Stämme, ist ein ebenso kontinuierlicher Prozeß als die *Ontogenesis* oder die biontische Entwickelung, d. h. die Epigenesis der Bionten oder der physiologischen Individuen.

2. Die kontinuierliche *Phylogenesis* ist ebenso eine wirkliche Epigenesis (und nicht eine Evolution aus einer „Idee"), wie die kontinuierliche *Ontogenesis*.

3. Die einzelnen Arten oder *Spezies*, aus denen jeder Stamm (oder Phylum) zusammengesetzt ist, sind daher ebenso unmittelbar auseinander hervorgegangen, wie die einzelnen Entwickelungszustände, aus denen die Ontogenesis jedes physiologischen Individuums zusammengesetzt ist.

4. Die Entstehung der Arten auseinander ist ein mechanischer Prozeß, welcher durch die Wechselwirkung der Anpassung und der Vererbung im Kampfe um das Dasein bedingt wird.

5. Es existiert also ebensowenig eine Schöpfung oder Erschaffung der einzelnen organischen Arten, als der einzelnen organischen Individuen.

6. Es existiert mithin auch ebensowenig ein „zweckmäßiger Plan" oder ein „vorbedachtes Ziel" in der *phyletischen* Entwickelung der Arten, wie in der *biontischen* Entwickelung der Individuen.

II. Thesen von der genealogischen Bedeutung des natürlichen Systems der Organismen.

7. Es existiert ein einziges zusammenhängendes natürliches System der Organismen, und dieses einzige natürliche System ist der Ausdruck realer Beziehungen, welche tatsächlich zwischen allen Organismen bestehen, die gegenwärtig auf der Erde leben und zu irgend einer Zeit auf derselben gelebt haben.

8. Die realen Beziehungen, welche alle lebenden und ausgestorbenen Organismen untereinander zu den Hauptgruppen des natürlichen Systems verbinden, sind genealogischer Natur: ihre Formenverwandtschaft ist Stammverwandtschaft: das natürliche System ist daher der Stammbaum der Organismen, ihr Phylema oder Genealogema.

9. Entweder sind alle Organismen Glieder eines einzigen Urstammes (*Phylum*) d. h. Deszendenten einer und derselben gemeinsamen autogonen Stammform; oder es existieren verschiedene selbstständige Phylen nebeneinander, welche sich unabhängig voneinander aus selbständigen autogonen Stammformen entwickelt haben; im ersteren Falle bildet das natürliche System einen einzigen Stammbaum, im letzteren Falle eine Kollektivgruppe von mehreren Stammbäumen, und zwar von so vielen Stammbäumen, als autogone Stammformen unabhängig voneinander entstanden sind.

10. Die autogonen Stammformen aller Stämme, welche unabhängig voneinander durch unmittelbaren Übergang anorganischer Materie in organische entstanden sind, können nur Organismen der denkbar einfachsten Natur, völlig strukturlose und homogene Plasmastückchen (*Moneren*) gewesen sein.

11. Alle Organismen sind in letzter Linie Nachkommen solcher autogonen Moneren, und haben sich infolge der Divergenz des Charakters durch natürliche Züchtung entwickelt.

12. Die verschiedenen subordinierten Gruppen des natürlichen Systems, die Kategorien der Klasse, Ordnung, Familie, Sippe etc. sind schwächere und stärkere Äste des Stammbaumes, deren Divergenzgrad den genealogischen Entfernungsgrad der blutsverwandten Organismen voneinander und von den gemeinsamen Stammformen bezeichnet.

13. Alle verschiedenen Gruppen oder subordinierten Kategorien des natürlichen Systems besitzen demnach nur eine relative, keine absolute Bedeutung und sind untereinander durch alle möglichen Zwischenstufen kontinuierlich verbunden.

14. Die Lebensdauer jeder Gruppe des Systems ist nicht durch Prädestination beschränkt, sondern lediglich die notwendige Folge der Wechselwirkung von Anpassung und Vererbung im Kampfe um das Dasein.

15. Diejenige Gruppenstufe oder Kategorie des natürlichen Systems, welche alle Organismen umfaßt, die unter gleichen Existenzbedingungen gleiche Charaktere besitzen, zeichnen wir als Art oder *Spezies* vor den übergeordneten Gruppen der Sippe, Familie etc. und vor den untergeordneten Gruppen der Subspezies, Varietät etc. aus.

III. Thesen von der organischen Art oder Spezies.

16. Die organische Art oder *Spezies*, als das genealogische Individuum zweiter Ordnung, ist einerseits ebenso eine Vielheit von Zeugungskreisen oder genealogischen Individuen erster Ordnung, wie andererseits jeder Stamm (*Phylum*) als genealogisches Individuum dritter Ordnung die Vielheit aller blutsverwandten Arten ist.

17. Die Spezies ist die Gesamtheit aller Zeugungskreise, welche unter gleichen Existenzbedingungen gleiche Form besitzen und sich höchstens durch den Polymorphismus adelphischer Bionten unterscheiden.

18. Die Subspezies und Varietäten, als die nächstuntergeordneten Gruppenstufen des Systems, sind beginnende Spezies.

19. Die Genera und Familien, als die nächst übergeordneten Gruppenstufen des Systems, sind untergegangene Spezies, welche sich in ein divergierendes Formenbüschel aufgelöst haben.

20. Die Spezies sind in unbegrenztem Maße veränderlich und können sich durch Anpassung an neue Existenzbedingungen jederzeit in neue Arten umwandeln.

21. Die Umwandelung oder Transmutation der Spezies in neue Arten und die Divergenz ihres Varietätenbüschels, durch welche neue Arten entstehen, wird vorzüglich durch die Wechselwirkung der Vererbung und Anpassung im Kampfe um das Dasein bedingt.

22. Es existieren keine morphologischen Eigentümlichkeiten, welche die Spezies von den anderen Gruppenstufen des Systems (Varietäten, Genera etc.) durchgreifend unterscheiden.

23. Es existieren keine physiologischen Eigentümlichkeiten welche die Spezies von den anderen Gruppenstufen des Systems (Varietäten, Genera etc.) durchgreifend unterscheiden.

24. Die Lebensdauer jeder Art ist nicht durch Prädestination beschränkt, sondern lediglich die notwendige Folge der Wechselwirkung von Anpassung und Vererbung im Kampfe um das Dasein.

IV. Thesen von den phylogenetischen Stadien.

25. Die Phylogenesis oder phyletische Entwickelung, d. h. die Entwickelung jeder genealogischen Gruppe oder Kategorie des natürlichen Systems, von der Varietät, Spezies und dem Genus bis hinauf zu der Ordnung, Klasse und dem Stamm, ist ein physiologischer Prozeß von bestimmter Zeitdauer.

26. Die Zeitdauer der phyletischen Entwickelung jeder Systemgruppe wird durch die Gesetze der Vererbung und Anpassung bestimmt und ist lediglich das Resultat der Wechselwirkung dieser beiden physiologischen Faktoren.

27. In dem zeitlichen Verlaufe der phyletischen Entwickelung jeder Systemgruppe lassen sich allgemein drei verschiedene Abschnitte oder Stadien unterscheiden, welche mehr oder minder deutlich voneinander sich absetzen.

28. Jedes Stadium der phyletischen Entwickelung jeder Systemgruppe ist durch einen bestimmten physiologischen Entwickelungsprozeß charakterisiert, welcher in demselben zwar nicht ausschließlich, aber doch vorwiegend wirksam ist.

29. Das erste Stadium der phyletischen Entwickelung, das Jugendalter der Systemsgruppe oder die Aufblühzeit, *Epacme*, ist durch das Wachstum der Gruppe charakterisiert.

30. Das zweite Stadium der phyletischen Entwickelung, das Reifealter oder die Blütezeit, *Acme*, ist durch die Differenzierung der Gruppe charakterisiert.

31. Das dritte Stadium der phyletischen Entwickelung, das Greisenalter oder die Verblühzeit, *Paracme*, ist durch die Degeneration der Gruppe charakterisiert.

V. Thesen von dem dreifachen Parallelismus der drei genealogischen Individualitäten.

32. Die Kette von sukzessiven Formveränderungen, welche die Zeugungskreise oder die dieselben repräsentierenden Bionten während ihrer individuellen Existenz durchlaufen, ist im ganzen parallel der Kette von sukzessiven Formveränderungen, welche die Vorfahren der betreffenden Zeugungskreise während ihrer paläontologischen

Entwickelung aus der ursprünglichen Stammform ihres Phylon durchlaufen haben.

33. Diese Parallele zwischen der *biontischen* und der *phyletischen* Entwickelung erklärt sich aus den Gesetzen der Vererbung, und insbesondere aus den Gesetzen der abbreviierten, homotopen und homochronen Vererbung.

34. Die Kette von koexistenten Formverschiedenheiten, welche die verwandten Arten und Artengruppen jedes Stammes zu jeder Zeit der Erdgeschichte darbieten, ist im ganzen parallel der Kette von sukzessiven Formveränderungen, welche die divergenten Formenbüschel dieses Stammes während ihrer paläontologischen Entwickelung aus der gemeinsamen ursprünglichen Stammform durchlaufen haben.

35. Diese Parallele zwischen der systematischen und der phyletischen Entwickelung erklärt sich aus den Gesetzen der Divergenz, und insbesondere aus der Erscheinung, daß die verschiedenen Äste und Zweige eines und desselben Stammes einen sehr ungleich raschen Verlauf ihrer phyletischen Veränderung erleiden und zu sehr ungleicher Höhe sich entwickeln.

36. Die Kette von koexistenten Formverschiedenheiten, welche die verwandten Arten und Artengruppen jedes Stammes zu jeder Zeit der Erdgeschichte darbieten, ist im ganzen parallel der Kette von sukzessiven Formveränderungen, welche die Bionten der betreffenden Artengruppe während ihrer individuellen Existenz durchlaufen.

37. Diese Parallele erklärt sich aus der gemeinsamen Abstammung der verwandten Arten, und zunächst schon aus der Verbindung der beiden vorhergehenden Parallelen; denn wenn die phyletische Entwickelungsreihe sowohl der biontischen als der systematischen Entwickelungsreihe parallel ist, so müssen auch diese beiden letzteren untereinander parallel sein.

38. Der dreifache Parallelismus der *phyletischen, biontischen* und *systematischen* Entwickelung erklärt sich demnach, gleich allen anderen allgemeinen Entwickelungserscheinungen, einfach und vollständig durch die Deszendenztheorie, während er ohne dieselbe, gleich diesen allen, völlig unerklärt bleibt.

Zusatz (1906). Die kritischen Grundzüge der „Allgemeinen Entwickelungsgeschichte“, welche hier im fünften und sechsten Buche der Generellen Morphologie 1866 von mir entworfen wurden, waren der erste Versuch, die von Jean Lamarck begründete und von

Charles Darwin reformierte Deszendenztheorie logisch nach allen Seiten auszubauen und systematisch zu verwerten. Wie alle solche „ersten Versuche“ mußte auch mein gewagtes Unternehmen in vieler Hinsicht mangelhaft und unvollkommen bleiben. Aber trotzdem glaube ich hoffen zu dürfen, daß diese schwierige und mühevolle Arbeit nicht vergeblich war, und daß sie in der Geschichte der Entwickelungslehre dauernd einen Platz behaupten wird. Denn hier sind zum ersten Male die Gesetze der konservativen und progressiven Vererbung, die Gesetze der indirekten und direkten Anpassung scharf formuliert, und durch ihre verwickelte Wechselwirkung die großen Gesetze der Divergenz und des Fortschritts als notwendige Folgen der Selektion nachgewiesen worden. Ferner ist hier zuerst die Phylogenie oder Stammesgeschichte als ein selbständiger Zweig der Biologie aufgestellt und ihre innige kausale Verknüpfung mit der Ontogenie oder Keimesgeschichte eingehend begründet worden. Das Biogenetische Grundgesetz, das diesen fundamentalen Kausalnexus in präzisester Form zusammenfaßt, hat im 19. und 20., im 22. und 26. Kapitel seine ausführliche Begründung erfahren.

Im Laufe der vierzig Jahre, die seitdem verflossen sind, hat sich über diese wichtigsten Grundfragen der Biologie eine unübersehbar reiche Literatur entwickelt. Dabei ist vielfach, besonders in neuester Zeit, ein prinzipieller Gegensatz zwischen den Lehren von Lamarck und Darwin betont worden: dieser besteht nach meiner Ansicht nicht. Beide große Naturforscher waren von der kontinuierlichen Umbildung der organischen Formen (— nicht der „sprungweisen Mutation“! —) und von der „progressiven Vererbung“ (— der erblichen Übertragung erworbener Eigenschaften —) ebenso fest überzeugt wie ich selbst. Der größte Fortschritt, den Darwin über seinen Vorgänger Lamarck hinaus hat, war die Aufstellung der Selektionstheorie, nach meiner Ansicht die wichtigste und unerschütterliche Ergänzung der Deszendenztheorie. Ich habe in meiner Gasträatheorie (1872) den Beweis dafür durch die phylogenetische Reform der Keimblätterlehre zu geben versucht, und in meiner „Systematischen Phylogenie“ (1894—1896) die Fruchtbarkeit ihrer Anwendung auf die Klassifikation der organischen Formen nachgewiesen. Dieses letztere Werk ist die Ausführung der „Genealogischen Übersicht des Natürlichen Systems der Organismen“, die ich 1866 dem zweiten Band der „Generellen Morphologie“ als Systematische Einleitung vorausschickte (160 Seiten).

SIEBENTES BUCH.

DIE ENTWICKELUNGSGESCHICHTE DER ORGANISMEN IN IHRER BEDEUTUNG FÜR DIE ANTHROPOLOGIE.

„Großer Brama, Herr der Mächte!
Alles ist von Deinem Samen,
Und so bist Du der Gerechte!
Hast Du denn allein die Bramen,
Nur die Rajas und die Reichen,
Hast Du sie allein geschaffen?
Oder bist auch Du's, der Affen
Werden ließ und unsersgleichen?

„Edel sind wir nicht zu nennen,
Denn das Schlechte, das gehört uns,
Und was Andre tödlich kennen,
Das alleine, das vermehrt uns.
Mag dies für die Menschen gelten,
Mögen sie uns doch verachten;
Aber Du, Du sollst uns achten,
Denn Du könntest Alle schelten!

„Also Herr, nach diesem Flehen,
Segne mich zu Deinem Kinde;
Oder Eines laß entstehen,
Das auch mich mit Dir verbinde!
Denn Du hast den Bajaderen
Eine Göttin selbst erhoben;
Auch wir Andern, Dich zu loben,
Wollen solch ein Wunder hören!"

Goethe (des Paria Gebet).

Siebenundzwanzigstes Kapitel.

Die Stellung des Menschen in der Natur.

„Ein wenig besser würd' er leben,
Hätt'st Du ihm nicht den Schein des Himmelslichts gegeben;
Er nennt's Vernunft, und braucht's allein,
Nur tierischer als jedes Tier zu sein.
Er scheint mir, mit Verlaub von Euer Gnaden,
Wie eine der langbeinigen Cicaden,
Die immer fliegt und fliegend springt,
Und gleich im Gras ihr altes Liedchen singt."

Goethe.

Von allen speziellen Folgerungen, welche die kausale Begründung der organischen Entwickelungsgeschichte durch die Deszendenztheorie nach sich zieht, ist keine einzige von so hervorragender Bedeutung, als ihre Anwendung auf den Menschen selbst. Nur durch sie wird die Frage von der „Stellung des Menschen in der Natur" gelöst, diese „Frage aller Fragen für die Menschheit" — wie sie Huxley mit Recht nennt — „das Problem, welches allen übrigen zugrunde liegt, und welches tiefer interessiert als irgend ein anderes." In der Tat ist dieses Problem von so fundamentaler theoretischer Wichtigkeit für die gesamte menschliche Wissenschaft, von so unermeßlicher praktischer Bedeutung für das gesamte menschliche Leben, daß wir nicht umhin können, am Schlusse unserer allgemeinen Entwickelungsgeschichte einen Blick auf dasselbe zu werfen. Denn nur allein vom Standpunkte der Deszendenztheorie und der durch diese begründeten Entwickelungsgeschichte kann diese Frage wissenschaftlich gelöst werden, und ist dieselbe bereits in den letzten Jahren auf den Weg ihrer definitiven Lösung geführt worden. Zwar gehört sie eigentlich in das Gebiet der speziellen Entwickelungsgeschichte; indessen wird ihr ungeheures Gewicht und der Umstand, daß die allgemeine Entwickelungsgeschichte zunächst den festen Boden für deren Entscheidung liefert, es gewiß genügend rechtfertigen, daß wir derselben hier einen besonderen, wenn auch ganz aphoristisch gehaltenen Abschnitt widmen.

Darwin selbst hat in seinem epochemachenden Werke die Anwendung seiner Theorie auf die Menschen nicht gemacht, in weiser Voraussicht der Aufnahme, welche dieselbe finden würde. Sicherlich würde die durch sein Werk reformierte Deszendenztheorie gleich von Anfang an noch weit mehr Widerstand und Anfeindung gefunden haben, wenn sogleich jene wichtigste Folgerung in dasselbe mit aufgenommen worden wäre. Dagegen wurde diese Lücke schon wenige Jahre nach dem Erscheinen von Darwins Werke durch Arbeiten von mehreren der hervorragendsten Zoologen ausgefüllt, unter denen wir hier insbesondere Huxley und Karl Vogt hervorzuheben haben (1863).

Es ist unbestritten, und es ist auch noch von allen freidenkenden und konsequent schließenden Naturforschern, sowohl von den Gegnern als von den Anhängern der Deszendenztheorie, jetzt allgemein anerkannt, daß unter allen Umständen die Abstammung des Menschengeschlechts von niederen Wirbeltieren, und zwar zunächst von affenartigen Säugetieren deren notwendige und unvermeidliche Konsequenz ist. Gerade wegen dieser Konsequenz, welche mit den Vorurteilen der meisten Menschen unvereinbar ist, sind viele zu Gegnern der Deszendenztheorie geworden, welche an und für sich derselben geneigt sein würden.

Die Deszendenztheorie ist ein allgemeines Induktionsgesetz, welches sich aus der vergleichenden Synthese aller organischen Naturerscheinungen und insbesondere aus der dreifachen Parallele der phyletischen, biontischen und systematischen Entwickelung mit absoluter Notwendigkeit ergibt. Der Satz, daß der Mensch sich aus niederen Wirbeltieren und zwar zunächst aus echten Affen entwickelt hat, ist ein spezieller Deduktionsschluß, welcher sich aus dem generellen Induktionsgesetz der Deszendenztheorie mit absoluter Notwendigkeit ergibt.

Diesen Stand der Frage „von der Stellung des Menschen in der Natur“ glauben wir nicht genug hervorheben zu können. Wenn überhaupt die Deszendenztheorie richtig ist, so ist die Theorie von der Entwickelung des Menschen aus niederen Wirbeltieren weiter nichts als ein unvermeidlicher einzelner Deduktionsschluß aus jenem allgemeinen Induktionsgesetz. Es können daher auch alle weiteren Entdeckungen, welche in Zukunft unsere Kenntnisse über die phyletische Entwickelung des Menschen noch bereichern werden, nichts weiter sein, als spezielle Verifikationen jener Deduktion, die auf der breitesten induktiven Basis ruht. Denn in der Tat ist es die Summe aller bekannten Erscheinungen in der organischen Morphologie, auf welche wir jenes große Induktionsgesetz der Deszendenztheorie gründen, und jene spezielle Folgerung aus demselben ist ebenso sicher, als irgend eine andere Deduktion. Ebenso sicher, als wir schließen, daß alle von uns gezüchteten Pferderassen Nachkommen einer gemeinsamen Stammform, daß alle Huftiere Epigonen eines und desselben Stammvaters, daß alle Säugetiere Deszendenten eines und desselben Mammalienstammes sind, vollkommen ebenso sicher schließen wir auch, daß das Menschengeschlecht nichts weiter als eines der kleinsten und jüngsten Ästchen dieses formenreichen Stammes ist.

Was die speziellen Abstammungsverhältnisse des Menschengeschlechts von der Affenordnung betrifft, so haben wir dieselbe auf die systematische Stellung des Menschen in der Ordnung der Affen begründet. Die Phylogenie der Wirbeltiere, soweit sie sich durch die Paläontologie empirisch begründen und durch den Parallelismus der embryologischen und systematischen Entwickelung ergänzen läßt, ergibt folgende

Ahnenreihe des Menschen.

1. Leptokardier oder Akranier; dem *Amphioxus* nächstverwandte Wirbeltiere, ohne Gehirn, ohne Schädel und ohne zentralisiertes Herz (in der archozoischen Zeit, vor der Silurzeit).
2. Selachier oder Urfische, und zwar speziell den Squalaceen oder Haifischen nächstverwandte Fische (zu Ende des archozoischen und im Beginne des paläozoischen Zeitalters, in der Silur- und Devonzeit).
3. Amphibien, und zwar früher den kiementragenden Sozobranchien oder Perennibranchien (*Proteus, Siren*), später den kiemenlosen Sozuren oder Salamandern (*Triton, Salamandra*) nächstverwandte Amphibien (während des größten Teiles der paläozoischen Zeit).
4. Amnioten von unbekannter Form, welche den Übergang von den kiemenlosen Amphibien (Sozuren) zu den niedersten Säugetieren (Ornithodelphien) vermittelten (zu Ende des paläozoischen oder im Beginne des mesozoischen Zeitalters).
5. Ornithodelphien oder Monotremen von unbekannter Form, den niedersten jetztlebenden Säugetieren, *Ornithorhynchus* und *Echidna* nächstverwandt (im Beginne der Sekundärzeit: Triasperiode).

6. Didelphien oder Marsupialien, ausgestorbene Beuteltiere, und zwar wahrscheinlich den Beutelratten (*Didelphys*) nächstverwandte Formen (während des größten Teiles, vielleicht während der ganzen Sekundärzeit).
7. Monodelphien von unbekannter Form, Placentalien ohne Dezidua, welche den Übergang von den Didelphien zu den Primaten und zwar speziell zu deren Stammgruppe, den Prosimien vermittelten (gegen Ende der Sekundärzeit oder in der ältesten Eocaenzeit).
8. Prosimien oder Halbaffen (Hemipitheken), den jetzt lebenden Lemuren (*Lemur*, *Stenops* etc.) nächstverwandt (während der ältesten Eocaenzeit).
9. Katarrhinen oder schmalnasige Affen, und zwar zunächst Menocerken, den heutigen Anasken (*Semnopithecus*, *Colobus*) nächstverwandt, mit Schwanz und mit Gesäßschwielen (während der Eocaen- oder Miocaenzeit).
10. Anthropoiden, d. h. Katarrhinen ohne Schwanz, den heutigen Menschenaffen nächstverwandte Affen, und zwar früher Tylogluten (*Hylobates* ähnlich) mit Gesäßschwielen, später Lipotylen (*Gorilla* ähnlich), ohne Gesäßschwielen (während der mittleren und neueren Tertiärzeit).

Wir können hier nicht auf eine Widerlegung der heftigen Angriffe eingehen, welche die unvermeidliche Anwendung der Deszendenztheorie auf die Entstehung des Menschen hervorgerufen hat und bei dem gegenwärtigen niederen Bildungsgrade der sogenannten „Kulturvölker“ notwendig hervorrufen mußte. Glücklicherweise sind die meisten dieser Angriffe entweder so ohne alle biologische Tatsachenkenntnis oder so ohne allen logischen Verstand geschrieben, daß sie einer ernstlichen Widerlegung kaum bedürfen. Interessant und lehrreich ist dabei nur der Umstand, daß besonders diejenigen Menschen über die Entdeckung der natürlichen Entwickelung des Menschengeschlechts aus echten Affen am meisten empört sind und in den heftigsten Zorn geraten, welche offenbar hinsichtlich ihrer intellektuellen Ausbildung und cerebralen Differenzierung sich bisher noch am wenigsten von unsern gemeinsamen tertiären Stammeltern entfernt haben.

Viele Menschen haben in der Aufstellung des natürlichen Stammbaums unseres Geschlechts eine „Entwürdigung“ des Menschen finden wollen und weisen mit Abscheu die Affen, Amphibien und Haifische als ihre uralten Vorfahren zurück. Wir unsererseits können in der Erkenntnis dieser Abstammung umgekehrt nur die höchste Ehre und Verherrlichung des Menschengeschlechts erblicken. Denn was kann es für den Menschen Erhebenderes geben und worauf kann er stolzer sein, als auf die Tatsache, daß er in der unendlich komplizierten Entwickelungs-Konkurrenz, in welcher sich die Organismen seit Milliarden von Jahrtausenden befinden, sich von der niedrigsten Organisationsstufe zur höchsten von allen erhoben, alle seine Verwandten überflügelt und sich zum Herrn und Meister über die ganze Natur erhoben hat; daß er Haifische und Salamander, Beuteltiere und Halbaffen so weit hinter sich gelassen hat, daß in der Tat nichts weiter in der gesamten organischen Natur mit diesem Entwickelungs-Triumphe zu vergleichen ist!

Obgleich alle somatischen und psychischen Differenzen zwischen dem Menschen und den übrigen Tieren nur quantitativer, nicht qualitativer Natur sind, so erscheint dennoch die Kluft, welche ihn von jenen trennt, als höchst bedeutend. Dieser Umstand ist nach unserer Ansicht vorzugsweise darin begründet, daß der Mensch in sich mehrere hervorragende Eigenschaften vereinigt, welche bei den übrigen Tieren nur getrennt vorkommen. Als solche Eigenschaften von der höchsten Wichtigkeit möchten wir namentlich vier hervorheben, nämlich die höhere Differenzierungsstufe des Kehlkopfs (der Sprache), des Gehirns (der Seele) und der Extremitäten, und endlich den aufrechten Gang. Alle diese Vorzüge kommen einzeln auch anderen Tieren zu: die Sprache, als Mitteilung artikulierter Laute, vermögen Vögel (Papageien etc.) mit hoch differenziertem Kehlkopf und Zunge ebenso vollständig als der Mensch zu erlernen. Die Seelentätigkeit steht bei vielen höheren Tieren (insbesondere bei Hunden, Elefanten, Pferden) auf einer höheren Stufe der Ausbildung als bei den niedersten Menschen. Die Hände sind als ausgezeichnete mechanische Werkzeuge bei den höchsten Affen schon ebenso entwickelt wie bei den niedersten Menschen. Den aufrechten Gang endlich teilt der Mensch mit dem Gibbon, Känguruh, Pinguin und einigen anderen Tieren. Die Lokomotionsfähigkeit ist außerdem bei sehr vielen Tieren vollkommener und höher als beim Menschen entwickelt. Aber der Mensch ist das einzige Tier, welches alle diese äußerst wichtigen Eigenschaften in einer Person vereinigt und gerade dadurch sich so hoch über seine nächsten Verwandten emporgeschwungen hat. Es ist also lediglich die glückliche Kombination eines höheren Entwickelungsgrades von mehreren sehr wichtigen tierischen Organen und Funktionen, welche die meisten Menschen (nicht alle!) so hoch über alle Tiere erhebt. Dadurch wird aber die Tatsache ihrer Abstammung von echten Affen in keiner Weise alteriert. Der Mensch hat sich ebenso aus Affen, wie diese aus niederen Säugetieren entwickelt.

Achtundzwanzigstes Kapitel.

Die Anthropologie als Teil der Zoologie.

„Der Erdenkreis ist mir genug bekannt;
Nach drüben ist die Aussicht uns verrannt.
Thor, wer dorthin die Augen blinzend richtet,
Sich über Wolken seinesgleichen dichtet!
Er stehe fest und sehe hier sich um;
Dem Tüchtigen ist diese Welt nicht stumm.
Was braucht er in die Ewigkeit zu schweifen?
Was er erkennt, läßt sich ergreifen!
Er wandle so den Erdentag entlang;
Wenn Geister spuken, geh' er seinen Gang;
Im Weiterschreiten find' er Qual und Glück,
Er, unbefriedigt jeden Augenblick.
Ja! diesem Sinne bin ich ganz ergeben,
Das ist der Weisheit letzter Schluß:
Nur der verdient sich Freiheit wie das Leben,
Der täglich sie erobern muß."

Goethe (Faust).

Die vollständige Umwälzung, welche die Deszendenztheorie und ihre spezielle Anwendung auf den Menschen in allen menschlichen Wissenschaften hervorrufen wird, verspricht nirgends fruchtbarer und segensreicher zu wirken, als auf dem Gebiete der Anthropologie. Erst seitdem die Abstammung des Menschen vom Affen, seine allmähliche Entwickelung aus niederen Wirbeltieren, durch die Deszendenztheorie festgestellt, erst seitdem dadurch die „Stellung des Menschen in der Natur" ein für allemal bestimmt ist, erscheint der Bauplatz abgesteckt, auf welchem das Lehrgebäude der wissenschaftlichen Anthropologie errichtet werden kann.

Da der Mensch nur durch quantitative, nicht durch qualitative Differenzen von den übrigen Tieren getrennt ist, da er seinem Baue, seinen Funktionen, seiner Entwickelung nach sich weniger von den höheren Tieren entfernt, als diese von den niederen, so wird auch dieselbe Methode, durch welche wir die Erkenntnis der übrigen Tiere erwerben, uns bei unserm Streben nach Erkenntnis des Menschen leiten müssen. Diese Methode ist nicht verschieden von derjenigen aller anderen Naturwissenschaften, wie wir sie im 4. Kapitel erläutert haben. Die Modifikationen der Erkenntnismethode, welche durch die eigentümliche Natur des tierischen Organismus bedingt sind, werden ebenso in der Anthropologie ihre Anwendung finden; es wird also auch hier in erster Linie die Entwickelungsgeschichte der rote Faden sein, welcher uns als unentbehrlicher Führer durch das weite Gebiet der mannigfaltigen und verwickelten Erscheinungen hindurch leiten muß. Wie uns die vergleichende Ontogenie und Phylogenie, die individuelle und die paläontologische Entwickelungsgeschichte des Menschen, zur Erkenntnis seiner Abstammung von den Affen geführt hat, so müssen wir ihrer Leitung auch auf allen einzelnen Gebieten der Anthropologie folgen. Und da für alle biologischen, sowohl physiologischen als morphologischen Untersuchungen die Vergleichung der verwandten Erscheinungen unerläßlich ist, so werden wir auch zur wissenschaftlichen Anthropologie nur durch das intensivste und extensivste Studium der vergleichenden Zoologie gelangen.

Da die Anthropologie nichts anderes ist, als ein einzelner Spezialzweig der Zoologie, die Naturgeschichte eines einzelnen tierischen Organismus, so wird diese Wissenschaft natürlich auch in alle die untergeordneten Wissenschaften zerfallen, aus welchen sich die gesamte Zoologie zusammensetzt. Es wird also zunächst die Anthropologie als die Gesamtwissenschaft vom Menschen in die beiden Hauptzweige der menschlichen Morphologie und Physiologie zerfallen, von denen jene die gesamten Formverhältnisse, diese die gesamten Lebenserscheinungen des menschlichen Organismus zu erforschen hat. Die Morphologie des Menschen spaltet sich wiederum in die beiden Zweige der menschlichen Anatomie und der menschlichen Entwickelungsgeschichte, zu welcher letzteren nicht bloß die Embryologie des Menschen, sondern auch seine Paläontologie, sowie die Völkergeschichte oder die sogenannte „Weltgeschichte“ gehört. Die Physiologie des Menschen andererseits zerfällt in die beiden Zweige der Konservationsphysiologie und der Relationsphysiologie des Menschen; erstere hat alle auf die menschliche Ernährung und Fortpflanzung bezüglichen Verhältnisse, letztere die Beziehungen seiner einzelnen Körperteile zueinander (Physiologie der Nerven und Muskeln etc.), sowie seine Beziehungen zur Außenwelt (Ökologie und Geographie des Menschen) zu untersuchen. In diese vier Hauptzweige der Anthropologie lassen sich sämtliche Wissenschaften, welche überhaupt von menschlichen Verhältnissen handeln (insbesondere auch alle sogenannten moralischen, politischen, sozialen und historischen Wissenschaften, die Ethnographie etc.) einordnen, und die Methoden ihrer Behandlung müssen dieselben sein, wie in der übrigen Zoologie und wie in der Biologie überhaupt.

Von allen Zweigen der Anthropologie wird keiner so sehr von der Deszendenztheorie betroffen und umgestaltet, als die Psychologie oder Seelenlehre, jener schwierige Teil der Physiologie, welcher von den Bewegungserscheinungen im Zentralnervensystem handelt. Auf keinem Gebietsteile der Anthropologie sind Vorurteile aller Art so mächtig und so allgemein herrschend, als auf diesem, und auf keinem wird die Deszendenztheorie größere Fortschritte bewirken, als hier. Nichts beweist dies so sehr, als der Umstand, daß man noch heutzutage fast allgemein die Seelenerscheinungen von allen übrigen physiologischen Funktionen unterscheidet, und daß man die menschliche Seele als etwas ganz Besonderes hinstellt, was aller Analogie in der übrigen organischen Natur entbehren soll. Und doch gehorcht auch das Seelenleben des Menschen ganz denselben Gesetzen, wie das Seelenleben der höheren Tiere, und ist von diesem nur quantitativ, nicht qualitativ verschieden. Wie alle übrigen komplizierten Erscheinungen an den höheren Organismen, so kann auch die Seele, als die komplizierteste und höchste Funktion von allen, nur dadurch wahrhaft verstanden und in ihrem innersten Wesen erkannt werden, daß wir sie mit den einfacheren und unvollkommeneren Erscheinungen derselben Art bei den niederen Organismen vergleichen, und daß wir ihre allmähliche und stufenweise Entwickelung Schritt für Schritt verfolgen. Wie wir schon oben bemerkten, müssen wir hier überall nicht bloß auf die biontische, sondern auch auf die phyletische Entwickelung zurückgehen. Wir müssen also, um das hoch differenzierte, feine Seelenleben des Kulturmenschen richtig zu verstehen, nicht allein sein allmähliches Erwachen im Kinde zu Rate ziehen, sondern auch seine stufenweise Entwickelung bei den niederen Naturmenschen, und bei den Wirbeltieren, aus denen sich diese zunächst entwickelt haben.

Die eigentliche Natur der tierischen Seele haben wir bereits im 7. Kapitel gelegentlich erörtert. Wenn wir hier auf das dort Gesagte zurückkommen und nun mit Rücksicht auf die daselbst gegebene Erläuterung der wichtigsten psychischen Funktionsgruppen, des Empfindens, Wollens und Denkens, menschliche und tierische

Psyche objektiv und unbefangen vergleichen, so kommen wir überall unausweichlich zu dem Resultate, daß nur quantitative, nicht qualitative Differenzen auch in dieser Beziehung den Menschen vom Tiere trennen. Natürlich dürfen wir, um hier zu reinen Resultaten zu gelangen, nicht den gänzlich verkehrten Weg der spekulativen Philosophen von Fach gehen, welche ihr hoch differenziertes eigenes Gehirn als einziges empirisches Untersuchungsmaterial benutzen und daraus die Psychologie des Menschen konstruieren wollen. Vielmehr müssen wir vor allem auf die vergleichende Psychologie der Kinder, der Geistesarmen, der Geisteskranken und der niederen Menschenrassen zurückgehen, und wir müssen deren ganzes Seelenleben mit demjenigen der höchst entwickelten Tiere vergleichen, um uns hier ein richtiges und objektives Urteil zu erwerben. Wenn wir dies mit unbefangenem Blicke tun, so gelangen wir auf dem psychologischen Gebiet zu demselben hochwichtigen Resultat, welches die Physiologie bereits für alle anderen Lebenserscheinungen, die vergleichende Morphologie für die Formverhältnisse festgestellt hat: daß die Unterschiede zwischen den niedersten Menschen und den höchsten Tieren nur quantitativer Natur und viel geringer sind, als die Unterschiede zwischen den höheren und den niederen Tieren. Mit Bezug auf alle einzelnen Seelenerscheinungen können wir selbst den Satz dahin formulieren, daß die Unterschiede zwischen den höchsten und den niedersten Menschen größer sind, als diejenigen zwischen den niedersten Menschen und den höchsten Tieren.

Von den einzelnen Bewegungserscheinungen im Zentralnervensystem, welche man gewöhnlich als Seele zusammenfaßt, wollen wir hier nur auf die wichtigsten einen flüchtigen Blick werfen. Der Wille ist bei den höheren Tieren ganz ebenso wie beim Menschen entwickelt, häufig an Intensität und Beweglichkeit letzterem überlegen. Der Wille ist bei den Menschen ebenso wie bei den Tieren niemals wirklich frei, vielmehr in allen Fällen durch kausale Motive mit Notwendigkeit bedingt. Die Empfindung ist bei den edelsten Tieren ebenso wie beim Menschen, oft aber zarter und feiner entwickelt. Selbst die edelsten und schönsten aller menschlichen Gemütsregungen, die Gattenliebe, die Mutterliebe, die Freundschaft, die Nächstenliebe, sind bei vielen Tieren zu einem höheren Grade als bei vielen Menschen entwickelt. Die Zärtlichkeit der „Inseparables“, bei denen der Tod des einen Gatten stets den des anderen nach sich zieht, die Mutterliebe der Löwin und der Elefantin, die Treue und die Aufopferungsfähigkeit der Hunde und Pferde ist sprichwörtlich geworden und kann leider der großen Mehrzahl der Menschen als Muster dienen. Die moralischen Regungen des Mitleids, des Gewissens etc. sind bei Hunden und Pferden bekanntlich ebenfalls oft sehr entwickelt, und mehr als bei vielen Menschen, ebenso die Leidenschaften des Ehrgeizes, der Eitelkeit etc. Selbst die Laster der Lüge und Heuchelei, welche einen Grundzug der neueren Kultur bilden, finden wir bei den am meisten kultivierten Haustieren, insbesondere den Hunden, ebenso wie beim Menschen entwickelt. Hier wie dort gibt es böse und gute, falsche und treue Individuen.

In der Tat sind die Vorstellungen der Empfindung und des Willens bei vielen der höheren Tiere so hoch differenziert, daß sie diesen nur selten abgesprochen worden sind. Anders verhält es sich aber mit der Funktion des Denkens, der Gedankenbildung, jenen höchsten und verwickeltsten Vorstellungen der tierischen Seele, welche wahrscheinlich immer durch eine höchst komplizierte Wechselwirkung zahlreicher zentrifugaler und zentripetaler Erregungen erzeugt werden. Die Gedankenbildung wird merkwürdigerweise den Tieren sehr allgemein abgesprochen, während doch in der Tat nichts leichter ist, als sich durch objektive Beobachtung zu überzeugen, daß die Gesetze des Denkens bei den höheren Tieren und beim Menschen durchaus dieselben sind, und daß die Induktionen und Deduktionen hier wie dort durchaus in der gleichen Weise gebildet werden. Auch in dieser Frage stoßen wir wiederum auf die heftigste Opposition gerade bei denjenigen Menschen, welche durch ihre unvollkommenere Verstandsentwickelung oft selbst hinter den höheren Tieren zurückbleiben. Dies gilt nicht allein von den niederen Menschenrassen, sondern auch von vielen Individuen der höchsten Rassen, und selbst von solchen, bei denen man vermuten sollte, daß die Masse erworbener Kenntnisse ihr Denkvermögen geschärft habe.

Das geistige Leben wird also ebenso wie das körperliche bei den Tieren von denselben Naturgesetzen regiert wie beim Menschen. Dagegen ist die Stufenleiter der psychischen Entwickelung innerhalb des Tierreiches außerordentlich viel mannigfaltiger differenziert und erstreckt sich vom Nullpunkt der Reflexion bis zu ihrer höchsten Potenzierung. Gerade für das richtige Verständnis der Entwickelung neuer Funktionen durch Differenzierung ist die vergleichende Seelenlehre der Tiere vom höchsten Interesse und für die wissenschaftliche Psychologie des Menschen ganz unentbehrlich.

Wie mit dem Seelenleben im ganzen, so verhält es sich auch mit allen einzelnen Teilen desselben. Alle werden bei Menschen und Tieren durch dieselben Naturgesetze regiert, und alle psychischen Funktionen und die daraus hervorgehenden Institutionen des menschlichen Lebens haben sich erst aus den entsprechenden Funktionen der Vorfahren des Menschen, zunächst insbesondere der Affen, allmählich heraufgebildet. Ganz besonders gilt dies auch von allen staatlichen und sozialen Einrichtungen der menschlichen Gesellschaft. Wir finden die Anfänge, und zum Teil vollkommenere Stufen derselben, bei den Tieren und oft selbst bei weit vom Menschen entfernten Tieren wieder, wie z. B. bei den Insekten (Ameisen). Auch für das Verständnis dieser höchst verwickelten Erscheinungen ist das vergleichende Studium derselben bei den Tieren unerläßlich, und die Staatsmänner, die Volkswirtschaftslehrer, die Geschichtsschreiber der Zukunft werden vor allem vergleichende Zoologie, d. h. vergleichende Morphologie und Physiologie der Tiere als unerläßliche Grundlage studieren müssen, wenn sie zu einem wahrhaft naturgemäßen Verständnisse der entsprechenden menschlichen Erscheinungen gelangen wollen.

Die interessantesten, wichtigsten und lehrreichsten Erscheinungen des organischen Lebens versprechen auf diesem noch fast ganz unkultivierten Wissenchaftsgebiete eine bisher ungeahnte Fülle der reichsten Ausbeute. Die zoologisch gebildeten und vergleichend untersuchenden Psychologen der Zukunft werden hier eine Ernte halten, von der sich die erfahrungslosen Psychologen der scholastischen Spekulation bisher nichts haben träumen lassen. In noch weit höherem Maße, als die „vergleichende Anatomie" der Tiere die früher ausschließlich kultivierte „rein menschliche" Anatomie überflügelt und dennoch ihr zugleich ein unendlich höheres Interesse gegeben hat, wird die „vergleichende Psychologie" der Tiere mit allen ihren Zweigen die bisherige „rein menschliche" Psychologie überflügeln und sie zugleich zu einer ganz neuen Wissenschaft umgestalten.

Wie weit man aber noch allgemein von der richtigen Erkenntnis dieses Verhältnisses entfernt ist, zeigt sich nicht allein in der gänzlichen Vernachlässigung der Tierseelenkunde, sondern auch in der allgemeinen Unterschätzung der psychischen Differenzierung des Menschen selbst. Die wenigsten Menschen wissen den unermeßlich weiten Abstand zu schätzen, welcher die höchsten von den tiefsten Menschenrassen, und unter den ersteren wiederum die höchst differenzierten Seelen von den wenigst differenzierten trennt.

Die richtige Wertschätzung dieser äußerst wichtigen Verhältnisse wird uns lediglich durch die vergleichende Entwickelungsgeschichte gelehrt. Nur durch sie erkennen wir die wahre Stellung des Menschen in der Natur. Nur durch sie gewinnen wir die wertvolle Überzeugung, daß die Anthropologie nur ein Spezialzweig der Zoologie ist.

Zusatz (1906). Progonotaxis des Menschen.

Als ich vor vierzig Jahren in der generellen Morphologie den ersten Versuch unternahm, die tierische Ahnenreihe oder „Progonotaxis" des Menschen — den Anforderungen der Deszendenztheorie entsprechend — zu ergründen, erschien die Lösung dieser bedeutungsvollen Aufgabe viel schwieriger und unsicherer, als es heute der Fall ist. Damals mußte ich mich darauf beschränken, den Stammbaum des Menschen zunächst nur in der Reihe der Wirbeltiere festzustellen und die zehn Hauptstufen seiner Ahnenreihe zu unterscheiden, welche auf S. 414 aufgeführt und heute fast allgemein als sicher begründet anerkannt sind (S. 428—429 des zweiten Bandes der G. M.). Allein die wichtige Frage vom „ersten Ursprung der Wirbeltiere", ihrer Abstammung von einer Reihe wirbelloser Tiere, erschien damals noch „in tiefes Dunkel gehüllt". (Genealogische Übersicht des natürlichen Systems, l. c. p. CXIX). Erst kurze Zeit darauf wurden die wichtigen embryologischen Entdeckungen bekannt, welche die überraschende Übereinstimmung in der Ontogenese des *Amphioxus* und der *Ascidia* offenbarten und damit einen hellen Lichtstrahl auf die nahe, bis dahin kaum geahnte Stammverwandtschaft der *Vertebraten* und *Tunicaten* warfen.

Erst dadurch wurde es möglich, die Frage nach den wirbellosen Ahnen der Wirbeltiere näher zu beantworten und hypothetisch eine Anzahl von Protozoen und niederen Metazoen als die wahrscheinlichen Vorfahren der ältesten Vertebraten zu bezeichnen. Die weitere Lösung dieser schwierigen Aufgabe, die ich schon 1868 in der ersten Auflage meiner „Natürlichen Schöpfungsgeschichte" versuchte, hat mich seitdem ununterbrochen beschäftigt und in den neun folgenden Auflagen dieses Werkes (— X. Auflage 1902 —) vielfache Fortschritte gemacht. Am eingehendsten jedoch, und mit besonderer Rücksicht auf die Stammesgeschichte jedes einzelnen Organsystems, habe ich dieselbe in meiner Anthropogenie behandelt, deren erste Auflage 1874 erschien.*) Die 30 Hauptstufen der Ahnenreihe, die hier unterschieden wurden, habe ich in zwei Gruppen geteilt; die ältere Ahnenreihe umfaßt die 15 Hauptstufen, die vor der Silurzeit lebten und wegen Mangels fester Skeletteile keine fossilen Reste hinterlassen konnten (**A.** 5 Stufen von Protisten, **B.** 6 Stufen von wirbellosen Metazoen, **C.** 4 Stufen von Monorhinen: 2 Acranier und 2 Cyclostomen). Die jüngere Ahnenreihe umfaßt die 15 Hauptstufen der Wirbeltierahnen, welche feste, versteinerungsfähige Skeletteile besaßen und daher deutliche fossile Reste hinterlassen konnten; sie treten zuerst in der Silurzeit auf (**D.** 5 Stufen von kaltblütigen niederen Wirbeltieren: Fischen, Amphibien und Reptilien; **E.** 3 Stufen von älteren Säugetieren, aus der Sekundärzeit, Monotremen, Marsupialien, Mallotherien; **F.** 7 Stufen von Primaten: Halbaffen, Affen und Menschen). Die Begründung und Kritik dieser hypothetischen Progonotaxis habe ich für weitere Kreise in dem Vortrage gegeben, den ich 1898 auf dem vierten internationalen Zoologenkongresse in Cambridge hielt: „Über unsere gegenwärtige Kenntnis vom Ursprung des Menschen“ (Stuttgart, 1905, Neunte Auflg.). Erläuternde kritische Bemerkungen dazu aus neuester Zeit enthalten die drei Vorträge, die ich in Berlin (im April 1905) gehalten habe: „Der Kampf um den Entwickelungsgedanken“: I. Der Kampf um die Schöpfung (Abstammungslehre und Kirchenglaube); II. Der Kampf um den Stammbaum (Affenverwandtschaft und Wirbeltierstamm); III. Der Kampf um die Seele (Unsterblichkeit und Gottesbegriff). (G. Reimer, Berlin.)

*) Anthropogenie oder Entwickelungsgeschichte des Menschen. I. Band: Keimesgeschichte oder Ontogenie; II. Band: Stammesgeschichte oder Phylogenie. Leipzig 1874. Fünfte umgearbeitete Auflage 1903. 990 Seiten, mit 30 Tafeln, 500 Textfiguren und 60 genetischen Tabellen. (W. Engelmann, Leipzig.)

ACHTES BUCH.

DIE ENTWICKELUNGSGESCHICHTE DER ORGANISMEN IN IHRER BEDEUTUNG FÜR DIE KOSMOLOGIE.

Bedecke deinen Himmel, Zeus, mit Wolkendunst,
Und übe, dem Knaben gleich, der Disteln köpft,
An Eichen dich und Bergeshöhn:
Mußt mir meine Erde doch lassen stehn,
Und meine Hütte, die du nicht gebaut,
Und meinen Herd, um dessen Glut
Du mich beneidest.

Ich kenne nichts Ärmeres
Unter der Sonn, als euch Götter!
Ihr nähret kümmerlich
Von Opfersteuern und Gebetshauch eure Majestät
Und darbtet, wären nicht Kinder und Bettler
Hoffnungsvolle Toren.

Da ich ein Kind war, nicht wußte wo aus noch ein,
Kehrt' ich mein verirrtes Auge zur Sonne, als wenn drüber wär'
Ein Ohr, zu hören meine Klage,
Ein Herz, wie meins, sich des Bedrängten zu erbarmen.
Wer half mir wider der Titanen Übermut?
Wer rettete vom Tode mich, von Sklaverei?
Hast du nicht alles selbst vollendet, heilig glühend Herz?
Und glühtest, jung und gut, betrogen, Rettungsdank
Dem Schlafenden da droben?

Ich dich ehren? Wofür?
Hast du die Schmerzen gelindert je des Beladenen?
Hast du die Tränen gestillt je des Geängsteten?
Hat nicht mich zum Manne geschmiedet
Die allmächtige Zeit und das ewige Schicksal,
Meine Herren und deine?

Wähntest du etwa, ich sollte das Leben hassen,
In Wüsten fliehen, weil nicht alle
Blütenträume reiften?

Hier sitz' ich, forme Menschen nach meinem Bilde,
Ein Geschlecht, das mir gleich sei,
Zu leiden, zu weinen,
Zu genießen und zu freuen sich:
Und dein nicht zu achten,
Wie ich!

Goethe (Prometheus).

Neunundzwanzigstes Kapitel.

Die Einheit der Natur und die Einheit der Wissenschaft.

System des Monismus.

„Nach ewigen, ehernen
Großen Gesetzen
Müssen wir Alle
Unseres Daseins
Kreise vollenden."
Goethe.

Nachdem wir versucht haben, in dem Objekte unserer Untersuchung, in der gesamten organischen Formenwelt, die absolute Herrschaft eines einzigen, allumfassenden Naturgesetzes, des allgemeinen Kausalgesetzes, nachzuweisen, nachdem wir gezeigt haben, daß alle Organismen ohne Ausnahme, den Menschen mit inbegriffen, diesem obersten und höchsten Naturgesetze der absoluten Notwendigkeit unterworfen sind, erscheint es am Schlusse unserer Darstellung wohl nicht unpassend, von dem so errungenen Standpunkte aus einen Blick auf unser Verhältnis zur Gesamtnatur, sowie insbesondere auf das Verhältnis der organischen Morphologie zur gesamten Naturwissenschaft zu werfen.

Kosmos oder Weltall nennen wir das allumfassende Naturganze, wie es der Erkenntnis des Menschen zugänglich ist. Dieser Kosmos ist die Gesamtsumme aller Materie und aller Kraft, da wir uns als Menschen weder eine Vorstellung von einer Materie ohne Kraft, noch von einer Kraft ohne Materie machen können. Man kann diesen Kosmos oder Mundus, das Universum (τὸ πᾶν), wie ihn Alexander von Humboldt in der großartigsten Weise als Ganzes erfaßt und dargestellt hat, in einen siderischen und in einen tellurischen Teil zerlegen, von denen der letztere sich bloß mit dem vom Menschen bewohnten Planeten, der Erde, der erstere mit dem gesamten übrigen, außerirdischen Weltall beschäftigt. Der tellurische Kosmos wird wiederum in eine anorganische und in eine organische Natur geteilt, deren gegenseitige Beziehungen wir im 5. Kapitel ausführlich erläutert haben.

Kosmologie oder Weltlehre können wir im weitesten Sinne die menschliche Wissenschaft vom Weltall nennen. Diese allumfassende Wissenschaft ist zugleich die Wissenschaft κατ' ἐξοχήν. da es eine andere Erkenntnisquelle als das Weltall oder die Gesamtnatur nicht gibt. Alle wirklichen Wissenschaften sind also entweder Teile der Kosmologie oder das umfassende Ganze der Kosmologie selbst. Der Einteilung des Kosmos in siderischen und tellurischen Teil entsprechend kann man die Uranologie (Himmelskunde) und die Pangeologie (Erdkunde im weitesten Sinne oder Gesamtwissenschaft von der Erde) unterscheiden. Die Pangeologie ist ebenso ein Teil der Kosmologie, wie die Anthropologie ein Teil der Biologie. Die Pangeologie zerfällt wiederum in die beiden Zweige der anorganischen Erdwissenschaft (Abiologie) und der organischen Erdwissenschaft (Biologie), deren Verhältnis zueinander, sowie das ihrer einzelnen Zweige wir im 2. Kapitel erörtert haben.

Die Materie und die davon untrennbare Kraftsumme der Welt sind in Zeit und Raum unbeschränkt, ewig und unendlich. Da aber ein ununterbrochenes Wechselspiel von Kräften, eine unbeschränkte Wechselfolge und Gegenwirkung von Anziehungen und Abstoßungen die Materie in beständiger Bewegung erhält, so befindet sich ihre Form in beständiger Veränderung. Während also Stoff und Kraft ewig und unendlich sind, ist dagegen ihre Form in ewiger und unendlicher Veränderung (Bewegung) begriffen. Die Wissenschaft von dieser ewigen Bewegung des Weltalls kann als Weltgeschichte im weitesten Sinne oder auch als Entwickelungsgeschichte des Universums, als Kosmogenie bezeichnet werden. Die Kosmogenie zerfällt in die beiden Zweige der Uranogenie (welche Kant sehr richtig die „Naturgeschichte des Himmels“ nannte) und in die Geogenie, die „Naturgeschichte der Erde“ oder die Entwickelungsgeschichte der Erde, welche auch häufig mit dem mehrdeutigen Namen der „Geologie“ bezeichnet wird.

Wenn wir von der Entwickelungsbewegung des Weltalls als solcher absehen, und das fertige Resultat derselben in irgend einem Zeitmomente betrachten, so bezeichnen wir die wissenschaftliche Kenntnis dieses Resultates passend als Weltbeschreibung oder Kosmographie, welche wiederum in einen siderischen und tellurischen Teil, in die Uranographie und in die Geographie zerfällt. Diese Wissenschaften nehmen zu den vorhergehenden (zur Kosmogenie, Uranogenie und Geogenie) dieselbe Stellung ein, wie die Anatomie der Organismen zu ihrer Entwickelungsgeschichte. Erst durch die Erkenntnis der letzteren gelangen wir zum Verständnis der ersteren. Erst durch die Geschichte der Welt oder eines Teiles derselben wird ihre Beschreibung zur wirklichen Wissenschaft, zur Erkenntnis.[1])

„*Nihil est in intellectu, quod non ante fuerit in sensu.*" Dieser Satz bildet den Ausgangspunkt für die richtige Wertschätzung unseres Erkenntnisvermögens. „*Homo naturae minister et interpres tantum facit et intelligit, quantum de naturae ordine, re et mente observaverit; nec amplius scit aut potest.*" Mit diesen Worten hat bereits Baco von Verulam den wichtigsten Grundsatz festgestellt, daß alle menschliche Erkenntnis in letzter Instanz sinnlich, d. h. a posteriori ist. Es gibt keine Erkenntnisse a priori. Der weit verbreitete Irrtum, daß solche existieren, konnte nur auf einer falschen anthropo-

---

[1]) Wie die gelehrte Scholastik des Mittelalters noch vielfach unsere Anschauungen beherrscht, zeigt sich vielleicht nirgends so auffallend als in der üblichen und althergebrachten Einteilung der Wissenschaften, wie sie sich namentlich auch in der Einteilung der Fakultäten auf unseren Universitäten offenbart. Voran steht die Theologie. Die wirklich natürliche d. h. wahrheitsgemäße Theologie fällt zusammen mit der Kosmologie, oder was dasselbe ist, mit der Naturphilosophie. Denn da Gott allmächtig, da er die Summe aller Kräfte in der Welt ist, da er das ganze Universum umfaßt, so muß er auch in allen Teilen des Kosmos erkennbar sein, so ist jede Naturerscheinung eine Wirkung Gottes, oder was dasselbe ist, des Kausalgesetzes, und die allumfassende Naturwissenschaft ist zugleich Gotteserkenntnis. Die scholastische Theologie dagegen, wie sie gewöhnlich gelehrt wird, ist in ihrem historischen Teile (als Entwickelungsgeschichte der Glaubensdichtungen) ein kleiner Teil der Anthropologie und speziell der genetischen Psychologie; in ihrem dogmatischen Teile ist sie keine Wissenschaft, da Dogma und Erkenntnis als solche sich ausschließen. Zum großen Teile gehört die Theologie in das psychiatrische Gebiet; zum großen Teile ist sie, ebenso wie die Jurisprudenz und Medizin, eine Kunst, eine praktische Sammlung von Kenntnissen und Anweisung zu deren Gebrauch, aber keine reine Wissenschaft. Daß alle Wissenschaften, welche speziell menschliche Verhältnisse betreffen, insbesondere auch die historischen, philologischen, statistischen Wissenschaften etc. Teile der Anthropologie und mithin der Zoologie sind, wurde bereits im vorigen Kapitel gezeigt. Es bleibt mithin als einzige reine, allumfassende Wissenschaft in der Tat nur die Naturphilosophie (identisch mit der Kosmologie) übrig, von welcher die Anthropologie nur ein ganz kleiner beschränkter Teil ist. Die Mathematik ist ein Teil der allgemeinen Kosmologie, wie die Psychologie ein Teil der speziellen Anthropologie und die Logik ein Teil der Psychologie.

logischen Basis sich erheben. Seitdem wir in der wahren Erkenntnis der menschlichen Deszendenz, in der Gewißheit, daß sich der Mensch aus niederen Wirbeltieren entwickelt hat, den allein richtigen Standpunkt für die Wertschätzung seiner Geistestätigkeit ein für allemal gewonnen haben, ist es klar, daß man nicht mehr von Erkenntnissen a priori sprechen kann. Die Vererbungsgesetze, und namentlich das Gesetz der abgekürzten oder vereinfachten Vererbung, erklären uns vollkommen jenen Irrtum. Alle Erkenntnisse ohne Ausnahme sind a posteriori, durch die sinnliche Erfahrung, erworben; sie scheinen aber häufig a priori zu sein, weil sie schon durch viele Generationen vererbt sind. Ebenso werden auch die durch Dressur anerzogenen Fähigkeiten bestimmter Hunderassen (z. B. der Spürhunde) durch Vererbung zu angeborenen (a priori). Von der Mathematik, welche am meisten von allen wirklichen Wissenschaften als a priori konstruiert gelten könnte, hat bereits John Stuart Mill in seiner vortrefflichen induktiven Logik gezeigt, daß dieselbe in der Tat eine Wissenschaft a posteriori ist. Jede Zahlgröße, jede Raumgröße, jedes Gesetz über deren Verhältnisse ist eine Abstraktion aus vorhergegangener Erfahrung oder ein durch Kombination mehrerer solcher Abstraktionen gewonnener Schluß.

Hier tritt nun die unermeßliche Bedeutung, welche die allgemeine Entwickelungsgeschichte der Organismen und die des Menschen im besonderen für die universale Kosmologie besitzt, in ihr volles Licht. Lediglich vermittelst der durch die Deszendenztheorie erworbenen Erkenntnis, daß der Mensch nichts weiter ist, als einer der letzten und jüngst entwickelten Zweige des Wirbeltier-Stammes, gelangen wir zu einem richtigen, naturgemäßen Verständnis der Anthropologie, und somit auch der Erkenntnisgrenzen des Menschen und des Verhältnisses seiner Wissenschaft zum Weltganzen. Nur wenn man auf Grund der Deszendenztheorie und der durch sie kausal begründeten Morphogenie die „Stellung des Menschen in der Natur“ richtig begriffen und konsequent durchdacht hat, kann man auch zu dem allein wahren d. h. naturgemäßen Verständnis der menschlichen Wissenschaft gelangen.

Der Grundgedanke, welcher unser System der „generellen Morphologie der Organismen“ als roter Faden durchzieht, und welcher nach unserer unerschütterlichen Überzeugung die unerläßliche Basis aller wahrhaft wissenschaftlichen Bestrebungen zum Verständnis der organischen Formenwelt sein muß, ist der Gedanke von der absoluten

Einheit der Natur, der Grundgedanke, daß es ein und dasselbe allmächtige und unabänderliche Kausalgesetz ist, welches die gesamte Natur ohne Ausnahme, die organische wie die anorganische Welt regiert. Dieses Kausalgesetz ist die allumfassende Notwendigkeit, die ἀνάγκη, welche ebensowenig einen „Zufall" als einen „freien Willen" zuläßt. Durch eingehende Vergleichung der Organismen und der Anorgane hinsichtlich ihrer Stoffe, Formen und Kräfte haben wir im 5. Kapitel zu zeigen versucht, daß diese äußerst wichtige philosophische Erkenntnis von der Einheit der organischen und anorganischen Natur empirisch fest begründet ist.

Dieser Einheit der Natur entspricht vollständig die Einheit der menschlichen Naturerkenntnis, die Einheit der Naturwissenschaft, oder was dasselbe ist, die Einheit der Wissenschaft überhaupt. Alle menschliche Wissenschaft ist Erkenntnis, welche auf Erfahrung beruht, ist empirische Philosophie, oder wenn man lieber will, philosophische Empirie. Die denkende Erfahrung oder das erfahrungsmäßige Denken sind die einzigen Wege und Methoden zur Erkenntnis der Wahrheit. So kommen wir auf den wichtigen Satz zurück, welchen wir bereits im 4. Kapitel begründet haben:

Alle wahre Naturwissenschaft ist Philosophie, und alle wahre Philosophie ist Naturwissenschaft. Alle wahre Wissenschaft aber ist Naturphilosophie.*)

*) Anmerkung (1906). Die Prinzipien der Monistischen Naturphilosophie, wir sie hier vor vierzig Jahren zuerst formuliert wurden, sind neuerdings von mir weiter ausgeführt und besonders durch das einheitliche Substanz-Gesetz eingehend begründet worden in meinem Buche über „Die Welträtsel" (1899) und dessen Ergänzungsband: „Die Lebenswunder" (1904). Mein konsequenter und streng einheitlicher Monismus ist weder einseitiger „Materialismus", noch ebenso einseitiger „Spiritualismus" (Dynamismus oder Energetik); über seine Stellung zu anderen philosophischen Systemen vergl. die neue „Geschichte der Philosophie seit Kant" von Otto Gramzow; Charlottenburg, Georg Bürkner, 1905. (Heft 13, Haeckel.)

Dreissigstes Kapitel.

Gott in der Natur.

(Amphitheismus und Monotheismus.)

> Wer darf ihn nennen? und wer bekennen: Ich glaub' ihn?
> Wer empfinden, und sich unterwinden, zu sagen: Ich glaub'
> ihn nicht?
> Der Allumfasser, der Allerhalter,
> Faßt und erhält er nicht dich, mich, sich selbst?
> Wölbt sich der Himmel nicht da droben?
> Liegt die Erde nicht hier unten fest?
> Und steigen, freundlich blinkend, ewige Sterne nicht herauf?
> Goethe.

Der Monismus, wie wir denselben in der generellen Morphologie der Organismen als das unentbehrliche Fundament der Wissenschaft und als die notwendige Voraussetzung der reinen Erkenntnis nachgewiesen und allgemein durchgeführt haben, ist von vielen Seiten als Atheismus und als Materialismus verschrien und als solcher auf das heftigste bekämpft worden. Wir sind darauf gefaßt, diesen Vorwurf auch gegen unsere monistische Naturanschauung erhoben zu sehen, um so mehr, als wir die herrschende, dualistische Vorstellung eines persönlichen Schöpfers, wie jeder „Schöpfung" überhaupt, auf das entschiedenste verwerfen und bekämpfen. Bei der allgemeinen Unklarheit und Urteilslosigkeit, welche gerade in der empirischen Morphologie in betreff dieser wichtigsten Grundprinzipien herrscht, erscheint es passend, am Schlusse dieses Werkes unsern betreffenden Standpunkt klar zu bestimmen und kurz zu zeigen, daß der von uns ausschließlich kultivierte Monismus zugleich der reinste Monotheismus ist.

Was zunächst den Vorwurf des Materialismus betrifft, den man gegen den Monismus erhoben hat, so ist derselbe, wie schon Schleicher bemerkt hat, ganz „ebenso verkehrt, als wollte man ihn des Spiritualismus zeihen". Der Monismus kennt weder die Materie ohne Geist, von welcher der Materialismus spricht, noch den Geist ohne Materie, welchen der Spiritualismus annimmt. Vielmehr gibt es für ihn „weder Geist noch Materie im gewöhnlichen Sinne, sondern nur eins, das beides zugleich ist.“ Wir kennen eine geistlose Materie, d. h. einen Stoff ohne Kraft, ebensowenig als einen immateriellen Geist, d. h. eine Kraft ohne Stoff. Jeder Stoff als solcher besitzt eine Summe von Spannkräften, welche als lebendige Kraft in die Erscheinung treten, und jede Kraft kann nur durch die Materie, an welcher sie haftet, als solche wirksam sein. Diese rein monistische Ansicht, welche wir auf das entschiedenste vertreten, ist schon vor langer Zeit von einem unserer hervorragendsten Denker und Naturforscher, von Wolfgang Goethe, so klar und bestimmt ausgesprochen worden, daß wir nichts besseres tun können, als seinen merkwürdigen Ausspruch hier nochmals hervorzuheben:

„Weil die Materie nie ohne Geist, der Geist nie ohne Materie existiert und wirksam sein kann, so vermag auch die Materie sich zu steigern, sowie sich's der Geist nicht nehmen läßt, anzuziehen und abzustoßen; wie derjenige nur allein zu denken vermag, der genugsam getrennt hat, um zu verbinden, genugsam verbunden hat, um wieder trennen zu mögen!“

Was nun aber zweitens den Vorwurf des Atheismus betrifft, den zweifelsohne sowohl gedankenlose Naturkenner als auch kenntnislose Naturdenker gegen unseren Monismus erheben werden, so schleudern wir diesen schweren Vorwurf dadurch auf sie zurück, daß wir ihren angeblichen Theismus als Amphitheismus, unseren Monismus dagegen als reinen Monotheismus nachweisen.

Es ist in der Tat nicht schwer, bei objektiver und vorurteilsfreier Betrachtung zu der klaren Überzeugung zu gelangen, daß der mythologisch begründete Theismus, welcher angeblich als „reiner Monotheismus“ die Kulturvölker der neueren Zeit beherrscht, und welcher in der organischen Morphologie als „Schöpfungsmythus“ bis vor kurzem eine so hervorragende Rolle spielte, in der Tat kein Monotheismus, sondern Amphitheismus ist. Monotheismus war diese herrschende Gotteslehre nur so lange, als alle Naturerscheinungen ohne Ausnahme für das unmittelbare Resultat der persönlichen göttlichen Weltherrschaft galten, nur so lange, als alle anorganischen und organischen Phänomene — vom Wehen des Windes und dem Rollen des Donners bis zu dem Lichte der Sonne und dem

Laufe der Gestirne, von dem Blütenduft der Pflanze und dem Fluge des Vogels bis zu der Gedankenbildung des Menschen und der Entwickelungsgeschichte der Völker — direkte Wirkungen eines monarchischen, persönlichen Schöpfers waren. Als aber die neuere Naturwissenschaft nachwies, daß das gesamte Gebiet der anorganischen Natur durch feste und ausnahmslose Naturgesetze regiert werde, als Physik und Chemie die Abiologie in mathematische Formeln brachten, da wurde dem persönlichen Schöpfer die Hälfte seines Gebietes entrissen, und es blieb ihm nur noch die organische Natur übrig, und selbst von dieser wurde durch die neuere Physiologie abermals die Hälfte abgelöst, so daß bloß noch die organische Morphologie dem persönlichen Willkürregimente des mediatisierten Weltherrschers unterworfen blieb. So wurde aus dem früheren Monotheismus der vollständige Amphitheismus, welcher gegenwärtig die mystische Weltanschauung der Kulturvölker beherrscht, und welcher in der Wissenschaft als der grundverkehrte Dualismus erscheint, den wir in der generellen Morphologie auf das entschiedenste bekämpft haben.

Was ist dieser Dualismus anderes als der Kampf zwischen zwei Göttern von grundverschiedener Natur? Dort sehen wir auf dem von dem Mechanismus eroberten Gebiete der Abiologie die ausschließliche Herrschaft von ausnahmslosen und notwendigen Naturgesetzen, von der ἀνάγκη, welche zu allen Zeiten und an allen Orten dieselbe, und sich beständig gleich bleibt. Hier dagegen erblicken wir auf dem von der Teleologie noch bedrohten Gebiete der Biologie, und vorzüglich auf dem der organischen Morphologie, die launenhafte Willkürherrschaft eines persönlichen und durchaus menschenähnlichen Schöpfers, welcher sich vergeblich abmüht, endlich einmal einen „vollkommenen“ Organismus zu schaffen und beständig die früheren Schöpfungen der „Vorwelt“ verwirft, indem er neue verbesserte Auflagen an deren Stelle setzt. Wir haben schon im 6. Kapitel gezeigt, warum wir diese klägliche Vorstellung des „persönlichen Schöpfers“ durchaus verwerfen müssen. In der Tat ist dieselbe eine Entwürdigung der reinen Gottesidee. Die meisten Menschen stellen sich diesen „lieben Gott“ durchaus menschenähnlich vor; er ist in ihren Augen ein Baumeister, welcher nach einem vorher entworfenen Plane den Weltbau ausführt, aber nie damit fertig wird, weil er während der Ausführung immer auf neue, bessere Ideen kommt; er ist ein Theaterdirektor, welcher die

Erde wie ein großes Marionettentheater dirigiert und die zahllosen Drähte, an denen er der Menschen Herzen lenkt, gewöhnlich mit leidlicher Geschicklichkeit zu handhaben weiß; er ist ein halbbeschränkter König, der nur auf dem anorganischen Gebiete konstitutionell nach fest beschworenen Gesetzen, auf dem organischen Gebiete dagegen absolut, als patriarchalischer Landesvater herrscht und sich hier durch die Wünsche und Bitten seiner Landeskinder, unter denen die vollkommensten Wirbeltiere die am meisten begünstigten sind, bestimmen läßt, seinen Weltenplan täglich abzuändern.

Wenden wir uns weg von diesem unwürdigen Anthropomorphismus der modernen Dogmatik, welcher Gott selbst zu einem „gasförmigen Wirbeltier" erniedrigt, und betrachten wir dagegen die unendlich erhabenere Gottesvorstellung, zu welcher uns der Monismus hinführt, indem er die Einheit Gottes in der gesamten Natur nachweist, und den Gegensatz eines organischen und eines anorganischen Gottes aufhebt, welcher den Todeskeim in der Brust jenes herrschenden Amphitheismus bildet. Unsere Weltanschauung kennt nur einen einzigen Gott, und dieser allmächtige Gott beherrscht die gesamte Natur ohne Ausnahme. Wir erblicken seine Wirksamkeit in allen Erscheinungen ohne Ausnahme. Die gesamte anorganische Körperwelt ist ihr ebenso wie die gesamte organische unterworfen. Wenn jeder Körper im luftleeren Raume in der ersten Sekunde 15 Fuß fällt, wenn jedesmal drei Atome Sauerstoff mit einem Atom Schwefel sich zu Schwefelsäure verbinden, wenn der Winkel, den eine Säulenfläche des Bergkristalls mit der benachbarten macht, stets 120° beträgt, so sind diese Erscheinungen ebenso die unmittelbaren Wirkungen Gottes, wie es die Blüten der Pflanzen, die Bewegungen der Tiere, die Gedanken der Menschen sind. Wir sind alle „von Gottes Gnaden", der Stein so gut wie das Wasser, das Radiolar so gut wie die Fichte, der Gorilla so gut wie der Kaiser von China.

Nur diese Weltanschauung, welche Gottes Geist und Kraft in allen Naturerscheinungen erblickt, ist seiner allumfassenden Größe würdig; nur wenn wir alle Kräfte und alle Bewegungserscheinungen, alle Formen und Eigenschaften der Materie auf Gott, als den Urheber aller Dinge, zurückführen, gelangen wir zu derjenigen menschlichen Gottesanschauung und Gottesverehrung, welche seiner unendlichen Größe in Wahrheit entspricht. Denn „in ihm leben, weben und sind wir". So wird die Naturphilosophie in der Tat zur Theologie. Der Kultus der Natur wird zu jenem wahren

Gottesdienste, von welchem Goethe sagt: „Gewiß, es gibt keine schönere Gottesverehrung als diejenige, welche aus dem Wechselgespräch mit der Natur in unserem Busen entspringt!“

Gott ist allmächtig; er ist der einzige Urheber, die Ursache aller Dinge, d. h. mit anderen Worten: Gott ist das allgemeine Kausalgesetz. Gott ist absolut vollkommen, er kann niemals anders als vollkommen gut handeln; er kann also auch niemals willkürlich oder frei handeln, d. h. Gott ist die Notwendigkeit. Gott ist die Summe aller Kräfte, also auch aller Materie. Jede Vorstellung von Gott, welche ihn von der Materie trennt, setzt ihm eine Summe von Kräften gegenüber, welche nicht göttlicher Natur sind, jede solche Vorstellung führt zum Amphitheismus, weiterhin zum Polytheismus.

Indem der Monismus die Einheit in der gesamten Natur nachweist, zeigt er zugleich, daß nur ein Gott existiert, und daß dieser Gott in den gesamten Naturerscheinungen sich offenbart. Indem der Monismus die gesamten Phänomene der organischen und anorganischen Natur auf das allgemeine Kausalgesetz begründet und dieselben als die Folgen „wirkender Ursachen“ nachweist, zeigt er zugleich, daß Gott die notwendige Ursache aller Dinge und das Gesetz selbst ist. Indem der Monismus keine anderen als die göttlichen Kräfte in der Natur erkennt, indem er alle Naturgesetze als göttliche anerkennt, erhebt er sich zu der größten und erhabensten Vorstellung, welcher der Mensch als das vollkommenste aller Tiere fähig ist, zu der Vorstellung der Einheit Gottes und der Natur.

„Was wär' ein Gott, der nur von außen stieße,
Im Kreis das All am Finger laufen ließe!
Ihm ziemt's, die Welt im Innern zu bewegen,
Natur in Sich, Sich in Natur zu hegen,
So daß, was in Ihm lebt und webt und ist,
Nie Seine Kraft, nie Seinen Geist vermißt.“

REGISTER.

FSC
www.fsc.org
MIX
Papier | Fördert
gute Waldnutzung
FSC® C083411

Kolibri 360 GmbH
Ferdinand-Jühlke-Straße 7
99095 Erfurt, Deutschland
produktsicherheit@kolibri360.de